PETER P. ECKSTEIN

Repetitorium Statistik

Deskriptive Statistik
Wahrscheinlichkeitsrechnung
Induktive Statistik

Mit Klausuraufgaben
und Lösungen

GABLER

Prof. Dr. Peter P. Eckstein lehrt Wirtschaftsmathematik und Statistik an der Fachhochschule für Technik und Wirtschaft Berlin.

Die Deutsche Bibliothek – CIP-Einheitsaufnahme

Eckstein, Peter:
Repetitorium Statistik : Deskriptive Statistik - Wahrscheinlichkeitsrechnung - induktive Statistik ; mit Klausuraufgaben und Lösungen / Peter Eckstein. - Wiesbaden : Gabler, 1995
ISBN 3-409-12099-8

Der Gabler Verlag ist ein Unternehmen der Bertelsmann Fachinformation.

Lektorat: Jutta Hauser-Fahr

Druck und Buchbinder: Lengericher Handelsdruckerei, Lengerich / Westf.
Printed in Germany

ISBN 3-409-12099-8

Vorwort

Das vorliegende Buch ist weniger ein Statistik-Lehrbuch im üblichen Sinne als vielmehr ein „Statistik-Repetitorium", das sowohl die Komponenten eines Statistik-Lehr- und Übungsbuches als auch die eines Statistik-Lexikons organisch miteinander verbindet. Es beinhaltet eine kurze, aber verständliche Darstellung resistenter und moderner statistischer Begriffe und Analyseverfahren, die in ihrer Anwendung und Interpretation stets am praktischen Sachverhalt leicht nachvollziehbar demonstriert und erläutert werden. Damit ist es nicht nur für Studierende (vor allem in betriebswirtschaftlichen Studiengängen) ein hilfreiches Nachschlagewerk, sondern auch für alle, die in ihrer praktischen Arbeit bei der Aufbereitung und Analyse von Daten mit der Anwendung statistischer Verfahren konfrontiert werden.

Das Buch ist in die Teile „Deskriptive Statistik", „Wahrscheinlichkeitsrechnung" und „Induktive Statistik" gegliedert, so wie die Statistik als Methodenlehre traditionell im wirtschaftswissenschaftlichen Grundstudium an Universitäten und Fachhochschulen vermittelt wird. Gleichwohl diese traditionelle Dreiteilung nicht immer mit Notwendigkeit der Arbeitsweise der an der Datenanalyse orientierten praktischen Statistik entspricht, so besitzt sie zumindest aus didaktisch-methodischer Sicht wesentliche Vorteile, zumal eine mehr oder weniger gleiche Begriffs- und Verfahrenswelt nur aus unterschiedlich theoretisch motivierten Blickwinkeln betrachtet wird.
Es ist evident, daß die in diesem Buch dargestellten statistischen Konzepte nicht die ganze Vielfalt statistischer Begriffe und Verfahren einschließen können, die i.allg. im Grundstudium vermittelt werden. So bleiben zum Beispiel Verfahren der Zeitreihenanalyse unberücksichtigt, die aus Platzgründen den in der betriebswirtschaftlichen Praxis gleichwohl bedeutsamen Meß- und Indexzahlen sowie der Bestandsanalyse weichen mußten.

Die Definition, die Anmerkung zur Definition, das Beispiel, die Tabelle und die Abbildung bilden die tragenden Säulen der inhaltlichen Darstellungen. Um die Arbeit mit dem Buch zu erleichtern, wurden sämtliche Definitionen (inklusive Anmerkungen), Beispiele, Tabellen und Abbildungen verschlüsselt. So besitzt z.B. der Schlüssel „Definition 4.4.1-2" die folgende Semantik: eine Begriffsbestimmung (des Disparitätsmaßes s_0 für ordinalskalierte statistische Merkmale), die im Abschnitt 4.4.1 vermerkt ist und innerhalb des Abschnittes 4.1.1 die fortlaufende Nummer 2 besitzt. Der Bindestrich fungiert dabei als „Trennlinie" zwischen der stets zuerst genannten Kapitel- bzw. Abschnittsnumerierung und der stets als zweite genannten, fortlaufenden Numerierung innerhalb eines Kapitels bzw. Abschnittes. Analog sind die Schlüssel für die Beispiele, Tabellen und

Abbildungen zu deuten, die letztlich das Auffinden bestimmter Quellen bei Querverweisen erleichtern.

Der in diesem Buch angebotene Zugang zur Statistik ist das Resultat von Skripten zu meinen Vorlesungen, Übungen und Klausuren für Studenten betriebswirtschaftlicher Studiengänge, die ich an der Fachhochschule für Technik und Wirtschaft Berlin in den letzten zwei Jahren realisiert habe. Dies ist auch der Grund dafür, warum jedes Kapitel Übungs- und Klausuraufgaben zum Selbststudium enthält. Musterlösungen für ausgewählte Klausuraufgaben sind zur Selbstkontrolle (etwa im Rahmen eines individuellen Klausurtrainings) im Anhang beigefügt.

Engagierte StudentINNen und geschätzte KollegINNen haben mich motiviert, dieses Buch zu schreiben. Dafür bin ich ihnen dankbar. Zu besonderem Dank bin ich zudem verpflichtet: Frau Jutta Hauser-Fahr für ihre großzügige Unterstützung des Buchprojekts als verantwortliche Lektorin, Herrn Dr. Rudolph Swat für die konstruktiven und interessanten fachlichen Diskussionen, Frau Diplom-Kauffrau Katharina Zühlke für die selbstlose Hilfe bei der Gestaltung des Layouts sowie den Herren Diplom-Wirtschaftsinformatiker Frank Steinke und Stud. oec. Torsten Heise für die Anfertigung spezieller Abbildungen und Tabellen.

Schließlich und endlich möchte ich dieses Buch meinen Kindern widmen, die während seiner Fertigstellung oft auf mich verzichten mußten:

Für Lydia und Martin.

Berlin, Juli 1995

Peter P. Eckstein

Inhaltsverzeichnis

I Deskriptive Statistik

1 Statistik - Definition, Anwendungsgebiete, historische Notizen

Definition 1-1

Statistik ist die Bezeichnung für die Gesamtheit der Verfahren und Methoden zur Gewinnung, Erfassung, Aufbereitung, Analyse, Abbildung, Nachbildung und Vorhersage von (möglichst) massenhaften, zähl-, meß- und systematisch beobachtbaren Daten über reale Sachverhalte zum Zwecke der Erkenntnisgewinnung und Entscheidungsfindung (meist unter Ungewißheit).

Anmerkungen zur Def. 1-1

1. Da die Statistik als Bindeglied zwischen Empirie und Theorie fungiert, wird sie auch als **Wissenschaft der empirischen Erkenntnis** bezeichnet. In diesem Kontext ist die Statistik in erster Linie eine **Methodenlehre**.
2. Die Statistik kommt sowohl in den Wirtschafts-, Sozial-, Geistes-, Natur- und Ingenieurwissenschaften als auch in Wirtschaft, Verwaltung, Politik und Gesellschaft zur universellen Anwendung. Klassische Anwendungsgebiete sind z.B. die **Wirtschafts-** und **Bevölkerungsstatistik.**
3. Umgangssprachlich wird der Begriff der Statistik
   a) **funktionell** im Sinne der Auflistung von Daten (z.B. in Preis-, Einkommens-, Unfall- oder Besuchsstatistiken) und
   b) **institutionell** hinsichtlich der daran beteiligten Institutionen (z.B. in Gestalt der amtlichen Statistik, Industrie-, Banken- oder Betriebsstatistik) erweitert und gebraucht.
4. Die historischen Quellen der Statistik sind
   a) die sog. **materielle Statistik**, deren Aktivitäten der Verwaltung von Gemeinwesen dienten (z.B. der römische Zensus);
   b) die sog. **deutsche Universitätsstatistik**, deren Verteter mit ihren Vorlesungstiteln "... collegium politico-statistico ..." (Martin Schmeitzel, 1679-1747) oder "... noticia politica vulgo statistica ..." (Gottfried Achenwall, 1719-1772) zur Staatenkunde (lat.: status → Zustand z.B. eines Staates) der Statistik ihren Namen gaben;
   c) die sog. **Politische Arithmetik**, deren Vertreter (z.B. William Petty, 1623-1687, Johann Peter Süßmilch, 1707-1767, Lambert Adolphe Quetelet, 1796-1874) im Unterschied zur vorwiegend verbalen Kathederlehre der Universitätsstatistiker mit Hilfe von Zahlen auf der Suche nach den Gesetzmäßigkeiten sozialer und wirtschaftlicher Zustände und Vorgänge waren;
   d) die **Wahrscheinlichkeitsrechnung** und **mathematische Statistik**, die, meist losgelöst von der Empirie, ihren Ursprung in theoretischen Abhandlungen über das Glücksspiel hatten. Bedeutende Vertreter wie etwa Jacob Bernoulli (1654-1705) mit seinen Arbeiten zur Stochastik (grch.: stochastikos → im Erraten geschickt, dem Zufall geschuldet) und zur Binomialverteilung oder Carl Friedrich Gauß (1777-1855) mit seinen fundamentalen Arbeiten über die Normalverteilung und die Methode der kleinsten Quadratesumme trugen neben

vielen anderen dazu bei, aus dem Versuch der „Kontrolle des Zufalls" eine tragende Säule der modernen Statistik zu gestalten.

5. Aus der historischen Entwicklung der Statistik erklärt sich die heute noch übliche Untergliederung in die Teilgebiete der **deskriptiven** (lat.: descriptio → Beschreibung) oder beschreibenden und der **induktiven** (lat.: inductio → das Hineinführen) oder schließenden Statistik, die unter Einbeziehung der Wahrscheinlichkeit von der (bekannten) Stichprobe auf die (unbekannte) Grundgesamtheit (also vom Teil aufs Ganze) schließt.
6. Als Methodenlehre unterteilt man die Statistik in die theoretische und in die praktische bzw. angewandte Statistik. Die **theoretische** Statistik umfaßt alle Methoden, die die statistische Methodenlehre unabhänigig von der konkreten fachwissenschaftlichen Anwendung zur Verfügung stellt. Die **angewandte** Statistik vermittelt die konkrete fachwissenschaftliche Anwendung der statistischen Methoden z.B. im Kontext der Wirtschaftsstatistik.
7. Mit der Entwicklung leistungsfähiger Rechentechnik entstanden neue Teilgebiete der Statistik: die Computerstatistik und die explorative Datenanalyse. Während die **explorative** (lat.: exploratio → Erforschung) oder erforschende Statistik sich vor allem der Methoden der deskriptiven Statistik und der graphischen Datenanalyse bedient, ist die **Computerstatistik** vor allem wegen der Erforschung spezieller Eigenschaften statistischer Schätzfunktionen (z.B. Asymptotik oder Robustheit) stärker an die induktive Statistik angelehnt.

Definition 1-2

Untersuchungsplanung, Datenerhebung, Datenaufbereitung und Datenanalyse sind die grundlegenden Etappen einer statistischen Untersuchung.

Anmerkungen zur Def. 1-2

1. Die **Untersuchungsplanung** schließt die exakte Formulierung des Untersuchungsziels, die sachliche, örtliche und zeitliche Abgrenzung der Untersuchung, die Auswahl der statistischen Anaylseverfahren und die Klärung organisatorischer Fragen ein.
2. Die **Datenerhebung** umfaßt vor allem die Gewinnung und Erfassung des statistischen Datenmaterials. Mit der Qualität der Datenerhebung steht und fällt i.allg. eine statistische Untersuchung.
3. Die **Datenaufbereitung** umfaßt i.allg. die Ordnung, Zusammenfassung und Darstellung des ursprünglichen statistischen Datenmaterials in Tabellen und Graphiken.
4. Die **Datenanalyse** bildet das Kernstück einer statistischen Untersuchung. Dabei steht die Anwendung geeigneter statistischer Verfahren auf die erhobenen und aufbereiteten Daten zum Zwecke der Erkenntnisgewinnung im Vordergrund. Ein integraler Bestandteil der Datenanaylse ist die sachbezogene Wertung, Verallgemeinerung und Nutzung der Analyseergebnisse für Entscheidungsfindungen.

2 Grundbegriffe

2.1 Einheit, Gesamtheit

Definition 2.1-1

Die statistische **Einheit** ist das kleinste Element in der Statistik. Die statistische Einheit ist Träger von Informationen bzw. Eigenschaften, die für eine statistische Untersuchung von Interesse sind.

Anmerkungen zur Def. 2.1-1

1. Synonyme: statistisches **Element**, Beobachtungseinheit, Erhebungseinheit, **Merkmalsträger**
2. Jede statistische Einheit muß mindestens ein sachliches, örtliches und zeitliches Identifikationsmerkmal tragen. Man sagt auch: „.. sie muß konkret nach Sache, Ort und Zeit abgegrenzt sein ..."
3. Eine statistische Einheit kann ein **reales Objekt** (z.B. Person, Unternehmen, Kraftfahrzeug) oder ein **Vorgang** (z.B. Verkehrsunfall, Theaterbesuch) sein. Bei sog. Vorgangsstatistiken ist zwischen dem einzelnen Vorgang und den daran beteiligten realen Objekten zu unterscheiden.

Beispiel 2.1-1

In Deutschland (Ort) wurden 1990 (Zeit) insgesamt 389350 Verkehrsunfälle (Sache) mit 521977 verunglückten Personen registriert. (Quelle: Statistisches Jahrbuch 1992, S. 365)
Das Charakteristische am Vorgang „Verkehrsunfall" ist, daß an einem Unfall in der Regel mehrere reale Objekte (z.B. verunglückte Personen, beschädigte Fahrzeuge) beteiligt sind.

Beispiel 2.1-2

In der Spielzeit 1989/90 (Zeit) wurden im Freistaat Sachsen (Ort) 2864472 Theaterbesuche (Sache) registriert. Das Charakteristische am Vorgang „Theaterbesuch" ist, daß hier ein reales Objekt (also ein Theaterbesucher als ein und dieselbe Person) durch Wiederholung des Vorgangs (Theaterbesuch) mehrmals statistisch erfaßt werden kann. Wenn die amtliche Statistik 2864472 Besuche öffentlicher Theater ausweist, ist mit dieser Zahl nicht die Menge der Besucher, sondern lediglich die Anzahl der Theaterbesuche einer in der Regel geringeren Anzahl unterschiedlicher Personen statistisch erfaßt worden. (Quelle: Statistisches Jahrbuch 1992, S. 447)

Definition 2.1-2

Eine Menge wohlunterschiedener statistischer Einheiten mit übereinstimmenden Identifikationsmerkmalen heißt statistische **Gesamtheit**.

Anmerkungen zur Def. 2.1-2

1. Synonyme: Grundgesamtheit, **Masse**, Population, Kollektiv
2. Die Festlegung der sachlichen (wer, was), örtlichen (wo) und zeitlichen (wann) Identifikationsmerkmale wird durch die Zielsetzung der statistischen Untersuchung bestimmt.
3. Die Anzahl n der Elemente einer statistischen Gesamtheit heißt **Umfang** der Gesamtheit. Hinsichtlich des Umfangs einer Gesamhteit unterscheidet man zwischen endlichen und unendlichen statistischen Gesamtheiten. In der deskriptiven Statistik werden in der Regel nur **endliche** Gesamtheiten betrachtet.
4. Für die Bestandsanalyse ist die Unterscheidung von **Bestands-**, **Bewegungs-** und **korrespondierenden Massen** von Bedeutung. (vgl. Kapitel 7)

2.2 Merkmal, Merkmalsausprägung, Skala

Definition 2.2-1

Eine Eigenschaft einer statistischen Einheit, die Gegenstand einer statistischen Untersuchung ist, heißt statistisches **Merkmal**.

Anmerkungen zur Def. 2.2-1

1. Synonym: **Variable**
2. Merkmale werden i.allg. mit den lateinischen **Großbuchstaben** ... X, Y, Z bezeichnet.
3. Für die statistische Datenerfassung ist die Unterscheidung von **Identifikations-** und **Erhebungsmerkmalen** von Bedeutung. Die eindeutige Definition und Abgrenzung (Identifikation) statistischer Einheiten erfordert die Festlegung mindestens eines sachlichen, örtlichen und zeitlichen Identifikationsmerkmals, das auf jeweils eine Merkmalsausprägung festgelegt ist. Im Unterschied zu den Identifikationsmerkmalen variieren die Erhebungsmerkmale in ihren Merkmalsausprägungen.
4. **Erhebungs-** oder **Beobachtungsmerkmale** sind der eigentliche **Gegenstand** einer statistischen Erhebung bzw. Erfassung.

Beispiel 2.2-1

Die statistische Gesamtheit der FHTW-Studenten im Studiengang Betriebswirtschaft ist z.B. durch folgende Identifikationsmerkmale eindeutig abgegrenzt: Sache: Studiengang BW, Zeit: Wintersemester 1995/96, Ort: FHTW Berlin. Ist man z.B. an der statistischen Analyse der Altersstruktur der im Studiengang BW immatrikulierten Studenten interessiert, dann ist das Alter (z.B. in vollendeten Jahren) das interessierende Erhebungsmerkmal der statistischen Einheit „BW-StudentIN".

Definition 2.2-2

Eine Aussage über eine Eigenschaft einer statistischen Einheit heißt **Merkmalsausprägung.**

Anmerkungen zur Def. 2.2-2

1. Synonyme: Modalität, **Realisation**, Datum (Plural: Daten)
2. Merkmalsausprägungen nominal- und ordinalskalierter Merkmale heißen Attribute oder **Kategorien**, die kardinalskalierter Merkmale Beobachtungs- oder **Merkmalswerte**.
3. Merkmalsausprägungen werden i.allg. mit den lateinischen **Kleinbuchstaben** ... x, y, z bezeichnet.

Definition 2.2-3

Eine Zeichen- bzw. Zahlenmenge zur relationstreuen Abbildung von Merkmalsausprägungen heißt **Skala**.

Anmerkungen zur Def. 2.2-3

1. Eine Skala (lat., ital.: scala → Treppe, Leiter) ist eine Art **„Meßlatte"** für Merkmalsausprägungen.
2. Die Anwendung statistischer Analyseverfahren hängt entscheidend von der Skala ab, auf deren Grundlage die Ausprägungen eines statistischen Merkmals erfaßt wurden.
3. In der deskriptiven Statistik verwendet man i.allg. die folgenden hierarchisch geordneten Skalen: **Nominal-, Ordinal-, Intervall-, Verhältnis-** und **Absolutskala**.

Definition 2.2-4

Eine Skala, mit der lediglich die Verschiedenartigkeit von Merkmalsausprägungen zum Ausdruck gebracht werden kann, heißt **Nominalskala**.

Anmerkungen zur Def. 2.2-4

1. Die Nominalskala (lat.: nominalis → zum Namen gehörig, begrifflich) ist die **niedrigstwertige** Skala mit dem niedrigsten Informationsgehalt und der geringsten Empfindlichkeit gegenüber Erhebungsfehlern.
2. Ein statistisches Merkmal, dessen Ausprägungen mit Hilfe einer Nominalskala erfaßt werden, heißt **nominalskaliert**.
3. Ein nominalskaliertes Merkmal, das nur zwei mögliche Ausprägungen besitzt, heißt **dichotom** (grch.: dicha → zweifach & tome → Schritt).
4. Ein nominalskaliertes Merkmal heißt **häufbar**, wenn an ein und derselben statistischen Einheit mehrere Ausprägungen des betreffenden Merkmals vorkommen können. Ansonsten heißt es **nichthäufbar.**

Beispiel 2.2-2

Zum Jahresende 1989 gab es im früheren Bundesgebiet 2508 Aktiengesellschaften einschließlich Kommanditgesellschaften auf Aktien und 401687 Gesellschaften mit beschränkter Haftung. (Quelle: Statistisches Jahrbuch 1992, S. 140)

In dieser amtlichen Statistik ist die Kapitalgesellschaft die statistische **Einheit**. Die 465660 Kapitalgesellschaften bilden die statistische **Gesamtheit**. Die **Identifikationsmerkmale** lauten: Kapitalgesellschaft (Sache), früheres Bundesgebiet (Ort), Jahresende 1989 (Zeit). Das **Erhebungsmerkmal** ist hier die Rechtsform der Kapitalgesellschaft. Stellt man einmal nur auf die Verschiedenartigkeit der Rechtsformen ab, so ist die Rechtsform ein **nominalskaliertes Merkmal** einer Kapitalgesellschaft mit den **begrifflichen** Ausprägungen KG und GmbH.

Beispiel 2.2-3
Das Geschlecht mit seinen beiden möglichen Ausprägungen „männlich" und „weiblich" ist ein **dichotomes, nichthäufbares** Merkmal einer Person. Der Beruf ist ein **häufbares** nominalskaliertes Merkmal, da eine Person mehrere Berufe besitzen bzw. ausüben kann.

Definition 2.2-5

Eine Skala, die lediglich die Verschiedenartigkeit und eine natürliche Rangfolge von Merkmalsausprägungen zum Ausruck bringen kann, heißt **Ordinalskala**.

Anmerkungen zur Def. 2.2-5
1. Die Ordinalskala (lat.: ordinare → ordnen) findet in der statistischen Analyse wirtschafts- und sozialwissenschaftlicher Sachverhalte (z.B. Qualitätsmerkmale, Prädikate, Aggressivität, Intelligenz, sozialer Status) eine breite Anwendung.
2. Ein statistisches Merkmal, dessen Ausprägungen auf einer Ordinalskala erfaßt werden, heißt **ordinalskaliert.**
3. In natürliche Zahlen kodierte Ausprägungen eines ordinalskalierten Merkmals heißen **Rangzahlen**.

Beispiel 2.2-4
Die Prüfungsnote im Fach Statistik ist ein **ordinalskaliertes** Merkmal eines BW-Studenten. Die Güteklasse ist ein **ordinalskaliertes** Merkmal eines Produkts.

Definition 2.2-6

Eine Skala, die sowohl Verschiedenartigkeit und Rangfolge als auch meß- und zählbare Unterschiede (Abstand, Vielfaches) für Merkmalsausprägungen mit Hilfe der Menge der reellen Zahlen zum Ausdruck bringen kann, heißt **Kardinalskala**.

Anmerkungen zur Def. 2.2-6
1. Synonym: **metrische** Skala
2. Ein statistisches Merkmal, dessen Ausprägungen auf einer Kardinalskala gemessen werden, heißt **kardinalskaliert** oder **metrisch skaliert**.
3. Eine Kardinalskala (lat.: cardinalis → im Angelpunkt stehend, hauptsächlich) kann eine **Intervall-, Verhältnis-** oder **Absolutskala** sein.

Definition 2.2-7

Eine Kardinalskala, die keinen natürlichen Nullpunkt und keine natürliche Maßeinheit besitzt, heißt **Intervallskala**.

Anmerkungen zur Def. 2.2-7

1. Ein statistisches Merkmal, dessen Ausprägungen auf einer Intervallskala gemessen werden, heißt **intervallskaliert**.
2. Für ein intervallskaliertes Merkmal ist es nur sinnvoll, Abstände (Differenzen) zwischen seinen Merkmalswerten zu messen und zu interpretieren.
3. Die zulässige Merkmalswertetransformation ist die **Lineartransformation**. (vgl. Abschnitt 4.6)

Beispiel 2.2-5

In Berlin wurden am Sonntag, den 31. Juli 1994 um 15 Uhr 38°C gemessen. Hier ist die Temperatur ein **intervallskaliertes** Merkmal der Stadt Berlin mit dem Merkmalswert 38 Grad entsprechend der Temperaturskala von Celsius. Die Aussage „... heute ist es um 5° wärmer als gestern ...“ ist sinnvoll. Nicht sinnvoll hingegen ist die Aussage „... 38°C sind doppelt so warm wie 19°C ...“.

Definition 2.2-8

Eine Kardinalskala, die einen natürlichen Nullpunkt, aber keine natürliche Maßeinheit besitzt, heißt **Verhältnisskala**.

Anmerkungen zur Def. 2.2-8

1. Ein statistisches Merkmal, das auf einer Verhältnisskala gemessen wurde, heißt **verhältnisskaliert**.
2. Für verhältnisskalierte Merkmale ist es sinnvoll, **Verhältniszahlen** zu berechnen und zu interpretieren.
3. Sämtliche **Meßvorgänge** (z.B. Längen-, Flächen-, Volumen- und Gewichtsangaben) basieren auf der Verhältnisskala.
4. Zulässige Merkmalswertetransformationen sind **lineare** und **proportionale Transformationen**.

Beispiel 2.2-6

Die jährliche Fahrleistung (Angaben in km) ist ein **verhältnisskaliertes** Merkmal eines Kfz-Haftpflichtversicherten. Die Maßeinheit „Kilometer“ (grch.: chilioi → tausend & metron → Maß) ist eine durch das „Urmeter“ (ausgestellt in Sevres bei Paris) künstlich festgelegte Maßeinheit.

Definition 2.2-9

Eine Kardinalskala, die einen natürlichen Nullpunkt und eine natürliche Maßeinheit besitzt, heißt **Absolutskala**.

Anmerkungen zur Def. 2.2-9

1. Die Absolutskala ist die (absolut) **höchstwertige** Skala in der Deskriptiven Statistik.
2. Ein statistisches Merkmal, das auf einer Absolutskala gemessen wird, heißt **absolutskaliert**.
3. Sämtliche **Zählvorgänge** basieren auf der Absolutskala.
4. Für absolutskalierte Merkmale sind **sämtliche** Merkmalswertetransformationen zulässig.

Beispiel 2.2-9

Stück- oder Anzahlen sind Ausprägungen **absolutskalierter** Merkmale. Die Menge „1 Stück" ist im Unterschied etwa zu „1 DM", „1 kg", „1 m" etc. von keiner künstlich festgelegten Maßeinheit abhängig. Seit je her benutzten die Menschen z.B. ihre Finger als „natürliche" Maßeinheit beim Zählen. Sprachlich überliefert ist auch die „natürliche" Maßeinheit „... Anzahl der Kerben, die jemand auf seinem Kerbholz ..." hatte.

Definition 2.2-10

Ein kardinalskaliertes Merkmal, das in einem endlichen Intervall nur einzelne (abzählbar endlich viele) Merkmalswerte annehmen kann, heißt **diskret.**

Anmerkungen zur Def. 2.2-10

1. Synonym: **diskontinuierliches** Merkmal
2. **Absolutskalierte** Merkmale sind stets **diskret**.

Beispiel 2.2-7

Die „Anzahl der Kinder" ist ein **absolutskaliertes** und daher **diskretes** Merkmal eines Arbeitnehmers. Hingegen ist das monatliche Nettogehalt ein **verhältnisskaliertes, diskretes** Merkmal eines Arbeitnehmers, weil es bei der deutschen Währung (wie auch bei allen anderen Währungen) „... auf Mark und Pfennig genau ..." eine (abzählbar endlich) kleinste Geldeinheit „Pfennig"gibt.

Definition 2.2-11

Ein kardinalskaliertes Merkmal, das in einem endlichen Intervall jeden beliebigen der theoretisch möglichen (überabzählbar unendlich vielen) Merkmalswerte annehmen kann, heißt **stetig.**

Anmerkungen zur Def. 2.2-11

1. Synonym: **kontinuierliches** Merkmal
2. Sämtliche, auf **Meßvorgängen** basierende Gewichts-, Längen-, Flächen- und Volumenangaben sind Merkmalswerte verhältnisskalierter, stetiger Merkmale.
3. Ein diskretes Merkmal, dessen Anzahl von Merkmalswerten in einem gegebenen Intervall sehr groß ist, wird i.allg. approximativ wie ein stetiges Merkmal behandelt und heißt daher **quasistetig**.

Beispiel 2.2-11
Die gezapfte Tagesmenge (z.B. von 28,10 Hektolitern) an Dieselkraftstoff ist ein verhältnisskaliertes, **stetiges** Merkmal einer Tankstelle. Demgegenüber wird der Jahresumsatz (z.B. von 12,345 Mio DM) i.allg. als ein **quasi-stetiges**, verhältnisskaliertes Merkmal eines Unternehmens behandelt.

2.3 Aufgaben

Aufgabe 2.3-1
Ein bekanntes demoskopisches (grch.: demos → Volk & skopein → schauen) Institut führte vor der Bundestagswahl am 16. 10. 1994 eine Befragung über das Wählerverhalten durch. Nennen Sie die Identifikationsmerkmale der zugrundeliegenden statistischen Gesamtheit.

Aufgabe 2.3-2
Sie erwerben preisgünstig einen Gebrauchtwagen. Für den Abschluß einer Kfz-Haftpflichtversicherung füllen Sie ein Formular aus, auf dem u.a. Alter, Geschlecht, Beruf, Wohnort, Adresse, Dauer des Versicherungsvertrages, die maximale Schadenshöhe (in DM) und die Anzahl der bisher verursachten Schadensfälle erfragt werden. Die Formulardaten werden im betreffenden Versicherungsunternehmen zusammengefaßt.

1. Erklären Sie am konkreten Sachverhalt die Begriffe: statistische Einheit, Merkmalsträger, Gesamtheit, Masse, Element, Beobachtungseinheit, Erfassungseinheit.
2. Legen Sie konkret notwendige Identifikationsmerkmale für eine Teilgesamtheit von Versicherten fest.
3. Erläutern Sie am konkreten Beispiel den Begriff des statistischen Erfassungsmerkmals und seiner Skalierung.
4. Nennen Sie für jedes Merkmal mögliche und zulässige Merkmalsausprägungen.
5. Welche der genannten Merkmale sind häufbar, dichotom, mittelbar bzw. unmittelbar erfaßbar?

Aufgabe 2.3-3
Geben Sie die Skalierung und zulässige Merkmalsausprägungen der folgenden Merkmale an: Körpergröße, Güterklasse, Geschlecht, Bafög, Beruf, Jahresumsatz, Familienstand, erreichte Klausurpunkte, Geschwindigkeit, Fahrpreis, Tarifklassen bei der Kfz-Haftpflichtversicherung, Gütermenge, Nationalität, Windstärke, Postleitzahl, Intelligenz, Klausurnote, Bücherbestand, Erdberbenstärke gemäß der Richter-Skala, Zimmertemperatur, Bußgeld, Zinsen, Umweltbelastung durch Ozon, Ausschußanteil eines Lieferpostens.

3 Datenerhebung, Datenquellen

Definition 3-1

Die Ermittlung und Erfassung der Ausprägungen, die die interessierenden Merkmale an den Einheiten einer statistischen Gesamtheit aufweisen, heißt **Datenerhebung**.

Anmerkungen zur Def. 3-1

1. Wird das Datenmaterial für eine statistische Untersuchung durch eine besondere Erhebung nach speziellen sachlichen, örtlichen und zeitlichen Identifikationsmerkmalen gewonnen, spricht man von einer **Primärerhebung**. Die Verwendung von bereits vorhandenem (i.allg. nicht für die jeweilige Untersuchung erhobenes) Datenmaterial bezeichnet man als **Sekundärerhebung**.
2. **Primärerhebungen** werden i.allg. mit Hilfe von mündlichen (Interview) bzw. schriftlichen (Fragebogen) Befragungen, Beobachtungen oder Experimenten bewerkstelligt.
3. Werden im Rahmen einer (primär)statistischen Untersuchung alle Einheiten einer Gesamtheit erfaßt, spricht man von einer Voll- oder **Totalerhebung**. Beschränkt sich eine Erhebung auf einen Teil einer statistischen Gesamtheit, spricht man von einer **Teilerhebung**. Eine **Stichprobe** ist eine spezielle Form der Teilerhebung. Stichprobentheoretische Betrachtungen (Näheres dazu im Teil III: Induktive Statistik) sind in der Deskriptiven Statistik ohne Belang, da analytische Aussagen stets nur über die erfaßte Gesamtheit möglich sind.
4. In nahezu allen Unternehmen, Verbänden und Verwaltungen werden Daten statistisch erhoben und aufbereitet. Sie bilden i.allg. die Quellen für sekundärstatistische Daten. Typische sekundärstatistische Daten sind z.B. die auf den Standesamtregistern basierenden Geborenen-, Eheschließung-, Ehescheidungs- und Gestorbenenstatistiken, die durch die amtliche Statistik neben den primärstatisch erhobenen Daten aus der Volkszählung für die statistische Bevölkerungsfortschreibung verwendet werden.
5. Hinsichtlich der Träger (Produzenten) von „Statistiken" unterscheidet man zwischen der amtlichen (staatlichen) und der nichtamtlichen und privaten Statistik. Träger der **amtlichen Statistik** sind z.B. das Statistische Bundesamt in Wiesbaden sowie die Statistischen Ämter der Länder und Gemeinden. Träger der **nichtamtlichen** und **privaten Statistik** sind z.B. die Wirtschaftsverbände, Wirtschafts- und Marktforschungsinstitute.
6. Die bekannteste Datenquelle ist das vom Statistischen Bundesamt herausgegebene und jährlich erscheinende **Statistische Jahrbuch** für die Bundesrepublik Deutschland.

Definition 3-2

Es sei X ein Merkmal, das für eine Gesamtheit von n Einheiten statistisch erhoben wurde. Dann heißt für alle $i = 1,2,...,n$ die Zusammenstellung der Merkmalsausprägungen x_i in der Reihenfolge ihrer Erhebung **Urliste**.

Anmerkungen zur Def. 3-2

1. Der Index i (lat.: index $\rightarrow$ Zeiger, Verzeichnis) ist eine Variable, die im Bereich der natürlichen Zahlen variiert und die Merkmalsausprägungen numeriert.
2. Eine geordnete Folge von Merkmalsausprägungen aus einer Urliste heißt **statistische Reihe** oder Datenreihe. In Abhängigkeit vom Ordnungskriterium (Reihungsmerkmal) unterscheidet man Querschnitts- und Zeitreihen.
3. Eine **Querschnittsreihe** ist eine Folge statistischer Daten, die auf eine gleiche Zeit bezogen sind und entweder im sachlichen oder örtlichen Reihungsmerkmal variieren.

4. Eine **Zeitreihe** ist eine Folge von sachlich und/oder örtlich gleichartigen Daten, deren Ordnungskriterium die Zeit ist.
5. Datenreihen für ein Merkmal heißen **univariat** (lat.: unus → eins & varia → Allerlei), für zwei Merkmale **bivariat** (lat.: bis → zweifach) und für mehrere Merkmale **multivariat** (lat.: multus → vielfach).

Beispiel 3-1

Die Tabelle 3-1 zeigt die Urliste der Body-Maß-Indexwerte [= Körpergewicht in kg/(Körpergröße in m)²] der im Sommersemester 1995 an der FHTW Berlin im Studiengang Betriebswirtschaft im Basisstudienfach Statistik III eingeschriebenen StudentINNen.

Tabelle 3-1

21,67	25,22	23,15	20,23	21,13	23,12	20,05	20,31	18,83	20,43	20,30	24,42
24,22	21,80	21,01	23,78	21,38	23,78	23,87	25,38	21,72	19,61	19,37	24,19
23,36	26,88	22,68	22,10	22,49	18,69	22,53	18,03	24,49	18,59	24,42	21,67
18,56	21,38	22,05	26,58	24,42	20,02	21,13	21,30	28,06	17,44	19,03	20,98
24,11	27,78	22,59	24,06	22,53	25,25	22,86	22,22	18,94	19,26	18,65	20,76
19,96	26,47	22,60	17,16								

Die **Primärstatistik** ist in ihren Komponenten wie folgt zu interpretieren:

- Die statistische **Einheit** ist hier der BW-Student.
- Die statistische **Gesamtheit** ist definiert durch die Menge der StudentINNen. Ihr Umfang umfaßt $n = 64$ StudentINNen.
- Die Gesamtheit ist durch folgende **Identifikationsmerkmale** abgegrenzt: Kurs Statistik III (Sache), FHTW Berlin, Studiengang BW(Ort), SS 1995 (Zeit).
- Das **Erhebungsmerkmal**, bezeichnet mit dem lateinischen Großbuchstaben X ist der Body-Maß-Index. Es ist **verhältnisskaliert**. Da jede statistische Einheit (StudentIN) nur durch eine Eigenschaft statistisch beschrieben wird, liegt eine **univariate** statistische Reihe aus $n = 64$ Merkmalswerten x_i vor. Z.B. beträgt der **Merkmalswert** $x_2 = 25{,}22$.
- Als Reihungsmerkmal für die Body-Maß-Indexwerte fungierte der Nachname der Kursteilnehmer in alphabetischer Reihenfolge. Die **Urliste** kann daher als eine (sachliche) **Querschnittsreihe** aufgefaßt werden.

4 Univariate Datenanalyse

Die univariate (lat: unus → eins & varia → Allerlei) Datenanalyse, die stets nur die Betrachtung **eines** statistischen Merkmals zum Gegenstand hat, stellt i.allg. auf die Beschreibung der **Häufigkeitsverteilung** des betreffenden Merkmals ab. Dabei stehen die Datenverdichtung und die Charakterisierung der Verteilung mit Hilfe einzelner statistischer Verteilungsmaßzahlen im Vordergrund. Die wichtigsten statistischen Verteilungsmaßzahlen, auch Verteilungsparameter genannt, sind die **Lage-, Streuungs-, Schiefe-** und **Wölbungsmaße**.

4.1 Häufigkeitsverteilung, Verteilungsfunktion

4.1.1 Nichtklassierte Daten

Definition 4.1.1-1

Es sei X ein beliebig skaliertes Merkmal, das mit $m \leq n$ voneinander verschiedenen Merkmalsausprägungen x_j für eine Gesamtheit von n Einheiten statistisch erhoben wurde. Dann heißt für alle j = 1,2,...,m die **Anzahl**

$$h(X = x_j) = h(x_j) = h_j$$

der Einheiten mit der Merkmalsausprägung x_j **absolute Häufigkeit** der Merkmalsausprägung x_j und die **Anteilszahl**

$$f(X = x_j) = f(x_j) = f_j = \frac{h_j}{\sum_{j=1}^{m} h_j} = \frac{h_j}{n}$$

relative Häufigkeit der Merkmalsausprägung x_j.

Anmerkungen zu den Def. 4.1.1-1

1. j ist ein im Bereich der natürlichen Zahlen variierender Zeiger, der alle sich voneinander unterscheidenden Merkmalsausprägungen x_j in der Urliste numeriert.
2. Die Summe der absoluten Häufigkeiten ist stets gleich der Anzahl n der Elemente einer Gesamtheit, wobei

$$\sum_{j=1}^{m} h_j = h_1 + h_2 + \ldots + h_m = n$$

gilt. Lies: „... Summe aller h_j für alle j gleich 1 bis m ...“. Der griechische Großbuchstabe Σ (lies: **Sigma**) fungiert als Summenoperator.

3. Für die relativen Häufigkeiten gilt stets:

$$\sum_{j=1}^{m} f_j = 1 \text{ bzw. } \sum_{j=1}^{m} f_j^* = 100\%,$$

wobei es streng genommen nur für Gesamtheiten mit einem Umfang n > 100 sinnvoll ist, die relativen Häufigkeiten mittels der Beziehung $f_j^* = f_j \cdot 100\%$ als **prozentuale relative Häufigkeiten** anzugeben und zu interpretieren.

Definition 4.1.1-2

Es sei X ein beliebig skaliertes Merkmal. Dann heißt das m-Tupel

$$\{(x_1, h_1), \ldots, (x_j, h_j), \ldots, (x_m, h_m)\}$$

absolute Häufigkeitsverteilung des Merkmals X. Analog heißt das m-Tupel

$$\{(x_1, f_1), \ldots, (x_j, f_j), \ldots, (x_m, f_m)\}$$

relative Häufigkeitsverteilung des Merkmals X.

Anmerkungen zur Def. 4.1.1-2

1. Im Unterschied zur theoretischen Häufigkeitsverteilung, die man unter bestimmten Annahmen erwartet, bezeichnet man die auf erhobenen Daten basierende Verteilung **empirische** Häufigkeitsverteilung. (Näheres dazu im Teil III: Induktive Statistik)
2. Die **tabellarische** Darstellung einer Häufigkeitverteilung heißt **Häufigkeitstabelle**.
3. Geeignete Formen der **graphischen** Darstellung der Häufigkeitsverteilung eines nichthäufbaren nominal-, ordinal- bzw. diskreten kardinalskalierten Merkmals mit wenigen voneinander verschiedenen Merkmalsausprägungen sind das **Stab-** bzw. **Säulendiagramm**.
4. Ist man an der graphischen Darstellung der (Verteilungs)**Struktur** einer statistischen Gesamtheit interessiert, bedient man sich unter Verwendung der relativen Häufigkeitsverteilung eines **Struktogramms.** Ein in praxi häufig verwendetes Struktogramm ist das **Kreisdiagramm**.
5. In der **explorativen** Datenanalyse verwendet man für die Beschreibung der Häufigkeitsverteilung eines kardinalskalierten Merkmals mit vielen voneinander verschiedenen Merkmalswerten i.allg. den **Stem-and-Leaf-Plot**.

Definition 4.1.1-3

Die Kumulation der absoluten bzw. relativen Häufigkeiten derjenigen Merkmalsausprägungen eines mindestens ordinalskalierten Merkmals X, die die Merkmalsausprägung x_j nicht überschreiten, heißt absolute bzw. relative **Summenhäufigkeit**, wobei für alle j = 1,2,...,m für die **absolute** Summenhäufigkeit

$$H(x_j) = H_j = h(X \le x_j) = \sum_{r=1}^{j} h_r$$

und für die **relative** Summenhäufigkeit

$$F(x_j) = F_j = f(X \le x_j) = \sum_{r=1}^{j} f_r = \frac{\sum_{r=1}^{j} h_r}{\sum_{j=1}^{m} h_j} = \frac{H_j}{\sum_{j=1}^{m} h_j} = \frac{H_j}{n}$$

gilt.

Anmerkungen zur Def. 4.1.1-3

1. Synonym: **kumulierte** (lat.: cumulus → vermehren, häufen) Häufigkeit
2. Die absolute Summenhäufigkeit H_j gibt die **Anzahl**, die relative Summenhäufigkeit F_j den **Anteil** der statistischen Einheiten an, die in einer statistischen Gesamtheit einen Merkmalswert besitzen, der höchstens x_j beträgt.
3. Es gilt stets: $H_m = n$ und $F_m = 1$.
4. Die Kumulation, d.h. die schrittweise Summation der absoluten bzw. relativen Häufigkeiten derjenigen Merkmalsausprägungen, die die Merkmalsausprägung x_j überschreiten, heißt **absolute** bzw. **relative Resthäufigkeit**, wobei für alle j = 1,2,...,m gilt:

$$\overline{H(x_j)} = n - H(x_j) \text{ bzw. } \overline{F(x_j)} = 1 - F(x_j).$$

Definition 4.1.1-4

Die Funktion F, die für ein wenigstens ordinalskaliertes Merkmal X jeder reellen Zahl a den Anteil derjenigen Einheiten der statistischen Gesamtheit zuordnet, deren Merkmalswerte x_j diese Zahl nicht überschreiten, heißt empirische **Verteilungsfunktion** F(a), wobei

$$F(a) = \begin{cases} 0 & \text{für alle} \quad a < x_1 \\ F_j & \text{für alle} \quad x_j \le a < x_{j+1}, \ j = 1,2,\ldots,m\text{-}1 \\ 1 & \text{für alle} \quad a \ge x_m \end{cases}$$

gilt.

Anmerkungen zur Def. 4.1.1-4

1. Synonyme: Summenhäufigkeitsverteilung, **Summenfunktion**
2. Die Verteilungsfunktion, die auch für absolute Häufigkeiten angegeben werden kann, setzt ein wenigstens **ordinalskaliertes** Merkmal voraus, das in seinen Merkmalswerten **aufsteigend** geordnet ist.
3. Die Verteilungsfunktion ist eine **Treppenfunktion** mit Sprungstellen von der „Höhe“ $f(x_j)$ in den Punkten $a = x_j$.

Beispiel 4.1.1-1

Die Tabelle 4.1.1-1 zeigt mit Hilfe einer **Häufigkeitstabelle** die Verteilung der privaten Haushalte nach der Anzahl der Personen (absolutskaliertes Merkmal X) in Deutschland im April 1991. In der Häufigkeitstabelle ist z.B. die **Merkmalsausprägung** $x_3 = 3$ wie folgt zu interpretieren:

- $h(x_3)$: Im April 1991 gab es in Deutschland 6017 3-Personenhaushalte.
- $H(x_3)$: Im April 1991 gab es in Deutschland 28738 private Haushalte mit drei und weniger Personen.
- $f(x_3)$: 17,1% aller privaten Haushalte in Deutschland waren im April 1991 3-Personen-Haushalte.

- $F(x_3)$: 81,5% aller privaten Haushalte in Deutschland hatten im April 1991 drei und weniger bzw. weniger als vier Personen.

Tabelle 4.1.1-1

j	x_j	$h(x_j)$	$H(x_j)$	$f(x_j)$	$F(x_j)$
1	1	11858	11858	0,336	0,336
2	2	10863	22721	0,308	0,644
3	3	6017	28738	0,171	0,815
4	4	4742	33480	0,135	0,950
5	5	1776	35256	0,050	1,000
gesamt		35256		1,000	

Die graphische Darstellung der absoluten Häufigkeitsverteilung mit Hilfe eines **Säulendiagramms** zeigt die Abbildung 4.1.1-1, die der Verteilungsstruktur, also der relativen Häufigkeitsverteilung, mittels eines (explodierten) **Kreisdiagramms** die Abbildung 4.1.1-2.

Abbildung 4.1.1-1

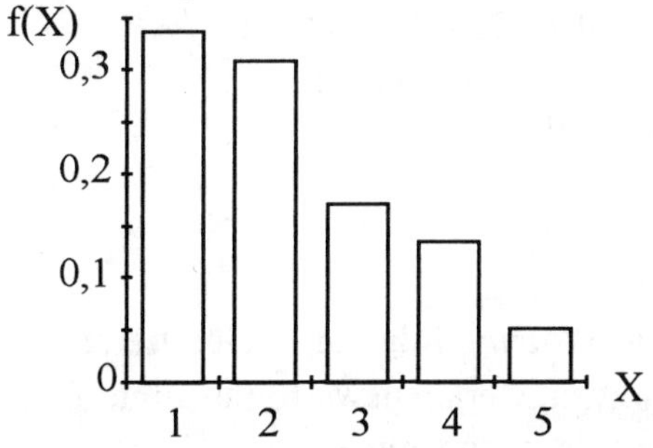

Abbildung 4.1.1-2

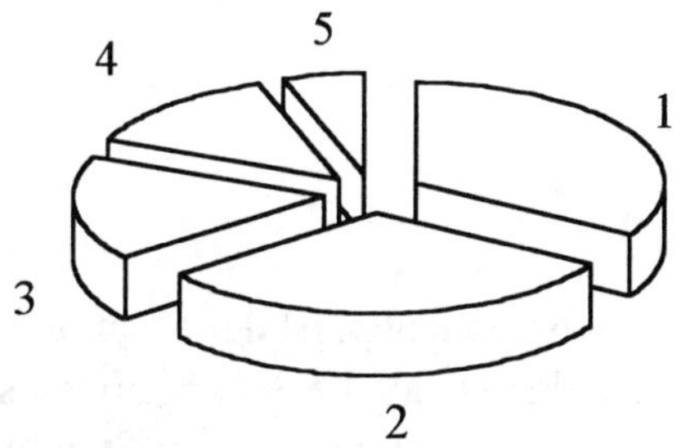

Die Verteilungsfunktion F(a) ist in der Abbildung 4.1.1-3 skizziert.

Abbildung 4.1.1-3

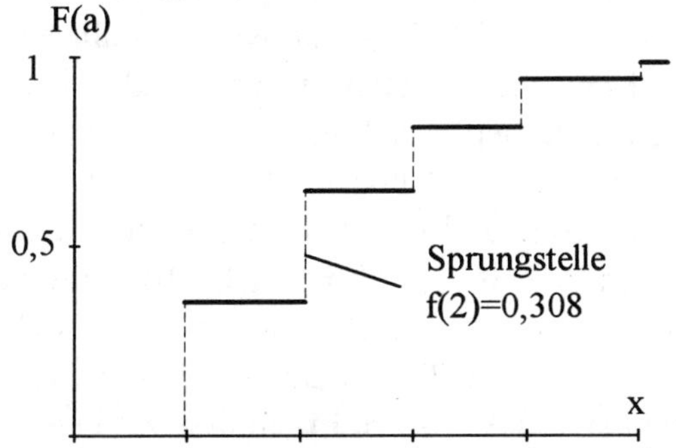

Beispiel 4.1.1-2
Ein Analyseinstrument der explorativen Datenanalyse, das sich vor allem bei der Beschreibung der (absoluten) Häufigkeitsverteilung eines kardinalskalierten Merkmals als sehr leistungsfähig und anschaulich erweist, ist der sog. **Stem-and-Leaf-Plot** (engl.: stem → Stamm & leaf → Blatt), der auch als **Stamm-Blatt-Diagramm** bezeichnet wird. Die Abbildung 4.1.1-4 zeigt den Stem-and-Leaf-Plot für die Urlistendaten aus der Tabelle 3-1, so wie er im Ergebnisprotokoll des Statistik-Programm-Pakets SPSS ausgewiesen wird. Wie man leicht erkennt, ist der Stem-and-Leaf-Plot eine pseudo-graphische Darstellung der absoluten Häufigkeitsverteilung des kardinalskalierten, stetigen Merkmals „Body-Maß-Index" der n = 64 StudentINNen, der analog zu einer Häufigkeitstabelle auf den aufsteigend geordneten Merkmalswerten beruht und im konkreten Fall eine näherungsweise symmetrische Verteilung der Einzelwerte erkennen läßt.

Abbildung 4.1.1-4

absolute Häufigkeit	Stem & Leaf
2	1 s 77
12	1 . 888888899999
18	2 * 000000001111111111
16	2 t 2222222222333333
11	2 f 44444444555
4	2 s 6667
1	2 . 8

In seinen Komponenten ist der Stem-and-Leaf-Plot wie folgt zu interpretieren:

- In der Urliste (Tabelle 3-1) befinden sich zwei Merkmalswerte (absolute Häufigkeit: 2) mit einem „Zehner-Stamm" von je 1 und mit einem „Einer-Blatt" von je 7 Body-Maß-Indexeinheiten, also zwei 17er Body-Maß-Indexwerte, wobei im konkreten Fall $x_{34} = 17,44$ und $x_{64} = 17,16$ gilt. Da man mit Hilfe des Stamm-Blatt-Diagramms bestrebt ist, sich einen groben Überblick über die Verteilung der Einzelwerte zu verschaffen, werden in Anlehnung an das dezimale Zahlensystem durch SPSS im konkreten Fall nur die „Zehner" als „Stamm" und die „Einer" als „Blätter" in das Analysekalkül einbezogen. Die Dezimalstellen bleiben unberücksichtigt. Es ist evident, daß in diesem Diagramm die Anzahl der Blätter identisch ist mit der Anzahl der StudentINNen, für die das statische Merkmal „Body-Maß-Index" erhoben wurde.
- Desweiteren befinden sich in der Urliste z.B. 16 Body-Maß-Indexwerte mit einem „Zehner-Stamm von 2" und „10 Zweier- bzw. 6 Dreier-Blättern", also 10 Merkmalswerte mit einem 22er Stamm und 6 Merkmalswerte mit einem 23er Stamm. Analog sind die anderen Ergebnisse zu deuten.

- Im SPSS-Ergebnisprotokoll besitzen die zwischen dem „Stamm" und den „Blättern" plazierten Symbole die folgende Bedeutung: s → six and seven (sechs und sieben), . → eight and nine (acht und neun), * → zero and one (null und eins), t → two and three (zwei und drei), f → four and five (vier und fünf).

4.1.2 Klassierte Daten

Definition 4.1.2-1

Die Zusammenfassung von sehr vielen voneinander verschiedenen Merkmalswerten eines diskreten Merkmals bzw. der Merkmalswerte eines stetigen Merkmals in (Merkmalswerte)Klassen heißt **Klassierung**.

Anmerkung zur Def. 4.1.2-1

Die Klassierung ist ein fundamentales und in der Datenanalyse oft verwendetes Verfahren. Sie dient in erster Linie der Datenreduktion und der Sichtbarmachung der Häufigkeitsverteilung eines Merkmals in einer statistischen Gesamtheit.

Definition 4.1.2-2

Es sei X ein kardinalskaliertes Merkmal. Dann heißt für alle $k = 1,2,...,s$ das geordnete Merkmalswerte-Intervall $x_k^u \leq X < x_k^o$ (Merkmalswerte)**Klasse**.

Anmerkungen zur Def. 4.1.2-2

1. Der Zeiger k variiert im Bereich der natürlichen Zahlen und numeriert die s der Größe nach (i.allg. aufsteigend) geordneten Klassen.
2. Eine Klasse ist eindeutig bestimmt durch ihre untere x_k^u und obere x_k^o **Klassengrenze**.
3. Klassen, die nach unten bzw. nach oben nicht begrenzt sind, heißen **offene** Flügelklassen.
4. „von ... bis unter ..." ist das in praxi übliche **Klassierungsprinzip**.
5. Klassen sind disjunkte (lat.: disjunctio → Trennung, sich gegenseitig ausschließend, sich nicht überlappend) Merkmalswerte-Intervalle.

Definition 4.1.2-3

Die Differenz $\Delta x_k = x_k^o - x_k^u$ aus der oberen und unteren Klassengrenze heißt **Klassenbreite**.

Anmerkungen zur Def. 4.1.2-3

1. Gleichbreite Klassen heißen **äquidistant** (lat.: aequus → gleich & distantia → Abstand).
2. Die Breite einer Klasse wird in praxi i.allg. sachbezogen festgelegt.

Definition 4.1.2-4

Die Anzahl bzw. der Anteil der statistischen Elemente, deren Merkmalswerte in eine bestimmte Klasse fallen, heißt absolute bzw. relative **Klassenhäufigkeit**, symbolisiert durch $h_k = h(x_k^u \le X < x_k^o)$ bzw. $f_k = f(x_k^u \le X < x_k^o)$. $H_k, F_k, \overline{H}_k, \overline{F}_k$ symbolisieren vereinbarungsgemäß die absolute bzw. relative **Summen-** bzw. **Resthäufigkeit** einer Klasse.

Definition 4.1.2-5

Das (einfache) arithmetische Mittel

$$\overline{x}_k = \frac{\sum_{i=1}^{h_k} x_{ik}}{h_k}$$

der Merkmalswerte, die zu einer Klasse gehören, heißt **Klassenmittel.**

Anmerkungen zur Def. 4.1.2-5

1. Das Klassenmittel fungiert als statistischer **Repräsentant** einer Klasse.
2. Die Berechnung aller s Klassenmittel setzt die Verfügbarkeit der **Urliste** voraus.
3. Kann in Ermangelung der Urlistendaten das Klassenmittel nicht berechnet werden, fungiert die **Klassenmitte** als Repräsentant einer Klasse.

Definition 4.1.2-6

Das (einfache) arithmetische Mittel

$$x_k^* = \frac{x_k^u + x_k^o}{2}$$

aus der unteren und oberen Klassengrenze heißt **Klassemitte**.

Anmerkung zur Def. 4.1.2-6

Bei einer **Gleichverteilung** der Merkmalswerte in einer Klasse sind das Klassenmittel und die Klassenmitte in ihren Werten gleich.

Definition 4.1.2-7

Der Quotient aus der Häufigkeit und der Breite einer Klasse heißt **Häufigkeitsdichte**.

Anmerkungen zur Def. 4.1.2-6

1. Die Häufigkeitsdichte

$$h_k^D = \frac{h_k}{\Delta x_k} \text{ bzw. } f_k^D = \frac{f_k}{\Delta x_k}$$

wird sowohl für die graphische Darstellung der Häufigkeitsverteilung klassierter Daten in Gestalt eines **Histogramms** als auch für die Feinbestimmung des **Modus** benötigt.

2. Für den Fall, daß Häufigkeitsdichten sehr kleine Werte annehmen, arbeitet man in praxi i.allg. mit ihren 100- bzw. 1000-fachen Werten.

Definition 4.1.2-8

Bei Unterstellung einer Gleichverteilung der Merkmalswerte in den Klassen ist die Funktion

$$F(a) = \begin{cases} 0 & \text{für alle} \quad a < x_1^u \\ F_{k-1} + \dfrac{a - x_k^u}{\Delta x_k} \cdot f_k & \text{für alle} \quad x_k^u \le a < x_k^o \\ 1 & \text{für alle} \quad a \ge x_s^o \end{cases}$$

mit $F_0 = 0$ und $k = 1,2,...,s$ die empirische **Verteilungsfunktion** für klassierte Daten.

Anmerkungen zur Def. 4.1.2-8

1. F(a) gibt (näherungsweise) den **Anteil** der Einheiten einer Gesamtheit an, der gleich und kleiner als die reelle Zahl a ist.
2. Der Graph von F(a) ist eine **stückweise lineare** Funktion. Im Unterschied zur Verteilungsfunktion für nichtklassierte Daten fallen hier die Sprungstellen mit den jeweiligen oberen Klassengrenzen x_k^o zusammen. Das bedeutet, daß F(a) lediglich an den oberen Klassengrenzen bekannt ist. Dies widerspricht nicht der o.g. Definition, da bei stetigen Merkmalen die Unterscheidung von $a < x_k^o$ und $a \le x_k^o$ vernachlässigt werden kann.

Beispiel 4.1.2-1

Die Tabelle 4.1.2-1 enthält die Verteilung der unbeschränkt steuerpflichtigen natürlichen Personen (Angaben: 1000 Personen) auf die Einkommenssteuerklassen (Angaben: von ... bis ... unter DM) gemäß der Grundtabelle für das frühere Bundesgebiet im Jahr 1986 (Quelle: Statistisches Jahrbuch 1993, S. 566).

Tabelle 4.1.2-1

k	$x_k^u \le x < x_k^o$	Δx_k	h_k	H_k	$h_k^D \cdot 1000$	f_k	F_k
1	unter 4590	4590	387,5	387,5	84,42	0,072	0,072
2	4590 - 18036	13446	947,4	1334,9	72,40	0,175	0,246
3	18036 - 32022	13986	2085,4	3420,3	149,11	0,385	0,631
4	32022 - 130032	98010	1955,0	5375,3	19,95	0,361	0,992
5	130032 und mehr	119968	43,7	5419,0	0,36	0,008	1,000
Σ			5419,0			1,000	

Die statistische Analyse des zu versteuernden Einkommens ergibt das folgende Bild:

- Die statistische **Einheit** ist eine unbeschränkt steuerpflichtige natürliche Person.
- Die statistische **Gesamtheit** umfaßt alle steuerpflichtigen Personen.
- Die **Identifikationsmerkmale** für der Einheiten bzw. der Gesamtheit sind: zu versteuerndes Einkommen (Sache), 1986 (Zeit), früheres Bundesgebiet (Ort).
- Das **Erhebungsmerkmal** X ist das zu versteuernde Einkommen. Es ist kardinal- bzw. **verhältnisskaliert** und liegt klassiert mit unterschiedlichen Klassenbreiten vor. Die erste und fünfte Einkommensklasse sind nach unten bzw. nach oben offen. Für die weiteren Betrachtungen werden die folgenden Klassengrenzen vereinbart: $x_1^u = 0$ DM und $x_5^o = 250000$ DM.
- Demnach gab es z.B. in der Einkommenssteuerklasse der Ordnung $k = 3$ $h_3 = 2085{,}4 \cdot 1000 = 2085400$ steuerpflichtige Personen mit einem zu versteuernden Einkommen von $x_3^u = 18036$ DM bis unter $x_3^o = 32022$ DM. Das sind $f_3 = 0{,}385$ bzw. $f_3^* = 0{,}385 \cdot 100\% = 38{,}5\%$ aller steuerpflichtigen Personen. H_3 = 3420300 Personen bzw. $F_3 = 0{,}631(\cdot 100\% = 63{,}1\%)$ aller Personen hatten ein zu versteuerndes Einkommen unter 32022 DM.
- Das **Histogramm** auf der Basis der absoluten **Häufigkeitsdichten** und der über die Klassenmitten abgetragende **Polygonzug** sind in der Abbildung 4.1.2 - 1 dargestellt. Das Histogramm ist die geeignete Form der graphischen Darstellung klassierter Daten. Die absoluten bzw. relativen Klassenhäufigkeiten werden durch die **Flächen** der aneinander grenzenden Rechtecke repräsentiert. Die Breiten der Rechtecke entsprechen den Klassenbreiten Δx_k und die Höhen der Rechtecke den Häufigkeitsdichten h_k^D bzw. f_k^D, so daß für alle $k = 1,2,...,s$ gilt: $h_k = \Delta x_k \cdot h_k^D$ bzw. $f_k = \Delta x_k \cdot f_k^D$.

Abbildung 4.1.2-1

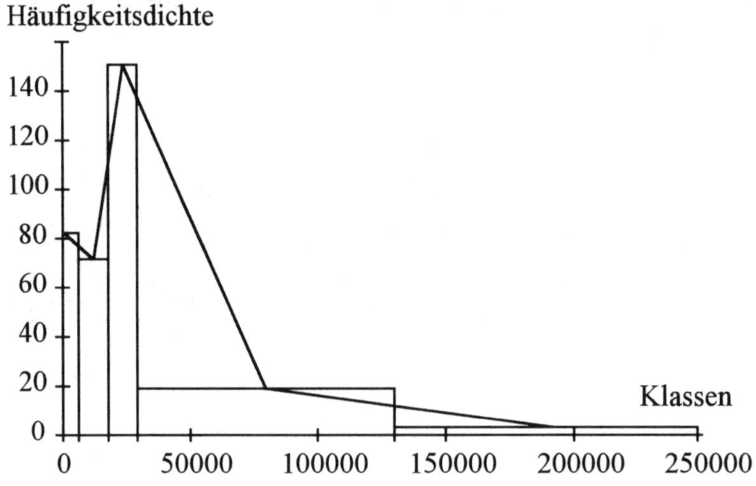

- Die (empirische) **Verteilungsfunktion** als stückweise lineare Funktion ist in der Abbildung 4.1.2-2 dargestellt.

Abbildung 4.1.2-2

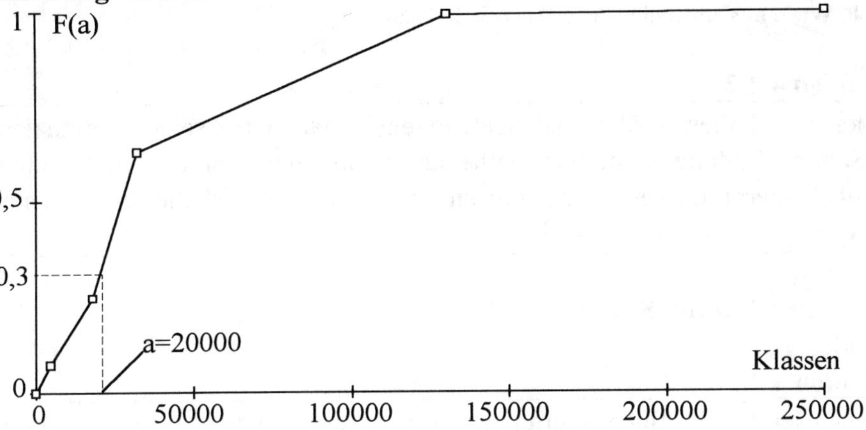

- Der Wert der **Verteilungsfunktion** F(a) an der Stelle a = 20000 DM beträgt

$$F(20000) = 0{,}246 + \frac{20000 - 18036}{13986} \cdot 0{,}385 = 0{,}3$$

und ist wie folgt zu interpretieren: Unter der Annahme, daß sich die steuerpflichtigen Personen gleichmäßig auf die Einkommensklassen verteilen, besaßen 1986 im früheren Bundesgebiet 30% aller steuerpflichtigen Personen ein zu versteuerndes Einkommen von höchstens 20000 DM. 70% der steuerpflichtigen Personen hatten ein zu versteuerndes Einkommen von mindestens 20000 DM.

4.2 Konzentrationsmessung

Definition 4.2-1

Das Ausmaß der Ballung bzw. Ungleichverteilung einer Merkmalswertesumme auf die Merkmalsträger einer statistischen Gesamtheit kennzeichnet die statistische **Konzentration**.

Anmerkungen zur Def. 4.2-1

1. Die Ballung eines meist großen Teils einer Merkmalssumme auf eine meist kleine **Anzahl** von Merkmalsträgern (statistischen Einheiten) kennzeichnet die **absolute** statistische Konzentration.

2. Die Ungleichverteilung (Disparität) eines meist großen Anteils einer Merkmalswertesumme auf einen meist kleinen **Anteil** von Merkmalsträgern kennzeichnet die **relative** statistische Konzentration.
3. Die Konzentrationsmessung ist nur für ein **kardinalskaliertes** und **extensives** Merkmal sinnvoll. **Wertangaben** sind i.allg. extensive Merkmale.

Definition 4.2-2

Ein kardinalskaliertes Merkmal heißt **extensiv**, wenn für seine Merkmalswerte die Summenbildung nicht nur mathematisch möglich, sondern inhaltlich auch plausibel interpretierbar ist. Ansonsten heißt ein kardinalskaliertes Merkmal **intensiv**.

4.2.1 Lorenz-Kurve

Definition 4.2.1-1

Gegeben sei die Häufigkeitsverteilung eines extensiven Merkmals X. Dann heißt für alle $i = 0,1,...,m$ und $F_0 = A_0 = 0$ der Streckenzug durch die $m + 1$ Punkte $(F_i;A_i)$ **Lorenz-Kurve** der relativen statistischen Konzentration. Dabei bedeuten für alle $j = 1,2,...,m$

$$F_j = \sum_{r=1}^{j} f_r = \frac{\sum_{r=1}^{j} h_r}{\sum_{j=1}^{m} h_j}$$

die relativen **Summenhäufigkeiten** der Merkmalswerte x_j,

$$A_j = \sum_{r=1}^{j} a_r$$

die **kumulierten Anteile** der Merkmalswerte an der Merkmalswertesumme und

$$a_j = \frac{x_j \cdot h_j}{\sum_{j=1}^{m} x_j \cdot h_j}$$

die **Anteile** der Merkmalswerte an der Merkmalswertesumme

$$\sum_{j=1}^{m} x_j \cdot h_j.$$

Anmerkungen zur Def. 4.2.1-1

1. In der Regel trägt man die kumulierten Summenhäufigkeiten F_i auf der **Abszisse** und die kumulierten Summenanteile A_i auf der **Ordiante** ab.
2. Die Gerade (Diagonale) durch die Punkte (0;0) und (1;1) heißt **Gleichverteilungsgerade.**
3. Die durch die Gleichverteilungsgerade und die Lorenz-Kurve eingeschlossene Fläche heißt **Konzentrationsfläche**. Je größer die Konzentrationsfläche, desto größer ist die relative Konzentration. Bei gleichmäßiger Verteilung der Merkmalswertesumme auf die Merkmalsträger verschwindet die Konzentrationsfläche, bei maximaler Konzentration strebt sie gegen den Wert von 0,5 Flächeneinheiten.
4. Ist für **klassierte** Daten die Merkmalswertesumme nicht gegeben, bestimmt man sie näherungsweise als Produktsumme

$$\sum_{k=1}^{s} x_k^* \cdot h_k \text{ bzw. } \sum_{k=1}^{s} x_k^* \cdot f_k$$

   aus den Klassenmitten x_k^* und den absoluten Klassenhäufigkeiten h_k bzw. relativen Klassenhäufigkeiten f_k und darauf aufbauend alle anderen s Kennzahlen. Die Lorenz-Kurve ist dann für alle i = 0,1,...,s ein **Streckenzug** durch die s + 1 Punkte $(F_i;A_i)$.

4.2.2 Gini-Koeffizient

Definition 4.2.2-1

Der Quotient aus der Konzentrationsfläche und der Fläche bei maximaler Konzentration heißt **Gini-Koeffizient** G.

Anmerkungen zur Def. 4.2.2-1

1. Der Gini-Koeffizient G, für den stets $0 \leq G \leq$ gilt, läßt sich mit Hilfe der Formel

$$G = 1 - \sum_{j=1}^{m} f_j \cdot (A_j + A_{j-1}) \text{ und } A_o = 0$$

   berechnen. Bei **klassierten** Daten summiert man lediglich über alle k = 1,2,...,s.
2. Als Maßzahl ist der Gini-Koeffizient eine sinnvolle Ergänzung zur graphischen Konzentrationsaussage mit Hilfe der Lorenz-Kurve.

Beispiel 4.2.2-1

In Fortsetzung des Beispiels 4.1.2-1 soll die **relative** statistische Konzentration der zu versteuernden Einkommen auf die steuerpflichtigen Personen untersucht werden. Da das zu versteuernde Einkommen X (siehe Tabelle 4.1.2-1) ein **extensives** Merkmal ist, ergeben sich die in der Tabelle 4.2.2-1 zusammengefaßten Ergebnisse der (relativen) Konzentrationsmessung. Demnach entfielen 1986 im früheren Bundesgebiet z.B. auf die einkommensschwachen

$$F_3 = 0,631 \cdot (100\% = 63,1\%)$$

der steuerpflichtigen Personen (näherungsweise)

$$A_3 = 0,279 \cdot (100\% = 27,9\%)$$

des gesamten zu versteuernden Einkommens. Die **Lorenz-Kurve** ergibt das in der Abbildung 4.2.2-1 skizzierte Bild. Da der **Gini-Koeffizient**

$$G = 1 - [0,072 \cdot (0 + 0,004) + \ldots + 0,008 \cdot (1 + 0,964)] = 0,398$$

ist, findet man mit Hilfe dieser normierten Maßzahl eine (relative) Einkommenskonzentration mittleren Ausmaßes bei den steuerpflichtigen Personen neben der Lorenz-Kurve auch numerisch bestätigt.

Tabelle 4.2.2-1

k	x_k^*	h_k	$x_k^* \cdot h_k$	a_k	A_k	f_k	F_k
1	2295	387,5	889312,5	0,004	0,004	0,072	0,072
2	11313	947,4	10717936,2	0,047	0,051	0,175	0,246
3	25019	2085,4	52174622,6	0,228	0,279	0,385	0,631
4	80027	1955,0	156452785,0	0,685	0,964	0,361	0,992
5	190016	43,7	8303699,2	0,036	1,000	0,008	1,000
Σ		5419,0	228538355,5	1,000		1,000	

Abbildung 4.2.2-1

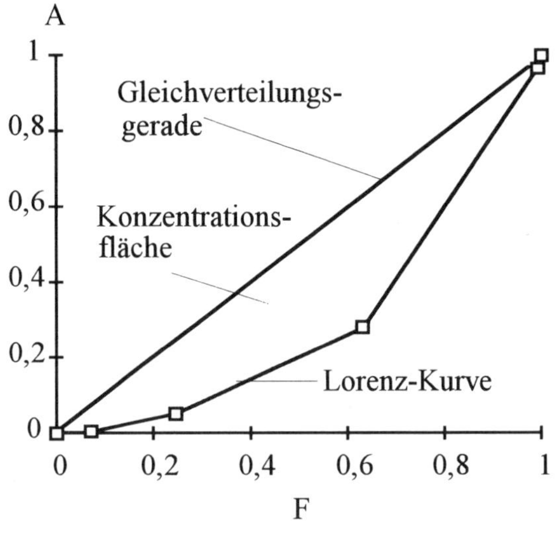

4.3 Lagemaße

Lagemaße fungieren in einer Verteilung als Repräsentanten der „Mitte“. In der statistischen Methodenlehre werden sie oft auch als **Mittelwerte** bezeichnet. Ein Lagemaß ist für die Charakterisierung der Verteilung eines statistischen Merkmals nur dann definiert und sinnvoll, wenn die Skala, auf der die Merkmalsausprägungen erfaßt wurden, die bei der Bestimmung bzw. Berechnung des Lagemaßes benötigten Vergleichs- und Rechenoperationen gestattet. Lagemaße sind stets **bezeichnete** Merkmalsausprägungen bzw. (meist fiktive) Merkmalswerte, d.h. sie tragen die Dimension (Maßeinheit) des statistischen Merkmals, das der Analyse zugrunde liegt. Die in der Deskriptiven Statistik am häufigsten verwendeten Lagemaße sind der **Modus**, der **Median** als ein spezielles **Quantil** sowie das **arithmetische Mittel.**

4.3.1 Modus

Definition 4.3.1-1

Die Merkmalsausprägung eines beliebig skalierten Merkmals X, die am häufigsten vorkommt, heißt **Modus** und wird i.allg. mit x_D bezeichnet.

Anmerkungen zur Def. 4.3.1-1

1. Synonyme: Modalwert, **Dichtemittel**, Mode, häufigster oder dichtester Wert
2. Für **nominalskalierte** Merkmale ist der Modus (lat.: modus → Art und Weise) der einzig sinnvolle Mittelwert.
3. Für j = 1,2,...,m voneinander verschiedene Merkmalsausprägungen x_j gilt für den Modus x_D:

$$h(x_D) = \max_{j=1}^{m} h(x_j) \text{ bzw. } f(x_D) = \max_{j=1}^{m} f(x_j).$$

4. Für ein **kardinalskaliertes** Merkmal X, dessen Merkmalswerte in k = 1,2,..,s Klassen zusammengefaßt wurden, berechnet man unter der **Gleichverteilungsannahme** den Modus näherungsweise mit Hilfe der Formeln

$$x_D = x_k^u + \frac{h_k^D - h_{k-1}^D}{2 \cdot h_k^D - h_{k-1}^D - h_{k+1}^D} \cdot \Delta x_k \text{ bzw. } x_D = x_k^u + \frac{f_k^D - f_{k-1}^D}{2 \cdot f_k^D - f_{k-1}^D - f_{k+1}^D} \cdot \Delta x_k.$$

   Der Zeiger k kennzeichnet die jeweiligen Kennzahlen der **modalen** Klasse. Die modale Klasse ist die Klasse mit der größten **Häufigkeitsdichte** h_k^D bzw. f_k^D.

5. Eine Häufigkeitsverteilung mit nur einem Modus heißt **unimodal** oder eingipflig, mit zwei Modi **bimodal** oder zweigipflig und mit mehreren Modi **multimodal** oder mehrgipflig.

Beispiel 4.3.1-1

Ein Wirtschaftsprüfungsunternehmen schreibt öffentlich die Stelle eines Controllers aus. Auf die Ausschreibung bewerben sich 47 männliche und 23 weibliche Personen.

Ist man an der geschlechtsspezifischen Struktur der Bewerber interessiert, so erscheint das Geschlecht als das interessierende Erhebungsmerkmal X der statistischen Einheit „Bewerber". Da das Geschlecht im statistischen Sinne ein **nominalskaliertes** Merkmal ist und die Merkmalsausprägung „männlich" am häufigsten beobachtet wurde, ist der **Modus** inhaltlich wie folgt bestimmt: $x_D =$"männlich".

Beispiel 4.3.1-2

Bezugnehmend auf das Beispiel 4.1.1-1 ergibt sich für das **absolutskalierte** Merkmal X aus der Tabelle 4.1.1-1 ein **Modus** von $x_D = 1$ Person, da

$$h(1) = \max_{j=1}^{5} h(x_j) = 11858$$

private Haushalte bzw.

$$f(1) = \max_{j=1}^{5} f(x_j) = 0{,}336$$

ist. Demnach war im April 1991 der 1-Personen-Haushalt der am häufigsten statistisch beobachtete private Haushaltstyp in Deutschland. Da für die geordnete Folge der Merkmalsausprägungen nur ein Modus ermittelt werden kann, sagt man auch, daß die Verteilung der privaten Haushalte bezüglich der Anzahl der Personen **unimodal** (eingipflig) ist. Zum gleichen Ergebnis gelangt man bei der Betrachtung der Abbildung 4.1.1-1, da das Säulendiagramm nur einen „Gipfel" besitzt.

Beispiel 4.3.1-3

Aus der Tabelle 4.1.2-1 und der Abbildung 4.1.2-1 innerhalb des Beispiels 4.1.2 - 1 wird ersichtlich, daß 1986 die Verteilung des steuerpflichtigen Einkommens im früheren Bundesgebiet **bimodal** ist. Unter der Gleichverteilungsannahme für die modalen und unmittelbar benachbarten Einkommensklassen errechnet man (in ausreichender Näherung) die folgenden Modi:

$$x_D^{(1)} = 0 + \frac{84{,}42 - 0}{2 \cdot 84{,}42 - 0 - 72{,}40} \cdot 4590 \approx 4018$$

und

$$x_D^{(2)} = 18036 + \frac{149{,}11 - 72{,}40}{2 \cdot 149{,}11 - 72{,}40 - 19{,}95} \cdot 13986 \approx 23247\,.$$

Demnach lagen 1986 im früheren Bundesgebiet die am häufigsten erfaßten steuerpflichtigen Einkommen, also die **Einkommensmodi** bei 4018 DM und 23247 DM.

4.3.2 Quantile

Definition 4.3.2-1

Es sei X ein mindestens ordinalskaliertes Merkmal. Dann heißt die Merkmalsausprägung x_q, die die aufsteigend geordnete Folge aller beobachteten Merkmalsausprägungen (ungefähr oder genau) derart zweiteilt, daß q Anteile unterhalb und 1-q Anteile oberhalb der Merkmalsausprägung x_q liegen, wobei $0 \leq q \leq 1$ gilt, **Quantil**.

Anmerkungen zur Def. 4.3.2-1

1. In der deskriptiven Statistik sind i.allg. die in der Tabelle 4.3.2-1 zusammengefaßten Quantile (lat.: quantus → wieviel, wie groß) von praktischer Bedeutung. Während der **Median** (lat.: medianus → in der Mitte befindlich) eine geordnete Gesamtheit hinsichtlich des zu analysierenden Merkmals in Hälften teilt, teilen die drei **Quartile** (lat.: quartarius → Viertel) eine geordnete Gesamtheit in vier gleichgroße Teile, die neun **Dezile** (lat.: decem → zehn) eine geordnete Gesamtheit in zehn gleichgroße Teile und in logischer Konsequenz die 99 **Perzentile** (lat.: pro cento → für hundert) eine geordnete Gesamtheit in 100 gleichgroße Teile.

Tabelle 4.3.2-1

q	Benennung des Quantils x_q
0,50	**Median**
0,25	1. oder unteres **Quartil**
0,50	2. oder mittleres Quartil oder Median
0,75	3. oder oberes Quartil
0,10	1. **Dezil**
0,20	2. Dezil
.	.
0,50	5. Dezil oder 2. Quartil oder Median
.	.
0,90	9. Dezil
0,01	1. **Perzentil**
0,02	2. Perzentil
.	.
0,25	25. Perzentil oder 1. Quartil
.	.
0,50	50. Perzentil oder 2. Quartil oder Median
.	.
0,75	75. Perzentil oder 3. Quartil
.	.
0,99	99. Perzentil

2. Die Betrachtung der Quantile ist untrennbar mit der Betrachtung der **Verteilungsfunktion** verbunden. Während ein spezieller Wert der Verteilungsfunktion (vgl. Definitionen 4.1.1-4 und 4.1.2-8) den Anteil der statistischen Einheiten einer Gesamtheit markiert, die unter bzw. oberhalb eines vorgegebenen Merkmalswertes liegen, ist ein Quantil ein spezieller **Merkmalswert**, der eine Gesamtheit derart teilt, daß q Anteile der Einheiten unterhalb bzw. 1-q Anteile der Einheiten oberhalb des Quantils x_q liegen.
3. Für eine in ihren n Merkmalswerten geordnete **Urliste** ermittelt man ein beliebiges Quantil x_q mit Hilfe der entsprechenden **Ordnungsnummern** (...). Für das Quantil $x_{0,5}$, also den **Median**, ergeben sich die folgenden Zuordnungsvorschriften:

$$x_{0,5} = \begin{cases} x_{\left(\frac{n+1}{2}\right)} & \text{falls n ungerade} \\ \frac{1}{2} \cdot \left[x_{\left(\frac{n}{2}\right)} + x_{\left(\frac{n}{2}+1\right)} \right] & \text{falls n gerade} \end{cases}$$

4. Ausgehend von der Verteilungsfunktion in der Definition 4.1.2-8 ermittelt man für **klassierte** Daten unter der Gleichverteilungsannahme für vorgegebene Werte q das Quantil x_q näherungsweise wie folgt:

$$x_q = x_k^u + \frac{q - F_{k-1}}{f_k} \cdot \Delta x_k .$$

Der Zeiger k kennzeichnet die entsprechenden Kennzahlen der **Quantilsklasse**.

Definition 4.3.2-2

Die graphische Darstellung

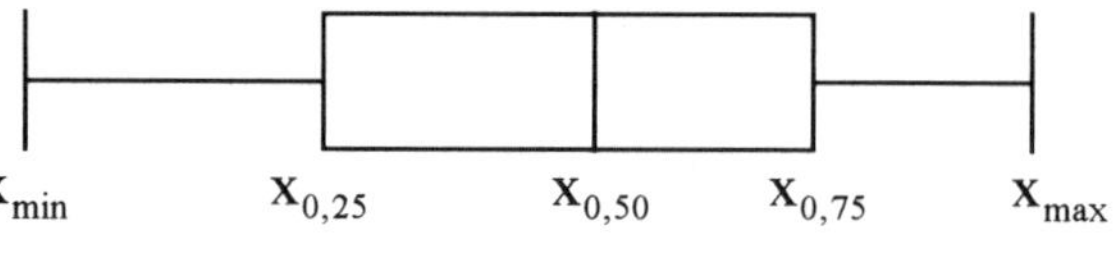

auf der Basis der Verteilungsmaßzahlen $x_{min}, x_{0,25}, x_{0,5}, x_{0,75}, x_{max}$ heißt **Boxplot**.

Anmerkungen zur Def. 4.3.2-2

1. Der Boxplot, der auch als **box & whiskerplot** (enlg.: box → Schachtel, whisker → Barthaar) bezeichnet wird, ist ein graphisches Verfahren der explorativen Datenanalyse zur Kennzeichnung der Häufigkeitsverteilung i.allg. eines kardinalskalierten Merkmals X, das als wesentliche Kenngrößen den **kleinsten** x_{min} und den **größten** Merkmalswert x_{max} sowie die drei **Quartile** verwendet.
2. Der Boxplot, der in verschiedenen Varianten praktische Anwendung findet, veranschaulicht in Ergänzung eines Säulen- oder Histogramms die Verteilung und die Struktur der zu analysierenden Daten.
3. Mit der Ausdehnung des Boxplot sind die **Spannweite** (vgl. Definition 4.4.2-1), mit der Ausdehnung der Box der **Quartilsabstand** (vgl. Definition 4.4.3-1) als zwei Streuungsmaße bildhaft dargestellt. Zwischen dem kleinsten Merkmalswert x_{min} und dem unteren Quartil $x_{0,25}$

bzw. zwischen dem oberen Quartil $x_{0,75}$ und dem größten Merkmalswert x_{max} liegen jeweils 25% bzw. ein Viertel aller Einzelwerte.

4. Ist der Boxplot unsymmetrisch, gilt dies auch für die Häufigkeitsverteilung.
5. Boxplots eigenen sich im besonderen Maße für den **Verteilungsvergleich** von zwei und mehr Gesamtheiten bezüglich eines gleichen Merkmals.

Beispiel 4.3.2-1

Ordnet man die Urlistendaten aus der Tabelle 3-1 der Größe nach aufsteigend, so erhält man den folgenden **Median** für den Body-Maß-Index X: Wegen der geraden Anzahl von n = 64 StudentINNen ermittlet man die Ordnungsnummern n/2 = 32 und 1 + n/2 = 33. Demnach bilden die Merkmalswerte $x_{32} = 21{,}80$ und $x_{33} = 22{,}0$ die „Mitte" aller geordneten Einzelwerte, woraus sich ein mittlerer Wert von

$$x_{0,5} = \frac{21{,}80 + 22{,}05}{2} = 21{,}925$$

ergibt, der wie folgt zu interpretieren ist: Die Hälfte aller Kursteilnehmer besitzt einen Body-Maß-Index unter (bzw. über) 21,925 Body-Maß-Einheiten.

Beispiel 4.3.2-2

Ausgehend vom Beispiel 4.1.2-1 und der Tabelle 4.1.2-1 ermittelt man die drei Quartile wie folgt:

- Da $F_2 = 0{,}246 < 0{,}25$ ist, muß das **untere** Einkommensquartil in der Einkommensklasse der Ordnung k = 3 liegen. Man sagt auch: Die 3. Einkommenklasse ist die **Einfallsklasse** für das untere Einkommensquartil

$$x_{0,25} = 18036 + \frac{0{,}25 - 0{,}246}{0{,}385} \cdot 13986 \approx 18181,$$

das wie folgt zu interpretieren ist: Besaß im früheren Bundesgebiet das einkommensschwächste Viertel aller steuerpflichtigen Personen ein Einkommen unter 18181 DM, so besaßen die einkommensstarken drei Viertel aller steuerpflichtigen Personen ein Einkommen über 18181 DM.

- Da $F_2 = 0{,}246 < 0{,}5$ und $F_3 = 0{,}631 > 0{,}5$ gilt, ist die 3. Einkommenklasse die Einfallsklasse für das **mittlere** Einkommensquartil bzw. für den Einkommensmedian

$$x_{0,5} = 18036 + \frac{0{,}5 - 0{,}246}{0{,}385} \cdot 13986 \approx 2724 \;,$$

das (der) wie folgt zu interpretieren ist: Besaß im früheren Bundesgebiet die einkommensschwache Hälfte aller steuerpflichtigen Personen ein Einkommen unter 27241 DM, so besaß die einkommensstarke Hälfte ein Einkommen über 27241 DM.

- Wegen $F_3 = 0{,}631 < 0{,}75$ und $F_4 = 0{,}992 > 0{,}75$, ist die 4. Einkommensklasse die Einfallsklasse für das **obere** Einkommensquartil

$$x_{0,75} = 32022 + \frac{0{,}75 - 0{,}631}{0{,}361} \cdot 98010 \approx 64330,$$

das wie folgt zu interpretieren ist: 1986 besaßen im früheren Bundesgebiet die einkommenschwachen drei Viertel aller steuerpflichtigen Personen ein Einkommen unter 64330 DM. Das einkommenstärkste Viertel der steuerpflichtigen Personen verfügte über ein Einkommen von mehr als 64330 DM.

- Legt man das Minimaleinkommen x_{min} auf 0 DM und das Maximaleinkommen x_{max} auf 250000 DM fest, erhält man den in der Abbildung 4.3.2 - 1 skizzierten **Boxplot**, der eine sinnvolle Ergänzung zur der durch das **Histogramm** bzw. durch den **Polygonzug** dargestellten Verteilung der steuerpflichtigen Einkommen ist. Aus beiden Graphiken ist ersichtlich, daß die Einkommensverteilung asymmetrisch ist.

Abbildung 4.3.2-1

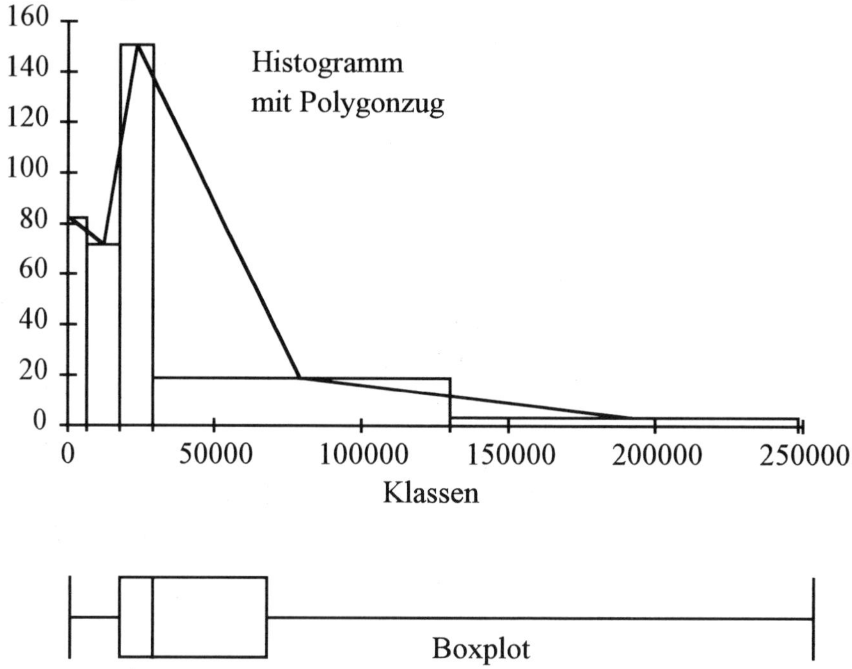

4.3.3 Arithmetisches Mittel

Definition 4.3.3-1

Es sei X ein kardinalskaliertes Merkmal. Dann heißt der Wert, der sich ergibt, wenn man für alle i = 1,2,...,n die Summe der beobachteten Merkmalswerte x_i gleichmäßig auf alle Merkmalsträger verteilt, **arithmetisches Mittel** $\overline{x}$.

Anmerkungen zur Def. 4.3.3-1

1. Synonyme: durchschnittlicher Wert, **Durchschnitt**
2. Für **Urlistendaten** gilt die Berechnungsvorschrift

$$\overline{x} = \frac{\sum_{i=1}^{n} x_i}{n}.$$

   Sie wird auch als **einfaches** arithmetisches Mittel bezeichnet.
3. Für nichtklassierte Daten aus einer **Häufigkeitstabelle** errechnet man das arithmetische Mittel wie folgt:

$$\overline{x} = \frac{\sum_{j=1}^{m} x_j \cdot h_j}{\sum_{j=1}^{m} h_j} = \sum_{j=1}^{m} x_j \cdot f_j.$$

   Diese Berechnungsvorschrift bezeichnet man auch als **gewogenes** arithmetisches Mittel.
4. Für gepoolte bzw. **klassierte** Daten gelten die folgenden Berechnungsvorschriften:

$$\overline{x} = \frac{\sum_{k=1}^{s} \overline{x}_k \cdot h_k}{\sum_{k=1}^{s} h_k} = \sum_{k=1}^{s} \overline{x}_k \cdot f_k \text{ bzw. } \overline{x} \approx \frac{\sum_{k=1}^{s} x_k^* \cdot h_k}{\sum_{k=1}^{s} h_k} = \sum_{k=1}^{s} x_k^* \cdot f_k$$

   In diesen Fällen ist das arithmetische Mittel ein **gewogener Durchschnitt aus Durchschnitten**.
5. Das arithmetische Mittel besitzt folgende charakteristische Eigenschaften:
   a) die sog. **Nulleigenschaft**. Sie besagt, daß die Summe der Abweichungen der einzelnen Merkmalswerte vom arithmetischen Mittel stets null ist, so daß gilt:

$$\sum_{i=1}^{n} (x_i - \overline{x}) = 0.$$

   b) die sog. **quadratische Minimumseigenschaft**. Sie besagt, daß es keine reelle Zahl c gibt, für die die Summe der quadrierten Abweichungen der einzelnen Merkmalswerte vom arithmetischen Mittel kleiner ist als für das arithmetische Mittel selbst, so daß gilt:

$$\sum_{i=1}^{n}(x_i - c)^2 \geq \sum_{i=1}^{n}(x_i - \overline{x})^2 .$$

c) die sog. **Hochrechnungseigenschaft** auf die Merkmalswertesumme. Sie besagt, daß Merkmalswertesumme gleich ist dem Produkt aus arithmetischem Mittel und der Merkmalswerteanzahl, so daß gilt:

$$\sum_{i=1}^{n} x_i = \overline{x} \cdot n .$$

d) die sog. **lineare Transformationseigenschaft**. Sie besagt, daß jede lineare Transformation der Merkmalswerte auch für das arithmetische Mittel gilt, so daß für alle i = 1,2,...,n und $b \neq 0$ aus der Lineartransformation $y_i = a + b \cdot x_i$ die Lineartransformation

$$\overline{y} = a + b \cdot \overline{x}$$

folgt.

6. Da beim arithmetischen Mittel alle Merkmalswerte in das Kalkül der Berechnung eingehen, ist es (etwa im Unterschied zum Median) empfindlich gegenüber statistischen Ausreißern.
7. Aus statistisch-methodischer Sicht ist zu unterscheiden, ob das arithmetische Mittel als Lageparameter zur Charakterisierung einer Verteilung oder als Maßzahl zur Charakterisierung von Aggregaten bzw. Beständen fungiert. Letzteres führt zum **harmonischen** Mittel (vgl. Definition 6.2.3-2) bzw. zum **chronologischen** Mittel (vgl. Definition 7.3-1), die als Spezialfälle des arithmetischen Mittels im Kapitel 6 bzw. Kapitel 7 dargestellt werden.

Beispiel 4.3.3-1

Bezugnehmend auf das Beispiel 3-1 errechnet man für die **verhältnisskalierten** Urlistendaten aus der Tabelle 3-1 ein **einfaches** arithmetisches Mittel von

$$\overline{x} = \frac{21{,}67 + 25{,}22 + \ldots + 17{,}16}{64} = 22{,}05,$$

das wie folgt zu interpretieren ist: Der durchschnittliche Body-Maß-Indexwert eines Kursteilnehmers beläuft 22,05 Body-Maß-Einheiten.

Beispiel 4.3.3-2

Aufbauend auf das Beispiel 4.1.1-1 und unter Verwendung der Tabelle 4.1.1-1 errechnet man für das **absolutskalierte** Merkmal X „Anzahl der Personen in einem privaten Haushalt“ ein **gewogenes** arithmetisches Mittel von

$$\overline{x} = \frac{1 \cdot 11858 + \ldots + 5 \cdot 1776}{11858 + \ldots + 1776} = \frac{79483}{35256} \approx 2{,}25$$

das wie folgt interpretiert werden kann: Im Durchschnitt gehörten im April 1991 in Deutschland 2,25 Personen zu einem privaten Haushalt. Da das zu analysierende Merkmal auf einer Absolutskala gemessen wurde, können die Merkmalswerte nur ganzzahlig sein. Die durchschnittliche Personenanzahl ist im konkreten Fall eine real nicht existierende, daher fiktive Personenanzahl.

Beispiel 4.3.3-3
In Fortsetzung des Beispiels 4.1.2-1 und unter Verwendung der Tabellen 4.1.2-1 und 4.2.2-1 kann das arithmetische Mittel nur näherungsweise bestimmt werden, da die erste und letzte Einkommensklasse nach unten bzw. nach oben offen und die Klassenmittel nicht gegeben sind. Vereinbart man (in Anlehnung an den Boxplot in der Abbildung 4.3.2-1) eine Einkommensspannweite zwischen 0 DM und 250000 DM, dann errechnet man für alle k = 1,2,...,5 unter Verwendung der Klassenmitten x_k^* und der relativen Klassenhäufigkeiten f_k ein **gepooltes** bzw. **gewogenes** arithmetisches Mittel von

$$\overline{x} \approx 2295 \cdot 0{,}072 + 11313 \cdot 0{,}175 + ... + 190016 \cdot 0{,}008 = 42173{,}53,$$

das wie folgt zu interpretieren ist: Im Durchschnitt hatte 1986 im früheren Bundesgebiet eine steuerpflichtige Person ein Einkommen von (ungefähr) 42174 DM.

4.4 Streuungsmaße

Häufig reichen Lagemaße zur Charakterisierung einer Häufigkeitsverteilung bzw. statistischen Reihe nicht aus. Man ergänzt sie daher durch Maßzahlen, die erkennen lassen, ob sich Merkmalsausprägungen stark häufen bzw. sich eng um ein Lagemaß konzentrieren bzw. stark um dieses streuen. Diese Maßzahlen bezeichnet man i.allg. als **Streuungsmaße**.

4.4.1 Disparitätsmaße

Definition 4.4.1-1

Gegeben sei für alle $j = 1,2,...,m$ und $m \geq 2$ die Häufigkeitsverteilung $\{(x_j;f_j)\}$ eines nominalskalierten Merkmals X. Dann heißt

$$s_N = 1 - \frac{m}{m-1} \cdot \left(1 - \sum_{j=1}^{m} f_j^2\right)$$

Disparitätsmaß s_N für das Merkmal X.

Definition 4.4.1-2

Gegeben sei für alle $j = 1,2,...,m$ und $m \geq 2$ die Häufigkeitsverteilung $\{(x_j;f_j)\}$ eines wenigstens ordinalskalierten Merkmals X. Dann heißt

$$s_O = 1 - \frac{6 \cdot m}{m^2 - 1} \cdot \sum_{j=1}^{m-1} F_j \cdot (1 - F_j)$$

Disparitätsmaß s_O für das Merkmal X.

Anmerkungen zu den Def. 4.4.1-1 und 4.4.1-2

1. Die Disparitätsmaße s_N und s_O sind normierte Maße, so daß $0 \leq s_N$, $s_O < 1$ gilt. Sind $s_N = 0$ bzw. $s_O = 0$, liegt eine **Gleichverteilung** vor. Ein s_N bzw. s_O nahe 1 kennzeichnet eine ausgeprägte **Disparität** des Häufigkeitsbesatzes der Merkmalsausprägungen mit der Tendenz zu einer Einpunktverteilung.
2. Da sowohl auf einer Nominal- als auch auf einer Ordinalskala Abstände zwischen den Merkmalsausprägungen nicht definiert sind, orientieren sich die Disparitätsmaße s_N und s_O nicht daran, wie die Merkmalsausprägungen etwa um ein Lagemaß streuen, sondern in welchem Maße bestimmte Merkmalsausprägungen **gehäuft auftreten** oder nicht.
3. Von praktischer Bedeutung sind die Disparitätsmaße s_N bzw. s_O für den **Verteilungsvergleich** nominal- bzw. ordinalskalierter Merkmale.

Beispiel 4.4.1-1
Die Tabelle 4.4.1-1 enthält die für Ende 1990 in den alten und neuen Bundesländern existierende Bevölkerungsstruktur, gegliedert nach dem nominalskalierten Merkmal X: Familienstand.

Tabelle 4.4.1-1

j	x_j	f_j^{alt}	f_j^{neu}
1	ledig	0,435	0,366
2	verheiratet	0,485	0,494
3	geschieden, verwitwet	0,080	0,140
gesamt		1,000	1,000

Für die m = 3 voneinander verschiedenen Merkmalsausprägungen errechnet man die folgenden Disparitätsmaße:

$$s_N^{alt} = 1 - \frac{3}{3-1} \cdot \left[1 - (0{,}435^2 + ... + 0{,}080^2)\right] = 0{,}146$$

und

$$s_N^{neu} = 1 - \frac{3}{3-1} \cdot \left[1 - (0{,}366^2 + ... + 0{,}140^2)\right] = 0{,}096.$$

Die Disparität der Bevölkerungstruktur in ihrer Gliederung nach dem Familienstand war 1990 in den alten Bundesländern ausgeprägter als in den neuen Bundesländern. Demnach tendierte die Bevölkerungsstruktur in ihrer Gliederung nach dem Familienstand in den neuen Bundesländern mehr zu einer Gleichverteilung als in den alten Bundesländern.

Beispiel 4.4.1-2
Die Tabelle 4.4.1-2 beinhaltet die Häufigkeitsverteilungen des ordinalskalierten Merkmals X „Klausurnoten im Fach Statistik" für Studenten der Wirtschaftsinformatik (WI) und der Betriebswirtschaft (BW) an der FHTW Berlin im Sommersemster 1994. Aus den m = 5 Klausurbewertungsstufen (Prädikaten) und ihren Verteilungen errechnet man die Disparitätsmaße

$$s_O^{WI} = 1 - \frac{6 \cdot 5}{5^2 - 1} \cdot \left[0{,}03 \cdot (1 - 0{,}03) + ... + 0{,}50 \cdot (1 - 0{,}50)\right] = 0{,}252$$

und

$$s_O^{BW} = 1 - \frac{6 \cdot 5}{5^2 - 1} \cdot \left[0{,}05 \cdot (1 - 0{,}05) + ... + 0{,}89 \cdot (1 - 0{,}89)\right] = 0{,}054,$$

die im Sinne des statistischen Vergleichs wie folgt interpretiert werden können: Die Disparität der Notenverteilung im Fach Statistik war im Sommersemster 1994 bei den Studenten der Wirtschaftsinformatik stärker ausgeprägt als bei den Studenten der Betriebswirtschaft. Die Notenverteilung für die Betriebswirte tendierte also mehr zu einer Gleichverteilung als die für die Wirtschaftsinformatiker.

Tabelle 4.4.1-2

j	x_j	h_j^{WI}	f_j^{WI}	F_j^{WI}	h_j^{BW}	f_j^{BW}	F_j^{BW}
1	sehr gut	1	0,03	0,03	2	0,05	0,05
2	gut	3	0,09	0,12	10	0,26	0,32
3	befriedigend	7	0,19	0,31	7	0,18	0,50
4	genügend	7	0,19	0,50	15	0,39	0,89
5	ungenügend	18	0,50	1,00	4	0,11	1,00
Σ		36	1,00		38	1,00	

4.4.2 Spannweite

Definition 4.4.2-1

Es sei X ein in seinen Merkmalswerten beobachtetes, kardinalskaliertes Merkmal. Dann heißt die Differenz

$$s_s = x_{max} - x_{min}$$

aus dem größten Merkmalswert x_{max} und dem kleinsten Merkmalswert x_{min} **Spannweite** s_S.

Anmerkungen zur Def. 4.31

1. Die Spannweite (engl.: **range**) ist ein einfaches, allerdings wenig aussagefähiges und auf statistische Ausreißer sensibel reagierendes Streuungsmaß, das mehr den „Spielraum" der beobachteten Merkmalswerte als ihre Streuung kennzeichnet.
2. Bei klassierten Daten ermittelt man die Spannweite i.allg. unter Verwendung der untersten und obersten Klassengrenze.
3. In der Ausdehnung des **Boxplot** (vgl. Definition 4.3.2-2) findet die Spannweite ihre bildhafte Darstellung.
4. Die Spannweite bildet die Grundlage der **Null-Eins-Normierung**.(vgl. Definition 4.6-5)

Beispiel 4.4.2-1

Die Spannweite der in der Tabelle 3-1 zusammengefaßten Urlistendaten der Body-Maß-Indexwerte beträgt $s_s = 28{,}06 - 17{,}16 = 10{,}9$ Body-Maß-Einheiten. Demanch differieren die einzelnen Body-Maß-Indizes der n = 64 StudentINNen insgesamt um 10,9 Body-Maß-Einheiten in ihrem Niveau.

Beispiel 4.4.2-2
Begrenzt man im Beispiel 4.1.2-1 die nach unten bzw. oben offenen Flügelklassen in der Tabelle 4.1.2-1 derart, daß $x_1^u = 0$ DM und $x_5^o = 250000$ DM gilt, so beläuft sich die Spannweite des 1986 im früheren Bundesgebiet durch die steuerpflichtigen Personen zu versteuernden Einkommens auf $s_s = 250000$ DM.

4.4.3 Zentraler Quantilsabstand

Definition 4.4.3-1

Es sei X ein in seinen Merkmalswerten aufsteigend geordnetes, kardinalskaliertes Merkmal. Dann heißt für alle $0 \leq p \leq 1$ die Differenz

$$s_p = x_{(1+p)/2} - x_{(1-p)/2}$$

aus dem (1 + p)/2-Quantil $x_{(1+p)/2}$ und dem (1 - p)/2-Quantil $x_{(1-p)/2}$ **zentraler Quantilsabstand** s_p.

Anmerkungen zur Def. 4.4.3-1

1. Synonym: **Interquantilsabstand**
2. Der zentrale Quantilsabstand kennzeichnet den Merkmalswertebereich, in dem die zentralen p 100% der Merkmalswerte bzw. der Einheiten einer Gesamtheit liegen.
3. Der Quantilsabstand ist robust gegenüber statistischen Ausreißern. Dies ist ein Grund dafür, warum er als Streuungsmaß in der explorativen Datenanalyse breite Anwendung findet.
4. Der zentrale Quantilsabstand $s_p = x_{0,75} - x_{0,25}$ der Ordnung p = 0,5 heißt **zentraler Quartils-** oder **Interquartilsabstand**. Er kennzeichnet den zentralen Bereich, in den (die mittleren) 50% der Gesamtheit bzw. der Merkmalswerte fallen. Im **Boxplot** (vgl. Definition 4.3.2-2) wird er durch die Ausdehnung der Box bildhaft dargestellt.

Beispiel 4.4.3-1
Bezugnehmend auf das Beispiel 4.3.2-2 ermittelt man für 1986 einen **zentralen Quartilsabstand** für das zu versteuernde Einkommen der steuerpflichtigen Personen im früheren Bundesgebiet von

$$s_{0,5} = 64330 \text{ DM} - 18181 \text{ DM} = 46149 \text{ DM},$$

der wie folgt zu interpretieren ist: Die mittleren 50% der steuerpflichtigen Personen hatten ein Einkommen zwischen 18181 DM und 64330 DM, d.h. ihre Einkommen lagen im mittleren Einkommenbereich mit einer Einkommensspannweite von 46149 DM.

4.4.4 Varianz, Standardabweichung

Definition 4.4.4-1

Es sei X ein kardinalskaliertes Merkmal. Dann heißt das arithmetische Mittel der quadrierten Abweichungen der Merkmalswerte von ihrem arithmetischen Mittel **Varianz** s_X^2.

Anmerkungen zur Def. 4.4.4-1

1. Synonym: **mittlere quadratische Abweichung**
2. Aus den n Merkmalswerten x_i einer **Urliste** bzw. statistischen Reihe berechnet man die Varianz als ein **einfaches** arithmetisches Mittel aus den quadrierten Abweichungen:

$$s_X^2 = \frac{\sum_{i=1}^{n}(x_i - \bar{x})^2}{n}.$$

3. Aus den m voneinander verschiedenen Merkmalswerten x_j einer **Häufigkeitstabelle** berechnet man die Varianz als ein **gewogenes** arithmetisches Mittel aus den quadrierten Abweichungen:

$$s_X^2 = \frac{\sum_{j=1}^{m}(x_j - \bar{x})^2 \cdot h_j}{\sum_{j=1}^{m} h_j} = \sum_{j=1}^{m}(x_j - \bar{x})^2 \cdot f_j.$$

4. Für gepoolte bzw. **klassierte** Daten gelten die folgenden Berechungsvorschriften:

$$s_X^2 = \frac{\sum_{k=1}^{s}(\bar{x}_k - \bar{x})^2 \cdot h_k}{\sum_{k=1}^{s} h_k} = \sum_{k=1}^{s}(\bar{x}_k - \bar{x})^2 \cdot f_k$$

bzw.

$$s_X^2 \approx \frac{\sum_{k=1}^{s}(x_k^* - \bar{x})^2 \cdot h_k}{\sum_{k=1}^{s} h_k} = \sum_{k=1}^{s}(x_k^* - \bar{x})^2 \cdot f_k.$$

5. Da die Varianz eine mit der quadrierten Dimension des Merkmals X bezeichnete Zahl ist, ist eine sachlich plausible Interpretation nicht möglich. Dennoch spielt sie (vor allem wegen der **quadratischen Minimumseigenschaft** des arithmetischen Mittels) als Streuungsmaß in der statistischen Methodenlehre eine fundamentale Rolle.

Definition 4.4.4-2

Die (positive) Quadratwurzel aus der Varianz heißt **Standardabweichung** s_X.

Anmerkungen zur Def. 4.4.4-2

1. Synonym: **Standardfehler**
2. Für n Einzelwerte einer **Urliste** gilt die folgende Berechnungsvorschrift:

$$s_X = \sqrt{s_X^2} = \sqrt{\frac{\sum_{i=1}^{n}(x_i - \bar{x})^2}{n}}.$$

3. Für m voneinander verschiedene Merkmalswerte einer **Häufigkeitstabelle** gelten die folgenden Berechnungsvorschriften:

$$s_X = \sqrt{s_X^2} = \sqrt{\frac{\sum_{j=1}^{m}(x_j - \bar{x})^2 \cdot h_j}{\sum_{j=1}^{m} h_j}} = \sqrt{\sum_{j=1}^{m}(x_j - \bar{x})^2 \cdot f_j}.$$

4. Für gepoolte bzw. **klassierte** Daten wird die Standardabweichung wie folgt berechnet bzw. näherungsweise bestimmt:

$$s_X = \sqrt{s_X^2} = \ldots = \sqrt{\sum_{k=1}^{s}(\bar{x}_k - \bar{x})^2 \cdot f_k} \approx \sqrt{\sum_{k=1}^{s}(x_k^* - \bar{x})^2 \cdot f_k}$$

5. Die Standardabweichung ist das am **häufigsten verwendete Streuungsmaß** in der praktischen Statistik.
6. Im Intervall $[\bar{x} \pm s_X]$ liegt stets die **Mehrheit** (mindestens 50%) aller Merkmalswerte bzw. Elemente einer Gesamtheit.
7. Für den Fall, daß die Merkmalswerte (hinreichend genau) **normalverteilt** sind, gilt die folgende Regel, die auch als **3-σ-Regel** (lies: „... Drei-Sigma-Regel ...") bezeichnet wird: Im Intervall von $[\bar{x} \pm k \cdot s_X]$ liegen für k = 1 rund 68%, für k = 2 rund 95% und für k = 3 rund 99% aller Merkmalswerte bzw. Einheiten einer statistischen Gesamtheit. Die 3-σ-Regel bildet eine wesentliche Grundlage für das Verständnis von Verfahren der Induktiven Statistik.

Beispiel 4.4.4-1

Ausgehend von den Urlistendaten in der Tabelle 3-1 errechnet man eine **Varianz** der Body-Maß-Indexwerte von

$$s_X^2 = \frac{1}{66} \cdot [(21{,}67 - 22{,}05)^2 + \ldots + (17{,}16 - 22{,}05)^2] = 6{,}4 \text{ (Body-Maß-Einheiten)}^2$$

und eine **Standardabweichung** von

$$s_x = \sqrt{6{,}4} \approx 2{,}5 \quad \text{Body-Maß-Einheiten.}$$

Als Maßzahl für die Streuung kann die Standardabweichung wie folgt interpretiert werden: Im Durchschnitt weichen die n = 64 Body-Maß-Indexwerte von ihrem Durchschnitt um 2,53 Body-Maß-Einheiten nach oben und unten ab. Unter Verwendung der Tabelle 3-1 überzeugt sich man sich im konkreten Fall (etwa durch bloßes Auszählen) leicht von der Tatsache, daß die Mehrheit der 64 StudentINNen, nämlich 45 StudentINNen bzw. 70% der StudentINNen, einen Body-Maß-Index zwischen 22,05 -2,53 = 19,52 und 22,05 + 2,53 = 24,58 besitzen.

Beispiel 4.4.4-2
Unter Verwendung der **klassierten** Daten aus der Tabelle 4.1.2-1 im Beispiel 4.1.2-1 errechnet man (näherungsweise) eine **Varianz** der zu versteuernden Einkommen von

$$\begin{aligned} s_x^2 &\approx (2295 - 42173{,}53)^2 \cdot 0{,}072 + \ldots + (190016 - 42173{,}53)^2 \cdot 0{,}008 \\ &= 1{,}08667 \cdot 10^9 \ (\text{DM})^2 \end{aligned}$$

und eine **Standardabweichung** der zu versteuernden Einkommen von

$$s_x \approx \sqrt{1{,}08667 \cdot 10^9 \ (\text{DM})^2} \approx 32965 \text{ DM},$$

die wie folgt interpretiert werden kann: Im Durchschnitt wichen 1986 im früheren Bundesgebiet die zu versteuernden Einkommen vom Durchschnittseinkommen um 32965 DM nach oben und unten ab. Demnach besaß die Mehrheit der steuerpflichtigen Personen ein Einkommen zwischen 42174 DM - 32965 DM = 9209 DM und 42174 DM + 32965 DM = 75139 DM.

4.4.5 Variationskoeffizient

Definition 4.4.5-1

Es sei X ein kardinalskaliertes Merkmal mit nur positiven Merkmalswerten. Dann heißt der Quotient

$$v_x = \frac{s_x}{\overline{x}} (\cdot 100\%) \text{ für } \overline{x} > 0$$

aus der Standardabweichung s_x und dem arithmetischen Mittel $\overline{x}$ **Variationskoeffizient** v_x des Merkmals X.

Anmerkungen zur Def. 4.4.5-1

1. Der Variationskoeffizient ist ein **relatives** Streuungsmaß, das **keine** Maßeinheit besitzt und in praxi meist in Prozent angegeben wird.
2. In der praktischen Statistik verwendet man oft die folgende **Faustregel**: Ein Variationskoeffizient größer als 0,5 bzw. 50% ist ein Indiz dafür, daß der Durchschnitt wegen einer zu großen Streuung kein geeigneter Repräsentant der Einzelwerte ist.
3. Der Variationskoeffizient wird in der praktischen Statistik vor allem für den **Streuungsvergleich** gleich und/oder unterschiedlich dimensionierter Merkmale verwendet.

Beispiel 4.4.5-1

Die Durchschnitte, Standardabweichungen und prozentualen Variationskoeffizienten der im Sommersemester 1994 an der FHTW Berlin in den Statistik-Klausuren für Betriebswirte (BW) und Wirtschaftsinformatiker (WI) erreichten Punktezahlen X sind in der Tabelle 4.4.5-1 zusammengefaßt:

Tabelle 4.4.5-1

	$\overline{x}$	s_X	v_X
BW	63,4	19,4	30,6%
WI	48,4	20,9	43,2%

Obgleich in beiden Studiengängen die erreichten Punktezahlen jeweils im Durchschnitt um ca. 20 Punkte um ihre Durchschnitte streuen, darf daraus nicht unbedingt der Schluß gezogen werden, daß in beiden Häufigkeitsverteilungen die gleichen Streuungsverhältnisse herrschen. Bezieht man die Streuungen in den erreichten Punktezahlen jeweils auf ihre mittleren Niveaus, dann zeigt sich, daß die Punktezahlen bei den Studenten der Wirtschaftsinformatik relativ stärker (um ca. 12 **Prozentpunkte**) streuen als die bei den Studenten der Betriebswirtschaft.

4.5 Schiefe- und Wölbungsmaße

Schiefemaße kennzeichnen das Ausmaß der **Asymmetrie** und Wölbungsmaße das Ausmaß der **Wölbung** (Kurtosis, Exzeß) einer unimodalen Häufigkeitsverteilung eines kardinalskalierten Merkmals. Aus der Vielzahl der in der Statistik bekannten Schiefe- und Wölbungsmaße werden hier nur die auf der Basis der (empirischen) **Momente** skizziert.

Definition 4.5-1

Es sei X ein kardinalskaliertes Merkmal mit i = 1,2,...,n Merkmalswerten x_i. Dann heißt die durchschnittliche mit $r \in N_0$ potenzierte Abweichung

$$m_c^r = \frac{1}{n} \cdot \sum_{i=1}^{n} (x_i - c)^r$$

der Merkmalswerte x_i um einen beliebigen Bezugspunkt $c \in \mathbf{R}$ r-tes empirisches **Moment** um c.

Anmerkungen zur Def. 4.5-1

1. Momente stellen Verallgemeinerungen des artihmetischen Mittels und der Varianz dar.
2. Für **nichtklassierte** Daten aus einer Häufigkeitstabelle ermittelt man das r-te Moment um c i.allg. wie folgt:

   $$m_c^r = \sum_{j=1}^{m} (x_j - c)^r \cdot f_j \, .$$

   Analog verfährt man bei **klassierten** Daten:

   $$m_c^r = \sum_{k=1}^{s} (\overline{x}_k - c)^r \cdot f_k \approx \sum_{k=1}^{s} (x_k^* - c)^r \cdot f_k \, .$$

3. Die empirischen Momente um c = 0 heißen **Nullmomente**. Für r = 1 erhält man das erste empirische Moment um Null, auch erstes Nullmoment genannt. Das **erste Nullmoment** m_0^1 ist nichts anderes als das **arithmetische Mittel** $\overline{x}$ (vgl.Definition 4.3.3-1).
4. Die Momente um $c = \overline{x}$ heißen **zentrale Momente**. Für r = 2 erhält man das zweite empirische Moment um das arithmetische Mittel, auch zweites zentrales empirisches Moment genannt. Das **zweite zentrale Moment** $m_{\overline{x}}^2$ ist nichts anders als die **Varianz** s_x^2 (vgl. Definition 4.4.4-1).
5. Das dritte zentrale empirische Moment $m_{\overline{x}}^3$ bildet die Grundlage für das relative **Schiefemaß**, das vierte zentrale empirische Moment $m_{\overline{x}}^4$ für das relative **Wölbungsmaß**.

Definition 4.5-2

Es sei für alle i = 1,2,...,n,

$$m_{\bar{x}}^3 = \frac{1}{n} \cdot \sum_{i=1}^{n} (x_i - \bar{x})^3$$

das 3. zentrale empirische Moment der Merkmalswerte x_i eines kardinalskalierten Merkmals X. Dann heißt der Quotient

$$S_x = \frac{m_{\bar{x}}^3}{\sqrt{\left(m_{\bar{x}}^2\right)^3}}$$

aus dem 3. zentralen Moment und der (positiven) Quadratwurzel aus der 3. Potenz des 2. zentralen Moments relatives **Schiefemaß** S_x auf der Basis des 3. zentralen Moments.

Anmerkungen zur Def. 4.5-2

1. Das relative Schiefemaß ist **dimensionslos** und schwankt um Null.
2. Die Beurteilung der Schiefe (engl.: skewness) einer Häufigkeitsverteilung mit Hilfe des relativen Schiefemaßes geschieht wie folgt:

$$S_x = \frac{m_{\bar{x}}^3}{\sqrt{\left(m_{\bar{x}}^2\right)^3}} \begin{Bmatrix} > \\ = \\ < \end{Bmatrix} 0 \begin{cases} \text{rechtsschief} \\ \text{symmetrisch} \\ \text{linksschief} \end{cases}.$$

3. Da für eine **rechtsschiefe** Verteilung i.allg. $x_D < x_{0,5} < \bar{x}$ gilt, kennzeichnet man sie auch als **linkssteil**. Dies leuchtet sofort ein, wenn man beachtet, daß eine unimodale (eingipflige) Verteilung ihren „Gipfel" beim modalen Merkmalswert x_D hat. Je mehr der Modus x_D vom mittleren in den unteren Merkmalswertebereich tendiert, um so „steiler" wird die linke bzw. um so „schiefer" wird die rechte Seite einer Verteilung.
4. In logischer Konsequenz gilt i.allg. für eine symmetrische Verteilung $x_D \cong x_{0,5} \cong \bar{x}$ und $x_D > x_{0,5} > \bar{x}$ für eine **linksschiefe** bzw. **rechtssteile** Verteilung.

Definition 4.5-3

Es sei für alle i = 1,2,...,n

$$m_{\bar{x}}^4 = \frac{1}{n} \cdot \sum_{i=1}^{n} (x_i - \bar{x})^4$$

das 4. zentrale empirische Moment der Merkmalswerte x_i eines kardinalskalierten Merkmals X. Dann heißt der um die Zahl 3 korrigierte Quotient

$$W_x = \frac{m_{\bar{x}}^4}{\left(m_{\bar{x}}^2\right)^2} - 3$$

aus dem 4. zentralen Moment und dem quadrierten 2. zentralen Moment relatives **Wölbungsmaß** W_x auf der Basis des 4. zentralen Moments.

Anmerkungen zur Def. 4.5-3

1. Das relative Wölbungsmaß W_x ist **dimensionslos** und schwankt um Null.
2. Die Beurteilung der Wölbung, auch als Exzeß oder Kurtosis bezeichnet, einer Häufigkeitsverteilung mit Hilfe des relativen Wölbungsmaßes geschieht wie folgt:

$$W_x = \frac{m_{\bar{x}}^4}{\left(m_{\bar{x}}^2\right)^2} - 3 \begin{Bmatrix} < \\ = \\ > \end{Bmatrix} 0 \begin{Bmatrix} \text{flach} \\ \text{normal} \\ \text{stark} \end{Bmatrix} \text{gewölbt}.$$

3. Eine unimodale Verteilung heißt **normalgewölbt**, wenn ihr absolutes Maximum, also ihr „Gipfel", gleich dem der Gauß'schen Normalverteilung ist.
4. Flach gewölbte Verteilungen bezeichnet man auch als flachgipflig oder **platykurtisch** (grch: platys → flach), stark gewölbte auch als hochgipflig oder **leptokurtisch** (grch.: leptos → schmal, dünn).

Beispiel 4.5-1

Obgleich die Verteilung der unbeschränkt steuerpflichtigen Personen auf die Einkommensteuerklassen (vgl. Beispiel 4.1.2-1, Tabelle 4.1.2-1) als bimodale Verteilung aufgedeckt wurde (siehe Abbildung 4.3.2-1), ist es dennoch sinnvoll, das relative Schiefe- bzw. Wölbungsmaß zu berechnen und zu interpretieren und die Verteilung wegen des „ausgeprägten Gipfels" im Einkommenbereich um $x_D = 23247$ DM und des „vernachlässigbaren Gipfels" im Einkommenbereich um 4018 DM als unimodale Verteilung zu behandeln. In der Tabelle 4.5-1 (letzte Zeile, ab 5. Spalte) sind die für die Berechnung des relativen Schiefe- bzw. Wöl-

Tabelle 4.5-1

k	x_k^*	f_k	$x_k^* \cdot f_k$	$(x_k^* - \bar{x})^2 \cdot f_k$	$(x_k^* - \bar{x})^3 \cdot f_k$	$(x_k^* - \bar{x})^4 \cdot f_k$
1	2295	0,072	164,11	1,1372E+08	-4,5349E+12	1,8085E+17
2	11313	0,175	1977,84	1,6650E+08	-5,1383E+12	1,5857E+17
3	25019	0,385	9628,09	1,1325E+08	-1,9427E+12	3,3326E+16
4	80027	0,361	28871,15	5,1694E+08	1,9568E+13	7,4072E+17
5	190016	0,008	1532,33	1,7626E+08	2,6059E+13	3,8526E+18
Σ		1,000	42173,53	1,0867E+09	3,4011E+13	4,9661E+18

bungsmaßes erforderlichen zentralen Momente ausgewiesen.

- Für das relative **Schiefemaß** errechnet man einen Wert von

$$S_x = \frac{3{,}4011 \cdot 10^{13}}{\sqrt{(1{,}0867 \cdot 10^{9})^{3}}} \approx 0{,}95,$$

der wie folgt zu interpretieren ist: Die Verteilung der steuerpflichtigen Personen auf die Einkommensteuerklassen war 1986 für das frühere Bundesgebiet **rechtsschief** bzw. linkssteil. Da das modale zu versteuernde Einkommen ungefähr bei 23250 DM liegt, kann man sich unter Berücksichtigung der Einkommenspannweite bereits mit diesen zwei Maßzahlen ein (wenn auch nur grobes) Bild über die Einkommenverteilung verschaffen, so wie es in der Abbildung 4.5-1 skizziert ist. Vergleicht man die Abbildung 4.5-1 mit der Abbildung 4.3.2-1, so findet man die getroffenen Aussagen über die Schiefe der Verteilung auch bildhaft bestätigt.

- Für das relative **Wölbungsmaß** errechnet man einen Wert von

$$W_x = \frac{4{,}9661 \cdot 10^{18}}{(1{,}0867 \cdot 10^{9})^{2}} - 3 \approx 1{,}2 \ ,$$

der wie folgt zu interpretieren ist: 1986 war für das frühere Bundesgebiet die Verteilung des zu versteuernden Einkommens übernormal bzw. stark gewölbt. Man sagt auch: Bei der in Rede stehenden Verteilung handelt sich um eine hochgipflige oder **leptokurtische** Einkommensverteilung.

Abbildung 4.5-1

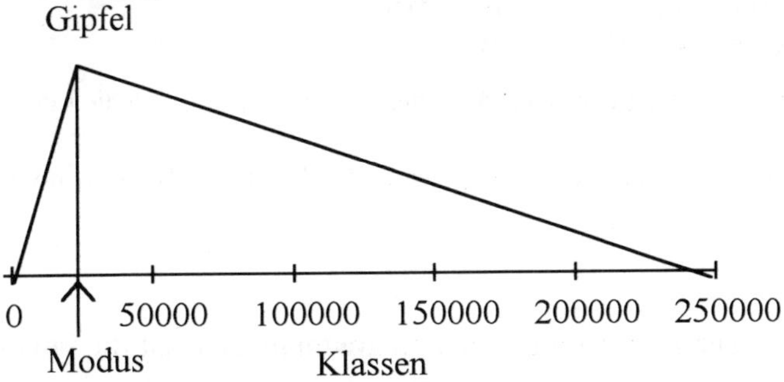

4.6 Lineare Transformationen

Umformungen (lat.: transformare → umformen) von statistisch beobachteten Merkmalswerten auf der Basis von Transformationsvorschriften erweisen sich in der statistischen Datenanalyse vor allem für die **Vereinfachung** von Berechnungen und für die **Vergleichbarmachung** unterschiedlicher Merkmale als vorteilhaft und notwendig. Im folgenden werden spezielle Formen der **Lineartransformation** skizziert.

Definition 4.6-1

Gegeben seien für alle i = 1,2,...,n die Merkmalswerte x_i eines kardinalskalierten Merkmals X. Dann heißt die Umformungsvorschrift

$$y_i = c + d \cdot x_i \text{ mit } d \neq 0$$

Lineartransformation der Merkmalswerte x_i.

Anmerkungen zur Def. 4.6-1

1. Die Konstante c heißt **Verschiebungskonstante.** Sie bewirkt die Verschiebung des Koordinatenanfangs- oder Nullpunktes.
2. Der Faktor d heißt **Dehnungsfaktor**. Er bewirkt die Veränderung des Maßstabes der Merkmalswerte x_i. Ein d > 0 kennzeichnet eine **Dehnung**, ein d < 0 eine **Schrumpfung**.
3. Die Lineartransformation der Merkmalswerte hat folgende Auswirkungen auf die folgenden Verteilungsparameter:
   a) arithmetisches Mittel: $\bar{y} = c + d \cdot \bar{x}$
   b) Varianz: $s_y^2 = d^2 \cdot s_x^2$
   c) Standardabweichung: $s_y = d \cdot s_x$
   d) relatives Schiefemaß: $S_y = d \cdot S_x$
   e) relatives Wölbungsmaß: $W_y = W_x$.

   Bis auf die Wölbung sind alle genannten Verteilungsparameter durch die Lineartransformation berührt.
4. Lineartransformierte Merkmalswerte besitzen i.allg. die gleiche Dimension wie die originären Merkmalswerte.

Beispiel 4.6-1

Ein klassisches Beispiel für eine **Lineartransformation** ist die gegenseitige Umrechnung der Temperaturskalen nach Fahrenheit und nach Celsius.

- Mit Hilfe der Transformationsvorschrift $F^\circ = 32 + 1{,}8 \cdot C^\circ$ kann die nach dem schwedischen Naturforscher Anders Celsius (1701-1744) benannte Temperaturskala mit dem von ihm „künstlich" festgelegten Nullpunkt $0^\circ C = 32^\circ F$ in die nach dem deutschen Gabriel Fahrenheit (1686-1736) benannte und in Großbritannien und Amerika übliche Temperaturskala umgerechnet werden.

- Für die Umrechnung der Temperaturskala nach Fahrenheit in die nach Celsius gilt dann die Transformationsvorschrift

$$C^0 = -\frac{160}{9} + \frac{5}{9} \cdot F^0$$

Beispiel 4.6-2
Sie reisen zum Jahreswechsel nach Österreich und wechseln bei einer Bank schnell noch 100 DM gegen Österreichische Schillinge. Einmal angenommen, der amtliche Wechselkurs liegt bei 7 ÖS für 1 DM, dann ist es sinnvoll, diesen als Dehnungsfaktor d = 7 zu verwenden, um zu einem vergleichbaren, in der österreichischen Währung ausgedrückten Wert 7 ÖS/DM · 100 DM = 700 ÖS zu gelangen. Da beide Währungen einen natürlichen Nullpunkt besitzen, ist die Verschiebungskonstante c = 0 und die lineare Transformation eine **proportionale** Transformation.

Definition 4.6-2

Gegeben seien für alle i = 1,2,...,n die Merkmalswerte x_i eines kardinalskalierten Merkmals X sowie deren arithmetisches Mittel $\overline{x}$. Dann heißt die Umformungsvorschrift

$$u_i = x_i - \overline{x}$$

Zentrierung der Merkmalswerte x_i.

Anmerkungen zur Def. 4.6-2

1. Wegen $c = -\overline{x}$ und d = 1 kann die Zentrierung als ein Spezialfall der Lineartransformation aufgefaßt werden.
2. Aufgrund der **Nulleigenschaft** des arithmetischen Mittels (vgl. Definition 4.3.3-1) ist Summe der zentrierten Merkmalswerte u_i stets null.
3. Gilt für die zentrierten Merkmalswerte u_i stets

$$\sum_{i=1}^{n} u_i = 0,$$

so gilt auch für ihr arthmetisches Mittel $\overline{u} = 0$.
4. Die Standardabweichung der zentrierten Merkmalswerte u_i ist gleich der Standardabweichung der originären Merkmalswerte x_i, so daß $s_u = s_x$ gilt.
5. Die Zentrierung wird i.allg. zur **Vereinfachung** von Berechnungen benutzt.

Beispiel 4.6-3
Die Vereinfachungswirkung der Zentrierung wird u.a. augenscheinlich bei der Ermittlung der Bestimmungsgleichungen für die Parameter der einfachen linearen Regression. Hier reduziert sich unter der Verwendung von zentrierten Merkmals-

werten das aus zwei Normalgleichungen bestehende Gleichungssystem auf nur eine Gleichung, woraus sich dann die in der Definition 5.2.1-2, Punkt 6, angegebenen Bestimmungsgleichungen für die Parameter b_1 und b_2 ergeben.

Definition 4.6-3

Gegeben seien für alle i = 1,2,...,n die Merkmalswerte x_i eines kardinalskalierten Merkmals X sowie deren Standardabweichung s_X. Dann heißt die Umformungsvorschrift

$$v_i = \frac{x_i}{s_x}$$

Normierung der Merkmalswerte x_i.

Anmerkungen zur Def. 4.6-3

1. Wegen c = 0 und $d = 1/s_x$ kann die Normierung als ein Spezialfall der Lineartransformation aufgefaßt werden.
2. Normierte Merkmalswerte sind stets **dimensionslose** Größen.
3. Für das arithmetische Mittel der normierten Merkmalswerte v_i gilt: $\bar{v} = \bar{x}/s_x$.
4. Die Standardabweichung normierter Merkmalswerte ist eins, so daß stets $s_v = 1$ gilt.
5. Die Normierung wird i.allg. in der **multivariaten** Analyse physisch unterschiedlich bemessener Daten herangezogen.

Definition 4.6-4

Gegeben seien für alle i = 1,2,...,n die Merkmalswerte x_i eines kardinalskalierten Merkmals X sowie deren arithmetisches Mittel $\bar{x}$ und Standardabweichung s_X. Dann heißt die Umformungsvorschrift

$$z_i = \frac{x_i - \bar{x}}{s_x}$$

Standardisierung der Merkmalswerte x_i.

Anmerkungen zur Def. 4.6-4

1. Wegen

$$c = -\frac{\bar{x}}{s_x} \text{ und } d = \frac{1}{s_x}$$

kann die Standardisierung als ein Spezialfall der Lineartransformation angesehen werden.

2. Standardisierte Merkmalswerte besitzen drei charakteristische Eigenschaften: sie sind **dimensionslos**, ihr arithmetisches Mittel ist **null**, ihre Standardabweichung ist **eins**, wobei im konkreten Fall $\bar{z} = 0$ und $s_z =$ gilt.
3. Die Standardisierung ist in der **multivariaten** statistischen Datenanalyse unterschiedlicher Merkmale eine Grundvoraussetzung für die Anwendung vieler Verfahren. In der Wahrschein-

lichkeitsrechnung bildet sie z.B. die Grundlage für die Verwendung der **Standardnormalverteilung** N(0,1).

Beispiel 4.6-4

Die Tabelle 4.6-1 zeigt den Zusammenhang zwischen den **zentrierten** Werten u_i, den **normierten** Werten v_i und den **standardisierten** Werten z_i einer (fiktiven) statistischen Reihe $\{x_i\}$.

Tabelle 4.6-1

i	x_i	u_i	$(u_i - \bar{u})^2$	v_i	$(v_i - \bar{v})^2$	z_i	$(z_i - \bar{z})^2$
1	9	2	4	5,511	1,50	1,225	1,50
2	5	-2	4	3,062	1,50	-1,225	1,50
3	7	0	0	4,287	0,00	0,000	0,00
Σ	21	0	8	12,860	3	0	3
∅	7	0	2,667	4,287	1	0	1
√			1,633		1		1

Definition 4.6-5

Gegeben seien für alle i = 1,2,...,n die Merkmalswerte x_i eines kardinalskalierten Merkmals X sowie deren Spannweite s_S. Dann heißt die Umformungsvorschrift

$$w_i = \frac{x_i - x_{min}}{s_s}$$

Null-Eins-Normierung der Merkmalswerte x_i.

Anmerkungen zur Def. 4.6-5

1. Wegen

$$c = -\frac{x_{min}}{s_s} \text{ und } d = \frac{1}{s_s} = \frac{1}{x_{max} - x_{min}}$$

kann die 0-1-Normierung als ein Spezialfall der Lineartransformation aufgefaßt werden.

2. 0-1-normierte Merkmalswerte sind **dimensionslose** Größen, die im Intervall zwischen null und eins variieren und eine Spannweite von eins besitzen, wobei im konkreten Fall $0 \leq w_i \leq 1$ und $s_{s(w)} = 1$ gilt.
3. Die 0-1-Normierung findet i.allg. Anwendung bei der graphischen Darstellung von Merkmalswerten und bei der Normierung von Maßzahlen auf einen Wertebereich zwischen null und eins.
4. Bei der **graphischen** Darstellung verwendet man i.allg. die auf der 0-1-Normierung basierende Lineartransformation $t_i = a + b \cdot w_i$ mit $b \neq 0$. Die Konstante a fungiert als Verschiebungskonstante und der Faktor b als Dehnungsfaktor für die 0-1-transformierten Werte t_i.

Beispiel 4.6-5

Obgleich moderne Softwarepakete die graphische Präsentation von statistischen Daten ermöglichen und erleichtern, wird man in praxi oft mit der selbständigen Erstellung einer Graphik konfrontiert. Einmal angenommen, Sie wollen im Rahmen Ihrer Diplomarbeit den Polygonzug aus der Abbildung 4.1.2-1 zur Skizzierung der Verteilung der steuerpflichtigen Einkommen aus dem Beispiel 4.1.2-1 in einer Graphik von der Größe $0 \cdot 10$ cm anfertigen. Da sowohl die Häufigkeitsdichten als auch die Einkommen einen natürlichen Nullpunkt besitzen und die Ausdehnung der Ordinate und der Abszisse jeweils 10 cm betragen soll, gilt für die **Ordinatentransformation** $a = h^D_{min} = 0$, $b = 10$, $s_s = 149{,}11$ und für die **Abszissentranformation** $a = x_{min} = 0$, $b = 10$, $s_s = 250000$. Die für die Graphik erforderlichen originären und transformierten Ordinaten- und Abszissenwerte sind in der Tabelle 4.6-2 zusammengefaßt.

Tabelle 4.6-2

k	x^*_k	$t_k(x^*_k)$ in cm	$h^D_k \cdot 1000$	$t_k(h^D_k)$ in cm
1	2295	0,1	84,42	5,7
2	11313	0,5	72,40	4,9
3	25019	1,0	149,11	10,0
4	80027	3,2	19,95	1,3
5	190016	7,6	0,36	0,1

Analog verfährt man auch bei der Erstellung eines Computerprogramms (etwa mit Hilfe einer aktuellen Version von Turbo Pascal) zur graphischen Darstellung der Häufigkeitsverteilung. Für eine VGA-Graphikkarte (**V**ideo-**G**raphics-**A**rray) mit einer **hor**izontalen Auslösung von 640 Pixel und einer **ver**tikalen Auflösung von 480 Pixel würde man z.B. folgende Transformationsvorschriften verwenden:

$$hor(k) = 20 + 600 \cdot \left[\frac{x^*_k - x_{min}}{x_{max} - x_{min}} \right]$$

und

$$ver(k) = 20 + 440 \cdot \left[\frac{h^D_k - h^D_{min}}{h^D_{max} - h^D_{min}} \right].$$

Damit wäre die zu präsentierende Graphik horizontal zwischen dem 20. und dem 620. und vertikal zwischen dem 20. und 460. Pixelpunkt plaziert.

4.7 Aufgaben

Aufgabe 4.7-1

In Vorbereitung von Sanierungsmaßnahmen wurde im März 1994 in einer Ost-Berliner Wohnungsbaugesellschaft bei der Begehung von 50 Wohneinheiten u.a.a. die Anzahl der Wohnräume entsprechend dem Begehungsplan statistisch erfaßt:

2	5	1	2	4	2	5	2	4	3	2	3
1	3	1	1	3	2	4	3	2	3	2	3
5	1	1	4	2	3	4	2	2	4	5	3
2	4	3	2	3	1	1	2	4	3	2	1
2	5										

1. Erläutern Sie anhand des konkreten Sachverhalts die Begriffe: statistische Einheit, statistische Gesamtheit, Identifikationsmerkmal, Erhebungsmerkmal, Merkmalswert, Skala, Urliste. Klassifizieren Sie das Erhebungsmerkmal.
2. Fassen Sie die Urlistendaten in einer Häufigkeitstabelle zusammen. Ergänzen Sie die Häufigkeitstabelle durch die relativen Häufigkeiten, die aboluten und relativen Summenhäufigkeiten.
3. Stellen Sie die relative Häufikgeitsverteilung graphisch dar. Begründen Sie die Wahl des verwendeten Diagramms.
4. Geben Sie unter Verwendung der Häufigkeitstabelle die empirische Verteilungsfunktion des erhobenen statistischen Merkmals an und stellen Sie diese graphisch dar.
5. Wieviel (der begangenen) Wohneinheiten besitzen weniger als drei Wohnräume?
6. Wieviel Prozent der Wohnungen haben mehr als zwei, aber weniger als fünf Wohnräume?

Aufgabe 4.7-2

Bestimmen Sie für die folgenden Probleme jeweils einen statistisch sinnvollen Mittelwert:

1. Bei einem Kegelabend der Professoren und Studenten der Wirtschaftsinformatik belegten die Professoren die folgenden Plätze: 2, 5, 8, 9 und 12 (Rattenkönig). Welchen Platz haben die Profs im Mittel belegt?
2. In einem studentischen Flugblatt wird verkündet: Bei zwei Umfragen unter StudentINNen haben sich zum einen 60 von 100 HörerINNEn einer Vorlesung und zum anderen 38% von 1000 vor der Mensa befragten StudentINNen für die Abschaffung der Statistikveranstaltungen ausgesprochen. Wieviel Prozent

der Befragten haben sich im Durchschnitt für die Abschaffung der Statistikveranstaltungen ausgesprochen?
3. Auf die Frage „Wollten Sie ursprünglich in einem anderen Studiengang studieren?“ antworteten die im Wintersemester 1993/94 an der FHTW befragten 455 StudentINNen wie folgt: ja: 19%, nein: 79%, keine Angabe: 2%.

Aufgabe 4.7-3

Die Statistik des Wohnungsbestands (Angaben in 1000 Wohnungen) ergab bezüglich der Anzahl der Wohnräume für das Jahr 1991 in den neuen Bundesländern und Berlin-Ost das folgende Bild:

(Quelle: Zahlenkompass 1993, S. 37, Statistisches Bundesamt, Wiesbaden)

Anzahl der Räume je Wohnung	Anzahl der Wohnungen (Angaben in 1000)
1	122
2	624
3	1928
4	2657
5	1164
6	397
7 und mehr	143

1. Benennen Sie konkret: die kleinste statistische Einheit, die statistische Gesamtheit, die Identifikationsmerkmale und das Erhebungsmerkmal. Wie ist das Erhebungsmerkmal skaliert?
2. Präsentieren Sie die Verteilungsstruktur der Wohnräume in den neuen Bundesländern mit Hilfe einer geeigneten Graphik.
3. Ermitteln Sie tabellarisch die absolute und die relative Häufigkeitsverteilung sowie die absolute und relative Summenhäufigkeitsverteilung einschließlich der Verteilung der Resthäufigkeiten.
4. Stellen Sie die jeweiligen Wohnraumverteilungen graphisch dar.
5. Charakterisieren und interpretieren Sie die Wohnraumverteilung mit Hilfe geeigneter Maßzahlen.

Aufgabe 4.7-4 (Klausuraufgabe)

In ihrer Ausgabe vom 9. April 1994 berichtete „Die Welt“ über die steuerpflichtigen Umsätze (Angaben in 1000 DM) der Berliner Unternehmen im Wirtschaftsjahr 1992. Demnach erzielte die umsatzschwache Hälfte der Unternehmen einen Umsatz von 2440 und weniger bzw. 12% des gesamten Umsatzes aller Unternehmen. Während die umsatzschwachen 3/4 der Unternehmen, die 35% des Gesamtumsatzes erbrachten, einen Umsatz von 6540 und weniger hatten, vereinigte das umsatzschwächste Viertel der Unternehmen nur 2% des Gesamtumsatzes auf sich. Die gesamte Umsatzspannweite wird mit 19975 angegeben. Für die mittleren 50% der Unternehmen wird eine Umsatzspannweite von 5740 ausgewiesen. Der geringste Umsatz lag bei 25. Die Standardabweichung der Umsätze wird mit 4730 angegeben. Dies sind 106% des durchschnittlichen Umsatzes aller Unternehmen.

1. Benennen Sie konkret: die kleinste statistische Einheit, die statistische Gesamtheit, die Identifikationsmerkmale, das Erhebungsmerkmal sowie die für das Erhebungsmerkmal verwendete Skala.
2. Unter Verwendung der originären Umsatzdaten errechnet man einen modalen Jahresumsatz von 41, ein relatives Schiefemaß von 1,25 und ein relatives Wölbungsmaß von 0,42. Charakterisieren Sie die Verteilung des steuerpflichtigen Jahresumsatzes der Berliner Unternehmen, skizzieren Sie sie graphisch und ergänzen Sie diese Graphik durch einen (möglichst maßstabgerechten) Boxplot.
3. Treffen Sie mit Hilfe einer geeigneten Graphik eine einfache und anschauliche Aussage über die Umsatzkonzentration bei den Berliner Unternehmen. Wieviel Prozent des Gesamtumsatzes aller Unternehmen entfielen 1992 auf das umsatzstärkste Viertel der Berliner Unternehmen?
4. Welchen Umsatz erzielten die Unternehmen im Jahresdurchschnitt?

Aufgabe 4.7-5 (Klausuraufgabe)

Ergänzen Sie unter Verwendung der Graphik

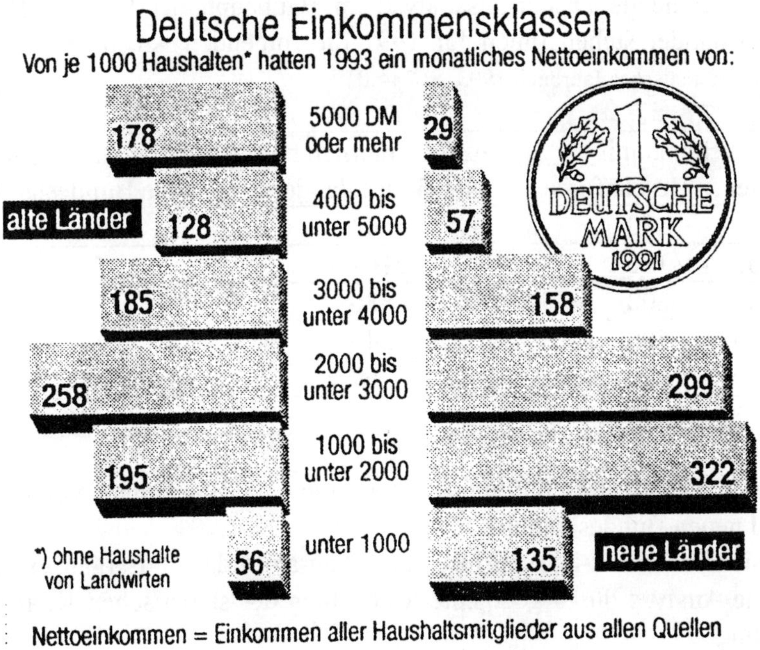

den innerdeutschen Einkommensvergleich, indem Sie

1. die Begriffe: statistische Einheit, Gesamtheit, Erhebungsmerkmal, Identifikationsmerkmal, Merkmalswert und Skalierung erläutern.
2. zwei maßstabgerechte Boxplots zeichnen sowie die dafür erforderlichen Maßzahlen benennen und numerisch bestimmen. Dabei ist von den folgenden Festlegungen auszugehen: die unterste Einkommensklasse ist durch die Hälfte des Wertes ihrer Obergrenze und die oberste Einkommensklasse durch das 1,4-fache ihrer Untergrenze zu limitieren.
3. jeweils die prozentualen Anteile der Haushalte ermitteln, die monatlich weniger als 800 DM verfügbar haben.
4. die in der Tabelle ausgewiesenen relativen Schiefe- und Wölbungsmaße statistisch und ökonomisch bewerten.

	alte Bundesländer	neue Bundesländer
Schiefemaß	0,41	0,93
Wölbungsmaß	-0,94	0,80

5. die beiden Verteilungsfunktionen angeben und gemeinsam in einem Diagramm graphisch darstellen.
6. die in der Presse veröffentlichte (Ausgangs)Graphik hinsichtlich ihrer Exaktheit kritisch beleuchten.

Aufgabe 4.7-6

Für eine vergleichende Disparitätsanalyse im Bauhauptgewerbe der alten und neuen Bundesländer stehen Ihnen für 1991 die folgenden Angaben zur Verfügung: (Quelle: Statistisches Jahrbuch 1993, S. 244 ff)

Unternehmen mit ... bis unter ... Beschäftigte	Anzahl Unternehmen, alte Bundesländer	Anzahl Unternehmen, neue Bundesländer
20 - 50	6563	830
50 - 100	2164	534
100 - 200	886	353
200 - 500	346	188
500 - 1000	69	51
1000 - 3000	36	36

1. Analysieren Sie die Beschäftigtenkonzentration im Bauhauptgewerbe in den alten und neuen Bundesländern.
2. Stellen Sie die Lorenz-Kurven in einem Diagramm dar und ergänzen Sie die graphische Analyse durch geeigente Maßzahlen der statistischen Konzentrationsmessung.

Aufgabe 4.7-7 (Klausuraufgabe)

In ihrer Ausgabe vom 23.12.1994 berichtet „Die Zeit“ über die monatlichen Nettoeinkommen von Akademikern. Demnach bezog 1991 in den alten Bundesländern die einkommensschwache Hälfte der Betriebswirte ein Einkommen von 3895 DM und weniger bzw. 28% des gesamten Einkommens aller Betriebswirte. Während das einkommensschwache Viertel der Betriebswirte, das nur 9% des Gesamteinkommens auf sich vereinigte, ein Einkommen von 2500 DM und weniger hatte, vereinigten die einkommensschwachen drei Viertel 51% des gesamten Einkommens aller Betriebswirte auf sich. Für die Berechnungen wurde sowohl ein Maximaleinkommen als auch eine Einkommensspannweite von 9000 DM angenommen. Für die mittleren 50% der Betriebswirte errechnet man eine Einkommensspannweite von 2375 DM.

1. Benennen Sie konkret: die kleinste statistische Einheit, die statistische Gesamtheit, die Identifikationsmerkmale, das Erhebungsmerkmal sowie die für das Erhebungsmerkmal benutzte Skala.
2. Unter Verwendung der ausgewiesenen Einkommensdaten errechnet man ein modales Einkommen von 3500 DM, ein relatives Schiefemaß von 0,06 und ein relatives Wölbungsmaß von -1,33.
   Charakterisieren Sie die Einkommensverteilung der Betriebswirte, skizzieren Sie sie graphisch und ergänzen Sie diese Graphik durch einen (möglichst maßstabgerechten) Boxplot.
3. Treffen Sie mit Hilfe einer geeigneten Graphik eine einfache und anschauliche Aussage über die Einkommenskonzentration bei den Betriebswirten. Ergänzen Sie die graphische Konzentrationsaussage durch eine geeignete Maßzahl.
4. Wieviel Prozent des Gesamteinkommens aller Betriebswirte entfielen 1991 in den alten Bundesländern auf das einkommensstärkste Viertel der Betriebswirte?
5. Welches Einkommen erzielte ein Betriebswirt im Jahresdurchschnitt, wenn man von einer relativen bzw. absoluten Einkommensstreuung von 52% bzw. 2195 DM ausgeht?

5 Bivariate Datenanalyse

Die bivariate (lat.: bis → zweifach & varia → Allerlei) Datenanalyse stellt auf die statistische Untersuchung zweier Merkmale ab. Dabei stehen die **Korrelations-** und **Regressionsanalyse** im Vordergrund. In der Korrelationsanalyse wird untersucht, ob und mit welcher Intensität zwischen zwei Merkmalen ein statistischer **Zusammenhang** besteht. In der Regressionsanalyse wird untersucht, ob und in welchem Maße zwischen zwei Merkmalen eine einseitig gerichtete **Abhängigkeit** besteht.

5.1 Korrelationsanalyse

5.1.1 Kontingenz

Definition 5.1.1-1

Gegeben sei eine statistische Gesamtheit mit einem Umfang von n Einheiten, an denen die Merkmale X und Y mit den r bzw. c sich voneinander unterscheidenden Merkmalsausprägungen x_j, $j = 1,2,...,r$, $r \leq n$, und y_k, $k = 1,2,...,c$, $c \leq n$, beobachtet wurden. Dann heißt die Anzahl, mit der das Ausprägungspaar $(x_j;y_k)$ beobachtet wurde, absolute Häufigkeit $h(x_j;y_k) = h_{jk}$ des Ausprägungspaares und die Tabelle 5.1.1-1 **Kreuztabelle** für die Merkmale X und Y.

Tabelle 5.1.1-1

Y / X	y_1 ...... y_k ...... y_c	Σ
x_1	h_{11} ...... h_{1k} ...... h_{1c}	$h(x_1)$
.	. . .	.
x_j	h_{j1} ...... h_{jk} ...... h_{jc}	$h(x_j)$
.	. . .	.
x_r	h_{r1} ...... h_{rk} ...... h_{rc}	$h(x_r)$
Σ	$h(y_1)$ ... $h(y_k)$ ... $h(y_c)$	n

Anmerkungen zur Def. 5.1.1-1

1. Sind die Merkmale X und Y **nominalskaliert**, dann heißt die Tabelle 5.1.1-1 **Kontingenztabelle** (lat.: contingentia → Zufälligkeit).
2. Für **ordinal-** und **kardinalskalierte** Merkmale heißt die Tabelle 5.1.1-1 **Korrelationstabelle** (lat.: con ... → zusammen mit & relatio → Beziehung).
3. Eine Kontingenz- bzw. Korrelationstabelle mit r = c gleichen Anzahlen von Ausprägungen heißt **quadratisch**, ansonsten rechteckig. r steht für **rows** (engl: row → Zeile) und c für **columns** (engl.: column → Spalte).
4. Eine Kontingenztabelle für **dichotome** bzw. dichtomisierte Merkmale heißt wegen r = c = 2 und $r \cdot c = 4$ (quadratische) **Vierfeldertafel**.

5. Die Gesamtheit aller $r \cdot c$ Ausprägungspaare und die dazu gehörenden absoluten Häufigkeiten heißt **zweidimensionale** Häufigkeitsverteilung, die auch auf der Basis der relativen Häufigkeiten

$$f(x_j, y_k) = f_{jk} = \frac{1}{n} \cdot h(x_j, y_k)$$

erstellt werden kann.
6. Die **absolute** Häufigkeit

$$h(x_j) = h_j = \sum_{k=1}^{c} h_{jk}$$

am „Rand" der Tabelle heißt absolute **Randhäufigkeit** der Merkmalsausprägung x_j, wobei

$$n = \sum_{j=1}^{r} h(x_j) = \sum_{j=1}^{r} \sum_{k=1}^{c} h_{jk}$$

gilt.
7. In der Tabelle 5.1.1-1 heißt für alle j = 1,2,..,r das r-Tupel $\{(x_j;h_j)\}$ (absolute) **marginale** (lat.: marginalis → den Rand betreffend) Häufigkeitsverteilung des Merkmals X. Sie ist identisch mit der eindimensionalen absoluten Häufigkeitsverteilung des Merkmals X.
8. Dementsprechend heißt

$$h(y_k) = h_k = \sum_{j=1}^{r} h_{jk}$$

absolute Randhäufigkeit der Merkmalsausprägung y_k, wobei analog

$$n = \sum_{k=1}^{c} h(y_k) = \sum_{k=1}^{c} \sum_{j=1}^{r} h_{jk}$$

gilt.
9. Das c-Tupel $\{(y_k;h_k)\}$ heißt dann für alle k = 1,2,..,c (absolute) **marginale** Häufigkeitsverteilung des Merkmals Y, die mit der (eindimensionalen) absoluten Häufigkeitsverteilung des Merkmals Y identisch ist.
10. Die Häufigkeit, mit der das Merkmal X (bzw. Y) die Ausprägung x_j (bzw. y_k) annimmt unter der Bedingung, daß das Merkmal Y (bzw. X) die Ausprägung y_k (bzw. x_j) besitzt, heißt **bedingte** Häufigkeit. Für die **bedingten absoluten Häufigkeiten** gilt stets

$$h(x_j | y_k) = h(y_k | x_j) = h(x_j, y_k) = h_{jk},$$

für die **bedingten relativen Häufigkeiten** stets

$$f(x_j | y_k) = \frac{h(x_j, y_k)}{h(y_k)} = \frac{h_{jk}}{h_k} \text{ bzw. } f(y_k | x_j) = \frac{h(x_j, y_k)}{h(x_j)} = \frac{h_{jk}}{h_j}.$$

11. Das r-Tupel

$$\{(x_j, h(x_j | y_k)\} \text{ bzw. } \{(x_j, f(x_j | y_k)\}$$

heißt für alle j = 1,2,..,r und k = 1,2,...,c **bedingte** (absolute bzw. relative) **Häufigkeitsverteilung** des Merkmals X (unter der Bedingung, daß das Merkmal Y die Merkmalsausprägung y_k annimmt).

12. Analog heißt dann das c-Tupel

$$\{(y_k, h(y_k|x_j))\} \text{ bzw. } \{(y_k, f(y_k|x_j))\}$$

bedingte (absolute bzw. relative) **Häufigkeitsverteilung** des Merkmals Y (unter der Bedingung, daß das Merkmal X die Merkmalsausprägung x_j annimmt).

13. Unabhängig davon, ob es sich bei der Tabelle 5.1.1-1 um eine Kontingenz- oder Korrelationstabelle handelt, kann man aus ihr (r + c) bedingte Verteilungen ableiten. Sie bilden die Grundlage des empirischen **Unabhängigkeitsbegriffs** in der Statistik.

Definition 5.1.1-2

Gegeben sei die Tabelle 5.1.1-1 für zwei beliebig skalierte Merkmale X und Y. Stimmen alle r bzw. alle c bedingten Verteilungen der relativen Häufigkeiten überein, dann heißen die Merkmale X und Y empirisch **unabhängig**, ansonsten empirisch abhängig.

Anmerkungen zur Def. 5.1.1-2

1. Für unabhängige Merkmale sind nicht nur die bedingten (relativen), sondern auch die (relativen) Randverteilungen gleich. Darauf baut die folgende **Regel** auf, die auch Multiplikationsregel für empirisch unabhängige Merkmale genannt wird: Sind zwei Merkmale X und Y voneinander empirisch **unabhängig**, so ist für alle j = 1,2,..,r und k = 1,2,...,c die relative Häufigkeit $f(x_j;y_k)$ für das gemeinsame Auftreten der Ausprägungen x_j und y_k gleich dem Produkt aus den entsprechenden relativen Häufigkeiten $f(x_j)$ und $f(y_k)$der Randverteilungen, so daß gilt:

$$f(x_j, y_k) = f(x_j) \cdot f(y_k).$$

2. Für die absoluten Häufigkeiten zweier empirisch **unabhängiger** Merkmale X und Y gilt dann für alle j = 1,2,...,r und k = 1,2,...,c:

$$h(x_j, y_k) = \frac{1}{n} \cdot h(x_j) \cdot h(y_k) = \frac{1}{n} \cdot h_j \cdot h_k = h_{jk}.$$

Diese Aussage ist in zweierlei Hinsicht bedeutungsvoll:

a) Sind die Merkmale X und Y voneinander **abhängig**, so weicht das durch die Anzahl n der Beobachtungen normierte Produkt der absoluten Randhäufigkeiten um so mehr von der gemeinsam beobachteten Häufigkeit h_{jk} ab, je ausgeprägter die Abhängigkeit zwischen X und Y ist.

b) Für abhängige Merkmale ist das normierte Produkt aus den Randhäufigkeiten interpretierbar als **hypothetische** absolute Häufigkeit

$$h^e(x_j, y_k) = h^e_{jk} = \frac{1}{n} \cdot h(x_j) \cdot h(y_k),$$

die man unter der Annahme der empirischen Unabhängigkeit **erwarten** würde.

3. Auf diesen Überlegungen basiert das folgende, in praxi häufig angewandte Zusammenhangsmaß für **nominalskalierte** Merkmale, das sog. **Kontingenzmaß** C von Pearson.

Definition 5.1.1-3

Gegeben sei eine Kontingenztafel für zwei nominalskalierte Merkmale X und Y. Dann heißt

$$V = \sqrt{\frac{\chi^2}{n \cdot (m-1)}} \quad \text{mit } \chi^2 = \sum_{j=1}^{r} \sum_{k=1}^{c} \frac{(h_{jk} - h^e_{jk})^2}{h^e_{jk}}$$

Kontingenzmaß nach Cramér oder kurz: **Cramérs V**.

Anmerkungen zur Def. 5.1.1-3

1. Da Skalen hierarchisch geordnet sind, können höherwertige Skalen stets auf niedrigerwertige Skalen transformiert werden. Das Kontingenzmaß V ist daher stets auch für ordinal- bzw. kardinalskalierte Merkmale, die auf eine **Nominalskala** transformiert wurden, anwendbar.
2. Im Falle einer **rechteckigen** Kontingenztabelle, also wenn $r \neq c$ gilt, ist m stets die **kleinere** der Anzahlen für die Zeilen und Spalten der Kontingenztabelle, so daß $m = \min(r,c)$ gilt. Für eine quadratische Kontingenztabelle gilt stets $m = r = c$.
3. Cramérs V ist eine **normierte** Größe, für die stets $0 \leq V \leq 1$ gilt. Besteht zwischen den Merkmalen X und Y kein (empirischer) Zusammenhang, dann ist $V = 0$. Ein $0 < C < 1$ ist ein Indiz für einen statistisch nachweisbaren (empirischen) Zusammenhang zwischen den betrachteten Merkmalen. Ein $V = 1$ kennzeichnet eine (totale) „Abhängigkeit" zwischen den beiden Merkmalen.
4. Die χ^2-Größe (lies: **Chi-Quadrat**...), auch Pearsonsches Chi-Quadrat genannt, bildet z.B. die Grundlage des **Chi-Quadrat-Unabhängigkeitstest**, der im Rahmen der Induktiven Statistik skizziert und demonstriert wird. (vgl. Definition 18.3.2-1)
5. In der **praktischen** Arbeit erweist es sich aus Gründen der Übersichtlichkeit als vorteilhaft, jedes Feld der zweidimensionalen Häufigkeitsverteilung innerhalb der Kontingenztabelle noch durch die entsprechenden Hilfgrößen für die Berechnung von χ^2 zu ergänzen, so daß sich für alle $j = 1,2,...,r$ und $k = 1,2,...,c$ etwa das in der Tabelle 5.1.1-2 skizzierte Schema anbietet:

Tabelle 5.1.1-2

h_{jk}	h^e_{jk}
$h_{jk} - h^e_{jk}$	$\frac{(h_{jk} - h^e_{jk})^2}{h^e_{jk}}$

Beispiel 5.1.1-1
Die Tabelle 5.1.1-3 zeigt im Ergebnis des Mikrozensus vom April 1991 für die Erwerbspersonen (Angaben in 1000 Personen) in Deutschland die Kontingenztabelle auf der Basis der nominalskalierten Merkmale X: „Beteiligung am Erwerbsleben" und Y: „Geschlecht". (Quelle: Statistisches Jahrbuch 1993, S. 116)

Tabelle 5.1.1-3

X Y	männlich	weiblich	Σ
erwerbstätig	21875	15570	37445
erwerbslos	1250	1392	2642
Σ	23125	16962	40087

Die Tabelle 5.1.1-3 ist in ihren Bestandteilen wie folgt zu interpretieren:

- Da es sich um **dichotome** Merkmale handelt, ist die Anzahl der Merkmalsausprägungen $r = c = 2$ und die quadratische Häufigkeitstabelle eine **4-Felder-Tafel**. Ihre graphische Darstellung kann mit Hilfe eines dreidimensionalen Säulendiagramms bewerkstelligt werden, so wie es in der Abbildung 5.1.1-1 dargestellt ist.

Abbildung 5.1.1-1

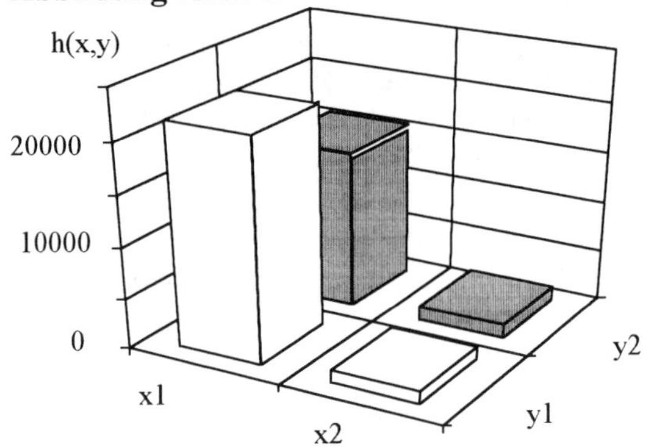

- In Deutschland gab es im April 1991 insgesamt $n = 40087*1000 = 4008700$ Erwerbspersonen.
- Die **Randverteilung** des Merkmals Y, dargestellt in der Tabelle 5.1.1-4, kennzeichnet die **geschlechtsspezifische** Verteilung der Erwerbspersonen. Demnach waren im April 1991 in Deutschland 57,7% aller Erwerbspersonen männlichen und 42,3% aller Erwerbspersonen weiblichen Geschlechts.
- Die **Randverteilung** des Merkmals X, dargestellt in der Tabelle 5.1.1-5, kennzeichnet die **erwerbspezifische** Verteilung der Erwerbspersonen. Demnach

waren im April 1991 in Deutschland 93,4% der Erwerbspersonen erwerbstätig und 6,6% der Erwerbspersonen erwerbslos.

Tabelle 5.1.1-4

k	1	2	Σ
y_k	männlich	weiblich	-
$h(y_k)$	23125	16962	40087
$f(y_k)$	0,577	0,423	1,000

Tabelle 5.1.1-5

j	x_j	$h(x_j)$	$f(x_j)$
1	erwerbstätig	37445	0,934
2	erwerbslos	2642	0,066
Σ	-	40087	1,000

- Die c = 2 durch das Erwerbsleben **bedingten** (relativen) geschlechtsspezifischen Verteilungen zeigt die Tabelle 5.1.1-6.

Tabelle 5.1.1-6

X Y	männlich	weiblich
erwerbstätig	$\frac{21875}{23125} = 0{,}946$	$\frac{15570}{16962} = 0{,}918$
erwerbslos	$\frac{1250}{23125} = 0{,}054$	$\frac{1392}{16962} = 0{,}082$
Σ	1,000	1,000

Demnach waren im April 1991 in Deutschland z.B. 5,4% der männlichen Erwerbspersonen und 8,2% der weiblichen Erwerbspersonen erwerbslos. Da die bedingten Verteilungen **nicht gleich** sind, kann dies bereits als ein Indiz dafür angesehen werden, daß die beiden Merkmale empirisch **nicht** voneinander **unabhängig** sind.

- Die r = 2 durch die Geschlechtszugehörigkeit **bedingten** erwerbsspezifischen (relativen) Verteilungen sind in der Tabelle 5.1.1-7 zusammengefaßt.

Tabelle 5.1.1-7

X Y	männlich	weiblich	Σ
erwerbstätig	$\frac{21875}{37445} = 0{,}584$	$\frac{15570}{37445} = 0{,}416$	1,000
erwerbslos	$\frac{1250}{1642} = 0{,}473$	$\frac{1392}{2642} = 0{,}527$	1,000

Demnach waren im April 1991 in Deutschland z.B. 47,3% der Erwerbslosen männlichen und 52,7% der Erwerbslosen weiblichen Geschlechts. Auch hier sind die unterschiedlichen bedingten Verteilungen ein Indiz für die empirische Abhängigkeit der beiden Merkmale.

- Die unter der Unabhängigkeitsannahme **erwarteten** absoluten Häufigkeiten sind bezüglich ihrer Berechnung in der Tabelle 5.1.1-8 dargestellt.

Tabelle 5.1.1-8

X Y	männlich	weiblich	Σ
erwerbstätig	$\frac{23125 \cdot 37445}{40087} = 21600{,}9$	$\frac{16962 \cdot 37445}{40087} = 15844,$	37445
erwerbslos	$\frac{23125 \cdot 2642}{40087} = 1524,$	$\frac{16962 \cdot 2642}{40087} = 1117{,}9$	2642
Σ	23125	16962	40087

Demnach hätte es bei Unterstellung einer (empirischen) **Unabhängigkeit** zwischen Erwerbsleben und Geschlecht 1991 in Deutschland z.B. nur 1117900 weibliche erwerbslose Personen geben dürfen. Obgleich sich die unter der Unabhängigkeitsannahme erwartete zweidimensionale absolute Häufigkeitsverteilung innerhalb der Tabelle 5.1.1-8 von der beobachteten Verteilung (Tabelle 5.1.1-2) unterscheidet, bleiben die durch den Mikrozensus „festgeschriebenen" Randverteilungen und damit die Gesamtzahl der Erwerbspersonen in logischer Konsequenz von der hypothetischen Verteilung unberührt.

- Kennt man die unter der Unabhängigkeitshypothese erwarteten absoluten Häufigkeiten, kann man nunmehr Pearsons **Chi-Quadrat**

$$\chi^2 = 3{,}5 + 18{,}4 + 49{,}3 + 67{,}2 = 138{,}4$$

berechnen. Die Tabelle 5.1.1-9 enthält in Anlehnung an die Tabelle 5.1.1-2 die dafür erforderlichen Hilfsgrößen.

Tabelle 5.1.1-9

X Y	männlich		weiblich	
erwerbstätig	21875,0	21600,9	15570,0	15044,1
	274,1	**3,5**	525,9	**18,4**
erwerbslos	1250,0	1524,1	1392,0	1117,9
	-274,1	**49,3**	274,1	**67,2**

Allerdings ist Pearsons-Chi-Quadrat nur bedingt als Zusammenhangsmaß verwend- und interpretierbar, da es bei gleichem Grad von „Abhängigkeit" für

Kontingenztabellen mit unterschiedlichen Anzahlen n von Beobachtungen unterschiedliche Werte annehmen kann. Man überlegt sich allerdings leicht, daß im Fall empirischer Unabhängigkeit zwischen X und Y $\chi^2 \cong 0$ gilt. Da $\chi^2 = 138{,}4 >> 0$ ist, kann dieser Wert bereits als ein Indiz dafür angesehen werden, daß zwischen dem Erwerbsleben und dem Geschlecht der Erwerbspersonen ein statistischer **Zusammenhang** besteht.

Merke:

Die **Doppelsumme** zur Ermittlung der Chi-Quadrat-Größe bestimmt man i.allg. wie folgt: Beginne in der ersten Zeile, erste Spalte. Summiere die entsprechenden Hilfgrößen in allen c Spalten der ersten Zeile. Fahre mit der Summation aller Spaltenwerte in der zweiten, dritten und letztlich in der r-ten Zeile fort, bis alle $r \cdot c$ Summanden addiert sind.

- Da die Kontingenztabelle 5.1.1-3 quadratisch ist, gilt m = r = c =2, so daß man schließlich und endlich für das **Kontingenzmaß** V nach Cramér einen Wert von

$$V = \sqrt{\frac{134{,}8}{40087 \cdot (2-1)}} \approx 0{,}058,$$

ermittelt, der wie folgt interpretiert werden kann: Auch wenn der statistische Zusammenhang zwischen den nominalskalierten Merkmalen Erwerbsleben und Geschlecht für die Erwerbspersonen Deutschlands sehr schwach ausgeprägt ist, läßt sich dennoch empirisch zeigen, daß die beiden Merkmale nicht voneinander unabhängig sind. Diese Aussage gilt nicht mit Notwendigkeit allgemein, sondern erst einmal nur in Bezug auf die Ergebisse des Mikrozensus vom April 1991.

5.1.2 Rangkorrelation

Definition 5.1.2-1

Es sei X ein mindestens ordinalskaliertes Merkmal, dessen n Merkmalsausprägungen x_i für alle i = 1,2,...,n-1 aufsteigend ($x_i < x_{i+1}$) oder absteigend ($x_i > x_{i+1}$) geordnet sind. Dann heißt für alle i = 1,2,...,n die der geordneten Merkmalsausprägung x_i zugewiesene Platznummer i **Rangzahl** $R_i^x = i$ der Merkmalsausprägung x_i.

Anmerkungen zur Def. 5.1.2-1

1. Bei einem auf der **Ordinalskala** gemessenen Merkmal, dessen Ausprägungen sich nach der Intensität unterscheiden, ist das Ordnungsprinzip die Stärke bzw. der Grad der Intensität.

2. Bei einem auf der **Kardinalskala** gemessenen Merkmal liegt das Ordnungsprinzip in den Größenrelationen der Merkmalswerte begründet.
3. Gleiche Merkmalsausprägungen in einer geordneten Folge heißen **Bindungen.** Treten Bindungen auf, so ordnet man allen (gleichen) Merkmalsausprägungen das arithmetische Mittel der Rangzahlen zu, die sie im Fall ihrer Unterscheidbarkeit erhalten hätten.
4. Für die Summe der Rangzahlen gilt stets:

$$\frac{n \cdot (n+1)}{2} = \sum_{i=1}^{n} R_i^x .$$

Definition 5.1.2-2

Gegeben sei eine statistische Gesamtheit mit einem Umfang von n Einheiten, an denen für alle i = 1,2,...,n die Ausprägungspaare (x_i,y_i) der mindestens ordinalskalierten Merkmale X und Y beobachtet wurden. Ferner entspreche dem Ausprägungspaar (x_i,y_i) das Rangzahlenpaar (R_i^x, R_i^y). Dann heißt die Beziehung

$$r_S = 1 - \frac{6 \cdot \sum_{i=1}^{n} (R_i^x - R_i^y)^2}{n \cdot (n^2 - 1)}$$

Rangkorrelationskoeffizient nach Spearman.

Anmerkungen zur Def. 5.1.2-2

1. Der Rangkorrelationskoeffizient nach Spearman ist ein **normiertes** Zusammenhangsmaß, für das stets $-1 \le r_S \le 1$ gilt. Ein r_S nahe 1 kennzeichnet einen **gleichläufigen** Zusammenhang, ein r_S nahe -1 einen **gegenläufigen** Zusammenhang. Ein r_S um 0 deutet man als Indiz dafür, daß statistisch zwischen den Merkmalen X und Y kein Zusammenhang nachweisbar ist bzw. daß sie empirisch voneinander **unabhängig** sind.
2. Gleichläufige Rangzahlreihen sind ein Indiz für eine ausgeprägte **positive**, gegenläufige Rangzahlreihen für eine ausgeprägte **negative** Rangkorrelation.
3. Der Rangkorrelationskoeffizient ist ein Spezialfall des Maßkorrelationskoeffizienten von Bravais & Pearson für ordinalskalierte bzw. auf eine Ordinalskala transformierte Merkmalswerte.

Beispiel 5.1.2-1

Die Tabelle 5.1.2-1 enthält für die neun größten deutschen Brauereien im Wirtschaftsjahr 1992 u.a. die Rangziffern bezüglich des Produktionsausstoßes X und der Werbeaufwendungen Y. (Quelle: Welt-Report, Heft 128 vom 14. Sept. 1994, S.36)

Die Tabelle 5.1.2-1 ist in ihren Bestandteilen wie folgt zu interpretieren:

- Die statistische **Einheit** ist eine Brauerei.
- Die n = 9 Brauereien bilden die statistische **Gesamtheit**, die wie folgt abgegrenzt ist:

$$\left\{\begin{matrix}\text{sachliches}\\ \text{örtliches}\\ \text{zeitliches}\end{matrix}\right\} \text{Identifikationsmerkmal} \left\{\begin{matrix}\text{Brauerei}\\ \text{Deutschland}\\ 1992\end{matrix}\right\}.$$

- Die **Erhebungsmerkmale** sind: der Produktionsausstoß X, verhältnisskaliert, Angaben in 1000 Hektolitern und die Werbeaufwendungen Y, verhältnisskaliert, Angaben in Mio DM.

Tabelle 5.1.2-1

i	Brauerei	R_i^X	R_i^Y	$R_i^X - R_i^Y$	$\left(R_i^X - R_i^Y\right)^2$
1	Warsteiner	1	2	-1	1
2	Bitburger	2	4	-2	4
3	Krombacher	3	1	2	4
4	Holsten	4	3	1	1
5	Veltins	5	6	-1	1
6	König	6	5	1	1
7	Paulaner	7	9	-2	4
8	Henninger	8	8	0	0
9	Licher	9	7	2	4
Σ		45	45	0	20

- Die Rangzahlen R_i^X bzw. R_i^Y sind das Resultat der Transformation der Merkmalswerte x_i und y_i auf eine **Ordinalskala** derart, daß garaniert ist, daß für alle $i = 1,2,...,9$ die Summe der Rangzahlen

$$\frac{n \cdot (n+1)}{2} = \frac{9 \cdot 10}{2} = 4$$

ist.

- Unter Verwendung der $n = 9$ Rangzahlenpaare (R_i^x, R_i^y) errechnet man einen **Rangkorrelationskoeffizienten** nach Spearman von

$$r_s = 1 - \frac{6 \cdot 20}{9 \cdot (9^2 - 1)} = 0{,}8\overline{3},$$

der wie folgt zu interpretieren ist: Zwischen den brauereispezifischen Produktionsausstoßzahlen und Werbeaufwendungen bestand für die 9 führenden deutschen Brauereien im Wirtschaftsjahhr 1992 ein ausgeprägter positiver (empirischer) Zusammenhang. Die Rangfolgen der Brauereien bezüglich dieser beiden Merkmale zeigen einen ähnlichen Verlauf, der durch die geringen Rangdifferenzen, die sich stets zu null addieren, sichtbar wird. Die Brauereien, die marktführend im Produktionsausstoß sind, sind in der Regel auch marktführend bezüglich der Werbeaufwendungen und umgekehrt.

5.1.3 Maßkorrelation

Definition 5.1.3-1

Gegeben sei eine statistische Gesamtheit mit einem Umfang von n Einheiten, an denen für alle i = 1,2,...,n die Wertepaare (x_i,y_i) der kardinalskalierten Merkmale X und Y beobachtet wurden. Dann heißt die Beziehung

$$r_{yx} = r_{xy} = \frac{\frac{1}{n}\sum_{i=1}^{n}(y_i - \overline{y})(x_i - \overline{x})}{\sqrt{\frac{\sum_{i=1}^{n}(y_i - \overline{y})^2}{n} \cdot \frac{\sum_{i=1}^{n}(x_i - \overline{x})^2}{n}}} = \frac{s_{yx}}{s_y \cdot s_s}$$

Maßkorrelationskoeffizient nach Bravais & Pearson.

Anmerkungen zur Def. 5.1.3-1

1. Synonyme: dualer **Korrelationskoeffizient**, einfacher linearer Korrelationskoeffizient
2. Der Maßkorrelationskoeffizient ist ein **normiertes** Zusammenhangsmaß, für das stets

$$-1 \leq r_{yx} = r_{xy} \leq$$

gilt. Ein r nahe 1 kennzeichnet einen **gleichläufigen**, ein r nahe -1 einen **gegenläufigen** Zusammenhang. Ein r um 0 ist ein Indiz dafür, daß zwischen den Merkmalen X und Y statistisch kein Zusammenhang nachweisbar ist bzw. daß die Merkmale X und Y (empirisch) voneinander **unabhängig** sind.
3. Der Maßkorrelationskoeffizient ist stets nur ein Maß für die Stärke bzw. den Grad eines **linearen** statistischen Zusammenhangs zwischen zwei kardinalskalierten Merkmalen.
4. Die Basis der Maßkorrelation bildet die (deskriptive) **Kovarianz**

$$s_{yx} = \frac{\sum_{i=1}^{n}(y_i - \overline{y})(x_i - \overline{x})}{n},$$

die das durchschnittliche Abweichungsprodukt der Merkmale X und Y kennzeichnet. Sie läßt die Grundidee der statistischen Maßkorrelation augenscheinlich werden: **die Gleich- oder Gegenläufigkeit der Abweichungen der jeweiligen Merkmalswerte um ihre Mittelwerte**. Ein großer positiver Wert der Kovarianz ist ein Indiz für eine ausgeprägte **positive** lineare Maßkorrelation, ein großer negativer Wert der Kovarianz für eine ausgeprägte **negative** lineare Maßkorrelation. Allerdings ist die Kovarianz als Korrelationsmaß wenig geignet, da man für ihre Größe keine Norm kennt. Hinzukommt noch, daß sie eine dimensionsgeladene Zahl ist, die i.allg. eine plausible Interpretation erschwert. Aus diesem Grunde standardisiert man sie mit den Standardabweichungen s_x und s_y und interpretiert den Maßkorrelationskoeffizienten als **standardisierte Kovarianz**.

5. Für die praktische Arbeit ist es sinnvoll, die Maßkorrelationsanalyse durch ein **Streuungsdiagramm** zu ergänzen.

Definition 5.1.3-2

Die graphische Darstellung der Wertepaare (x_i,y_i) der kardinalskalierten Merkmale X und Y in einem kartesischen Koordinatensystem heißt für alle i = 1,2,...,n **Streuungsdiagramm**.

Anmerkungen zur Def. 5.1.3-2

1. Synonyme: Streudiagramm, **Scatter-Plot** (engl.: scatter → zerstreuen & plot → Parzelle, Grundriß)
2. In der Regel werden die Merkmalswerte des Merkmals X auf der Abszisse, die des Merkmals Y auf der Ordinate abgetragen.
3. Die n Wertepaare erscheinen (in der Regel) als **Punktwolke** in der zweidimensionalen Merkmalsebene. Aus dem Verlauf und der Form der Punktwolke lassen sich Schlußfolgerungen hinsichtlich der Stärke des Zusammenhangs bzw. der Form der Abhängigkeit zwischen den beiden Merkmalen ziehen.

Beispiel 5.1.3-1

In Rahmen einer Marktforschungsstudie wurden für ausgewählte Güter statistische Untersuchungen im Hinblick auf den Zusammenhang zwischen **Angebotspreis** P und **Absatzmenge** M durchgeführt. Dazu wurden in vergleichbaren Supermärkten im Verlauf eines Verkaufstages die verkauften Mengen der jeweiligen Güter für bestimmte (vorher fixierte) Angebotspreise erfaßt. Die Tabelle 5.1.3-1 zeigt die statistisch ausgewerteten Versuchsergebnisse für das Gut „Speisequark“, das bezüglich des Angebotspreises p_i (Angaben in DM je Packung) und seiner Absatzmenge m_i (Angaben in Stück Packungen) in n = 7 Supermärkten erhoben wurde. Die Tabelle 5.1.3-1 ist in ihren Bestandteilen wie folgt zu interpretieren:

- Der (einfache) Durchschnittpreis für eine Packung Speisequark beläuft sich bei den n = 7 Märkten auf

$$\overline{p} = \frac{11{,}20}{7} = 1{,}60 \text{ DM je Packung.}$$

- Im Durchschnitt wurden in den sieben Märkten an einem Tag

$$\overline{m} = \frac{2100}{7} = 300 \text{ Packungen abgesetzt.}$$

Beachte:

Da es sich hier um ein in seinen Mengen (Packungen) gleich bemessenes Gut handelt, ist die Forderung der **Kommensurabilität** erfüllt und somit eine Summen- und Durchschnittsbildung sinnvoll. (vgl. Definition 6.2.2-2)

Tabelle 5.1.3-1

i	p_i	m_i	$p_i - \overline{p}$	$m_i - \overline{m}$	$(p_i - \overline{p})(m_i - \overline{m})$	$(p_i - \overline{p})^2$	$(m_i - \overline{m})^2$
1	1,47	432	-0,13	132	-17,16	0,0169	17424
2	1,50	359	-0,10	59	-5,90	0,0100	3481
3	1,55	353	-0,05	53	-2,65	0,0025	2809
4	1,59	275	-0,01	-25	0,25	0,0000	625
5	1,63	254	0,03	-46	-1,38	0,0009	2116
6	1,70	242	0,10	-58	-5,80	0,0100	3364
7	1,76	185	0,16	-115	-18,40	0,0256	13225
Σ	11,20	2100	0,00	0	-51,04	0,0660	43044
∅	1,60	300			-7,29	0,0094	6149,14
√						0,0971	78,42

- Wegen der **Nulleigenschaft** des arithmetischen Mittels sind die Summen

$$\sum_{i=1}^{7}(p_i - \overline{p}) = 0, \ \sum_{i=1}^{7}(m_i - \overline{m}) = 0$$

der Abweichungen der Preise bzw. Mengen von ihren Durchschnitten null.

- Stellt man die Preis- und Mengenabweichungen einander gegenüber, so zeigt sich, daß die Märkte mit einem **unterdurchschnittlichen** Angebotspreis in der Regel auf **überdurchschnittliche** Absatzmengen verweisen können. Von dieser Regel weicht lediglich der i = 4te Markt ab, bei dem sowohl der Preis als auch die Absatzmengen unterdurchschnittlich sind.
- Die Gegenüberstellung der Abweichungen wird mathematisch durch ihre paarweise Multiplikation bewerkstelligt. Dies hat den Vorteil, daß gleichläufige Abweichungen stets positive Abweichungsprodukte, gegenläufige Abweichungen stets negative Abweichungsprodukte erzeugen. Diese elementaren Überlegungen werden sowohl in der Tabelle 5.1.3-1 als auch im **Streuungsdiagramm** ersichtlich, das in der Abbildung 5.1.3.-1 dargestellt ist.
- Die Punktwolke läßt erkennen, daß zwischen den Angebotspreisen und den Absatzmengen ein **gegenläufiger linearer statistischer Zusammenhang** besteht. Die **Kovarianz** der Angebotspreise und Absatzmengen bestätigt mit

$$s_{PM} = -7{,}29 \ [(\text{DM / Stück}) \cdot \text{Stück}]$$

in Vorzeichen und Betrag diesen negativen Zusammenhang. Normiert man die Kovarianz mit dem Produkt aus der **Standardabweichung** der Preise

$$s_p = 0{,}097 \quad [\text{DM/Stück}]$$

und der **Standardabweichung** der Absatzmengen

$$s_M = 78{,}42 \ [\text{Stück}],$$

erhält man den **Maßkorrelationskoeffizienten** nach Bravais & Pearson

$$r_{PM} = r_{MP} = \frac{-7{,}29}{0{,}0971 \cdot 78{,}42} = -0{,}957,$$

der wie folgt zu interpretieren ist: Zwischen dem Angebotspreis P und der Absatzmenge M des Gutes „Speisequark“ besteht ein ausgeprägter **gegenläufiger** bzw. negativer **linearer Zusammenhang**. Demnach gehen in der Regel überdurchschnittliche Preise mit unterdurchschnittlichen Absatzmengen und überdurchschnittliche Absatzmengen mit unterdurchschnittlichen Preisen einher.

Abbildung 5.1.3-1

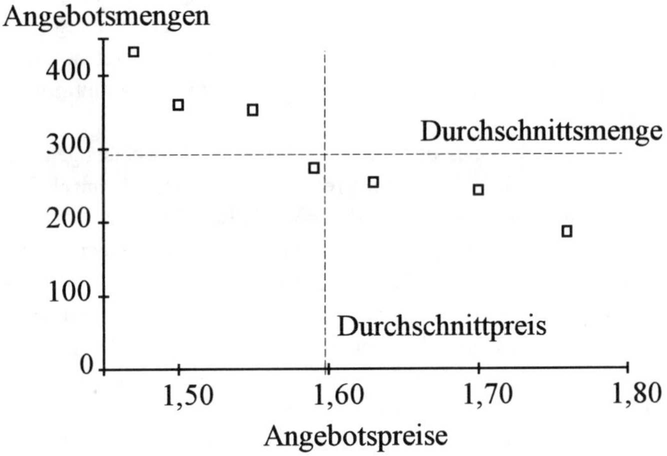

- Man achte darauf, daß diese Aussagen nicht allgemeingültig, sondern (streng genommen) erst einmal nur für dieses eine Gut „Speisequark“ gültig sind, das bezüglich seiner Merkmale „Preis“ und „Menge“ für (lediglich) n = 7 verschiedene Orte (Märkte) **empirisch** beobachtet wurde.

5.2 Regressionsanalyse
5.2.1 Einfache lineare Regression

Definition 5.2.1-1

Gegeben sei eine statistische Gesamtheit mit einem Umfang von n Einheiten, an denen für alle i = 1,2,...,n die Wertepaare (x_i,y_i) der kardinalskalierten Merkmale X und Y beobachtet wurden. Dann heißt die Funktion $\hat{y}_i(x_i) = b_1 + b_2 \cdot x_i$, die die lineare Abhängigkeit des Merkmals Y vom Merkmal X beschreibt, **einfache lineare Regression** von Y auf X.

Anmerkungen zur Def. 5.2.1-1

1. Synonyme: lineare Y-X-Regressionsfunktion, duale lineare Regression, einfache lineare Regressionsfunktion
2. Die Regressionsanalyse hat stets nur die Analyse **einseitig** gerichteter Abhängigkeiten zum Gegenstand. Gilt z.B. Y = f(X), dann heißt das Merkmal X **Regressor** oder die Y **erklärende** bzw. von ihr **unabhängige** Variable und das Merkmal Y **Regressand** oder die von X **zu erklärende** bzw. von ihr **abhängige** Variable.
3. Die Koeffizienten b_1 und b_2 heißen Parameter der einfachen linearen Regression von Y auf X, kurz: **Regressionsparameter**. Der Parameter b_1 wird auch **Regressionskonstante** und der Parameter b_2 (einfacher linearer) **Regressionskoeffizient** genannt. Die numerische Bestimmung der Regressionsparameter erfolgt i.allg. auf der Basis der Methode der kleinsten Quadratesumme nach C.F. Gauß.
4. $\hat{y}_i$ symbolisiert den **Regresswert**, den man unter Verwendung der einfachen linearen Regression für ein beobachtetes x_i erhält. Die Schätzung von Werten der abhängigen Variablen Y für zulässige, beliebig vorgegebene Werte der erklärenden Variablen X (etwa zur Entscheidungsfindung, Planung oder Prognose) ist eine der wesentlichen **Zweckbestimmungen** der Regressionsanalyse.
5. Die Abweichung $e_i = y_i - \hat{y}_i$ eines beobachteten Wertes y_i der abhängigen Variablen Y von ihrem Regresswert $\hat{y}_i$ heißt **Residuum** (lat.: residuum → Rest). Demnach gilt bei Kenntnis der Regressionsfunktion für alle i = 1,2,...,n die folgende Beziehung: $y_i = b_1 + b_2 \cdot x_i + e_i$.
6. Zur besseren Erkennung der Form der Abhängigkeit, d.h. zur Wahl einer geeigneten Regressionsfunktion, ist es vorteilhaft, die einfache Regressionsanalyse durch ein **Streuungsdiagramm** zu ergänzen. Dazu trägt man i.allg. die abhängige Variable Y auf der **Ordinate** und die erklärende Variable X auf der **Abszisse** ab. Besitzt für alle i = 1,2,...,n die **Punktwolke** $\{(x_i,y_i)\}$ eine **lineare Tendenz**, dann ist die einfache lineare Regression eine geeignete Funktion zur Beschreibung der (einseitig gerichteten) Abhängigkeit der Variablen Y von der Variablen X.
7. Die Bestimmung einer Regressionsfunktion ist keineswegs nur an kardinalskalierte und Querschnittsdaten gebunden. In den Wirtschaftswissenschaften wird die Regressionsanalyse vor allen auch auf kategoriale (nominal- bzw. ordinalskalierte) und kardinalskalierte bzw. Zeitreihendaten angewandt. Die Theorien der kategorialen und der Zeitreihen-Regression sind ein klassischer Gegenstand der **Ökonometrie**. (grch.: oikonimia → Wirtschaft & metron → Maß)

Definition 5.2.1-2

Die einfache lineare Regressionsfunktion $\hat{y}_i(x_i) = b_1 + b_2 \cdot x_i$, für die die Summe der quadrierten Residuen

$$S(b_1, b_2) = \sum_{i=1}^{n}(y_i - \hat{y}_i)^2 = \sum_{i=1}^{n} e_i^2$$

ein Minimum wird, heißt einfache lineare **Kleinst-Quadrate-Regression** von Y auf X.

Anmerkungen zur Def. 5.2.1-2

1. Die Forderung

$$S(b_1, b_2) = \sum_{i=1}^{n}(y_i - \hat{y}_i)^2 = \sum_{i=1}^{n} e_i^2 \rightarrow \min$$

heißt **Kleinst-Quadrate-Kriterium.** Das darauf basierende mathematische Verfahren nennt man **Methode der kleinsten Quadratesumme**. Es geht auf den berühmten deutschen Mathematiker Carl Friedrich Gauß (1777-1855) zurück.

2. Die Methode der kleinsten Quadratesumme ist eine spezielle Anwendung der Differentialrechnung auf Funktionen mit mehreren Variablen. Für das Verständnis der Grundidee dieses Verfahrens ist es wichtig zu beachten, daß die Regressionsparameter b_1 und b_2 die „**unbekannten**“ Variablen sind, die numerisch bestimmt werden sollen unter Verwendung der bereits beobachteten, also „**bekannten**“ Werte der Merkmale X und Y.

3. Die **notwendige Bedingung** für das Kleinst-Quadrate-Kriterium

$$S(b_1, b_2) = \sum_{i=1}^{n}[y_i - (b_1 + b_2 \cdot x_i)]^2 \rightarrow \min$$

der einfachen linearen Regression $\hat{y}_i(x_i) = b_1 + b_2 \cdot x_i$ ist das Verschwinden der partiellen Ableitungen erster Ordnung von $S(b_1,b_2)$ nach b_1 und b_2, wobei

$$\frac{\partial S(b_1, b_2)}{\partial b_1} = \sum_{i=1}^{n} 2 \cdot (y_i - b_1 - b_2 \cdot x_i) \cdot (-1) = 0$$

und

$$\frac{\partial S(b_1, b_2)}{\partial b_2} = \sum_{i=1}^{n} 2 \cdot (y_i - b_1 - b_2 \cdot x_i) \cdot (-x_i) = 0$$

gilt.

4. Die **hinreichende Bedingung** für das Kleinst-Quadrate-Kriterium besteht im Fall der einfachen linearen Regression darin, daß sowohl die partiellen Ableitungen zweiter Ordnung von $S(b_1,b_2)$ nach b_1 und b_2 mit

$$\frac{\partial^2 S(b_1, b_2)}{\partial b_1^2} = \sum_{i=1}^{n} 2 = 2 \cdot n > 0,$$

$$\frac{\partial^2 S(b_1,b_2)}{\partial b_1^2} = \sum_{i=1}^{n} 2 \cdot x_i^2 = 2 \cdot \sum_{i=1}^{n} x_i^2 > 0$$

als auch die Determinante aller partiellen Ableitungen zweiter Ordnung

$$\det\begin{bmatrix} \frac{\partial^2 S(b_1,b_2)}{\partial b_1^2} & \frac{\partial^2 S(b_1,b_2)}{\partial b_1 \partial b_2} \\ \frac{\partial^2 S(b_1,b_2)}{\partial b_2 \partial b_1} & \frac{\partial^2 S(b_1,b_2)}{\partial b_2^2} \end{bmatrix} = 4 \cdot n \cdot \sum_{i=1}^{n} x_i^2 - 4 \cdot \left(\sum_{i=1}^{n} x_i \right)^2 > 0$$

positiv sind. Die hinreichende Bedingung ist erfüllt, sobald das Merkmal X verschiedene Werte annimmt und somit eine Varianz $s_x^2 > 0$ aufweist.

5. Unter Berücksichtigung der mathematischen Regel, daß die Summe aus einer Differenz gleich der Differenz aus den Summen von Minuend und Subtrahend ist, ergibt sich aus der notwendigen Bedingung das folgende **Normalgleichungssystem** für die numerische Bestimmung der Parameter der einfachen linearen Regression

$$\sum_{i=1}^{n} y_i = n \cdot b_1 + b_2 \cdot \sum_{i=1}^{n} x_i$$

$$\sum_{i=1}^{n} y_i \cdot x_i = b_1 \cdot \sum_{i=1}^{n} x_i + b_2 \cdot \sum_{i=1}^{n} x_i^2$$

6. Verwendet man für alle i = 1,2,...,n an Stelle der originären Wertepaare $(x_i;y_i)$ die **zentrierten** Wertepaare $\{(x_i - \bar{x}), (y_i - \bar{y})\}$, dann ergeben sich aus den Normalgleichungen die folgenden **Bestimmungsgleichungen** für die Parameter der der einfachen linearen Regression:

$$b_2 = \frac{\sum_{i=1}^{n} (y_i - \bar{y}) \cdot (x_i - \bar{x})}{\sum_{i=1}^{n} (x_i - \bar{x})^2} = \frac{\frac{1}{n} \cdot \sum_{i=1}^{n} (y_i - \bar{y}) \cdot (x_i - \bar{x})}{\frac{1}{n} \cdot \sum_{i=1}^{n} (x_i - \bar{x})^2} = \frac{s_{yx}}{s_x^2};$$

$$b_1 = \bar{y} - b_2 \cdot \bar{x}.$$

7. Der einfache lineare Regressionskoeffizient b_2 basiert (gleichfalls wie der Maßkorrelationskoeffizient r_{yx}) auf der Kovarianz s_{yx} der Merkmale X und Y. Er kann daher auch als eine mit der Varianz des Merkmals X **normierte Kovarianz** interpretiert werden.
8. Die unter 6. dargestellten Bestimmungsgleichungen erweisen sich in der Hinsicht als vorteilhaft, daß man lediglich auf die Ergebnisse der Maßkorrelationsanalyse zurückzugreifen braucht, um die einfache lineare Regression numerisch bestimmen zu können. Dies ist u.a.a. ein Grund dafür, warum in der statistischen Methodenlehre i.allg. die Korrelations- und Regressionsanalyse im Ensemble dargestellt werden, obgleich sie **unterschiedliche** theoretische Ansätze darstellen.

9. Von besonderer praktischer Relevanz ist eine plausible und sachbezogene **Interpretation** der Regressionsparameter. Als hilfreich erweisen sich dabei die Begriffe **Grenz-, Durchschnitts- und Elastizitätsfunktion**.

Definition 5.2.1-3

Gegeben sei eine (stetige) Regressionsfunktion $\hat{y}(x)$. Dann heißt die erste Ableitung

$$\frac{d\hat{y}(x)}{dx} = \hat{y}'(x) = \hat{y}'$$

der Regressionsfunktion nach der unabhängigen Variablen X (die zur Regressionsfunktion gehörende) **Grenzfunktion** $\hat{y}'$, die mit der unabhängigen Variablen X normierte Regressionsfunktion

$$\tilde{y}(x) = \frac{\hat{y}(x)}{x} = \tilde{y}$$

(die zur Regressionsfunktion gehörende) **Durchschnittsfunktion** $\tilde{y}$ und der Quotient aus der Grenz- und Durchschnittsfunktion

$$\varepsilon(x) = \frac{\hat{y}'}{\tilde{y}} = \frac{\frac{d\hat{y}}{dx}}{\frac{\hat{y}}{x}} = \frac{d\hat{y}}{dx} \cdot \frac{x}{\hat{y}} = \frac{\hat{y}'}{\hat{y}} \cdot x = \frac{\hat{y}'(x)}{\hat{y}(x)} \cdot x$$

(die zur Regressionsfunktion gehörende) **Elastizitätsfunktion** $\varepsilon(x)$.

Anmerkungen zur Def. 5.2.1-3

1. Der Wert $\hat{y}'(x_0)$ der zur einfachen Regressionsfunktion gehörenden Grenzfunktion $\hat{y}'$ für ein beliebiges und zulässiges x_0 heißt **Grenzneigung** oder **marginale Neigung** der abhängigen Variablen Y an der Stelle $x = x_0$ (lat.: marginalis → den Rand betreffend).
2. Die marginale Neigung gibt Auskunft über die **durchschnittliche absolute Veränderung** der abhängigen Variablen Y bei einer **infinitesimal** (lat.: in ...→ nicht & finire → begrenzen & ... esimal → ..zigstmal) **kleinen absoluten Veränderung** der unabhängigen Variablen X auf dem Niveau $x = x_0$.
3. Der Wert $\varepsilon(x_0)$ der zur einfachen Regressionsfunktion gehörenden Elastizitätsfunktion ε für ein beliebiges und zulässiges x_0 heißt **Elastizität** der abhängigen Variablen Y an der Stelle $x = x_0$.
4. Die Elastizität gibt Auskunft über die **durchschnittliche relative Veränderung** der abhängigen Variablen Y bei einer infinitesimal kleinen **relativen Veränderung** der unabhängigen Variablen X auf dem Niveau $x = x_0$.

5. In Anlehnung an die Wirtschaftstheorie gilt die folgende Regel für die Bewertung der **Nachgiebigkeit** der abhängigen Variablen Y bei (infinitesimal kleinen) Veränderungen in der unabhänigen Variablen X:

$$|\varepsilon_{yx}(x_0)| \begin{Bmatrix} > \\ = \\ < \end{Bmatrix} 1 \begin{Bmatrix} \text{überproportional elastisch} \\ \text{proportional elastisch} \\ \text{unterproportional elastisch} \end{Bmatrix}.$$

6. Für die einfache lineare **Regressionsfunktion** $\hat{y}_i(x_i) = b_1 + b_2 \cdot x_i$ erhält man die **Grenzfunktion** $\hat{y}_i'(x_i) = b_2$, die für jedes beliebige x konstant ist mit dem Wert des einfachen linearen Regressionskoeffizienten b_2. Die zur einfachen linearen Regressionsfunktion gehörende **Durchschnittsfunktion** ist dann

$$\tilde{y}_i(x_i) = \frac{b_1 + b_2 \cdot x_i}{x_i},$$

woraus sich letztlich die zur einfachen linearen Regresssionfunktion gehörende **Elastizitätsfunktion**

$$\varepsilon(x_i) = \frac{b_2 \cdot x_i}{b_1 + b_2 \cdot x_i}$$

ableitet.

Beispiel 5.2.1-1

Aufbauend auf dem Beispiel 5.1.3-1 und unter Verwendung der Tabelle 5.1.3-1 ergeben sich für das in n = 7 Supermärkten beobachtete Gut „Speisequark“ die folgenden **Kleinst-Quadrate-Parameterwerte** der einfachen linearen Regression der Absatzmengen M auf die Angebotspreise P:

$$b_2 = \frac{-7{,}29}{0{,}0094} = -775{,}53$$

und

$$b_1 = 300 - (-775{,}53) \cdot 1{,}60 = 1540{,}85.$$

Die **einfache lineare Regressionsfunktion** zur Beschreibung der Abhängigkeit der Absatzmenge M vom Angebotspreis P lautet dann für alle i = 1,2,...,7:

$$\hat{m}_i(p_i) = 1540{,}85 - 775{,}53 \cdot p_i \text{ bzw. } \hat{M}(P) = 1540{,}85 - 775{,}53 \cdot P.$$

Sie ist bezüglich ihrer Parameter und Elastizitätseigenschaften wie folgt zu interpretieren:

- **Regressionskonstante** b_1: Für den Fall, daß der Angebotspreis verschwindet, also P = 0 gilt, würde unter Verwendung der einfachen linearen Absatzfunktion ein Absatz von (näherungsweise) 1541 Packungen zu verzeichnen sein. Die Regressionskonstante kennzeichnet im konkreten Fall den preisautonomen Absatz.

Beachte:

Die Regressionskonstante ist nicht mit Notwendigkeit immer ökonomisch plausibel interpretierbar. Bereits die angebotene Interpretation ist aus ökonomischen Plausibilitätsgründen fraglich, da der Preis eines Gutes i.allg. nicht verschwindet.

- einfacher linearer **Regressionskoeffizient** b_2: **Steigt** (fällt) der Angebotspreis P um einen (infinitesimal kleinen) Betrag von einem Pfennig/Packung (als den hundertsten Teil des Angebotspreises), dann **fällt** (steigt) die Absatzmenge M **im Durchschnitt** um 775,53/100 ~ 8 Packungen.

Beachte:

Die in der Literatur oft angebotene formale Interpretation von b_2 etwa derart, daß sich Y im Durchschnitt um b_2 Einheiten (Packungen) ändert, wenn sich X um eine Einheit (also um 1 DM/Packung) verändert, ist im Fall der Absatzmengenfunktion sowohl ökonomisch als auch statistisch nicht sinnvoll. Wie man sieht, beläuft sich die beobachtete Preisspannweite nur auf 0,19 DM/Packung, so daß eine (in der Interpretation unterstellte) Preisveränderung um 1 DM/Packung nicht nur ökonomisch, sondern auch mathematisch unzulänglich ist, da die Preisspanne von 1 DM/Packung außerhalb des Definitionsbereichs der empirischen Regression liegt.

- Ist man am Grad der **Nachgiebigkeit** der Absatzmengen (etwa auf einem Preisniveau von 1,60 DM/Packung) interessiert, berechnet man den entsprechenden Wert der zur Absatzfunktion gehörenden Elastizitätfunktion, also die **Elastizität**

$$\varepsilon(P_0 = 1{,}60) = \frac{-775{,}53 \cdot 1{,}60}{1540{,}85 - 775{,}53 \cdot 1{,}60} = -4{,}14,$$

die wie folgt interpretiert werden kann: **Steigt** (fällt) der Angebotspreis auf einem Niveau von 1,60 DM/Packung um 1%, so **fällt** (steigt) die Absatzmenge im Durchschnitt um (näherungsweise) 4%. Wegen $|\varepsilon(1{,}60)| = 4{,}14$ sagt man auch: Auf einem Preisniveau von 1,60 DM/Packung ist die Absatzmenge **überproportional elastisch** bezüglich (infinitesimal kleiner) relativer Preisveränderungen.

- Ist man (etwa zu Planungszwecken) an der „Abschätzung" der Absatzmenge für ein bestimmtes (jedoch zulässiges) Preisangebot (etwa P = 1,65 DM/Packung) interessiert, dann ermittelt man für die einfache lineare Regression der Absatzmenge über dem Angebotspreis den Schätz- oder **Regresswert**

$$\hat{M}(1{,}65) = 1540{,}85 - 775{,}53 \cdot 1{,}65 = 261{,}23,$$

der wie folgt zu interpretieren ist: **Ceteris paribus** (lat: ... (wenn) das übrige gleich (ist) ..., also unter sonst gleichen Bedingungen) ist bei einem Angebotspreis von 1,65 DM/Packungen eine Absatzmenge des Gutes „Speisequark" von 261 Packungen zu erwarten.

- Schließlich und endlich zeigt die Abbildung 5.2.1-1 das **Streuungsdiagramm** und die Lage der einfachen linearen Kleinst-Quadrate-Regression, die stets durch den Punkt mit den Mittelwertkoordinaten $(\bar{x};\bar{y})$ verläuft.

Abbildung 5.2.1-1

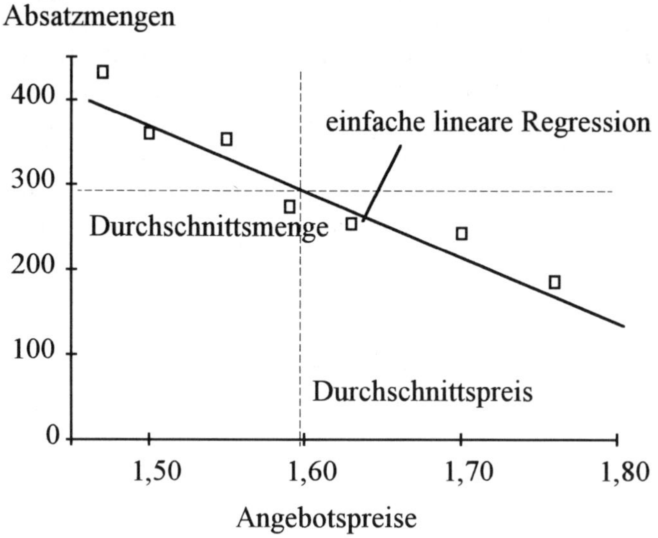

- Denkt man sich die Punkte der Punktwolke derart „zurückgeführt", daß sie alle auf einer Geraden liegen, dann hat man auch eine geeignete bildhafte Vorstellung von der **Grundidee** der Regression (lat.: regressio → Rückführung): Das **Zurückführen** der Werte der abhängigen Variablen Y in Abhängigkeit von den (meist fest vorgegebenen) Werten der unabhängigen Variablen X auf eine **„mittlere Tendenz".** In diesem Kontext interpretiert man daher meist auch die Regression als einen durch das Merkmal X **bedingten Mittelwert** des Merkmals Y.

5.2.2 Einfache nichtlineare Regression

In einigen praktischen Fällen ist die einfache lineare Regressionsfunktion kein geeigneter Funktionsansatz zur Beschreibung der Abhängigkeit der Variablen Y von der Variablen X. Dies gilt vor allem dann, wenn die Punktwolke im **Streuungsdiagramm** einen nichtlinearen Verlauf erkennen läßt. In solchen Fällen erreicht man bereits unter Verwendung spezieller Funktionen der **einfachen nichtlinearen Regression**, die sich durch geeignete Transformationen auf eine einfache lineare Funktion zurückführen lassen, befriedigende Analyseergebnisse. Eine spezielle Familie solcher nichtlinearen Funktionen bilden die **quasilinearen** Funktionen. Quasilineare Funktionen sind **nichtlinear** in ihren Variablen, jedoch **linear** in ihren Parametern. Die quasilineare Regression hat neben der relativ einfachen Handhabung u.a.a. den Vorteil, daß die Methode der kleinsten Quadratesumme zur Bestimmung der Parameter ohne Einschränkungen anwendbar ist. Eine spezielle und leicht praktikable quasilineare Funktionen ist die **hyperbolische** Regressionsfunktion.

Definition 5.2.2-1

Die quasilineare Regressionsfunktion

$$\hat{y}_i(x_i) = b_1 + b_2 \cdot \frac{1}{x_i}$$

heißt **hyperbolische Regression** von Y auf X.

Anmerkungen zur Def. 5.2.2-1

1. Verwendet man die Substitution

$$z_i = \frac{1}{x_i}, x_i > 0,$$

so läßt sich die hyberbolische Regression von Y auf X auch als eine einfache lineare Regression von Y auf Z darstellen, wobei

$$\hat{y}_i(z_i) = b_1 + b_2 \cdot z_i$$

gilt. Man sagt daher auch: Die hyperbolische Regression aus den beobachteten (originären) Einzelwerten $(x_i;y_i)$ ist für alle i = 1,2,...,n äquivalent der einfachen linearen Regression aus den **reziproken** Einzelwerten z_i der unabhängigen Varibalen X und den **originären** Einzelwerten y_i der abhängigen Varibalen Y.

2. Die hyperbolische Regression, die auch als **inverse** Regression von Y auf X bezeichnet wird, ist dann eine geeignete Funktion zur Beschreibung einer nichtlinearen Abhängigkeit der Variablen Y von der Variablen X, wenn für alle i = 1,2,...,n im Streuungsdiagramm die Punkt-

wolke $\{(x_i;y_i)\}$ eine **progressiv fallende** ($b_2 > 0$) bzw. **degressiv steigende** ($b_2 < 0$) Tendenz **und** die Punktwolke $\{(z_i;y_i)\}$ eine **linear steigende** bzw. **linear fallende** Tendenz aufweist. Die Regressionskonstante b_1 markiert die **Sättigungsgrenze**.

3. Die beiden **charakteristischen** Verläufe einer hyperbolischen Regression sind in der Abbildung 5.2.2-1 skizziert.

Abbildung 5.2.2-1

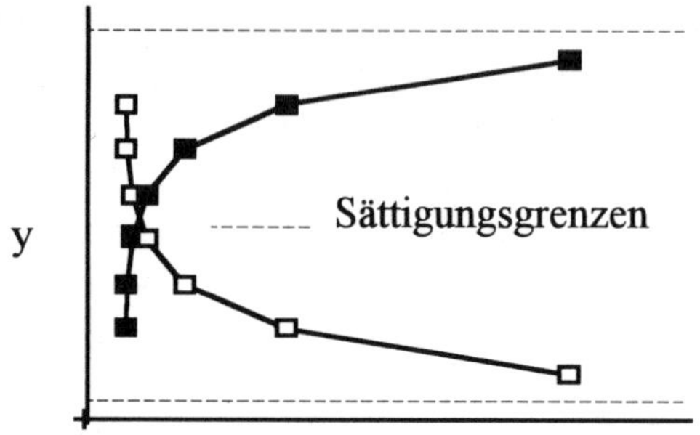

4. Für die **Bestimmungsgleichungen** der Parameter der linearisierten **Kleinst-Quadrate-Regression** gilt dann:

$$b_2 = \frac{\sum_{i=1}^{n}(y_i - \bar{y}) \cdot (z_i - \bar{z})}{\sum_{i=1}^{n}(z_i - \bar{z})^2} = \frac{\frac{1}{n} \cdot \sum_{i=1}^{n}(y_i - \bar{y}) \cdot (z_i - \bar{z})}{\frac{1}{n} \cdot \sum_{i=1}^{n}(z_i - \bar{z})^2} = \frac{s_{yz}}{s_z^2}$$

$$b_1 = \bar{y} - b_2 \cdot \bar{z}.$$

5. Man beachte, daß das **Kleinst-Quadrate-Kriterium**

$$S(b_1, b_2) = \sum_{i=1}^{n}[y_i - (b_1 + b_2 \cdot z_i)]^2 \rightarrow \min$$

nicht für die origniären Daten $(x_i;y_i)$, sondern nur für die in X linearisierten Daten $(z_i;y_i)$ gilt.

Beispiel 5.2.2-1

Einmal angenommen, daß im Rahmen einer Marktstudie für n = 7 vergleichbare Baumärkte die Abhängigkeit der Jahresumsätze U von den Werbekosten K (beide Angaben in Mio. DM) analysiert wurde. Die für die Regressionsanalyse erforderlichen Daten sind in der Tabelle 5.2.2-1 zusammengefaßt. Aus dem **Streuungsdiagramm** der originären Werte $(k_i;u_i)$ in der Abbildung 5.2.2-1 ist zu erkennen, daß die Punktwolke durch eine gekrümmte, **degressive** Tendenz gekennzeichnet ist. Die nichtlineare Abhängigkeit des Umsatzes U von den Werbekosten K soll unter Verwendung der **hyperbolischen** Regressionsfunktion

$$\hat{u}_i = f(k_i) = b_1 + b_2 \cdot \frac{1}{k_i}$$

beschrieben werden.

Tabelle 5.2.2-1

i	k_i	$z_i = 1/k_i$	u_i	$z_i - \bar{z}$	$u_i - \bar{u}$	$(z_i - \bar{z})(u_i - \bar{u})$	$(z_i - \bar{z})^2$	$(u_i - \bar{u})^2$
1	6,0	0,16667	33	-0,22681	9	-2,04132	0,05144	81
2	3,0	0,33333	28	-0,06015	4	-0,24059	0,00362	16
3	1,5	0,66667	9	0,27319	-15	-4,09780	0,07463	225
4	4,1	0,24390	32	-0,14958	8	-1,19662	0,02237	64
5	1,7	0,58824	15	0,19476	-9	-1,75280	0,03793	81
6	5,0	0,20000	30	-0,19348	6	-1,16088	0,03743	36
7	1,8	0,55556	21	0,16208	-3	-0,48623	0,02627	9
Σ	23,1	2,75436	168	0,00000	0	-10,97623	0,25370	512
∅	3,3	0,39348	24			-1,56803	0,03624	73,14286
√							0,19037	8,55236

- Die hyperbolische Regression ist ein geeigneter funktionaler Ansatz. Wie aus der Abbildung 5.2.2-2 zu erkennen ist, zeigt die Punktwolke für die **reziproken** Werbekosten und die **originären** Umsatzzahlen eine (hinreichend genaue) **lineare, fallende** Tendenz.
- Unter Verwendung der Ergebnisse in der Tabelle 5.2.2-1 ergeben sich die Kleinst-Quadrate-**Regressionsparameter**

$$b_2 = \frac{-1{,}56803}{0{,}19037} = -8{,}097$$

und

$$b_1 = 24 - (-8{,}097) \cdot 0{,}39348 = 27{,}186,$$

so daß man letztlich die **quasilineare** Regression

$$\hat{u}_i = f(z_i) = 27{,}186 - 8{,}097 \cdot z_i$$

bzw. die **hyperbolische** Regression

$$\hat{u}_i = f(k_i) = 27{,}186 - 8{,}097 \cdot \frac{1}{k_i} \text{ bzw. } \hat{U} = f(K) = 27{,}186 - 8{,}097 \cdot \frac{1}{K}$$

erhält, die aus ökonomischen Plausibilitätsgründen streng genommen erst einmal nur für alle beobachteten Werbekosten $k_i > 0$ definiert ist.

Abbildung 5.2.2-2

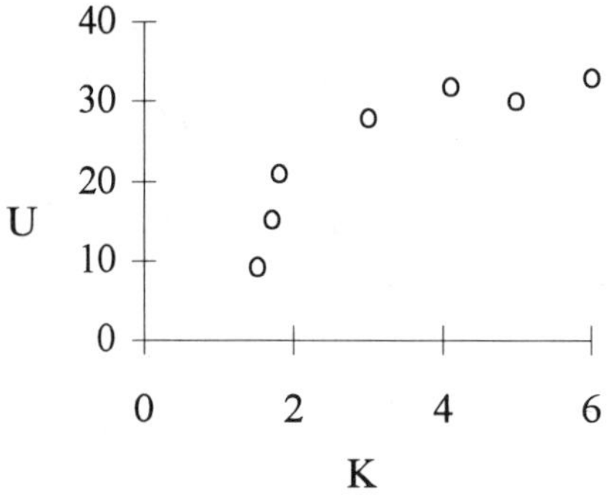

Abbildung 5.2.2-3

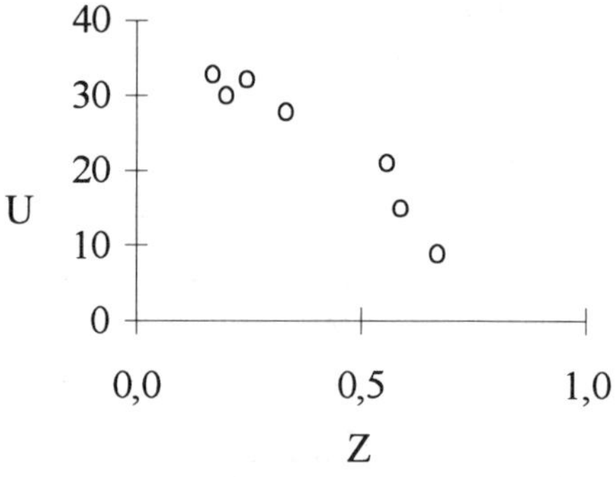

- Eine ökonomisch plausible Interpretation der **Regressionsparameter** ist wegen der Nichtlinearität in der abhängigen Variablen K (Werbekosten) nur **bedingt** möglich.
  Regressionskonstante b_1: Da die in Rede stehende hyperbolische Regression per definitionem nur für positive, von null verschiedene Werbekosten K definiert ist, ist die Interpretation der Regressionskonstanten als werbekostenautonomer Umsatz nicht möglich und sinnvoll. Man deutet in diesem Fall den Regressionsparameter b_1 als bloße **Ausgleichskonstante.**
  Regressionskoeffizient b_2: Interpretiert man Differentiale als infinitesimal kleine absolute Veränderungen, so erlaubt die zur hyperbolischen Regression gehörende **Grenzfunktion**

$$\frac{d\hat{U}}{dK} = (-8{,}097) \cdot \left(-\frac{1}{K^2}\right) = \frac{8{,}097}{K^2}$$

allerdings nur eine „bedingte“ Interpretation von b_2 etwa in der folgenden Art und Weise: **Steigen** (fallen) die Ausgaben für Werbung auf einem Niveau von K = 1 Mio DM um (einen infinitesimal kleinen) Betrag von etwa dK = 1 DM, dann **steigt** (fällt) der Umsatz im Durchschnitt um ungefähr $8{,}097/1^2 \approx 8{,}10$ DM. **Steigen** (fallen) hingegen die Werbekosten auf einem Niveau von K = 4 Mio DM um einen (infinitesimal kleinen) Betrag von etwa dK = 1 DM, dann **steigt** (fällt) der Umsatz im Durchschnitt „nur noch“ um ungefähr $8{,}097/4^2 \approx 0{,}5$ DM. Man erkennt jetzt leicht, daß sich bei Verwendung der hyperbolischen Umsatzfunktion die **absolute Veränderung** des Umsatzes anfangs **überproportional** und mit „zunehmendem“ Werbeaufwandsniveau letztlich **unterproportional** zur absoluten Veränderung in den Werbekosten verhält.

- Ist man an Aussagen über die relative **Nachgiebigkeit** der Umsatzes auf einem bestimmten Werbeaufwandsniveau (etwa von K = 2 Mio DM) interessiert, so ermittelt man die zur hyperbolischen Umsatzregression gehörende **Elastizitätsfunktion**

$$\varepsilon(K) = \frac{b_2}{b_1 \cdot K + b_2} = \frac{-8{,}097}{27{,}186 \cdot K - 8{,}097},$$

die wiederum als bestimmten Funktionswert die **Umsatzelastizität**

$$\varepsilon(2) = \frac{8{,}907}{27{,}186 \cdot 2 - 8{,}907} \approx 0{,}19$$

liefert, die letztlich wie folgt interpretiert werden kann: **Steigen** (fallen) die Werbekosten auf einem Niveau von 2 Mio DM um 1%, so **steigt** (fällt) der Umsatz (näherungsweise) um 0,2 %. Wegen $|\varepsilon(2)| \approx 0{,}19 < 1$ sagt man daher auch: Auf dem Werbekostenniveau von 2 Mio DM ist der Umsatz der analysierten Baumärkte hinsichtlich geringfügiger relativer Werbekostenveränderungen **unterproportional elastisch.** Man achte allerdings darauf, daß diese Aussagen nicht mit Notwendigkeit allgemein, sondern streng genommen erst einmal nur für die n = 7 „beobachteten“ Baumärkte gilt.

- Schließlich und endlich würde man unter der Annahme sonst gleicher Bedingungen und bei Verwendung der hyperbolischen Regression für einen vergleichbaren Baumarkt und Werbeaufwendungen in Höhe von K = 4 Mio DM einen Jahresumsatz von

$$\hat{U} = f(4) = 27{,}186 - 8{,}097 \cdot \frac{1}{4} \approx 25{,}2 \text{ Mio DM}$$

prognostizieren (grch.: pro → vor & gnosis → Erkenntnis).

5.2.3 Residualstandardfehler, Bestimmtheitsmaß

Definition 5.2.3-1

Es sei für alle i = 1,2,...,n $\hat{y}_i(x_i) = \hat{y}_i$ eine Regression von Y auf X. Dann heißt die Beziehung

$$s_e^2 = \frac{\sum_{i=1}^{n}(y_i - \hat{y}_i)^2}{n} = \frac{\sum_{i=1}^{n} e_i^2}{n}$$

Residualvarianz und die Beziehung

$$s_e = \sqrt{s_e^2} = \sqrt{\frac{\sum_{i=1}^{n}(y_i - \hat{y}_i)^2}{n}} = \sqrt{\frac{\sum_{i=1}^{n} e_i^2}{n}}$$

Residualstandardfehler der Regression von Y auf X.

Anmerkungen zur Def. 5.2.3-1

1. Das **Residuum** $e_i = y_i - \hat{y}_i$ als Abweichung des beobachteten Wertes y_i der abhängigen Variablen Y von ihrem Regresswert $\hat{y}_i$ wird auch als **Fehler** (engl.: error) interpretiert, der für alle i = 1,2,...,n bei der Bestimmung einer Regression auftritt.
2. Die **Residualvarianz**, die auf dem Kleinst-Quadrate-Kriterium basiert, kennzeichnet als Streuungsmaß den **mittleren quadratischen Fehler** einer Regression.
3. Der **Residualstandardfehler** ist eine bezeichnete Zahl. Er trägt die Maßeinheit der abhängigen Variablen Y.
4. Das Intervall $[\hat{y}_i \pm s_e]$ wird für alle i = 1,2,...,n auch als **Toleranzbreite** einer Regression interpretiert. Im Korridor der Toleranzbreite liegt stets die **Mehrheit** aller beobachteten Werte y_i der abhängigen Varibalen Y.
5. Residualstandardfehler und -varianz sind untrennbar mit dem Begriff der **Bestimmtheit** einer Regression verbunden.

Definition 5.2.3-2

Es sei für alle i = 1,2,...,n $\hat{y}_i(x_i) = \hat{y}_i$ eine Regression von Y auf X. Dann heißt die Beziehung

$$U = \frac{s_e^2}{s_y^2} = \frac{\frac{1}{n} \cdot \sum_{i=1}^{n}(y_i - \hat{y}_i)^2}{\frac{1}{n} \cdot \sum_{i=1}^{n}(y_i - \bar{y})^2} = \frac{\sum_{i=1}^{n}(y_i - \hat{y}_i)^2}{\sum_{i=1}^{n}(y_i - \bar{y})^2}$$

Unbestimmtheitsmaß und die Beziehung B = U - 1 **Bestimmtheitsmaß** der Regression von Y auf X.

Anmerkungen zur Def. 5.2.3-2

1. Synonyme: **Unbestimmtheit** bzw. **Bestimmtheit** einer Regression
2. Die Unbestimmtheit und Bestimmtheit sind **normierte Maße**, für die stets gilt: $0 \le U, B \le 1$.
3. Das Bestimmtheits- und das Unbestimmtheitsmaß messen den **Grad der Anpassung** der Regressionsfunktion an die (empirisch) beobachteten Werte der abhängigen Variablen Y für beobachtete (meist vorgegebene) Werte der unabhängigen Variablen X, wobei stets $1 = U + B$ gilt. X kann auch ein Vektor von unabhängigen Variablen sein.
4. Für die einfache lineare Regression $\hat{y}_i(x_i) = b_1 + b_2 \cdot x_i$ **(und nur für diese)** gilt die folgende wichtige Beziehung:

$$B = r_{yx}^2.$$

   Demnach ist das Quadrat des einfachen linearen **Maßkorrelationskoeffizienten** r_{yx} gleich dem **Bestimmtheitsmaß** der einfachen linearen Regression von Y auf X.
5. Da das **Unbestimmtheitsmaß** eine durch die Varianz s_y^2 der abhängigen Variablen Y standardisierte Residualvarianz s_e^2 ist, interpretiert man sie auch als den **Anteil** an der Varianz der abhängigen Variablen Y, der durch die Regression von Y auf X statistisch **nicht erklärt** werden kann.
6. Da sich das **Bestimmtheitsmaß** als eine durch die Varianz s_y^2 der abhängigen Variablen Y standardisierte Varianz $s_{\hat{y}}^2$ der Regresswerte darstellen läßt, interpretiert man sie auch als den **Anteil** an der Varianz der abhängigen Variablen Y, der durch die Regression von Y auf X statistisch **erklärt** werden kann.

Beispiel 5.2.3-1

Bezugnehmend auf die Beispiele 5.1.3-1 und 5.2.1-1 ergeben sich die folgenden Ergebnisse:

- Für die einfache lineare **Regression** $\hat{M}(P) = 1540{,}85 - 775{,}53 \cdot P$ der Absatzmenge M über dem Angebotspreis P errechnet man wegen $r_{MP} = -0{,}957$ ein **Bestimmtheitsmaß** von

$$B = (-0{,}957)^2 = 0{,}916,$$

  das wie folgt interpretiert werden kann: Mit Hilfe der einfachen linearen Regression der Absatzmenge M über dem Angebotspreis P ist man bereits in der Lage, zu 91,6 % die Variabilität der Absatzmenge M allein aus der Variabilität des Angebotspreises P statistisch zu erklären. Da die Bestimmtheit nahe 1 liegt, bezeichnet man die Absatzmengen-Regression auch als **hochbestimmt**.
- In logischer Konsequenz ist dann die **Unbestimmtheit** U = 1 - 0,916 = 0,084, die wie folgt interpretiert werden kann: 8,4 % der Absatzmengenvarianz können allein **nicht** aus der Angebotspreisvarianz statistisch erklärt werden.
- Da man im Rahmen der Maßkorrelationsanalyse in der Tabelle 5.1.3-1 auch die Absatzmengenvarianz $s_M^2 = 6149{,}14$ bestimmt hat, überlegt man sich, daß

das Produkt aus Absatzmengenvarianz und Unbestimmtheitsmaß die **Residualvarianz**

$$s_e^2 = 6149{,}14 \cdot 0{,}05 = 307{,}46$$

und die (positive Quadrat)Wurzel aus der Residualvarianz den **Residualstandardfehler**

$$s_e = \sqrt{307{,}46} \approx 17{,}53 \quad \text{[Stück (Packungen Speisequark)]}$$

ergibt, der nunmehr wie folgt interpretiert werden kann: Im Durchschnitt weichen die beobachteten Absatzmengen um rund 18 Stück von der Absatzmengenregression nach oben und nach unter ab.

- Ist man an der Schätzung der Absatzmengen für einen bestimmten Angebotspreis, etwa für einen Preis P = 1,65 DM/Packung interessiert, ermittelt man den entsprechenden **Regresswert**

$$\hat{M}(1{,}65) = 1540{,}85 - 775{,}53 \cdot 1{,}65 = 261{,}22,$$

der wie folgt interpretiert werden kann: Ceteris paribus und unter Verwendung der einfachen linearen Absatzmengen-Regression ist bei einem Angebotspreis von 1,65 DM/Packung eine Absatzmenge von 261 Packungen zu erwarten.

- Ergänzt man die **punktuelle** Absatzmengenschätzung durch die **Toleranzbreite** der Regression, so ist bei einem Preis von 1,65 DM die Absatzmenge zwischen

$$261{,}22 - 17{,}53 = 243{,}69 \sim 244 \text{ Packungen}$$

und

$$261{,}22 + 17{,}53 = 278{,}75 \sim 279 \text{ Packungen}$$

zu erwarten.

Beispiel 5.2.3-2

In Fortsetzung des Beispiels 5.2.2-1 ermittelt man unter Verwendung der Tabelle 5.2.3-1 die folgenden Maßzahlen zur Einschätzung der Güte der **quasilinearen** (also der hyperbolischen) Regression des Umsatzes U über den Werbekosten K:

- Der **Residualstandardfehler** $s_e = 2{,}303$ ist wie folgt zu interpretieren: Im Durchschnitt streuen die beobachteten Umsätze U um 2,3 Mio DM um die quasilineare Umsatzregression $\hat{U}(K) = 41{,}024 - 43{,}265 \cdot Z$.
- Da die Umsatzvarianz $s_u^2 = 73{,}143$ (vgl. Tabelle 5.2.2-1) und die **Residualvarianz** $s_e^2 = 5{,}302$ ist, ergibt sich ein **Unbestimmtheitsmaß**

$$U = \frac{5{,}302}{73{,}143} = 0{,}073$$

das wie folgt interpretiert werden kann: Lediglich 7,3% der Umsatzvarianz können mit Hilfe der quasilinearen Regression statistisch nicht erklärt werden. Sie sind dem „freien Spiel des Zufalls“ bzw. der Wirkung anderer, statistisch nicht beobachteter bzw. beobachtbarer Umsatz-Einflußgrößen geschuldet.

Tabelle 5.2.3-1

i	k_i	$z_i = 1/k_i$	u_i	$\hat{u}_i$	$u_i - \hat{u}_i$	$(u_i - \hat{u}_i)^2$
1	6,0	0,2	33	33,813	-0,813	0,661
2	3,0	0,3	28	26,602	1,398	1,954
3	1,5	0,7	9	12,181	-3,181	10,116
4	4,1	0,2	32	30,471	1,529	2,336
5	1,7	0,6	15	15,574	-0,574	0,329
6	5,0	0,2	30	32,371	-2,371	5,621
7	1,8	0,6	21	16,988	4,012	16,097
Σ	23,1	2,754	168	168,000	0,000	37,116
∅	3,3	0,393	24			5,302
√						2,303

- Die **Bestimmtheit** der quasilinearen Umsatzregression ist

$$B = 1 - 0{,}073 = 0{,}927.$$

Sie kann wie folgt interpretiert werden: Mit Hilfe der quasilinearen Regression des Umsatzes über den Werbekosten ist man bereits in der Lage, zu 92,7 % die Veränderlichkeit des Umsatzes allein aus der Veränderlichkeit der Werbekosten statistisch zu erklären. Da das Bestimmtheitsmaß nahe eins liegt, sagt man auch, daß die quasilineare Umsatzregression **hochbestimmt** ist. Weil man die quasilineare Umsatzregression auch als eine **einfache lineare** Regression des Umsatzes über den **reziproken** Werbekosten darstellen kann, ist es möglich und sinnvoll, das Bestimmtheitsmaß wesentlich einfacher als Quadrat des einfachen linearen Maßkorrelationskoeffizienten r_{yz} zu berechnen, wobei im konkreten Fall

$$B = (-0{,}963)^2 = 0{,}927$$

gilt.

- Beachtenswert sind die folgenden, anhand der Tabelle 5.2.3-1 numerisch nachvollziehbaren Beziehungen, die stets für eine **Kleinst-Quadrate-Regression** gelten: Da die quasilineare Regression

$$\hat{U}(K) = 41{,}024 - 43{,}265 \cdot Z$$

durch den Punkt $(\bar{z}, \bar{u}) = (0{,}393;3{,}3)$ verläuft, ist

$$\sum_{i=1}^{7} u_i = \sum_{i=1}^{7} \hat{u}_i = 168,$$

woraus wiederum folgt, daß sich für alle i = 1,2,..,n die „Kleinst-Quadrate-Residuen" $e_i = u_i - \hat{u}_i$ zu Null addieren.

Beschreibt man die nichtlineare Abhängigkeit des Umsatzes von den Werbekosten mit einer **einfachen linearen Regression**, dann ergeben sich die folgenden, die in der Tabelle 5.2.3-2 zusammengefaßten Ergebisse:

Tabelle 5.2.3-2

i	k_i	u_i	$(k_i - \bar{k})(u_i - \bar{u})$	$(k_i - \bar{k})^2$	$(u_i - \bar{u})^2$	$\hat{u}_i$	$u_i - \hat{u}_i$	$(u_i - \hat{u}_i)^2$
1	6,0	33	24,3	7,290	81	36,190	-3,190	10,175
2	3,0	28	-1,2	0,090	16	22,646	5,354	28,670
3	1,5	9	27,0	3,240	225	15,873	-6,873	47,244
4	4,1	32	6,4	0,640	64	27,612	4,388	19,256
5	1,7	15	14,4	2,560	81	16,776	-1,776	3,155
6	5,0	30	10,2	2,890	36	31,675	-1,675	2,806
7	1,8	21	4,5	2,250	9	17,228	3,772	14,229
Σ	23,1	168	85,6	18,960	512	168,000	0,000	125,536
∅	3,3	24	12,229	2,709	73,143			17,934
√				1,646	8,552			4,235

- Die einfache lineare Regression $\hat{U}(K) = 9{,}101 + 4{,}515 \cdot K$ des Umsatzes U auf die Werbekosten K ist in ihren Parametern wie folgt zu interpretieren:
  Regressionskonstante b_1: Für den Fall, daß ein vergleichbarer Baumarkt keine Werbekosten hätte, also K = 0 gilt, hätte unter den gegebenen Bedingungen (im Mittel) einen werbekostenautonomen Umsatz von 9,1 Mio DM zu erwarten.
  Regressionskoeffizient b_2: **Steigen** (fallen) die Werbekosten um 1 DM, dann **steigt** (fällt) ceteris paribus der Umsatz im Durchschnitt um 4,52 DM.
- Für den **Residualstandardfehler** gilt die folgende Aussage: Im Durchschnitt weichen die beobachteten Jahresumsatzzahlen der n = 7 Baumärkte um $s_e = 4{,}235$ Mio DM von der Regressionsgeraden nach oben und nach unten ab.
- Die **Bestimmtheit**

$$B = 1 - \frac{17{,}934}{73{,}143} = 0{,}755$$

der einfachen linearen Umsatzregression, die dem Werte nach identisch ist mit dem **Quadrat** des einfachen linearen Maßkorrelationskoeffizienten

$$r_{UK} = r_{KU} = \frac{12{,}229}{1{,}646 \cdot 8{,}552} = 0{,}869,$$

kann wie folgt interpretiert werden: Mit Hilfe der einfachen linearen Regression $\hat{U}(K) = 9{,}101 + 4{,}515 \cdot K$ ist man bereits in der Lage, zu 87 % die Umsatzvarianz allein aus der Werbekostenvarianz statistisch zu erklären. Dies sind im Vergleich zur quasilinearen Regression fast 6 %-Punkte weniger Varianzerklärung. Wegen des höheren Bestimmtheitsgrades eignet sich die quasilineare Regression besser zur Beschreibung der nichtlinearen Abhängigkeit des Umsatzes von den Werbekosten. Dies gilt natürlich mit der Einschränkung auf die n = 7 bezüglich der beiden Merkmale analysierten Baumärkte.

5.3 Aufgaben

Aufgabe 5.3-1 (Klausuraufgabe)
Einmal unterstellt, daß eine bekannte Supermarktkette im Herbst 1993 im Zuge der Preiserhöhung bei Bananen bei einem Marktforschungsinstitut eine Studie in Auftrag gab, die u.a. die Analyse der nachgefragten Menge an Bananen in Abhängigkeit vom Preis zum Gegenstand hatte und dazu an einem bestimmten Tag in Berlin in 50 verschiedenen Supermärkten die Kilopreise für Bananen und die umgesetzten Tagesmengen (Angaben in Dezitonnen) statistisch erhoben und analysiert wurden. Im statistischen Anhang zur Marktstudie ist in diesem Zusammenhang das Folgende vermerkt: „Der Durchschnittspreis je Kilo Bananen betrug 3 DM. Im Mittel streuten die einzelnen Preise um ihren Durchschnittspreis um 16 Pfennige in beide Richtungen. Im Durchschnitt wurde pro Tag und Verkaufsstelle 1 Dezitonne Bananen umgesetzt. Die Kovarianz der Einzelpreise und der nachgefragten Mengen belief sich auf -0,0512.“

1. Berechnen und interpretieren Sie die Parameter der einfachen linearen Regression der nachgefragten Mengen in Abhängigkeit vom Preis.
2. Wie elastisch reagieren die nachgefragten Mengen auf einem Preisniveau von 3 DM/kg? Welche Maßzahl liegt dieser Berechnung zugrunde?
3. Die statistische Auswertung ergab, daß die erhobenen Bananen-Preise hinreichend genau normalverteilt sind. Wieviel Prozent der Berliner Verkaufstellen bieten demnach ein Kilo Bananen in der Preisspanne von 2,92 DM/kg und 3,04 DM/kg an? (vgl. Abschnitt 15.1 und Aufgabe 15.6-5)

Aufgabe 5.3-2

Für 10 vergleichbare mittelständische Unternehmen der metallverarbeitenden Industrie in Deutschland wurde im II. Quartal 1994 hinsichtlich zweier ökonomischer Sachverhalte eine Korrelations- und Regressionsanalyse durchgeführt.

1. Benennen Sie konkret: die statistische Einheit, die Gesamtheit sowie die Identifikations- und die Erhebungsmerkmale. Wie sind die Merkmale skaliert?
2. Vereinbaren Sie für die analysierten Merkmale geeignete Symbole und komplettieren Sie unter Zuhilfenahme der Abbildungen 5.3-1 und 5.3-2 die umseitig wiedergegebenen Tabellen 5.3-1 und 5.3-2. Interpretieren Sie statistisch und ökonomisch die Summen und Mittelwerte in den entsprechenden Spalten.
3. Berechnen und interpretieren Sie die Parameter r, b_1, b_2, s und B für den linearen und hyperbolischen Ansatz.
4. Ermitteln und interpretieren Sie jeweils die Stückkostenelastizität sowohl für die lineare als auch für die hyperbolische Regression auf einem Produktionsausstoßniveau von 3000 Stück und 12000 Stück.
5. Zeichnen Sie die Mittelwerte der beiden Merkmale sowie die lineare und die hyperbolische Regression in die Graphik ein.
6. Komplettieren Sie die Graphik der einfachen linearen Regression durch die Toleranzbreite. Wieviel Unternehmen liegen in diesem Toleranzbereich der Regression? Warum?

Aufgabe 5.3-3 (Klausuraufgabe)

Einmal angenommen, daß für 20 vergleichbare Kleinbetriebe der holzverarbeitenden Industrie wurden im I. Halbjahr 1994 regressionsanalytische Untersuchungen hinsichtlich der Stückkosten S (Angaben in DM/Stück) zur Herstellung von Polsterstühlen und dem Produktionsausstoß P (Angaben in 100 Stück) durchgeführt und u.a. die folgende Kleinst-Quadrate-Funktion geschätzt wurde:

$$\hat{S} = f(P) = 10 + 200 \cdot \frac{1}{P}.$$

1. Welcher funktionaler Ansatz liegt der Schätzung zugrunde?
2. Treffen Sie unter Verwendung der angegebenen Regressionsfunktion eine Aussage über die (relative) Elastizität der Stückkosten auf einem Produktionsausstoßniveau von 500 Stück Polsterstühlen.
3. Einmal angenommen, die Stückkosten S seien N(50;121)-verteilt. Wieviel Prozent der mittelständischen Unternehmen produzieren demnach Polsterstühle zu Stückkosten zwischen 39 DM/Stück und 61 DM/Stück?
(**Hinweis:** Die Lösung dieser Teilaufgabe setzt Kenntnisse der Wahrscheinlichkeitsrechnung voraus.)

Tabelle 5.3-1

i										
1	2,0	9,0	-4,3	18,49	3,9	15,21	-16,77	7,951	1,100	linear
2	3,0	10,0	-3,3	10,89	4,9	24,01	-16,17	7,288	7,355	r =
3	4,0	7,0	-2,3	5,29	1,9	3,61	-4,37	6,625	0,141	b_1 =
4	4,0	6,0	-2,3	5,29	0,9	0,81	-2,07	6,625	0,391	b_2=
5	5,0	5,0	-1,3	1,69	-0,0	0,00	0,13	5,962	0,925	s =
6	6,0	3,0	-0,3	0,09	-2,1	4,41	0,63	5,299	5,285	B =
7	7,0	4,0	0,7	0,49	-1,1	1,21	-0,77	4,636	0,404	
8	8,0	3,0	1,7	2,89	-2,1	4,41	-3,57	3,973	0,947	
9	10,0	2,0	3,7	13,69	-3,1	9,61	-11,47	2,647	0,419	
10	14,0	2,0	7,7	59,29	-3,1	9,61	-23,87	-0,005	4,020	
Σ	63,0	51,0	0,0	118,10	0,0	72,90	-78,30	51,000	20,987	
∅	6,3	5,1		11,81		7,29	-7,83	5,100	2,099	

Abbildung 5.3-1

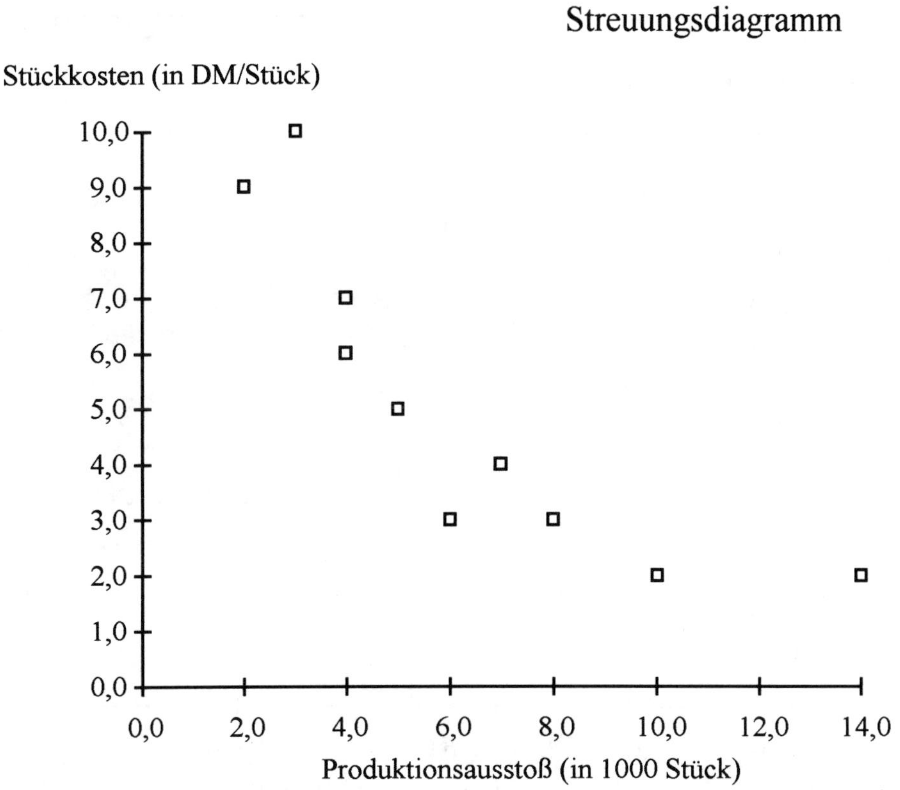

Tabelle 5.3-2

i											
1	2,0	0,500	9,0	0,286	0,0818	3,9	15,2	1,1154	10,851	3,424	hyperbolisch
2	3,0	0,333	10,0	0,119	0,0142	4,9	24,0	0,5847	7,500	6,248	r =
3	4,0	0,250	7,0	0,036	0,0013	1,9	3,6	0,0684	5,825	1,380	b_1=
4	4,0	0,250	6,0	0,036	0,0013	0,9	0,8	0,0324	5,825	0,031	b_2=
5	5,0	0,200	5,0	-0,014	0,0002	-0,0	0,0	0,0014	4,820	0,032	s =
6	6,0	0,167	3,0	-0,047	0,0022	-2,1	4,4	0,0994	4,150	1,323	B =
7	7,0	0,143	4,0	-0,071	0,0051	-1,1	1,2	0,0783	3,672	0,108	
8	8,0	0,125	3,0	-0,089	0,0079	-2,1	4,4	0,1869	3,313	0,098	
9	10,0	0,100	2,0	-0,114	0,0130	-3,1	9,6	0,3534	2,810	0,656	
10	14,0	0,071	2,0	-0,143	0,0203	-3,1	9,6	0,4420	2,236	0,056	
Σ	63,0	2,139	51,0	-0,00	0,1474	0,0	72,9	2,9623	51,002	13,356	
∅	6,3	0,214	5,1		0,0147		7,3	0,2962	5,100	1,336	

Abbildung 5.3-2

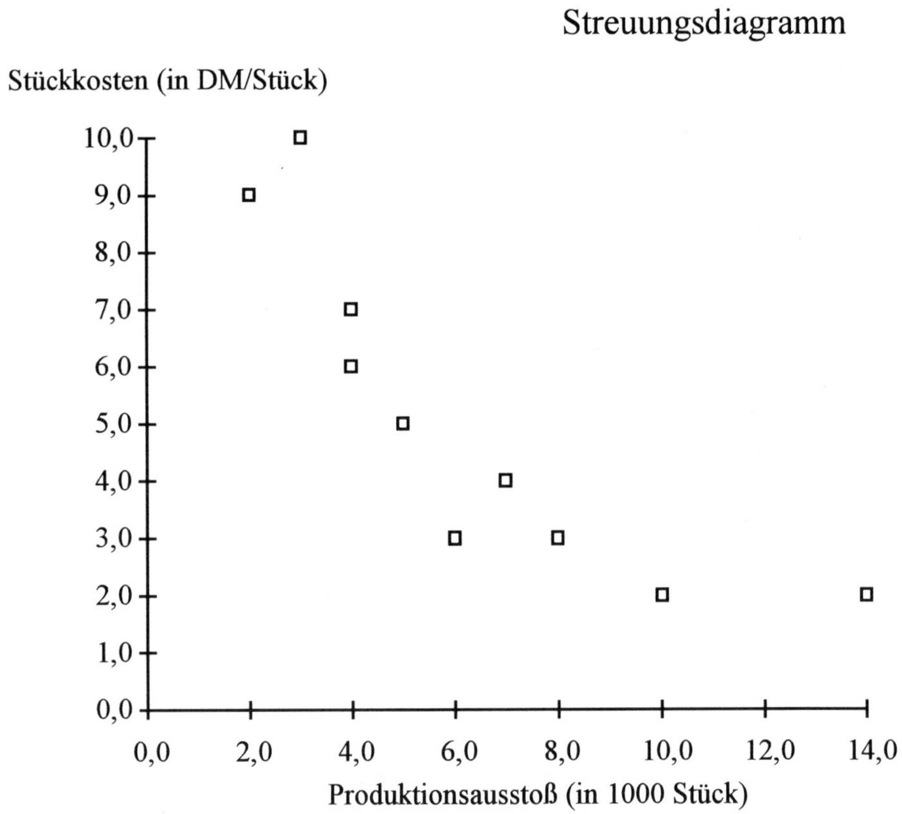

Aufgabe 5.3-4

In der SPIEGEL-Rangliste der deutschen Hochschulen wurden auch 12 Universitäten in den neuen Bundesländern u.a. hinsichtlich des Merkmals X: „Breite des Lehrangebots“ und des Merkmals Y: „Möglichkeiten der Spezialisierung“ von 1191 Studierenden bewertet. (Quelle: SPIEGEL 3/1993)

Die Ranglisten bezüglich beider Merkmale ergaben das folgende Bild:

Universität	Rangzahlen für X	Rangzahlen für Y
Rostock	9	10
Greifswald	12	12
HU Berlin	1	5
Potsdam	2	4
Magdeburg	8	8
Halle	6	11
Leipzig	10	9
Dresden	5	2
BA Freiberg	4	3
Chemnitz	11	7
Jena	7	6
Ilmenau	3	1

1. Messen Sie mit Hilfe einer geeigneten Maßzahl die Stärke des statistischen Zusammenhangs zwischen den in Rede stehenden Merkmalen und bewerten Sie Ihr Ergebnis.
2. Begründen Sie die Wahl des von Ihnen verwendeten statistischen Verfahrens.

Aufgabe 5.3-5

Eine bekannte Supermarktkette setzt in der Kundenwerbung Postkarten mit bestimmten Motiven ein. Zur Ermittlung der Wirksamkeit dieser Werbung wurde in Berlin eine Kundenbefragung durchgeführt. Der Fragebogen enthielt u.a. folgende Fragen:

Frage	Merkmal	Ausprägung	Kodierung
Postkarten sprechen an ..	X	nein	0
		ja	1
Filiale wo gelegen ...	Z	West-Berlin	1
		Ost-Berlin	2

Aus der Aufbereitung der Befragungsergebnisse stehen Ihnen folgende (zweistufige) Häufigkeitstabellen zur Verfügung:

Ausprägung von Z	Ausprägung von X	absolute Häufigkeit
1	0	69
1	1	67
2	0	28
2	1	43

1. Ist die Akzeptanz (bzw. Nichtakzeptanz) der Postkartenmotive durch die Kunden unabhängig davon, ob man Kunde in West- oder Ost-Berlin ist?
2. Erstellen Sie zur empirischen Überprüfung der genannten Sachverhalte die entsprechende Kontingenztabelle.
3. Berechnen Sie eine geeignete Maßzahl für die Kontingenz zwischen Akzeptanz und Ortslage. Bewerten Sie Ihr Analyseergebnis.
4. Ermitteln und interpretieren Sie für die Kontingenztabelle die Randverteilungen.
5. Wie müßte die Kontingenztabelle bezüglich ihrer absoluten Häufigkeiten besetzt sein, wenn die in Rede stehenden Merkmale empirisch voneinander unabhängig wären?

Aufgabe 5.3-6

Die 9 größten Bierbrauereien Deutschlands konnten im Wirtschaftsjahr 1992 jeweils auf den in der Tabelle angegeben Produktionsausstoß P (Angaben in 1000 hl) und auf den Werbeaufwand W (Angaben in Mio DM) verweisen.
(Quelle: Welt-Report, Heft 128, 14. 9. 1994, S. 36)

i	Brauerei	P_i	W_i
1	Warsteiner	5534	24,6
2	Bitburger	3375	20,4
3	Krombacher	3060	25,1
4	Holsten	2700	23,3
5	Veltins	2120	16,8
6	König	2107	17,4
7	Paulaner	1900	9,1
8	Henninger	1751	10,0
9	Licher	1605	11,5

1. Erläutern Sie am konkreten Sachverhalt die Begriffe: statistische Einheit, Gesamtheit, Identifikations- und Erhebungsmerkmal. Wie sind die Merkmale skaliert?
2. Führen Sie für die beiden Merkmale eine Zusammenhangsanalyse durch.

3. Beschreiben Sie die Abhängigkeit des Produktionsausstoßes vom Werbeaufwand. Verwenden Sie dabei den einfachen linearen und einen geeigneten nichtlinearen Regressionsansatz.
4. Vergleichen Sie die beiden Regressionsansätze hinsichtlich ihrer Güte mit Hilfe geeigneter Maßzahlen.

Aufgabe 5.3-7 (Klausuraufgabe)

Einmal angenommen, daß statistische Untersuchungen zur Abhängigkeit des Umsatzes U von Werbeaufwendungen W (Angaben jeweils in 1000 DM) für 51 im Geschäftsjahr 1994 in den neuen Bundesländern zufällig ausgewählte Autohändler das folgende Ergebnis erbrachten:

$$\hat{U}(W) = 1000 - 8000 \cdot \frac{1}{W}.$$

1. Erläutern Sie am konkreten Sachverhalt die Begriffe: statistische Einheit, statistische Gesamtheit, Identifikations- und Erhebungsmerkmal, Skala.
2. Skizzieren Sie den Verlauf der Regression des Umsatzes über den Werbeaufwendungen für einen ökonomisch plausiblen Werbeaufwandsbereich. Welcher funktionaler Ansatz liegt der Regression zugrunde?
3. Treffen Sie unter Verwendung der angegebenen Regressionsfunktion Aussagen über die (relative) Elastizität des Umsatzes auf einem Werbeaufwandsniveau von 10000 DM und auf einem Niveau von 40000 DM.
4. Einmal unterstellt, daß $U \sim N(400;14400)$ gilt. Wieviel Prozent der Autohändler hätten demnach 1994 auf einen Jahresumsatz zwischen 360000 DM und 500000 DM verweisen können?
   (**Hinweis:** Die Lösung dieser Teilaufgabe setzt Kenntnisse der Wahrscheinlichkeitsrechnung voraus.)

6 Verhältniszahlen

6.1 Arten, Zweckbestimmung

Definition 6.1-1

Der Quotient aus zwei Merkmalswerten eines gleichen oder zweier sachlogisch in einem Zusammenhang stehender kardinalskalierter Merkmale heißt statistische **Verhältniszahl**.

Anmerkungen zur Def. 6.1-1

1. Verhältniszahlen dienen dem statistischen **Vergleich**.
2. In der statistischen Methodenlehre unterscheidet man folgende Arten von Verhältniszahlen: **Beziehungs-**, **Gliederungs-**, **Meß-** und **Indexzahlen**.

Definition 6.1-2

Die gegenseitig bewertende Betrachtung statistischer Gesamtheiten, die hinsichtlich ein und derselben sachlichen, aber für unterschiedliche örtliche oder zeitliche Merkmale abgegrenzt sind, heißt statistischer **Vergleich**.

Anmerkungen zur Def. 6.1-2

1. Der Vergleich ist ein grundlegendes statistisches Arbeitsprinzip.
2. Man unterscheidet i.allg. folgende Arten des statistischen Vergleichs:
   a) **statischer** oder **räumlicher** Vergleich zur Sichtbarmachung räumlicher (örtlicher) Unterschiede in Umfang, Struktur und Niveau sachlich und zeitlich gleich abgegrenzter Gesamtheiten.
   b) **dynamischer** oder **zeitlicher** Vergleich zur Sichtbarmachung zeitlicher Unterschiede in Umfang, Struktur und Niveau sachlich und räumlich (örtlich) gleich abgegrenzter Gesamtheiten.
   c) **Soll-Ist-Vergleich** zur Sichtbarmachung eines erreichten Entwicklungsstandes sachlich, räumlich (örtlich) und zeitlich gleich abgegrenzter Gesamtheiten.
3. Aus statistisch-methodischer Sicht ist zwischen dem statistischen Vergleich und der statistischen **Gegenüberstellung** zu unterscheiden.

Beachte:

Werden nach gleichen sachlichen Merkmalen abgegrenzte Gesamtheiten mit- bzw. untereinander verglichen, so können nach verschiedenen sachlichen Merkmalen abgegrenzte Gesamtheiten einander höchstens gegenübergestellt werden.

Beispiel 6.1-1

Ein Unternehmen des Maschinenbaus kalkulierte unter den gegebenen Marktbedingungen für das vergangene Wirtschaftsjahr einen maximalen Gewinn bei einem Produktionsausstoß (Sollmenge) von 500 Stück (Maschinen). Nach Ablauf des Wirtschaftsjahres waren insgesamt 450 Stück (Istmenge) produziert worden.

Demnach sind im **Soll-Ist-Vergleich** der Ausstoßmengen 450 Stück/ 500 Stück = 0,9 bzw. 90 % der veranschlagten Mengen produziert worden.

Definition 6.1-3

Eine Verhältniszahl aus Umfängen oder Merkmalssummen zweier sinnvoll zueinander in Beziehung stehender (ungleichartiger) statistischer Gesamtheiten oder Merkmale heißt **Beziehungszahl**.

Anmerkungen zur Def. 6.1-3

1. Beziehungszahlen sind bezeichnete Zahlen, d.h. sie besitzen eine **Maßeinheit**.
2. Beziehungszahlen sind grundsätzlich **umkehrbar**.
3. **Raten** und **Dichtezahlen** sind Beziehungszahlen.
4. Eine **Rate** ist eine statistische Verhältniszahl, die die Häufigkeit eines Ereignisses in einem bestimmten Zeitraum auf die durchschnittliche Anzahl der statistischen Elemente bezieht, die zu Beginn, Mitte oder Ende des Zeitraums dem „Risiko" des Ereignisses ausgesetzt waren.
5. Eine **Dichtezahl** ist eine statistische Verhältniszahl, bei der die Umfänge zweier sachlogisch unterschiedlich, aber zeitlich und räumlich (örtlich) gleich abgegrenzter Gesamtheiten oder die Merkmalswerte zweier in einem sinnvollen Zusammenhang stehender sachlicher Merkmale einer statistischen Einheit **gegenübergestellt** werden.

Beispiel 6.1-2

Die altersspezifische Geburtenziffer als Quotient aus der Anzahl der innerhalb eines Jahres Lebendgeborenen und dem mittleren Bestand an Frauen im fertilen Alter eines speziellen Alters- oder Geburtsjahrganges wird in der Bevölkerungsstatistik auch als alterspezifische **Fertilitätsrate** (lat.: fertilis → fruchtbar) bezeichnet. Dies ist sinnvoll, da die Anzahl der Lebendgeborenen (Ereignisse) eines Jahres (Zeitraum) auf die jahresdurchschnittliche Anzahl der Frauen, die dem „möglichen Risiko" einer Geburt „ausgesetzt" waren, bezogen werden. In den alten Bundesländern war 1990 die altersspezifische Fertilitätsrate der 24-jährigen Frauen mit 1161 Lebendgeborenen je 10000 Frauen gleichen Alters im Vergleich zu allen anderen Altersjahrgängen am höchsten.

(Quelle: Statistisches Jahrbuch 1993, S. 79)

Beispiel 6.1-3

Die **Bevölkerungsdichte** ist eine in der Bevölkerungsstatistik oft ermittelte Beziehungszahl. Sie ist der Quotient aus den Werten der ungleichgartigen, jedoch in einem sinnvollen Zusammenhang stehenden Merkmale „Bevölkerungsstand" und „Katasterfläche" eines geographischen Gebiets zu einem bestimmten Zeitpunkt bzw. Zeitraum. Der Bevölkerungsstand kann dabei sowohl als eine Eigenschaft eines geographischen Gebiets als auch als eine Gesamtheit von Personen aufgefaßt werden. Betrug die Bevölkerungsdichte im Jahresdurchschnitt 1991 in den alten Bundesländern 258 Einwohner je km^2, lag sie im gleichen Zeitraum in den neuen Bundesländern bei 147 Einwohner je km^2.

(Quelle: Statistisches Jahrbuch 1993, S. 50)

Da **Beziehungszahlen** stets umkehrbar sind, gilt dies auch für die Bevölkerungsdichte. Die reziproke Bevölkerungsdichte heißt **Arealitätsziffer**. Sie mißt die Katasterfläche, die jedem Einwohner im Durchschnitt zur Verfügung steht. In den alten Bundesländern waren es 1991 demnach im Durchschnitt 3876 m^2 je Einwohner und in den neuen Bundesländern im Durchschnitt 6803 m^2 je Einwohner.

Beispiel 6.1-4

Die **Kapitalproduktivität** eines Unternehmens als Quotient aus dem Merkmal „Produktionsausstoß" und dem Merkmal „Kapitaleinsatz" ist eine **Beziehungszahl**. Die Kapitalproduktivität zeigt, welcher Produktionsausstoß (z.B. in DM, Stück, Meter, Liter etc.) mit einer eingesetzten DM Kapital zu erwirtschaften ist. Die reziproke Kapitalproduktivität heißt **Kapitalkoeffizient**. Er zeigt, wie groß der Kapitalbedarf ist, um eine Einheit (z.B. DM, Stück, Meter, Liter etc.) zu erwirtschaften.

Definition 6.1-4

Eine statistische Verhältniszahl, deren Zählergröße eine Teilmenge der Nennergröße ist, heißt **Gliederungszahl**.

Anmerkungen zur Def. 6.1-4

1. Synonyme: analytische Verhältniszahl, Anteilszahl, **Anteil**, Quote
2. Gliederungszahlen sind **dimensionslose** Größen, d.h. sie besitzen keine Maßeinheit. In praxi werden sie meist als **prozentuale Anteile** ausgewiesen.
3. Gliederungszahlen werden vor allem zur Kennzeichnung von **Strukturen** und für strukturelle Vergleiche herangezogen.
4. Gliederungszahlen einer „vollständigen" Struktur werden in praxi mit dem Adverb **davon** gekennzeichnet, die einer Teilsturktur, also „unvollständigen" Struktur mit dem Adverb **darunter**.

Beispiel 6.1-5

Unter der Überschrift „Neuer Ärger im Pharmamarkt" berichtet *Die Welt* in ihrer Ausgabe vom 6. September 1994 über die Preise auf dem „Pillenmarkt". Dabei wird u.a. vermerkt, daß der Apotheken-Abgabepreis für ein Medikament im Wert von 30 DM sich wie folgt zusammensetzt: Herstellerabgabe 14,94 DM, Großhandelspanne 2,69 DM, Apothekenspanne 8,46 DM, Mehrwertsteuer 3,91 DM. Die die Apotheken-Abgabepreisstruktur kennzeichnenden **Gliederungszahlen** sind in der Tabelle 6.1-1 zusammengefaßt. Da die Gliederungszahlen eine vollständige **Struktur** kennzeichnen, ist ihre Summe 1 bzw. 100 %.

Tabelle 6.1-1

	Bestandteil	Gliederungszahl	Gesamtwert, **davon** in %
1	Herstellerabgabe	0,498	49,8
2	Großhandelsspanne	0,090	9,0
3	Apothekenspanne	0,282	28,2
4	Mehrwertsteuer	0,130	13,0
	Σ	1,000	100,0

Eine geeignete **graphische** Darstellung der Apotheker-Abgabepreis-Struktur ist das in der Abbildung 6.1-1 skizzierte **Struktogramm** in Gestalt eines explodierten **Kreis**(segment)**diagramms.**

Abbildung 6.1-1

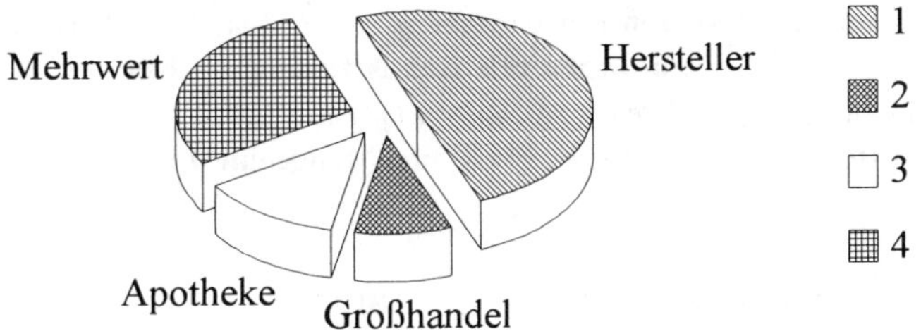

Definition 6.1-5

Eine Verhältniszahl aus zwei gleichartigen statistischen Zahlen heißt **Meßzahl**.

Anmerkungen zur Def. 6.1-5

1. Synonyme: **einfache Indexzahl**, individueller Index
2. Die Gleichartigkeit besteht
   a) in der Betrachtung zweier Merkmalswerte ein und desselben kardinalskalierten Merkmals ein und derselben statistischen Einheit für zwei unterschiedliche Zeitpunkte bzw. Zeiträume **(zeitlicher Vergleich)**
   b) in der Betrachtung zweier Merkmalswerte ein und desselben kardinalskalierten Merkmals zweier unterschiedlicher, aber vergleichbarer statistischer Einheiten zu einem gleichen Zeitpunkt bzw. Zeitraum **(räumlicher Vergleich)**.
3. Als Kennzahlen des statistischen Vergleichs sind Meßzahlen stets **dimensionlose** Größen.
4. Meßzahlen für den zeitlichen Vergleich heißen **dynamische** Meßzahlen. Dynamische Meßzahlen kennzeichnen die **relative Veränderung** einer Einzelerscheinung in der Zeit. Sie sind ihrem Wesen nach **Wachstumsfaktoren.**
5. Meßzahlen für den räumlichen Vergleich heißen **statische** Meßzahlen. Statische Meßzahlen kennzeichnen den **relativen Niveauunterschied** zweier Einzelerscheinungen zu einem gleichen Zeitpunkt bzw. in einem gleichen Zeitraum.

6. Während sich Meßzahlen i.allg. auf Einzelerscheinungen beziehen, beziehen sich **Indexzahlen** i.allg. auf Aggregate von Einzelerscheinungen.

Definition 6.1-6

Eine Verhältniszahl aus zwei gleichartigen, durch Aggregation entstandenen statistischen Zahlen heißt **Indexzahl**.

Anmerkungen zur Def. 6.1-6

1. Synonyme: **Aggregatindex**, Generalindex, zusammengesetzte Indexzahl, zusammengesetzter Index (lat.: index → Verzeichnis, zu indicare → anzeigen; Plural: Indizes)
2. Eine Indexzahl ist eine **dimensionslose** Maßzahl des statistischen Vergleichs. Sie wird in der Statistik sowohl als Meßzahl aus **Aggregaten** als auch als **Mittelwert** aus Meßzahlen dargestellt.
3. Analog zu den Meßzahlen unterscheidet man zwischen **dynamischen** und **statischen** Indexzahlen. Eine dynamische Indexzahl kennzeichnet i.allg. die **durchschnittliche relative Veränderung** eines Aggregats von Einzelerscheinungen in der Zeit. Eine statische Indexzahl kennzeichnet i.allg. den **durchschnittlichen relativen Niveauunterschied** zweier Aggregate zu einem gleichen Zeitpunkt bzw. in einem gleichen Zeitraum.
4. In der Wirtschaftsstatistik sind **Wert-, Preis-** und **Mengenindizes** von besonderer praktischer Bedeutung.

6.2 Spezielle Meß- und Indexzahlen

6.2.1 Wachstumsfaktor, Wachstumsrate

Definition 6.2.1-1

Es sei Y ein mindestens verhältnisskaliertes Merkmal, daß für T äquidistante Zeitpunkte bzw. -räume in seiner zeitlichen Entwicklung betrachtet wird. Dann heißt für alle t = 2,3,...,T die Differenz

$$\Delta y_t = y_t - y_{t-1}$$

absoluter **Zuwachs**, der Quotient

$$q_t = \frac{y_t}{y_{t-1}}$$

Wachstumsfaktor und die Beziehung

$$r_t = q_t - 1 = \frac{y_t}{y_{t-1}} - 1 = \frac{y_t - y_{t-1}}{y_{t-1}} = \frac{\Delta y_t}{y_{t-1}}$$

Wachstumsrate des Merkmals Y in der Periode t im Vergleich zur Vorperiode t - 1.

Anmerkungen zur Def. 6.2.1-1

1. Obgleich Wachstumsprozesse zeitstetiger Natur sind, werden sie in der Deskriptiven Statistik aus erfassungstechnischen Gründen nur zeitdiskret analysiert und nachgebildet.
2. Der **Zuwachs** ist eine **dimensionsgeladene** Zahl. Er mißt (im Vergleich zum Basiswert) die **absolute Veränderung** des Merkmals Y **um** Δy_t Einheiten, wobei

$$\Delta y_t \begin{Bmatrix} > \\ = \\ < \end{Bmatrix} 0 \begin{Bmatrix} \text{Zunahme} \\ \text{Stagnation} \\ \text{Abnahme} \end{Bmatrix}$$

   bedeutet.
3. Der **Wachstumsfaktor** ist eine **dimensionslose** Zahl. Er kennzeichnet die **relative Veränderung** des Merkmals Y **auf** das q-fache bzw. **auf** $q \cdot 100\%$ (seines Basiswertes), wobei

$$q_t \begin{Bmatrix} > \\ = \\ < \end{Bmatrix} 1 \text{ bzw. } 100\% \begin{Bmatrix} \text{Zunahme} \\ \text{Stagnation} \\ \text{Abnahme} \end{Bmatrix}$$

   bedeutet.
4. Je nach Festlegung der Basis, können Wachstumsfaktoren als dynamische Meßzahlen mit **variabler** oder **konstanter** Basis dargestellt werden.
5. Die **Wachstumsrate** ist eine **dimensionlose** Zahl. Sie mißt die **relative Veränderung** des Merkmals Y **um** das r-fache bzw. **um** $r \cdot 100\%$ (seines Basiswertes), wobei

$$r_t \begin{Bmatrix} > \\ = \\ < \end{Bmatrix} 0 \text{ bzw. } 0\% \begin{Bmatrix} \text{Zunahme} \\ \text{Stagnation} \\ \text{Abnahme} \end{Bmatrix}$$

   bedeutet.
6. Ist der Wachstumsfaktor $q_t = q$ (und damit auch die Wachstumsrate $r_t = r$) konstant für alle t, gilt die folgende **Wachstumsgleichung**

$$\hat{y}_t = y_1 \cdot q^{t-1} = y_1 \cdot (1+r)^{t-1},$$

   die in der Finanzmathematik als **Leibniz´sche Zinseszinsformel** bezeichnet wird.
7. Für variierende Wachstumsfaktoren bzw. -raten verwendet man

$$\hat{y}_t = y_1 \cdot \bar{q}^{t-1} = y_1 \cdot (1+\bar{r})^{t-1}$$

   als Wachstumsgleichung, wobei $\bar{q}$ den **durchschnittlichen** Wachstumsfaktor und $\bar{r}$ die **durchschnittliche** Wachstumsrate bedeuten. Letztere werden mit Hilfe des **geometrischen Mittels** berechnet.

Definition 6.2.1-2

Es sei X ein mindestens verhältnisskaliertes Merkmal mit nur positiven Merkmalswerten x_i. Dann heißt für alle i = 1,2,...,n die n-te Wurzel

$$\overline{x}_G = \sqrt[n]{\prod_{i=1}^{n} x_i}$$

aus dem Produkt aller Merkmalswerte x_i **geometrisches Mittel** $\overline{x}_G$.

Anmerkungen zur Def. 6.2.1-2

1. Der griechische Großbuchstabe Π (Lies: **Pi**) fungiert als **Produktoperator** und ist wie folgt anzuwenden:

$$\prod_{i=1}^{n} x_i = x_1 \cdot x_2 \cdot \ldots \cdot x_n$$

Lies: „... Produkt aller x_i für alle i von 1 bis n ..."

2. Der Logarithmus des geometrischen Mittels

$$\log \overline{x}_G = \frac{\sum_{i=1}^{n} \log x_i}{n}$$

ist gleich dem **arithmetischen Mittel** der Logarithmen der Einzelwerte x_i.

3. Das geometrische Mittel ist i.allg. der sachlich richtige Durchschnittswert für nichtlineare Wachstumsprozesse. In der Wirtschaftspraxis wird es zur Berechnung **mittlerer Wachstumsfaktoren** bzw. **-raten** verwendet.

Definition 6.2.1-3

Das geometrische Mittel

$$\overline{q} = \sqrt[T-1]{\prod_{t=2}^{T} q_t} = \sqrt[T-1]{\prod_{t=2}^{T} (1 + r_t)} = \sqrt[T-1]{\prod_{t=2}^{T} \frac{y_t}{y_{t-1}}} = \sqrt[T-1]{\frac{y_T}{y_1}}$$

aus T-1 den Wachstumsfaktoren q_t heißt **durchschnittlicher Wachstumsfaktor** und die daraus abgeleitete Beziehung

$$\overline{r} = \left(\sqrt[T-1]{\prod_{t=2}^{T} (1 + r_t)}\right) - 1 = \left(\sqrt[T-1]{\prod_{t=2}^{T} q_t}\right) - 1 = \left(\sqrt[T-1]{\frac{y_T}{y_1}}\right) - 1$$

durchschnittliche Wachstumsrate.

Anmerkung zur Def. 6.2.1-3
Eine durchschnittliche Wachstumsrate ist **nicht** das geometrische (oder gar das arithmetische) Mittel aus den einzelnen Wachstumsraten, sondern stets das um den Betrag von Eins verminderte geometrische Mittel aus den einzelnen Wachstumsfaktoren.

Beispiel 6.2.1-1

Die Tabelle 6.2.1-1 beinhaltet für die Jahre 1989 bis 1992 die Bruttosozialproduktzahlen y_t (Angaben in Mrd. DM zu Marktpreisen von 1985) und daraus errechnete **Wachstumszahlen** für das frühere Bundesgebiet.

Tabelle 6.2.1-1

Jahr	t	y_t	Δy_t	q_t	r_t
1989	1	2050	x	-	-
1990	2	2150	100	1,049	0,049
1991	3	2227	77	1,036	0,036
1992	4	2246	19	1,009	0,009

Die Tabelle 6.2.1-1 ist in ihren Bestandteilen wie folgt zu interpretieren:

- Man erkennt jetzt leicht, daß aus den $T = 4$ Zeitreihenwerten y_t nur $T - 1 = 3$ Maßzahlen des Wachstums errechnet werden können.
- Die Wachstumszahlen z.B. für das Wirtschaftsjahr 1991, also für $t = 3$, sind wie folgt zu interpretieren:
  absoluter Zuwachs $\Delta y_3 = 77$: Für das frühere Bundesgebiet ist das (zu den Marktpreisen von 1985 bewertete) Bruttosozialprodukt 1991 gegenüber 1990 **um** 77 Mrd. DM gestiegen.
  Wachstumsfaktor $q_3 = 1{,}036$: Für das frühere Bundesgebiet ist das Bruttosozialprodukt 1991 **auf** das 1,036-fache bzw. **auf** 103,6% seines Niveaus von 1990 gestiegen.
  Wachstumsrate $r_3 = 0{,}036$: Für das frühere Bundesgebiet ist das Bruttosozialprodukt 1991 **um** das 0,036-fache bzw. **um** 3,6% seines Niveaus von 1990 gestiegen.
- Aus den in der Tabelle 6.2.1-1 aufgelisteten Wachstumsfaktoren errechnet man einen **durchschnittlichen Wachstumsfaktor** von

$$\overline{q} = \sqrt[4-1]{q_2 \cdot q_3 \cdot q_4} = \sqrt[3]{1{,}049 \cdot 1{,}036 \cdot 1{,}009} \approx 1{,}031,$$

  der wie folgt zu interpretieren ist: Im betrachteten Zeitraum stieg das Bruttosozialprodukt von Jahr zu Jahr im Durchschnitt **auf** das 1,031-fache bzw. **auf** 103,1% seines Vorjahresniveaus.
- Zum gleichen Ergebnis gelangt man unter Verwendung des ersten und letzten Beobachtungswertes:

$$\bar{q} = \sqrt[4-1]{\frac{2246}{2050}} = \sqrt[3]{1{,}0956} \approx 1{,}03 \ .$$

Diese Form der Berechnung erweist sich als vorteilhaft, wenn zumindest Anfangs- und Endwert einer (originären) Zeitreihe verfügbar sind.

- Ausgehend von den T-1 = 3 Wachstumsraten r_t errechnet man eine **durchschnittliche Wachtumsrate**

$$\bar{r} = \left(\sqrt[3]{(1+0{,}049)\cdot\ldots\cdot(1+0{,}009)}\right) - 1 \approx 0{,}03 \ ,$$

die wie folgt interpretiert werden kann: Im Zeitraum von 1989 bis 1992 ist für das frühere Bundesgebiet das Bruttosozialprodukt von Jahr zu Jahr im Durchschitt **um** $0{,}031 \cdot 100\% = 3{,}1\%$ gestiegen.

- Ausgehend von einem Bruttosozialprodukt von 2050 Mrd. DM im Jahre 1989 und unter der Annahme, daß es jährlich (konstant) um 3,1 % wächst, ergibt sich bei Anwendung der **Wachstumsgleichung**

$$\hat{y}_4 = 2050 \cdot (1+0{,}031)^3 = 2246$$

für 1992 ein Bruttosozialprodukt von 2246 Mrd. DM. Der Graph der Wachstumsgleichung ist eine **Kurve**, die durch die Anfangs- und Endpunkte (1;2050) und (4;2246) verläuft.

6.2.2 Wertindex

Definition 6.2.2-1

Gegeben sei ein Warenkorb mit n Gütern. Ferner sei für jedes Gut i der Preis p_i und die Menge q_i statistisch erfaßt worden. Dann heißt für alle i = 1,2,...,n das Preis-Mengen-Produkt

$$w_i = p_i \cdot q_i$$

Wert des Gutes i und das Aggregat

$$\sum_{i=1}^{n} p_i \cdot q_i = \sum_{i=1}^{n} w_i$$

Wertvolumen des Warenkorbes.

Anmerkungen zur Def. 6.2.2-1

1. Ein **Warenkorb** oder Güterbündel ist eine Zusammenstellung ausgewählter (i.allg. repräsentativer) Güter und Leistungen in entsprechend gegebenen Mengen (meist zum Zwecke der Berechnung von Preisindizes bzw. Kaufkraftparitäten).
2. Der vom **Statistischen Bundesamt** zusammengestellte Warenkorb für die privaten Haushalte umfaßt zur Zeit ca. 900 Güter und Leistungen, die i.allg. in 9 Warenhauptgruppen unterteilt werden. Die 9 Warenhauptgruppen sind: a) Bekleidung und Schuhe, b) Möbel und Güter der Haushaltsführung, c) Wohnungsmieten, d) Güter für Verkehr und Nachrichten, e) Nahrungsmittel und Getränke, f) Freizeit- und Bildungsgüter, g) Güter für die persönliche Ausstattung, h) Güter für Gesundheits- und Körperpflege sowie i) Energie (ohne Kraftstoffe).
3. Je nach Betrachtungsebene kann der Wert eines Gutes bzw. die Wertsumme eines Warenkorbes begrifflich unterschiedlich belegt sein. Z.B. ist die Wertsumme eines Warenkorbes verkaufsseitig ein **Umsatz** und verbrauchsseitig eine **Verbrauchsausgabe.**
4. Wertgrößen sind für den statistischen Vergleich und für die statistische Analyse von besonderem Interesse, da sie die Aggregation von Güterbündeln ermöglichen, die in ihren Mengen nicht **kommensurabel** sind.

Definition 6.2.2-2

Die Forderung, statistisch erhobene Merkmalswerte eines kardinalskalierten Merkmals mit gleichem Maß zu messen, heißt **Kommensurabilität**.

Anmerkungen zur Def. 6.2.2-2

1. Die Kommensurabilität (lat.: commensurabilis $\rightarrow$ gleich zu bemessen) ist für die Zulässigkeit der Summenbildung von fundamentaler Bedeutung.
2. In der **Wirtschaftsstatistik** wird man vor allem bei der Berechnung von Durchschnittspreisen mit der Kommensurabilität konfrontiert, da Summen unterschiedlich bemessener Mengen (z.B. Stück, Kilogramm, Liter, Meter, Quadratmeter etc.) und unterschiedlich notierter Preise (z.B. DM/kg, DM/l, DM/m, DM/m^2 etc.) nicht definiert sind.

Beispiel 6.2.2-1

Einmal angenommen, Sie kaufen in einem Supermarkt einige Lebensmittel ein. In Ihrem „Warenkorb" befinden sich 1 Flasche „Beaujolais" zu 0,7 Liter, 2 Stück „Camembert", 3 kg „Weintrauben" und 4 Stück „Baguette".

Man überlegt sich in diesem Fall leicht, daß es formal wohl möglich ist, die Summe der Zahlen 1 + 2 + 3 + 4 = 10 zu bilden. Eine plausible Deutung der Summe ist allerdings im ökonomischen Sinne nicht möglich, da die vier Warenkorbgüter in ihren Mengen nicht kommensurabel, also physisch nicht gleich bemessen sind.

Definition 6.2.2-3

Gegeben sei ein Warenkorb mit n Gütern. Ferner sei sowohl im Basiszeitraum τ als auch im Berichtszeitraum t für jedes Gut i der Basispreis $p_{i\tau}$, der Berichtspreis p_{it}, die Basismenge $q_{i\tau}$ und die Berichtsmenge q_{it} statistisch erfaßt worden. Dann heißt für alle i = 1,2,...,n die Verhältniszahl

$$m_i^w = \frac{w_{it}}{w_{i\tau}} = \frac{p_{it} \cdot q_{it}}{p_{i\tau} \cdot q_{i\tau}}$$

aus dem Berichts- und Basiswert des Gutes i (dynamische) **Wertmeßzahl** des Gutes i und die Verhältniszahl

$$I_{\tau,t}^w = \frac{\sum_{i=1}^{n} w_{it}}{\sum_{i=1}^{n} w_{i\tau}} = \frac{\sum_{i=1}^{n} p_{it} \cdot q_{it}}{\sum_{i=1}^{n} p_{i\tau} \cdot q_{i\tau}}$$

aus den Berichts- und Basiswertsummen der n Warenkorbgüter (dynamischer) **Wertindex** des Warenkorbes bezüglich des Basiszeitraums τ und des Berichtszeitraums t.

Anmerkungen zur Def. 6.2.2-3

1. Je nach Betrachtungsebene kann die Wertmeßzahl eines Gutes bzw. der Wertindex eines Warenkorbes begrifflich unterschiedlich belegt sein. Z.B. ist der Wertindex eines Warenkorbes verkaufsseitig ein **Umsatzindex** und verbraucherseitig ein **Verbrauchsausgabenindex.**
2. Die Berechnung von Wertmeßzahlen bzw. Wertindizes ist nicht nur an den zeitlichen Vergleich gebunden. Sie werden in praxi auch für den räumlichen Wertvergleich (etwa im Zusammenhang mit der Bestimmung von **Kaufkraftparitäten**) vergleichbarer Güterbündel berechnet.
3. Die (dynamische) Wertmeßzahl kennzeichnet die **relative** Wertveränderung eines Gutes in der Zeit, der (dynamische) Wertindex die **relative** Wertveränderung eines (gleichen oder mindestens vergleichbaren) Güterbündels in der Zeit.
4. Da Wertgrößen Preis-Mengen-Produkte sind, können ihre absoluten bzw. relativen Veränderungen sowohl aus Preis- als auch aus Mengenveränderungen resultieren. Zur Analyse des Einflusses von Preis- und Mengenveränderungen auf Wertveränderungen bedient man sich spezieller Preis- und Mengenindizes.

Beispiel 6.2.2-1

Die Tabelle 6.2.2-1 enthält für die erste (Basiszeitraum τ) und letzte (Berichtszeitraum t) Semesterwoche des Sommersemesters 1995 die von der Studentin Statistika (sorgfältig) erhobenen Preis- (in DM/Mengeneinheit) und Mengenangaben (in Mengeneinheiten) ihres Frühstück-Warenkorbes.

Tabelle 6.2.2-1

Gut	Mengeneinheit	i	$p_{i\tau}$	$q_{i\tau}$	p_{it}	q_{it}	$p_{i\tau} \cdot q_{i\tau}$	$p_{it} \cdot q_{it}$
Milch	Liter	1	0,95	10	1,00	9	9,50	9,00
Honig	Glas	2	2,80	1	3,20	1	2,80	3,20
Butter	½ Pfund	3	1,75	2	1,55	3	3,50	4,65
Brötchen	Stück	4	0,20	20	0,20	25	4,00	5,00
Σ							19,80	21,85

Die Tabelle ist in ihren Bestandteilen wie folgt zu interpretieren:

- Statistika´s Warenkorb besteht aus n = 4 Gütern, die bezüglich ihrer angegebenen Mengen unterschiedlich bemessen sind, so daß wegen der Verletzung der **Kommensurabilität**sbedingung eine Summenbildung wohl formal, nicht aber sachlogisch möglich ist.
- Die **Verbrauchsausgaben** für Statistika´s Frühstück-Warenkorb beliefen sich in der ersten Semesterwoche auf 19,80 DM und in der letzten Semesterwoche auf 21,85 DM.
- Die Differenz

$$\Delta^{w}_{\tau,t} = \left(\sum_{i=1}^{4} w_{it}\right) - \left(\sum_{i=1}^{4} w_{i\tau}\right) = 21{,}85 \text{ DM} - 19{,}80 \text{ DM} = 2{,}05 \text{ DM}$$

  aus den Berichts- und Basisverbrauchsausgaben kennzeichnet den (absoluten) **Verbrauchsausgabenzuwachs** für den Frühstück-Warenkorb. Demnach sind die Verbrauchsausgaben in der letzten Semesterwoche im Vergleich zur ersten Semesterwoche (absolut) **um** 2,05 DM gestiegen.
- Der Quotient

$$I^{w}_{\tau,t} = \frac{\sum_{i=1}^{4} w_{it}}{\sum_{i=1}^{4} w_{i\tau}} = \frac{21{,}85 \text{ DM}}{19{,}80 \text{ DM}} = 1{,}104$$

  kennzeichnet den **Verbrauchsausgabenindex** (Wachstumsfaktor der Verbrauchsausgaben) für den Frühstück-Warenkorb. Demnach sind die Verbrauchsausgaben in der letzten Semesterwoche **auf** das 1,104-fache bzw. **auf** 110,4% ihres Niveaus in der ersteren Semesterwoche gestiegen.
- Die Beziehung

$$r^{w}_{\tau,t} = I^{w}_{\tau,t} - 1 = 1{,}104 - 1 = 0{,}104$$

kennzeichnet die **Zuwachsrate** der Verbrauchsausgaben. Demnach sind die Verbrauchsausgaben in der letzten im Vergleich zur ersten Semesterwoche **um** das 0,104-fache bzw. **um** 10,4% gestiegen.

6.2.3 Preis- und Mengenindex nach Paasche

Definition 6.2.3-1

Gegeben sei ein Warenkorb mit n Gütern, deren Preise p_i und Mengen q_i sowohl im Basiszeitraum τ als auch im Berichtszeitraum t statistisch erhoben wurden. Dann heißen die Indexzahlen

$$I_{\tau,t}^{Paa,p} = \frac{\sum_{i=1}^{n} p_{it} \cdot q_{it}}{\sum_{i=1}^{n} p_{i\tau} \cdot q_{it}} \quad \text{bzw.} \quad I_{\tau,t}^{Paa,q} = \frac{\sum_{i=1}^{n} p_{it} \cdot q_{it}}{\sum_{i=1}^{n} p_{it} \cdot q_{i\tau}}$$

Preis- bzw. **Mengenindex** nach Paasche.

Anmerkungen zur Def. 6.2.3-1

1. Beide Indizes gehen auf den deutschen Nationalökonomen Hermann Paasche (1851-1925) zurück. Er schlug z.B. einen (nach ihm benannten) Preisindex der Lebenshaltung vor, der die Preise der Warenkorbgüter auf der Basis der neuesten (nicht konstanten) Konsummengen vergleicht.
2. Paasche-Indizes kennzeichnen die **durchschnittliche relative Veränderung** einer Sachkomponente (Preis bzw. Menge) unter Verwendung von **Gewichtsgrößen** (Mengen bzw. Preise) des **Berichtszeitraums**. Sie berücksichtigen zwar aktuelle Preis- bzw. Mengenentwicklungen, erfordern aber einen erheblichen erfassungsstatistischen Aufwand.
3. Bei den Paasche-Indizes sind die Zählergrößen stets **nominale** (tatsächliche) Wert- oder Preis-Mengen-Produktsummen, die Nennergrößen stets **reale** (fiktive) Wert- oder Preis-Mengen-Produktsummen. Da sowohl nominale als auch reale Wertsummen Aggregate sind, bezeichnet man die in der Definition 6.2.3-1 angegebenen Formeln auch als **Aggregatformeln** der Paasche-Indizes.
4. Der Mengenindex nach Paasche wird auch als **Volumenindex** nach Paasche bezeichnet. **Volumina** sind fiktive Preis-Mengen-Produktsummen, die zum Zwecke der Aggregation physisch unterschiedlich dimensionierter Mengen von Gütern eines Warenkorbes ermittelt werden. Der Mengen- oder Volumenindex nach Paasche kennzeichnet die (auf das aktuelle Preisniveau bezogene und daher von Preiseinflüssen bereinigte) **durchschnittliche Entwicklung** in den verbrauchten Mengen der Warenkorbgüter.
5. Die Interpretation des **Mengenindex** nach Paasche als eine Maßzahl für die **durchschnittliche Mengenentwicklung** resultiert daraus, daß er sich als ein gewogenes **harmonisches Mittel**

$$\overline{m}^{q}_{\tau,t} = \frac{\sum_{i=1}^{n} w_{it}}{\sum_{i=1}^{n} \frac{1}{m_i^q} \cdot w_{it}} = \frac{1}{\sum_{i=1}^{n} \frac{1}{m_i^q} \cdot a_{it}}$$

aus den (dynamischen) **Mengenmeßzahlen**

$$m_i^q = \frac{q_{it}}{q_{i\tau}}$$

der n Güter, gewichtet mit den jeweiligen **Güterwerten**

$$w_{it} = p_{it} \cdot q_{it}$$

bzw. **Güterwertanteilen**

$$a_{it} = \frac{w_{it}}{\sum_{i=1}^{n} w_{it}}$$

des **Berichtszeitraumes** t darstellen läßt. Aus diesem Grunde wird der Mengenindex nach Paasche auch als **harmonischer Mengenindex** bezeichnet.

6. Da sich der **Preisindex** nach Paasche darstellen läßt als ein gewogenes **harmonisches Mittel**

$$\overline{m}^{p}_{\tau,t} = \frac{\sum_{i=1}^{n} w_{it}}{\sum_{i=1}^{n} \frac{1}{m_i^p} \cdot w_{it}} = \frac{1}{\sum_{i=1}^{n} \frac{1}{m_i^p} \cdot a_{it}}$$

aus den (dynamischen) **Preismeßzahlen**

$$m_i^p = \frac{p_{it}}{p_{i\tau}}$$

der n Güter, gewichtet mit den jeweiligen **Güterwerten**

$$w_{it} = p_{it} \cdot q_{it}$$

bzw. **Güterwertanteilen**

$$a_{it} = \frac{w_{it}}{\sum_{i=1}^{n} w_{it}}$$

des **Berichtszeitraumes** t, kennzeichnet er eine **durchschnittliche Preisentwicklung** und wird daher auch als **harmonischer Preisindex** bezeichnet.

7. Die aus dem harmonischen Preisindex abgeleitete Beziehung

$$r_{\tau,t}^{p\%} = \left(\overline{m}_{\tau,t}^{p} - 1\right) \cdot 100\%$$

heißt (für alle positiven Werte) durchschnittliche **Teuerungsrate** auf der Basis aktueller Verbrauchsgewohnheiten.

8. Der Güterwertanteil a_{it} stellt z.B. verkaufsseitig den **Umsatzanteil** und verbrauchsseitig den **Verbrauchsausgabenanteil** des jeweiligen Warenkorbgutes i am Gesamtumsatz bzw. an den gesamten Verbrauchsausgaben im Berichtszeitraum t dar. Für alle i = 1,2,...,n Güter eines Warenkorbes heißt das n-Tupel $\{a_{it}\}$ der Güterwertanteile **Umsatz-** bzw. **Verbrauchsausgabenstruktur** oder **Wägungsschema** des Warenkorbes im Berichtszeitraum.

Beispiel 6.2.3-1

Die Tabelle 6.2.3-1 enthält (aufbauend auf dem Beispiel 6.2.2-1 und der Tabelle 6.2.2-1) die für die Berechnung der **Paasche-Indizes** erforderlichen Wert-, Preis- und Mengenangaben.

Tabelle 6.2.3-1

Gut	i	m_i^p	m_i^q	w_{it}	a_{it}	$p_{it} \cdot q_{i\tau}$	$p_{i\tau} \cdot q_{it}$
Milch	1	1,053	0,90	9,00	0,412	10,00	8,55
Honig	2	1,143	1,00	3,20	0,146	3,20	2,80
Butter	3	0,886	1,50	4,65	0,213	3,10	5,25
Brötchen	4	1,000	1,25	5,00	0,229	4,00	5,00
Σ				21,85	1,000	20,30	21,60

Die Tabelle 6.2.3-1 ist in ihren Bestandteilen wie folgt zu interpretieren:

- Die **Preismeßzahl** m_1^p für das Gut „Milch“ besagt, daß der Milchpreis in der letzten Semesterwoche im Vergleich zur ersten **auf** 105,3% bzw. **um** 5,3% gestiegen ist.
- Die **Mengenmeßzahl** m_1^q für die Milch zeigt an, daß die durch Statistika verbrauchten Milchmengen in der letzten Semesterwoche im Vergleich zur ersten **auf** 90% bzw. **um** 10% gesunken sind.
- Da sich für das Gut „Brötchen“ der Preis und für das Gut „Honig“ die verbrauchten Mengen nicht verändert haben, ist in logischer Konsequenz die entsprechende Preismeß- bzw. Mengenmeßzahl gleich 1.
- Die **fiktive** Preis-Mengen-Produktsumme

$$\sum_{i=1}^{4} p_{i\tau} \cdot q_{it} = 21,60 \text{ DM}$$

kann wie folgt interpretiert werden: Hätte Statistika die Güter ihres Frühstück-Warenkorbes in der letzten Semesterwoche zu den gleichen Preisen wie in der ersten Semesterwoche kaufen können, hätte sie Verbrauchsausgaben von 21,60 DM (anstatt von 21,85 DM) zu verzeichnen gehabt.

- Unter Verwendung der Aggregatformel errechnet man einen **Preisindex** nach Paasche von

$$I_{\tau,t}^{Paa,p} = \frac{21{,}85\text{ DM}}{21{,}60\text{ DM}} = 1{,}012,$$

der wie folgt zu interpretieren ist: Unter Berücksichtigung der von Statistica in der letzten Semesterwoche verbrauchten Gütermengen sind die Preise für die Güter ihres Frühstück-Warenkorbes im Durchschnitt **auf** 101,2% bzw. **um** 1,2% gestiegen.

- Die **Verbrauchsausgabenstruktur** für den Frühstück-Warenkorb in der letzten Semesterwoche ist in der Abbildung 6.2.3-1 als Kreisdiagramm graphisch dargestellt.

Abbildung 6.2.3-1

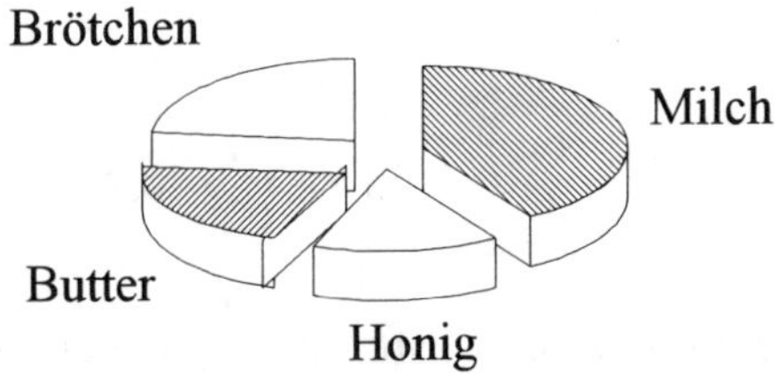

- Zum gleichen Ergebnis gelangt man, wenn man anstatt des Paasche-Preisindex den **harmonischen Preisindex** (etwa auf der Basis der Verbrauchsausgabenanteile) berechnet:

$$I_{\tau,t}^{Paa,p} \equiv \overline{m}_{\tau,t}^{p} = \frac{1}{\frac{1}{1{,}053} \cdot 0{,}412 + \ldots + \frac{1}{1} \cdot 0{,}229} = 1{,}012.$$

Diese Form der Berechnung ist in praxi dann üblich und vorteilhaft, wenn nur die relativen Preisveränderungen der Warenkorbgüter als Preismeßzahlen erfaßt wurden, um sie dann mit Hilfe des aktuellen **Wägungsschemas** zu einer mittleren Maßzahl aggregieren zu können.

- Letztlich hatte die Studentin Statistika unter Berücksichtigung ihrer aktuellen Verbrauchsgewohnheiten für ihren Frühstück-Warenkorb in der letzten Semesterwoche im Vergleich zur ersten unter einer durchschnittlichen **Teuerungsrate** von

$$r_{\tau,t}^{p\%} = (1{,}021 - 1) \cdot 100\% = 1{,}2\%$$

zu „leiden".

- Unter Verwendung der **Aggregatformel** für den Mengenindex nach Paasche errechnet man einen Wert von

$$I_{\tau,t}^{q} = \frac{21{,}85 \text{ DM}}{20{,}30 \text{ DM}} = 1{,}076,$$

der wie folgt interpretiert werden kann: Bei einer alleinigen Berücksichtigung der Güterpreise der letzten Semesterwoche wären die Verbrauchsausgaben für Statistika's Frühstück-Warenkorb in der letzten Semesterwoche im Vergleich zur ersten (nur) **auf** 107,6% bzw. **um** 7,6% gestiegen (und nicht auf 110,4% bzw. um 10,4%).

- Auf der Basis der aktuellen Verbrauchsausgabenanteile errechnet man einen im Ergebnis gleichen **harmonischen Mengenindex** von

$$I_{\tau,t}^{Paa,q} \equiv \overline{m}_{\tau,t}^{q} = \frac{1}{\frac{1}{0{,}9} \cdot 0{,}412 + \ldots + \frac{1}{1{,}25} \cdot 0{,}229} = 1{,}076,$$

der wie folgt interpretiert werden kann: Im Vergleich zur ersten Semesterwoche sind unter Berücksichtigung der Verbrauchsgewohnheiten der letzten Semesterwoche die verbrauchten Mengen in Statistika's Frühstück-Warenkorb durchschnittlich **auf** 107,6% bzw. **um** 7,6% gestiegen.

Merke:

Paasche-Indizes als durchschnittliche Meßzahlen stellen eine spezielle Anwendung des **harmonischen Mittels** dar.

Definition 6.2.3-2

Es sei X ein kardinalskaliertes Merkmal. Dann heißt das reziproke arithmetische Mittel aus den reziproken Einzelwerten **harmonisches Mittel** $\overline{x}_H$.

Anmerkungen zu Def. 6.2.3-2

1. Als Spezialfall des arithmetischen Mittels ist das harmonische Mittel gleichfalls ein Durchschnitt.

2. Für das **einfache** harmonische Mittel gilt:

$$\overline{x}_H = \frac{n}{\sum_{i=1}^{n} \frac{1}{x_i}}.$$

3. Für das **gewogene** harmonische Mittel gilt:

$$\overline{x}_H = \frac{\sum_{j=1}^{m} g_j}{\sum_{j=1}^{m} \frac{1}{x_j} \cdot g_j},$$

wobei die g_j unterschiedliche Gewichte symbolisieren.

4. In der **Wirtschaftsstatistik** ist die Unterscheidung zwischen arithmetischem und harmonischem Mittel dann von grundlegender Bedeutung, wenn ein Durchschnitt aus Einzelwerten zu berechnen ist, die ihrem Wesen nach Verhältniszahlen sind.

Merke:

Ist ein Durchschnitt zu bilden aus Einzelwerten, die Verhältniszahlen sind und ist das Merkmal, das als Zusatzinformation (Gewicht) gegeben ist, identisch mit dem Merkmal, das im **Zähler** der Verhältniszahl steht, dann berechne bei zahlenmäßig gleichen Gewichten ein **einfaches** und bei zahlenmäßig unterschiedlichen Gewichten ein **gewogenes harmonisches Mittel**.

Ist ein Durchschnitt zu bilden aus Einzelwerten, die Verhältniszahlen sind und ist das Merkmal, das als Zusatzinformation (Gewicht) gegeben ist, identisch mit dem Merkmal, das im **Nenner** der Verhältniszahl steht, dann berechne bei zahlenmäßig gleichen Gewichten ein **einfaches** und bei zahlenmäßig unterschiedlichen Gewichten ein **gewogenes arithmetisches Mittel**.

5. Die Berechnung von Durchschnitten aus Verhältniszahlen ist nur sinnvoll für **kommensurable** Größen.

Beispiel 6.2.3-2

Die PC-Anbieter ESC und ET verkauften im III. Quartal 1994 jeweils im Wert von 60000 DM PC-486, ESC zu einem Preis P_1 von 2000 DM je PC und ET zu einem Preis P_2 von 2500 DM je PC. Da es sich bei den PC um vergleichbare und **kommensurable** Güter handelt, ist es sinnvoll, einen durchschnittlichen Angebotspreis $\overline{P}$ zu berechnen.

- Da im konkreten Fall für j = 1,2 die Preise

$$P_j = \frac{U_j}{M_j}$$

Verhältniszahlen aus den Umsätzen U_j (Zählermerkmal) und den verkauften Mengen M_j (Nennermerkmal) sind und die Zusatzinformationen (Umsätze U_j) mit dem Zählermerkmal des Preises übereinstimmen, berechnet man den Durchschnittspreis als ein **harmonisches Mittel**. Wegen der zahlenmäßig gleichen Gewichte $U_1 = U_2 = 60000$ DM der Einfachheit halber als ein einfaches harmonisches Mittel

$$\overline{P}_H = \frac{\sum_{j=1}^{2} U_j}{\sum_{j=1}^{2} \frac{1}{P_j} \cdot U_j} = \frac{n}{\sum_{i=1}^{2} \frac{1}{P_i}} = \frac{1+1}{\frac{1}{2000} + \frac{1}{2500}} = 2222{,}22 \text{ DM je PC.}$$

das wie folgt zu interpretieren ist: Der Durchschnittspreis für einen PC-486 beläuft sich auf 2222,22 DM/Stück PC.

- Man überlegt sich leicht, daß ESC im III. Quartal 1994

$$M_1 = 60000 \text{ DM}/2000 \text{ DM je Stück} = 30 \text{ Stück PC}$$

und ET

$$M_2 = 60000 \text{ DM}/2500 \text{ DM je Stück} = 24 \text{ Stück PC}$$

verkauft haben. Verwendet man die verkauften Mengen M_j, also das Nennermerkmal des Preises, als Zusatzinformationen, dann berechnet man den Durchschnittspreis als ein gewogenes **arithmetisches Mittel**

$$\overline{P} = \frac{\sum_{j=1}^{2} P_j \cdot M_j}{\sum_{j=1}^{2} M_j} = \frac{2000 \cdot 30 + 2500 \cdot 24}{30 + 24} = 2222{,}2\overline{2} \text{ DM je PC.}$$

- Schließlich und endlich gelangt man unter Berücksichtigung der alten Kaufmannsregel „... Durchschnittspreis gleich Gesamtumsatz dividiert durch die insgesamt umgesetzten Mengen eines vergleichbaren Gutes ...“

$$\overline{P} = \frac{\sum_{j=1}^{2} U_j}{\sum_{j=1}^{2} M_j} = \frac{60000 + 60000}{30 + 24} = 2222{,}2\overline{2} \text{ DM je PC}$$

zum gleichen Ergebnis.

6.2.4 Preis- und Mengenindex nach Laspeyres

Definition 6.2.4-1

Gegeben sei ein Warenkorb mit n Gütern, deren Preise p_i und Mengen q_i sowohl im Basiszeitraum τ als auch im Berichtszeitraum t statistisch erhoben wurden. Dann heißen die Indexzahlen

$$I_{\tau,t}^{\text{Las, p}} = \frac{\sum_{i=1}^{n} p_{it} \cdot q_{i\tau}}{\sum_{i=1}^{n} p_{i\tau} \cdot q_{i\tau}} \text{ bzw. } I_{\tau,t}^{\text{Las, q}} = \frac{\sum_{i=1}^{n} p_{i\tau} \cdot q_{it}}{\sum_{i=1}^{n} p_{i\tau} \cdot q_{i\tau}}$$

Preis- bzw. **Mengenindex** nach Laspeyres.

Anmerkungen zur Def. 6.2.4-1

1. Beide Indizes gehen auf den deutschen Nationalökonomen (französischer Abstammung) Etienne Laspeyres (1834-1913) zurück. Er schlug einen Preisindex der Lebenshaltung vor, der heute noch breite Anwendung findet. Dieser nach ihm benannte Preisindex vergleicht die Preise von Warenkorbgütern auf der Basis konstanter Konsummengen.
2. Laspeyres-Indizes kennzeichnen die **durchschnittliche relative Veränderung** einer Sachkomponente (Preis bzw. Menge) unter Verwendung von **Gewichtsgrößen** (Mengen bzw. Preise) des **Basiszeitraums**.
3. Bei den Laspeyres-Indizes sind die Zählergrößen stets **fiktive** Wert- oder Preis-Mengen-Produktsummen, die Nennergrößen stets **nominale** Wert- oder Preis-Mengen-Produktsummen. Da sowohl nominale als auch fiktive Wertsummen Aggregate sind, bezeichnet man die angegebenen Formeln auch als **Aggregatformeln** der Laspeyres-Indizes.
4. Der Mengenindex nach Lasperes wird auch als **Volumenindex** nach Laspeyres bezeichnet. Der Mengen- oder Volumenindex nach Laspeyres kennzeichnet die (auf das konstante Basis-Preisniveau bezogene und daher von Preiseinflüssen bereinigte) **durchschnittliche Entwicklung** in den verbrauchten Mengen der Warenkorbgüter.
5. Die Interpretation des **Mengenindex** nach Laspeyres als eine Maßzahl für die durchschnittliche Mengenentwicklung resultiert daraus, daß er sich als ein gewogenes **arithmetisches Mittel**

$$\overline{m}_{\tau,t}^{q} = \frac{\sum_{i=1}^{n} m_i^q \cdot w_{i\tau}}{\sum_{i=1}^{n} w_{i\tau}} = \sum_{i=1}^{n} m_i^q \cdot a_{i\tau}$$

aus den dynamischen **Mengenmeßzahlen**

$$m_i^q = \frac{q_{it}}{q_{i\tau}}$$

der n Güter, gewichtet mit den jeweiligen **Güterwerten**

$$w_{i\tau} = p_{i\tau} \cdot q_{i\tau}$$

bzw. **Güterwertanteilen**

$$a_{i\tau} = \frac{w_{i\tau}}{\sum_{i=1}^{n} w_{i\tau}}$$

des **Basiszeitraumes** τ darstellen läßt. Aus diesem Grunde wird der Mengenindex nach Laspeyres auch als **arithmetischer Mengenindex** bezeichnet.

6. Da sich der **Preisindex** nach Laspeyres darstellen läßt als ein gewogenes **arithmetisches** Mittel

$$\overline{m}^{p}_{\tau,t} = \frac{\sum_{i=1}^{n} m_i^p \cdot w_{i\tau}}{\sum_{i=1}^{n} w_{i\tau}} = \sum_{i=1}^{n} m_i^p \cdot a_{i\tau}$$

aus den dynamischen **Preismeßzahlen**

$$m_i^p = \frac{p_{it}}{p_{i\tau}}$$

der n Güter, gewichtet mit den jeweiligen **Güterwerten**

$$w_{i\tau} = p_{i\tau} \cdot q_{i\tau}$$

bzw. **Güterwertanteilen**

$$a_{i\tau} = \frac{w_{i\tau}}{\sum_{i=1}^{n} w_{i\tau}}$$

des **Basiszeitraumes** τ, kennzeichnet er eine **durchschnittliche Preisentwicklung** und wird daher auch als **arithmetischer Preisindex** bezeichnet.

7. Die aus dem arithmetischen Preisindex abgeleitete Beziehung

$$r^{p\%}_{\tau,t} = \left(\overline{m}^{p}_{\tau,t} - 1\right) \cdot 100\%$$

heißt (für alle positiven Werte) durchschnittliche **Teuerungsrate** auf der Grundlage konstanter Verbrauchsgewohnheiten des Basiszeitraums.

8. Der Güterwertanteil $a_{i\tau}$ stellt z.B. verkaufsseitig den **Umsatzanteil** und verbrauchsseitig den **Verbrauchsausgabenanteil** des jeweiligen Warenkorbgutes i am Gesamtumsatz bzw. an den gesamten Verbrauchsausgaben im Basiszeitraum τ dar. Für alle i = 1,2,...,n Güter eines Warenkorbes heißt das n-Tupel $\{a_{i\tau}\}$ der Güterwertanteile **Umsatz-** bzw. **Verbrauchsausgabenstruktur** oder **Wägungsschema** des Warenkorbes im Basiszeitraum.

Beispiel 6.2.4-1

Die Tabelle 6.2.4-1 enthält (aufbauend auf dem Beispiel 6.2.2-1 und der Tabelle 6.2.2-1) die für die Berechnung der **Laspeyres-Indizes** erforderlichen Wert-, Preis- und Mengenangaben.

Tabelle 6.2.4-1

Gut	i	m_i^p	m_i^q	$w_{i\tau}$	$a_{i\tau}$	$p_{it} \cdot q_{i\tau}$	$p_{i\tau} \cdot q_{it}$
Milch	1	1,053	0,90	9,50	0,480	10,00	8,55
Honig	2	1,143	1,00	2,80	0,141	3,20	2,80
Butter	3	0,886	1,50	3,50	0,177	3,10	5,25
Brötchen	4	1,000	1,25	4,00	0,202	4,00	5,00
Σ				19,80	1,000	20,30	21,60

Die Tabelle 6.2.4-1 ist in ihren Bestandteilen wie folgt zu interpretieren:

- Die **Preismeßzahl** m_3^p für das Gut „Butter" zeigt z.B. an, daß der Butterpreis in der letzten Semesterwoche im Vergleich zur ersten **auf** 88,6 % bzw. **um** 11,4 % gesunken.
- Die **Mengenmeßzahl** m_3^q für die „Butter" ist z.B. wie folgt zu interpretieren: Die durch Statistika verbrauchten Buttermengen sind in der letzten Semesterwoche im Vergleich zur ersten **auf** 150 % bzw. **um** 50 % gestiegen.
- Ein graphischer Vergleich der **Verbrauchsausgabenstrukturen** der ersten und letzten Semesterwoche wird durch die Abbildung 6.2.4-1 mit Hilfe des sog. **Spinnennetzes** bewerkstelligt. Da für die vier Güter die beiden unregelmäßigen Vierecke (Tetragone) sich voneinander nicht wesentlich unterscheiden, differieren die beiden Verbrauchausgabenstukturen auch nicht wesentlich voneinander.

Abbildung 6.2.4-1

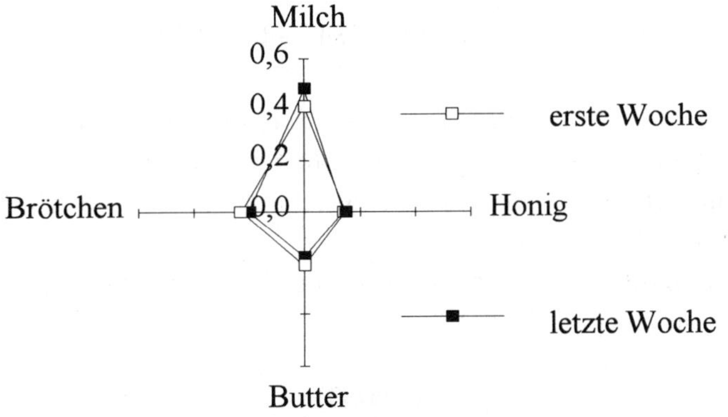

Hinweis:

Für die Auswertung eines **Netzdiagramms** gelten allgemein die folgenden Regeln: Ist ein Polygon (grch.: polys → viel & gonia → Winkel) regelmäßig, dann liegt eine **Gleichverteilung** oder Rechteckstruktur vor. Sind Polygone kongruent (lat.: congruere → übereinstimmen), dann liegen **identische** Verteilungsstrukturen vor.

- Die **fiktive** Preis-Mengen-Produktsumme

$$\sum_{i=1}^{4} p_{it} \cdot q_{i\tau} = 20{,}30 \text{ DM}$$

kann wie folgt interpretiert werden: Hätte Statistika in der letzten Semesterwoche die gleichen Gütermengen konsumiert wie in der ersten Semesterwoche, hätte sie (nur) Verbrauchsausgaben von 20,30 DM (anstatt von 21,85 DM) zu verzeichnen gehabt.

- Unter Verwendung der **Aggregatformel** errechnet man einen **Laspeyres-Preisindex** von

$$I_{\tau,t}^{Las,p} = \frac{20{,}30 \text{ DM}}{19{,}80 \text{ DM}} = 1{,}025$$

der wie folgt zu interpretieren ist: Unter Berücksichtigung der von Statistika in der ersten Semesterwoche verbrauchten Gütermengen sind die Preise für die Güter ihres Frühstück-Warenkorbes im Durchschnitt **auf** 102,5 % bzw. **um** 2,5 % gestiegen.

- Zum gleichen Ergebnis gelangt man, wenn unter Verwendung der Preismeßzahlen und der Verbrauchsausgabenstruktur des Basiszeitraums den **arithmetischen Preisindex** berechnet:

$$I_{\tau,t}^{Las,p} \equiv \overline{m}_{\tau,t}^{p} = 1{,}053 \cdot 0{,}48 + \ldots + 1 \cdot 0{,}202 = 1{,}025.$$

Demnach hat die Studentin Statistika für ihren Frühstück-Warenkorb (unter Berücksichtigung ihrer Verbrauchsgewohnheiten zu Semesterbeginn) im Vergleich zum Semesterbeginn am Semesterende eine durchschnittliche **Teuerungsrate** von 2,5 % zu verzeichnen.

- Unter Verwendung der Aggregatformel für den **Mengenindex** nach Laspeyres errechnet man einen Wert von

$$I_{\tau,t}^{Las,q} = \frac{21{,}60 \text{ DM}}{19{,}80 \text{ DM}} = 1{,}09 \ ,$$

der wie folgt interpretiert werden kann: Bei einer alleinigen Berücksichtigung der Güterpreise der ersten Semesterwoche wären die Verbrauchsausgaben für Statistika's Frühstück-Warenkorb in der letzten Semesterwoche im Vergleich zur ersten (nur) **auf** 109,1 % bzw. **um** 9,1 % gestiegen (und nicht auf 110,4 % bzw. um 10,4 %).

- Auf der Basis der Verbrauchsausgabenanteile errechnet man einen im Ergebnis gleichen **arithmetischen Mengenindex** von

$$I_{\tau,t}^{Las,q} \equiv \overline{m}_{\tau,t}^{q} = 0{,}9 \cdot 0{,}48 + \ldots + 1{,}25 \cdot 0{,}202 = 1{,}091,$$

der wie folgt interpretiert werden kann: Unter Berücksichtigung der Verbrauchsgewohnheiten der ersten Semesterwoche sind die verbrauchten Mengen in Statistika's Frühstück-Warenkorb durchschnittlich **auf** 109,1 % bzw. **um** 9,1 % gestiegen.

Hinweis:

Die durch die amtliche Statistik ausgewiesenen **Preisindizes der Lebenshaltung** basieren i.allg. auf der gezeigten Art der Berechnung. Der praktische Vorteil dieser Art der Berechnung besteht vor allem darin, daß man nur noch die Preisveränderungen der Warenkorbgüter in Gestalt der Preismeßzahlen statistisch zu erheben braucht, um einen neuen Preisindex der Lebenshaltung berechnen zu können. Diese auf Laspeyres zurückgehende Form der Preisindexberechnung ist freilich nur solange vorteilhft und sinnvoll, solange die Verbrauchsgewohnheiten der privaten Haushalte hinreichend genau durch einen konstanten Warenkorb und eine konstante Verbrauchsausgabenstruktur aus einem festgelegten Basiszeitraum repräsentiert werden.

Die Tabelle 6.2.4-2 enthält für das Jahr 1991 die durchschnittliche Verbrauchsausgabenstruktur (Angaben in %) eines Vier-Personen-Haushaltes mit mittlerem Einkommen in den alten und in den neuen Bundesländern.

Tabelle 6.2.4-2

Warenhauptgruppe	alte Bundesländer	neue Bundesländer
Nahrungs- und Genußmittel	23,3	28,2
Kleidung, Schuhe	8,0	9,9
Wohnungsmieten	21,0	4,9
Energie, Brennstoffe	5,4	4,0
Haushaltsführung	7,5	10,8
Verkehr, Nachrichten	17,3	24,6
Körperpflege	3,8	3,1
Bildung, Unterhaltung	10,3	12,0
Sonstiges	3,4	2,5

6.2.5 Preis- und Strukturindex nach Drobisch

Definition 6.2.5-1

Gegeben sei ein Warenkorb mit n Gütern, deren Preise p_i und Mengen q_i sowohl im Basiszeitraum τ als auch im Berichtszeitraum t statistisch erhoben wurden. Ferner seien die Güter in ihren Mengen kommensurabel. Dann heißen die Indexzahlen

$$I_{\tau,t}^{Dro,p} = \frac{\dfrac{\sum_{i=1}^{n} p_{it} \cdot q_{it}}{\sum_{i=1}^{n} q_{it}}}{\dfrac{\sum_{i=1}^{n} p_{i\tau} \cdot q_{i\tau}}{\sum_{i=1}^{n} q_{i\tau}}} = \frac{\overline{p}_t}{\overline{p}_\tau}, \overline{p}_\tau > 0$$

Preisindex nach Drobisch und

$$I_{\tau,t}^{Dro,Str,\tau} = \frac{\dfrac{\sum_{i=1}^{n} p_{i\tau} \cdot q_{it}}{\sum_{i=1}^{n} q_{it}}}{\dfrac{\sum_{i=1}^{n} p_{i\tau} \cdot q_{i\tau}}{\sum_{i=1}^{n} q_{i\tau}}} \quad \text{bzw.} \quad I_{\tau,t}^{Dro,Str,t} = \frac{\dfrac{\sum_{i=1}^{n} p_{i\tau} \cdot q_{it}}{\sum_{i=1}^{n} q_{it}}}{\dfrac{\sum_{i=1}^{n} p_{i\tau} \cdot q_{i\tau}}{\sum_{i=1}^{n} q_{i\tau}}}$$

basis- bzw. berichtspreisbezogener **Strukturindex** nach Drobisch.

Anmerkungen zur Def. 6.2.5-1

1. Die beiden Indizes gehen auf den deutschen Mathematiker und Philosophen Moritz Wilhelm Drobisch (1802-1896) zurück.
2. Der Preisindex von Drobsich ist ein Index (bzw. eine Meßzahl) aus **Durchschnittspreisen**. Im Unterschied zu den Preisindizes nach Paasche und Laspeyres, die die **durchschnittliche Entwicklung** von Preisen messen, kennzeichnet er die Entwicklung von **durchschnittlichen Preisen**.
3. Als Meßzahl aus Durchschnitten ist der Drobisch-Index keineswegs nur an den zeitlichen Durchschnittspreisvergleich gebunden. Die praktische Anwendung, die allerdings wegen der Kommensurabilitätsbedingung stark eingeschränkt ist, ist auch für den zeitlichen und räumlichen Vergleich von gewogenen Durchschnitten aus Verhältniszahlen geeignet.

4. Der Strukturindex von Drobisch ist eine Meßzahl aus einem fiktiven und einem nominalen Durchschnittspreis. Er erfaßt das Ausmaß des Einflusses von **Strukturverschiebungen** in den Mengen auf die Entwicklung der Durchschnittspreise der Warenkorbgüter. In seiner praktischen Anwendung ist er genau wie der Preisindex von Drobisch keinerwegs nur an die Preis-Mengen-Betrachtung gebunden.
5. Die Sichtbarmachung von **Struktureffekten** mit Hilfe des Strukturindex von Drobisch verdeutlicht man sich am einfachsten anhand der folgenden Überlegungen: Ist

$$a_{it} = \frac{q_{it}}{\sum_{i=1}^{n} q_{it}}$$

der **Mengenanteil** des Gutes i an den Warenkorbmengen im Berichtszeitraum t, dann kennzeichnet das n-Tupel $\{a_{it}\}$ die **Mengenstruktur** des Warenkorbes im Berichtszeitraum, so daß sich in Erweiterung auf den Basiszeitraum τ der **Strukturindex** von Drobisch vereinfacht zu

$$I_{\tau,t}^{Dro,Str} = \frac{\sum_{i=1}^{n} p_{i\tau} \cdot a_{it}}{\sum_{i=1}^{n} p_{i\tau} \cdot a_{i\tau}},$$

den man jetzt in Anlehnung an den **Mengenindex** nach Laspeyres als ein Maß der (durchschnittlichen) **Strukturverschiebung** interpretieren kann.
6. Für die Interpretation des Strukturindex gelten folgende **Faustregeln**: Ist der Strukturindex gleich 1, dann ist kein Struktureffekt nachweisbar. Ist er größer als 1, dann ist eine Strukturverschiebung hin zu den Sachkomponenten mit den höheren Werten zu verzeichnen. Ist er kleiner als 1, dann ist ein Struktureffekt zugunsten der Sachkomponenten mit den niedrigeren Werten nachweisbar.
7. Untrennbar mit der Analyse von Struktureffekten ist die Erklärung des sog. **statistischen** oder Simpson´schen **Paradoxon**.

Definition 6.2.5-1

Der scheinbar widersinnige Sachverhalt, wonach ein arithmetisches Mittel aus Einzelwerten, die Verhältniszahlen sind und zu einer Gesamtheit G_1 gehören, größer (kleiner) ist als ein arithmetisches Mittel für eine Gesamtheit G_2 gleichartiger Verhältniszahlen, die alle kleiner (größer) sind als die entsprechenden Verhältniszahlen von G_1, heißt **statistisches** oder **Simpson´sches Paradoxon**.

Beispiel 6.2.5-1

Ein Bäcker bäckt j = 1,2 verschiedene Sorten Brot. Eine Stunde vor Ladenschluß senkt er die Preise für einen Laib um je eine Mark. Die Preise P_j (DM je Laib) für einen Laib Brot, die Mengen M_j der verkauften Laibe und die Durchschnittspreise $\overline{P}$ für die beiden (disjunkten) Verkaufszeiträume A (7 bis 17 Uhr) und B (17 bis 18.30 Uhr) sind in der Tabelle 6.2.5-1 zusammengefaßt.

Tabelle 6.2.5-1

j	P_j^A	M_j^A	P_j^B	M_j^B
1	2	80	1	20
2	4	20	3	80
$\overline{P}$	2,4		2,6	

Obgleich im Schlußverkauf (Zeitraum B) die Preise für beide Brotsorten gesenkt wurden, ist ihr Durchschnittspreis gegenüber dem „normalen" Durchschnittspreis (Zeitraum A) um 20 Pfennige gestiegen. Dieses als paradox (lat.: paradoxus → widersinnig) erscheinende Phänomen läßt sich wie folgt erklären:

- Für den Warenkorb, der sich aus zwei Sorten Brot zusammensetzt, ergibt sich ein **Preisindex** nach Drobisch von

$$I_{A,B}^{Dro,p} = \frac{2{,}60 \text{ DM / Laib}}{2{,}40 \text{ DM / Laib}} = 1{,}083,$$

  der wie folgt zu interpretieren ist: Im Schlußverkauf lag der Durchschnittspreis für einen Laib Brot **um** 8,3 % über dem des übrigen Tages, was, wie bereits erwähnt, als **paradox** erscheint, zumal die Preise der beiden Brotsorten im Schlußverkauf gesenkt wurden.
- Der basispreisbezogene **Strukturindex** nach Drobisch ergibt einen Wert von

$$I_{A,B}^{Dro,Str,A} = \frac{2 \cdot 0{,}2 + 4 \cdot 0{,}8}{2 \cdot 0{,}8 + 4 \cdot 0{,}2} = 1{,}5,$$

  der wie folgt interpretiert werden kann: Die Struktur der verkauften Brotmengen hat sich im Vergleich zur übrigen Tagesverkauf im Schlußverkauf hin zu der Brotsorte mit dem höheren (Basis)Preis verschoben.
- Legt man der Berechnung die Schlußverkaufspreise zugrunde, ergibt sich ein berichtspreisbezogener **Strukturindex** von

$$I_{A,B}^{Dro,Str,B} = \frac{1 \cdot 0{,}2 + 3 \cdot 0{,}8}{1 \cdot 0{,}8 + 3 \cdot 0{,}2} = 1{,}86,$$

  der aufgrund der Preissenkung das Ausmaß des **Struktureffekts** noch augenscheinlicher werden läßt.

6.2.6 Indexsysteme, Preis- und Strukturbereinigung

Definition 6.2.6-1

Die Dekomposition einer Indexzahl in die sie verursachenden Faktoren heißt **Indexsystem**.

Anmerkungen zur Def. 6.2.6-1

1. In der **Wirtschaftsstatistik** sind i.allg. die folgenden zwei Indexsysteme von praktischer Bedeutung:
   a) die faktorielle Dekomposition des **Wertindex**

$$I_{\tau,t}^{W} = I_{\tau,t}^{Paa,p} \cdot I_{\tau,t}^{Las,q} = I_{\tau,t}^{Las,p} \cdot I_{\tau,t}^{Paa,q}$$

   und seine Darstellung als Produkt aus dem Preisindex nach Paasche (bzw. nach Laspeyres) und dem Mengenindex nach Laspeyres (bzw. nach Paasche). Dieses Indexsystem bildet den theoretischen Hintergrund der volumenorientierten **Preisbereinigung**.
   b) die faktorielle Dekomposition des **Preisindex** nach Drobisch

$$I_{\tau,t}^{Dro,p} = I_{\tau,t}^{Paa,p} \cdot I_{\tau,t}^{Dro,Str,\tau} = I_{\tau,t}^{Las,p} \cdot I_{\tau,t}^{Dro,Str,t}$$

   und seine Darstellung als Produkt aus dem Preisindex nach Paasche (bzw. Preisindex nach Laspeyres) und dem basispreisorientierten Strukturindex nach Drobisch (bzw. dem berichtspreisorientierten Strukturindex nach Drobisch). Dieses Indexsystem bildet die theoretische Grundlage für die **Standardisierung** von Durchschnitten aus Verhältniszahlen.
2. Die Indexsysteme sind keineswegs nur an die Preis-Mengen-Betrachtung im zeitlichen Vergleich gebunden. Die Erweiterung auf den zeitlichen bzw. räumlichen Vergleich von Aggregaten und (kommensurablen) Verhältniszahlen ist **beliebig** denkbar.

Definition 6.2.6-2

Die Normierung eines nominalen Wertaggregats durch einen Preisindex heißt **Preisbereinigung**.

Anmerkungen zur Def. 6.2.6-2

1. Ein **nominales** Wertaggregat basiert auf aktuellen (laufenden) Preisen und Mengen. Ein nominales Aggregat kann ein Wert, eine Wertsumme oder ein Wertindex sein.
2. Das Resultat eines preisbereinigten nominalen Aggregats heißt **reales** Aggregat. Ein reales Aggregat ist ein **fiktives**, meist auf konstanten Preisen und aktuellen Mengen basierendes, tatsächlich nicht existierendes Aggregat.
3. Unterstellt man einmal einen konstanten Warenkorb und vereinbart weiterhin, daß $\tau = 0$ und $t = 1,2,...,T$ gilt, dann stellt

$$W_t = \sum_{i=1}^{n} p_{it} \cdot q_{it}$$

   für alle $t = 1,2,...,T$ eines **nominales** Wertaggregat dar.

4. Man überlegt sich leicht, daß für alle t = 1,2,...,T die durch den Preisindex nach Paasche normierte Wertsumme

$$\frac{W_t}{I_{0,t}^{Paa,p}} = \sum_{i=1}^{n} p_{i0} \cdot q_{it} = V_t$$

ein **reales** (fiktives), mit (konstanten) Basispreisen bewertetes Aggregat ergibt, das als Volumen V_t bezeichnet wird. **Volumina** sind i. allg. Preis-Mengen-Produkte mit **aktuellen Mengen** und **konstanten Preisen**. Da Mengen in der Regel nicht in physischen Einheiten aggregierbar sind, fungieren Volumina als **preisbereinigte Mengenaggregate**.

5. Normiert man für alle t = 1,2,...,T einen Wertindex durch den Preisindex nach Paasche,

$$\frac{I_{\tau,t}^{W}}{I_{\tau,t}^{Paa,p}} = I_{\tau,t}^{Las,q} = \frac{\sum_{i=1}^{n} p_{i0} \cdot q_{it}}{\sum_{i=1}^{n} p_{i0} \cdot q_{i0}},$$

dann ergibt sich in Anlehnung an das Indexsystem vom Typ a) ein Volumenindex, der identisch ist mit dem **Mengenindex** nach Laspeyres. Da Mengen in der Regel nicht in physischen Einheiten aggregierbar (also nicht kommensurabel) sind, fungiert der Mengenindex nach Laspeyres als Maßzahl für die volumenmäßige, von Preiseinflüssen bereinigte, **reine mengenmäßige** (relative) Entwicklung eines Warenkorbs.

6. Ausgehend vom Indexsystem a) ist (mit Einschränkungen) auch eine Preisbereinigung mit Hilfe des Preisindex nach Laspeyres denkbar.

7. Für Preisindizes größer als 1 ist das Resultat der Preisbereinigung eine **Deflationierung**, für Preisindizes kleiner als 1 eine **Inflationierung** (lat.: inflatio → Aufblähung) von Wertaggregaten bzw. Wertindizes.

Beispiel 6.2.6-1

Die Tabelle 6.2.6-1 enthält für die neuen Bundesländer die jahresdurchschnittlichen nominalen und realen Monatsrenten (in DM) eines Rentners sowie den Preisindex der Lebenshaltung für 2-Personen-Rentnerhaushalte.

(Quelle: Zahlen zur wirtschaftlichen Entwicklung der Bundesrepublik Deutschland 1993, Institut der Deutschen Wirtschaft Köln, S. 8 und 10)

Tabelle 6.2.6-1

Jahr	nominale Rente	reale Rente	Preisindex
1990	670	713	0,94
1991	831	769	1,08
1992	1056	873	1,21

- Da der Preisindex der Lebenshaltung auf einem (konstanten) Basiswägungsschema beruht, ist er seinem Wesen nach ein Preisindex nach Laspeyres. Eine **Preisbereinigung** mit einem Laspeyres-Preisindex ist nur mit Einschränkungen sinnvoll (auf die hier nicht näher eingegangen wird). Die Ergebnisse sind daher nur als Näherungen für die **Realwertentwicklung** der Renten zu betrachten.

- Da der Preisindex 1990 kleiner als 1 ist, hat man wegen 670 DM/0,94 ~ 713 DM einen **inflationierten** Realwert, für die restlichen Jahre dagegen einen **deflationierten** Realwert der Renten in Ostdeutschland zu verzeichnen.

Definition 6.2.6-2

Die Bereinigung eines durchschnittlichen (nominalen) Aggregats von Struktureffekten nennt man **Standardisierung**.

Anmerkungen zur Def. 6.2.6-2

1. Bei Durchschnitten aus Verhältniszahlen erfolgt die Standardisierung mittels konstanter Mengen bzw. Mengenanteile.
2. Bei Indizes aus Durchschnitten erfolgt die Standardisierung mit Hilfe von Strukturindizes.
3. In der **Wirtschaftsstatistik** ist die Standardisierung von Durchschnitten sowohl im zeitlichen als auch im räumlichen Vergleich üblich und dabei keineswegs nur an die Preis-Mengen-Betrachtung gebunden.

Beispiel 6.2.6-2

Bezugnehmend auf das Beispiel 6.2.5-1 ergeben sich die folgenden Standardisierungsmöglichkeiten:

- Unter Verwendung der Mengenstruktur der im Schlußverkauf verkauften Brotlaibe errechnet man einen von Struktureffekten bereinigten, also **standardisierten** Durchschnittspreis für den „normalen" Tagesverkauf von

$$\overline{p}_s = 2 \cdot 0{,}2 + 4 \cdot 0{,}8 = 3{,}60 \text{ DM je Laib.}$$

- Unter Verwendung der Mengenstruktur der im „normalen" Tagesverkauf abgesetzten Brotlaibe errechnet man einen **strukturbereinigten** Durchschnittspreis für den Schlußverkauf von

$$\overline{p}_s = 1 \cdot 0{,}8 + 3 \cdot 0{,}2 = 1{,}40 \text{ DM je Laib.}$$

- Die basispreisbezogene **Strukturbereinigung** des Preisindex nach Drobisch liefert das Ergebnis

$$I_{\tau,t}^{Paa,p} = \frac{1{,}083}{1{,}5} = 0{,}722,$$

das wie folgt interpretiert werden kann: Unter Ausschaltung von **Struktureffekten** sind die Preise für einen Brotlaib im Schlußverkauf gegenüber dem

„normalen“ Tagesverkauf durchschnittlich **auf** 72,2 % bzw. **um** 27,8 % gesunken.

- Schließlich und endlich hat man mit der faktoriellen Dekomposition

$$I_{\tau,t}^{Dro,p} = I_{\tau,t}^{Paa,p} \cdot I_{\tau,t}^{Dro,Str,\tau} = 0,722 \cdot 1,5 = 1,083$$

auch eine plausible Erklärung des **statistischen Paradoxon** gefunden: Aufgrund einer dominanten Strukturverschiebung in den abgesetzten Mengen im Schlußverkauf hin zu der Brotsorte mit dem höheren Preis wird eine Steigerung der Durchschnittspreise beobachtet, obgleich die Einzelpreise gesunken sind.

- Die berichtspreisbezogene **Strukturbereinigung** bestätigt die vorangegangenen Überlegungen wegen

$$I_{\tau,t}^{Dro,p} = I_{\tau,t}^{Las,p} \cdot I_{\tau,t}^{Dro,Str,t} = 0,582 \cdot 1,860 = 1,083$$

in einem noch höheren Maße.

Beispiel 6.2.6-3

Zur Kennzeichnung der Sterblichkeit einer Bevölkerung berechnet man in der Bevölkerungsstatistik die **allgemeine Sterbeziffer** als Quotient aus der Anzahl der Gestorbenen und dem mittleren Bevölkerungsstand eines geographischen Gebiets in einem bestimmten Zeitraum. Nun läßt sich die allgemeine Sterbeziffer (etwa eines bestimmten Jahres) auch darstellen als ein gewogenes **arithmetisches Mittel** aus den **altersspezifischen Sterbeziffern** und der **Altersstruktur** einer Bevölkerung. Eine altersspezifische Sterbeziffer ist dabei der Quotient aus der Anzahl der in einer Altersklasse Gestorbenen und der Anzahl der zur gleichen Altersklasse gehörenden Personen.

Die Tabelle 6.2.6-2 enthält (stark vereinfacht) für Deutschland die für 1992 gültigen alterspezifischen Sterbeziffern s_k (Angaben in Gestorbene je 100000 Einwohner der jeweiligen Altersklasse), k = 1,2,3, und die Altersstruktur $\{a_k\}$ der deutschen Bevölkerung für die Jahre 1985 und 1992.

- Aus den verfügbaren Daten errechnet man für 1992 eine allgemeine Sterbeziffer von

$$\bar{s}_{1992} = 75 \cdot 0,15 + ... + 4825 \cdot 0,16 = 1201 \text{ Gestorbene je 100000 Einwohner.}$$

- Unter Beachtung der Sterblichkeitsverhältnisse der deutschen Bevölkerung im Jahres 1992 errechnet man einen **Strukturindex** nach Drobisch von

$$I_{85,92}^{Dro,Str,92} = \frac{1201}{1111} = 1{,}08,$$

der wie folgt interpretiert werden kann: Da der (Bevölkerungs)Strukturindex größer als 1 ist, verzeichnet man 1992 im Vergleich zu 1985 eine (bereits in den Tabellenwerten) ersichtliche Verschiebung in der Alterstruktur der deutschen Bevölkerung hin zu den Altersklassen mit den höheren altersspezifischen Sterbeziffern.

Tabelle 6.2.6-2

k	Altersklasse	s_k	$a_{k,85}$	$a_{k,92}$
1	0 - 15	75	0,16	0,15
2	15 - 65	605	0,70	0,69
3	65 - 100	4825	0,14	0,16
Σ			1,00	1,00

- Die **Standardisierung** der allgemeinen Sterbeziffer mit Hilfe des Strukturindex liefert dann eine von Struktureffekten **bereingte**, also „reine" Sterbeziffer von

$$\frac{\bar{s}_{92}}{I_{85,92}^{Dro,Str,92}} = \frac{1201}{1{,}08} = 111 \quad \text{Gestorbene je 100000 Einwohner.}$$

- Die praktische Bedeutung dieser Überlegungen wird sofort augenscheinlich, wenn man etwa internationale Vergleiche bezüglich der Sterblichkeit von Bevölkerungen anstellt. Würde man die Altersstruktureffekte in der deutschen Bevölkerung nicht berücksichtigen, würde die Sterblichkeit zu hoch ausgewiesen werden.

6.3 Aufgaben

Aufgabe 6.3-1 (Klausuraufgabe)
Durch die Benzinpreiserhöhung in Deutschland sind die Preise innerhalb der Bedarfsgruppe „Verkehr und Nachrichten“ im Januar 1994 gegenüber Dezember 1993 durchschnittlich um 10 % gestiegen. Auf diese Bedarfsgruppe entfielen im Dezember 1993 15 % der monatlichen Verbrauchsausgaben der privaten Haushalte. Im Januar 1994 bewegten sich die Verbrauchsausgaben der privaten Haushalte auf dem gleichen Niveau wie im Dezember 1993.

1. Geben Sie den Verbrauchsausgaben-Index der privaten Haushalte für die genannten Vergleichzeiträume an.
2. In welchem Maße hat die Benzinpreiserhöhung auf den Preisindex der Lebenshaltung der privaten Haushalte „durchgeschlagen“, wenn der Einfachheit unterstellt wird, daß für die restlichen Bedarfsgruppen des verwendeten Warenkorbes keine nennenswerten Preisveränderungen beobachtet wurden? Welcher Ansatz liegt der Berechnung zugrunde?
3. Welche durchschnittliche Veränderung in den verbrauchten Mengen der Warenkorbgüter ist im Januar 1994 gegenüber Dezember 1993 zu verzeichnen? Welcher Ansatz liegt der Berechnung zugrunde? Warum?

Aufgabe 6.3-2 (Klausuraufgabe)
Ein Berliner Reiseunternehmen veranstaltet ausschließlich Busreisen nach Rom und Paris. Das Unternehmen wirbt damit, daß der Preis für eine Paris-Reise im II. Quartal 1995 nur noch 90 % des Preises vom I. Quartal 1995 ausmacht und trotz einer allgemeinen Teuerung für die besagten Busreisen im Durchschnitt keine Preisveränderung zu verzeichnen ist. Diese Berechnung basiert auf der Berichts-Umsatzstruktur, wobei 55 % des erzielten Umsatzes auf die Rom-Reisen entfielen.

1. Wie muß sich der Preis für eine Rom-Reise unter den angeführten Bedingungen etwa entwickelt haben? Warum?
2. Wie hat sich unter den gegebenen Bedingungen die Anzahl der verkauften Busreisen durchschnittlich entwickelt, wenn man berücksichtigt, daß der Umsatz vom I. zum II. Quartal 1994 um 30% gestiegen ist?

Aufgabe 6.3-3
Einmal angenommen, daß sich die Kartoffelproduktion in einem mecklenburgischen Landkreis in den Jahren 1990 bis 1994 wie folgt gegenüber dem Vorjahr entwickelte:

Jahr	1990	1991	1992	1993	1994	1995
Änderungsrate (in %)	40	20	-10	-30	-5	0

Wie groß ist die jahresdurchschnittliche Änderungsrate im betrachteten Zeitraum?

Aufgabe 6.3-4

Die Kaufkraft der Deutschen Mark (reziproker Preisindex der Lebenhaltung aller privaten Haushalte) hat sich im früheren Bundesgebiet im Zeitraum von 1987 bis 1992 bei einem Ausgangswert von 100 für 1987 wie folgt entwickelt:

1987	1988	1989	1990	1991	1992
100	98	96	93	90	87

Ermitteln Sie für das frühere Bundesgebiet den jahresdurchschnittlichen prozentualen Kaufkraftschwund der Deutschen Mark.

Aufgabe 6.3-5

Für die privaten Haushalte des Bundeslandes Thüringen waren im IV. Quartal 1991 im Vergleich zum III. Quartal 1991 nur in zwei von acht Bedarfsgruppen der Lebenshaltung Preisveränderungen zu beobachten: die Energiepreise fielen durchschnittlich um 1/5, während die Nahrungs- und Genußmittelpreise durchschnittlich auf das 1,15-fache stiegen. Die privaten Haushalte verauslagten im III. Quartal 1991 35% ihrer Verbrauchsausgaben für die Bedarfsgruppe Nahrungs- und Genußmittel und 7% für die Bedarfsgruppe Energie. Die restlichen Verbrauchsausgaben verteilten sich auf die übrigen sechs Bedarfsgruppen.

1. Berechnen und interpretieren Sie die durchschnittliche Preisentwicklung in der Lebenshaltung der thüringischen Haushalte im IV. Quartal gegenüber dem III. Quartal 1991.
2. Im I. Quartal 1992 stiegen gegenüber dem IV. Quartal 1991 lediglich die Preise in der Bedarfsgruppe Mieten um 60%. Die gezahlten Mietsummen machten 20% der Verbrachsausgaben des I. Quartals 1992 aus.
   Welche durchschnittliche Preisentwicklung der Lebenshaltung ergab sich im I. Quartal 1992 gegenüber dem IV. Quartal 1991? Skizzieren Sie Ihren Lösungsweg und interpretieren Sie Ihr Ergebnis.
3. Die Gesamtverbrauchsausgaben der Haushalte stiegen im II. Quartal 1992 gegenüber dem I. Quartal 1992 um 2%. Im gleichen Zeitraum stiegen die Preise, gewichtet mit den Verbrauchsmengen des I. Quartals 1992, durchschnittlich um 6%.
   Welche durchschnittliche Entwicklung der Verbrauchsmengen ist in diesem Zeitraum zu verzeichnen? Welche Maßzahl liegt der Berechnung zugrunde?

Aufgabe 6.3-6 (Klausuraufgabe)

Eine erste Auswertung des Winterschlußverkaufes 1995 erbrachte im Vergleich zum gewöhnlichen Tagesgeschäft für die Abteilung Herrenkonfektion eines Berliner Warenhauses die folgenden Ergebnisse:

- Umsatzsteigerung um 8%
- während die umgesetzten Mengen der preisgesenkten Waren durchschnittlich um 40% gestiegen sind, sind die umgesetzten Mengen der übrigen Waren im Durchschnitt auf 90% gesunken
- 70% des im Winterschlußverkauf erzielten Umsatzes entfielen auf die preisgesenkten Waren.

1. Wie haben sich insgesamt die umgesetzten Mengen entwickelt? Welche Maßzahl verwenden Sie? Warum?
2. Wie müssen sich unter den gegebenen Bedingungen in der Abteilung Herrenkonfektion die Preise im Durchschnitt entwickelt haben? Welche Maßzahl verwenden sie? Warum?

Aufgabe 6.3-7

In einer Walzabteilung bedienen die Arbeiter A, B, C und D Maschinen unterschiedlicher Baujahre. Zum Walzen eines Stückes Blech benötigen sie die folgenden Durchschnittszeiten: A: 20 sec/Stück; B: 30 sec/Stück; C: 60 sec/Stück; D: 60 sec/Stck.

1. Die Arbeiter arbeiten gleichlange. Wieviel Zeit benötigen sie im Durchschnitt zum Walzen eines Stücks Blech? Wieviel Stück Blech werden im Durchschnitt je Stunde gewalzt?
2. Den Arbeitern sind die folgenden Kontingente vorgegeben: A: 1000 Stück; B: 500 Stück; C: 300 Stück; D: 200 Stück. Welche Durchschnittszeit pro Stück wird in der Abteilung benötigt? Wieviel Stück pro Stunde werden im Durchschnitt gewalzt?

Aufgabe 6.3-8

An zwei Verladestellen für Brikett wurden im März 1995 auf dem Berliner Ostbahnhof die folgenden Angaben ermittelt:

Verladestelle	Kosten insgesamt (in 1000 DM)	Kosten je Stunde (in DM/h)	Kosten je verladene Tonne (in DM/t)
1	16	40	1,00
2	27	45	0,75

1. Berechnen Sie für die beiden Verladestellen insgesamt die im März 1994 angefallenen durchschnittlichen Kosten je verladene Tonne Brikett.

2. Wieviel Tonnen Brikett wurden im März 1994 durchschnittlich je Stunde bei beiden Verladestellen umgeschlagen?

Aufgabe 6.3-9 (Klausuraufgabe)

Gegenüber 1989 nahm 1991 in den alten Bundesländern der BRD die Bevölkerung um 3,3% zu. Im Gegensatz dazu ging sie in den neuen Bundesländern im gleichen Zeitraum um den gleichen Prozentsatz zurück. Im Jahresdurchschnitt lebten 1991 in den alten Bundesländern vier Mal soviele Menschen wie in den neuen Bundesländern.

1. Geben Sie für den genannten Zeitraum die prozentuale Wachstumsrate der Bevölkerung Deutschlands an.
2. Für die BRD wird 1991 eine Alterslastquote (Anteil der 65-jährigen und älteren Einwohner am Bevölkerungsstand) von 15% und eine Greis-Kind-Relation (Verhältnis aus Anzahl der 15-jährigen und jüngeren Einwohner und der Anzahl der 65-jährigen und älteren Einwohner) von 1:1 ausgewiesen. Die vergleichbaren Daten für das Jahr 1980 ergeben eine Alterslastquote von 14% und eine Greis-Kind-Relation von 7:9. Für die folgenden Altersklassen der Bevölkerung wurden 1991 folgende altersspezifische Sterbeziffern (Angaben in Gestorbene je 10000 Einwohner in der entsprechenden Altersklasse) ermittelt: bis unter 15 Jahre: 8, von 15 bis unter 65 Jahre: 60, über 65 Jahre: 480.
   Bestimmen Sie für 1991 die allgemeine (durchschnittliche) Sterbeziffer und unter Verwendung der Altersstruktur der Bevölkerung Deutschlands von 1980 die standardisierte Sterbeziffer.
3. Welchen Einfluß hat im betrachteten Zeitraum die Veränderung in der Alterstruktur der BRD-Bevölkerung auf die Veränderung der allgemeinen Sterbeziffer?
4. Charakterisieren Sie alle hier verwendeten Arten von Verhältniszahlen und skizzieren Sie ihre Bildungsvorschriften.

7 Bestandsanalyse

Der Gegenstand der Bestandsanalyse ist die statistische Beschreibung von Beständen und ihrer durch Zu- und Abgänge verursachten Dynamik mit Hilfe spezieller graphischer Verfahren und Kennzahlen. Sie ist u.a. in der Bevölkerungsstatistik und in der **Betriebswirtschaft** von praktischer Bedeutung. Die Bestandsanalyse erfordert aus statistisch-methodischer Sicht die Unterscheidung von **Bestands-, Bewegungs-** und **korrespondierenden Massen.**

7.1 Bestands-, Bewegungs-, korrespondierende Massen

Definition 7.1-1

Eine statistische Masse, die stets nur zu einem bestimmten Zeitpunkt erfaßt wird und deren Elemente jeweils gemeinsam über einen (nicht näher bestimmten) Zeitraum hinweg in einem Bestand verweilen, heißt **Bestandsmasse**.

Anmerkungen zur Def. 7.1-1

1. In der deskriptiven Statistik wird der Begriff der statistischen **Masse** i.allg. synonym zum Begriff der statistischen **Gesamtheit** gebraucht.
2. Die Elemente einer Bestandsmasse werden auch als **Bestandseinheiten** bezeichnet. Bestandseinheiten besitzen eine Erstreckung in der Zeit, sind also i.allg. **beständig.**
3. Jede Bestandseinheit i mit i = 1,2,...,n ist durch den Zeitpunkt t_i^Z ihres **Zugangs** in und den Zeitpunkt t_i^A ihres **Abgangs** aus der Bestandsmasse gekennzeichnet. Der Zeitraum

$$d_i = t_i^A - t_i^Z$$

zwischen dem Abgangs- und Zugangszeitpunkt heißt **Verweildauer** der Bestandseinheit i.
4. Der Umfang einer Bestandsmasse zu einem bestimmten Zeitpunkt t_j, j = 1,2,...,m, heißt **Bestand** (engl.: stock)

$$B(t_j) = B_{t_j} = B_j.$$

5. Obgleich die Zeit t ein Kontinuum ist, sind in der Bestandsanalyse aus erfassungstechnischen Gründen nicht zeitstetige, sondern i.allg. nur zeitdiskrete, also **Zeitpunktbetrachtungen** relevant.
6. Wird ein Bestand B_j für j = 1,2,...,m Zeitpunkte t_j ermittelt bzw. beobachtet, dann heißt B_1 **Anfangsbestand** und B_m **Endbestand.**
7. Der **Beobachtungszeitraum** $[t_1;t_m]$, der die Analyse der Dynamik eines Bestandes ermöglicht, wird durch m Zeitpunkte t_j repräsentiert, die als Grenzen für die m-1 Zeitintervalle $[t_j;t_{j+1}]$, j = 1,2,...,m-1, fungieren. In der praktischen Arbeit sollten die Zeitpunkte t_j nach Möglichkeit den **gleichen** (Zeit)Abstand voneinander haben.
8. Gleichlange Zeitintervalle bzw. Zeitpunkte mit gleichen Abständen zueinander heißen **äquidistant** (lat.: aequus → gleich & distantia → Abstand).
9. Die Bestandsermittlung erfolgt in praxi i.allg. an bestimmten **Stichtagen**

a) durch periodisches **Zählen** und **Messen** im Rahmen von Inventuren
b) durch **Fortschreibung**.

10. Für die Berechnung von Kennzahlen der Bestandsentwicklung ist die Unterscheidung von **offenen** und **abgeschlossenen** Bestandsmassen von Bedeutung.

Definition 7.1-2

Eine Bestandsmasse heißt **abgeschlossen,** wenn vor einem Zeitpunkt $t < t_l$ kein Zugang in und nach einem Zeitpunkt $t > t_m$ kein Abgang aus der Masse zu verzeichnen ist und die Masse jeweils vor den Zeitpunkten t_l und t_m eine Leermenge darstellt, so daß jeweils $B_t = 0$ gilt. Eine Bestandsmasse, die nicht abgeschlossen ist, heißt **offen**.

Beispiel 7.1-1

Im Jahresdurchschnitt 1992 gab es in Deutschland 60 Betriebe im Verbrauchsgüter produzierenden Gewerbe der Ledererzeugung.
(Quelle: Statistisches Jahrbuch 1993, S. 214)
Die Ledererzeugungsunternehmen bilden eine **offene** Bestandsmasse, da es bereits vor und auch nach dem Wirtschaftsjahr 1992 in Deutschland solche Unternehmen gab.

Beispiel 7.1-2

Die zu Beginn des Sommerschlußverkaufs am 25.7.1994 im Berliner Kaufhof am Alex erfaßten Kunden bildeten eine **abgeschlossene** Bestandsmasse, da davon ausgegangen werden darf, daß vor Eröffnung und nach Ladenschluß kein Kunde mehr im Kaufhaus war.

Definition 7.1-3

Eine statistische Masse, die nur in einem bestimmten Zeitraum erfaßt werden kann und deren Elemente Ereignisse sind, heißt **Bewegungsmasse**.

Anmerkungen zur Def. 7.1-3

1. Synonyme: **Ereignismasse**, Streckenmasse, Ströme (engl.: flow)
2. Die Elemente einer Bewegungsmasse werden auch als **Ereigniseinheiten** bezeichnet. Ereigniseinheiten besitzen keine Erstreckung in der Zeit. Sie stellen **punktuelle** Ereignisse dar.
3. Bewegungsmassen werden i.allg. erfaßt
   a) durch individuelle Erhebung der Ereignisse im Zeitintervall $[t_j;t_{j+1}]$
   b) durch laufende Registrierung aller der im Zeitintervall $[t_j;t_{j+1}]$ kumulierten Zugänge $Z(t_j;t_{j+1}) = Z_{j;j+1}$ und Abgänge $A(t_j;t_{j+1}) = A_{j;j+1}$
   c) durch Feststellung von Bestandsveränderungen in Gestalt von Salden- bzw. **Nettoströmen** $Z(t_j;t_{j+1}) - A(t_j;t_{j+1}) = Z_{j;j+1} - A_{j;j+1}$.
4. Die kumulierten Zugangs- bzw. Abgangsmassen

$$Z_{1,j} = \sum_{i=1}^{j} Z_{i,i+1} \text{ bzw. } A_{1,j} = \sum_{i=1}^{j} A_{i,i+1}$$

heißen für alle j = 1,2,...,m-1 **Zugangs-** bzw. **Abgangssumme**. Sie werden auch als **Bruttoströme** bezeichnet.

Beispiel 7.1-3

1992 gab es im früheren Bundesgebiet 5898 Insolvenzen von GmbH, die als statistische Masse eine **Bewegungsmasse** bilden.

(Quelle: Statistisches Jahrbuch 1993, S. 150)

Auch wenn sich Konkursverfahren über einen längeren Zeitraum erstrecken, bleiben solche per definitionem mit dem Zeitpunkt ihrer Rechtsgültigkeit **punktuelle** Ereignisse, die in ihrer Gesamtheit nur im Verlaufe etwa des Wirtschaftsjahres 1992 statistisch erfaßbar sind.

Definition 7.1-4

Bestands- und Bewegungsmassen, die in dem Sinne zusammengehören, daß die Bewegungsmassen Zu- und Abgänge einer Bestandsmasse beschreiben, heißen **korrespondierende Massen.**

Anmerkung zur Def. 7.1-4

Die fortlaufende Ermittlung des Umfangs einer Bestandsmasse durch korrespondiernde Zu- und Abgangsmassen führt zum Begriff der **Bestandsfortschreibung**.

Definition 7.1-5

Es seien $Z(t_j;t_{j+1})$ die Zugangsmasse zu und $A(t_j;t_{j+1})$ die Abgangsmasse vom Bestand $B(t_j)$, dann heißt für alle j = 1,2,...,m-1 die Zustandsgleichung

$$B(t_{j+1}) = B(t_j) + Z(t_j, t_{j+1}) - A(t_j, t_{j+1}) = B_j + Z_{j,j+1} - A_{j,j+1} = B_{j+1}$$

Fortschreibung des Bestandes im Zeitintervall $[t_j;t_{j+1}]$.

Anmerkungen zur Def. 7.1-5

1. Die **Zugangsmasse** $Z_{j;j+1}$, die ihrem Wesen nach eine Bewegungsmasse ist, umfaßt die Anzahl der Elemente, die im Zeitintervall $[t_j;t_{j+1}]$ zum Bestand B_j hinzukommen.
2. Die **Abgangsmasse** $A_{j;j+1}$, die ihrem Wesen nach eine Bewegungsmasse ist, umfaßt die Anzahl der Elemente, die im Zeitintervall $[t_j;t_{j+1}]$ vom Bestand B_j abgehen.
3. Die Bestandsfortschreibung ist natürlich nicht nur an Zugangs- bzw. Abgangsmassen gebunden. Sie ist auch für den Zugang bzw. Abgang eines einzelnen Elements denkbar, was allerdings in praxi wegen des hohen Erfassungsaufwandes i.allg. selten realisiert wird.

Beispiel 7.1-4
Für das Bundesland Berlin ergibt sich für das Jahr 1991 das folgende **Fortschreibungsmodell** für den Bevölkerungsstand (Angaben in 1000 Personen). (Quelle: Statistisches Jahrbuch 1993, S. 64, 74)

	Bevölkerungsbestand am Jahresende 1990:	B_1	= 3433,7
+	Lebendgeborene:	$Z_{1;2}$	= 30,6
	Gestorbene:	$A_{1;2}$	= 43,7
+	Saldo aus Zu- und Fortzügen:	$Z_{1;2}$ - $A_{1;2}$	= 25,4
=	Bevölkerungsbestand am Jahresende:	B_2	= 3446,0

- Der Zeitpunkt t_1 kennzeichnet den durch die amtliche Statistik angegebenen **Stichtag** der Bestandserfassung, nämlich das Jahresende 1990, also den 31.12.1990, der in praxi oft mit dem Jahresanfang des Folgejahres, also den 1.1.1991, gleichgestellt wird. Demzufolge symbolisiert t_2 das Jahresende 1991, also den 31.12.1991.
- Der Saldo von -13,1(1000 Personen) aus den 1991 in Berlin Lebendgeborenen und Gestorbenen kennzeichnet das Ausmaß der **natürlichen** Bevölkerungsbewegung. Dabei bilden die Lebendgeborenen die **Zugangsmasse** $Z_{1;2}$ zum und die Gestorbenen die **Abgangsmasse** $A_{1;2}$ vom Bevölkerungsbestand B_1. Bei alleiniger Betrachtung der natürlichen Bevölkerungsbewegung ergäbe sich zum Jahresende 1991 ein (fiktiver) Bevölkerungsbestand B_2 von 3420,6(1000 Personen).
- Der Saldo von 25,4(1000 Personen) kennzeichnet das Ausmaß der **räumlichen** Bevölkerungsbewegung in Berlin im Jahr 1991. Dabei bilden die (saldierten) Bewegungsmassen der Zugezogenen und Fortgezogenen die mit dem Bevölkerungsbestand **korrespondierenden Massen**, der zum Jahresende 1991 im Resultat von natürlicher und räumlicher Bevölkerungsbewegung letztlich auf B_2 = 3446000 Personen fortgeschrieben wurde. Die praktische Bedeutung der **Bevölkerungsfortschreibung** liegt in der vergleichsweise kostengünstigen Aktualisierung der Bevölkerungsstandszahlen ohne die kostenaufwendigen Aktivitäten im Rahmen einer Bevölkerungszählung.

7.2 Bestands- und Verweildiagramm

Definition 7.2-1

Die Zuordnung der Bestände B_j zu den einzelnen Zeitpunkten t_j heißt für alle $j = 1,2,...,m$ **Bestandsfunktion** und wird i.allg. mit B(t) bezeichnet. Die graphische Darstellung der Bestandsfunktion heißt **Bestandsdiagramm**.

Anmerkungen zur Def. 7.2-1

1. In der Regel werden im Bestandsdiagramm auf der Abszisse die Zeitpunkte t_j und auf der Ordinate die Bestände B_j abgetragen.
2. Wird jede Bestandsveränderung (Zu- bzw. Abgang) zum genauen Zeitpunkt des Eintretens berücksichtigt, dann ist der Bestand zwischen zwei aufeinanderfolgenden Zeitpunkten konstant und das Bestandsdiagramm besitzt den in der Abbildung 7.2-1 skizzierten charakterischen Verlauf.

Abbildung 7.2-1

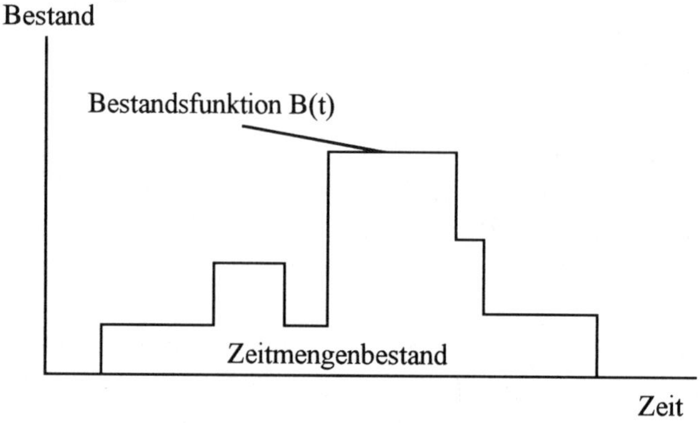

3. Werden Zugänge und Abgänge für Zeitintervalle erfaßt und die genauen Zeitpunkte der Bestandsveränderungen nicht berücksichtigt, geht man in praxi der Einfachheit halber davon aus, daß sich der Bestand im jeweiligen Zeitintervall gleichmäßig verändert. Das Bestandsdiagramm ist dann durch einen **stückweisen** linearen Verlauf gekennzeichnet, so wie er in der Abbildung 7.2-2 skizziert ist.
4. Die Fläche unterhalb der Bestandsfunktion B(t) und oberhalb der Zeitachse heißt **Zeitmengenbestand** oder Zeitmengenfläche D.
5. Bei einer **abgeschlossenen** Bestandsmasse ist der **Zeitmengenbestand** D die Produktsumme aus der Anzahl der Bestandseinheiten und der Zeitdauer, mit der diese im Bestand verweilen, so daß
$$D = \sum_{j=1}^{m-1} B_j \cdot (t_{j+1} - t_j)$$
gilt.
6. Der Zeitmengenbestand besitzt in Abhängigkeit vom Zeit- und Bestandsmaß eine i.allg. plausibel interpretierbare **Maßeinheit** (z.B. Personenstunden).
7. Bei **offenen** Bestandsmassen ist die Bestimmung des Zeitmengenbestands D nur näherungsweise möglich.
8. Sind für alle Bestandseinheiten die Zeitpunkte ihres Zugangs zur und ihres Abgangs von der Bestandsmasse bekannt, dann bildet das **Verweildiagramm** eine sinnvolle Ergänzung zum Bestandsdiagramm.

Abbildung 7.2-2

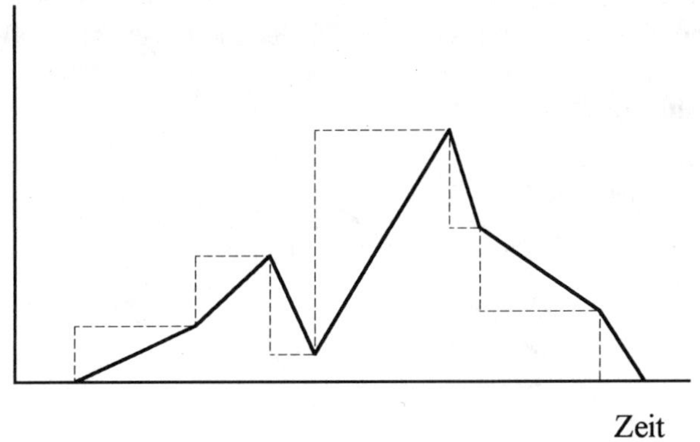

Definition 7.2-2

Die graphische Darstellung der individuellen Verweildauern d_i für alle $i = 1,2,...,n$ Bestandseinheiten einer Bestandmasse heißt **Verweildiagramm**.

Anmerkungen zur Def. 7.2-1

1. Synonym: Beckersches Diagramm
2. Die Verweildauer d_i jeder Bestandseinheit i wird durch eine Strecke, auch **Verweillinie** genannt, parallel zur Zeitachse so dargestellt, daß Anfang und Ende der Verweillinie den Zeitpunkten t_i^Z und t_i^A ihres Zu- und Abgangs entsprechen.
3. Da die Zugangszeiten synchron zur Zeitachse verlaufen, verwendet man im Becker'schen Diagramm eine sog. **Zugangsachse**, die im Winkel von 45° zur Zeitachse verläuft und eine übersichtliche graphische Darstellung durch ein „Auseinanderziehen" der individuellen Verläufe garantiert.
4. Das Verweildiagramm ist informativer als das Bestandsdiagramm, da man mit seiner Hilfe eindeutig von den individuellen Verweildauern auf die Bestandsentwicklung schließen kann. Demgegenüber kann man beim Bestandsdiagramm **nicht** von der Bestandsentwicklung auf die einzelnen Verweildauern schließen.
5. Die Abbildung 7.2-3 skizziert das Zusammenwirken von **Verweil-** und **Bestandsdiagramm**. Die Zeitpunkte der Zu- und Abgänge sind durch die senkrechten Punktlinien gekennzeichnet. Zwischen zwei aufeinanderfolgenden Zeitpunkten gibt es keine Bestandsveränderungen. Die Bestandsfunktion zeigt einen konstanten, sich parallel zur Zeitachse erstreckenden Verlauf. Die Anzahl der Verweillinien zwischen zwei benachbarten senkrechten Punktlinien im Verweildiagramm stimmt mit der angezeigten Bestandshöhe im Bestandsdiagramm überein.
6. Für eine **abgeschlossene** Bestandsmasse gilt die folgende interessante Beziehung, die auch aus der Abbildung 7.2-3 abgeleitet werden kann: Der **Zeitmengenbestand** ist dem Wert nach gleich der Summe aller individuellen Verweildauern, wobei gilt:

$$D = \sum_{j=1}^{m-1} B_j \cdot (t_{j+1} - t_j) = \sum_{i=1}^{n} d_i = \sum_{i=1}^{n} (t_i^A - t_i^Z)$$

7. Da der Zeitmengenbestand sowohl eine Anzahl- als auch eine Zeitdimension besitzt, ist die Berechnung des Zeitmengenbestands pro Zeiteinheit bzw. des Zeitmengenbestands je Bestandseinheit denkbar und sinnvoll. Dies führt unmittelbar zu den Kennzahlen **Durchschnittsbestand, durchschnittlichen Verweildauer** und **Umschlagshäufigkeit**.

Abbildung 7.2-3

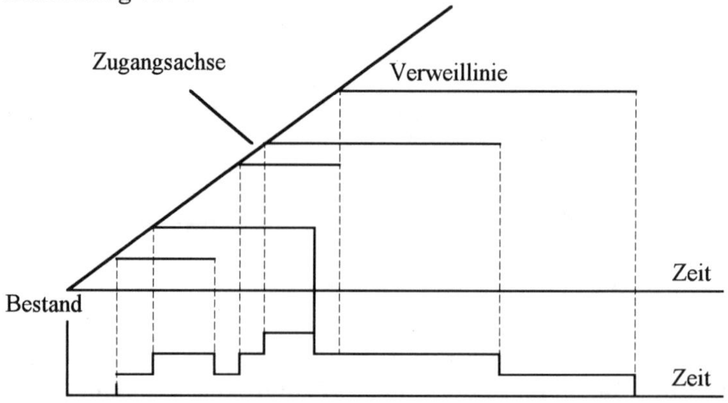

Beispiel 7.2-1

Es ist Freitag, der 11.11.1994. An diesem Tag hat Dr. Heiterkeit nur von 8.00 bis 11.00 Uhr Sprechstunde, weil ab 11.11 Uhr ohnehin kein Patient mehr zu heilen ist ... In der besagten Sprechzeit treffen insgesamt 7 Patienten (... mit roten Nasen ...) ein. Die Tabelle 7.2-1 enthält die Zeitpunkte, an denen die Patienten die Praxis betreten bzw. verlassen.

Tabelle 7.2-1

Patient	i	Zugangszeit t_i^Z	Abgangszeit t_i^A	Verweildauer d_i (in min)
Alkohol	1	8.00	9.00	60
Bohnekamp	2	8.10	9.20	70
Champagner	3	8.30	8.40	10
Dry-Gin	4	8.40	9.50	70
Eierlikör	5	8.50	9.10	20
Freibier	6	9.00	10.30	90
Guinness	7	9.30	10.00	30

Die **Patientenbestandsanalyse** in Dr. Heiterkeits Praxis ergibt für den 11.11.1994 das folgende Bild:

- Die genannten Patienten bilden eine **abgeschlossene** Bestandsmasse, da vor Beginn und nach Beendigung der Sprechzeit keine Patienten in der Praxis verweilen.

- Unter Verwendung der Zu- und Abgangszeiten aus der Tabelle 7.2-1 ergibt sich die in der Tabelle 7.2-2 dargestellte Patienten-**Bestandsfunktion** (in tabellarischer Form).

Tabelle 7.2-2

j	t_j	$Z_{j,j+1}$	$A_{j,j+1}$	B_j	j	t_j	$Z_{j,j+1}$	$A_{j,j+1}$	B_j
1	8.00	1		1	8	9.20		1	2
2	8.10	1		2	9	9.30	1		3
3	8.30	1		3	10	9.50		1	2
4	8.40	1	1	3	11	10.00		1	1
5	8.50	1		4	12	10.30		1	0
6	9.00	1	1	4	13	11.00			0
7	9.10		1	3	Σ		7	7	

- Der **Beobachtungszeitraum** $[t_1;t_{13}]$ des Patientenbestandes ist identisch mit der Sprechzeit von t_1 = 8.00 Uhr bis t_{13} = 11.00 Uhr. Seine Länge beträgt t_{13} - t_1 = 11 - 8 = 3 h bzw. 180 min.
- Da es sich bei den Patienten um eine **abgeschlossene** Bestandsmasse handelt, beträgt die **Zugangs-** bzw. **Abgangssumme** jeweils 7 Patienten.
- Das **Patienten-Bestands-** und **Verweildiagramm** ergibt für die Sprechzeit am 11.11.1994 das in der Abbildung 7.2-4 skizzierte Bild.

Abbildung 7.2-4

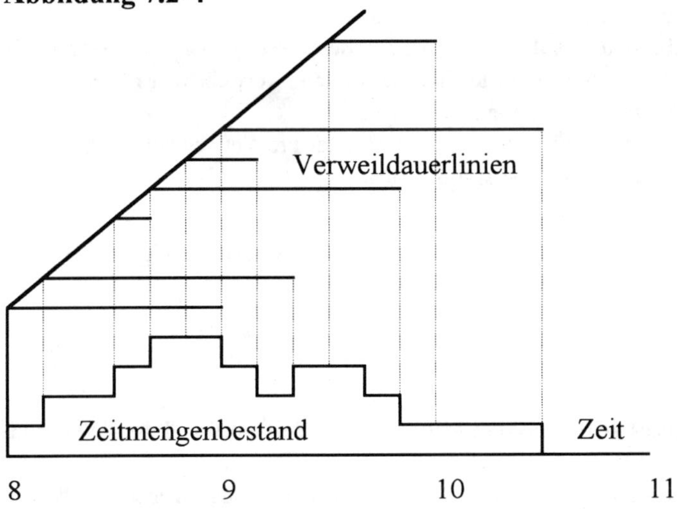

- Der **Zeitmengenbestand** unter Verwendung der Patienten-Bestände in den einzelnen Zeitspannen beläuft sich auf

$$D = 1 \cdot 10 + 2 \cdot 20 + 3 \cdot 10 + 3 \cdot 10 + \ldots + 1 \cdot 30 + 0 \cdot 30 = 350$$

Personenminuten bzw. 350/60 = 5,83 Personenstunden.

- Da es sich bei Dr. Heiterkeits Patienten um eine abgeschlossene Bestandsmasse handelt, ist der **Zeitmengenbestand** dem Wert nach identisch mit der Summe aller individuellen **Verweildauern**, wobei

$$D \equiv \sum_{i=1}^{7} d_i = 60 + 70 + \ldots + 90 + 30 = 350 \text{ (Personen)Minuten}$$

ist.

7.3 Kennzahlen der Bestandsentwicklung

Definition 7.3-1

Gegeben sei der Zeitmengenbestand D einer Bestandsmasse für einen bestimmten Beobachtungszeitraum $[t_1;t_m]$ von der Länge $t_m - t_1$. Dann heißt der Quotient

$$\overline{B} = \frac{D}{t_m - t_1}$$

aus dem Zeitmengenbestand und der Länge des Beobachtungszeitraums **Durchschnittsbestand** $\overline{B}$.

Anmerkungen zur Def. 7.3-1

1. Der **Durchschnittsbestand** gibt an, wieviel Bestandseinheiten im Beobachtungszeitraum im Durchschnitt je betrachtete Zeiteinheit im Bestand verweilten. Er kennzeichnet den durchschnittlichen **Zeitmengenbestand je Zeiteinheit**.
2. Sind für alle j = 1,2,...,m-1 die Bestände B_j und ihre Verweildauern $(t_{j+1} - t_j)$ gegeben, dann kann man den **Durchschnittsbestand** wegen

$$\overline{B} = \frac{\sum_{j=1}^{m-1} B_j \cdot (t_{j+1} - t_j)}{\sum_{j=1}^{m-1} (t_{j+1} - t_j)} = \frac{\sum_{j=1}^{m-1} B_j \cdot (t_{j+1} - t_j)}{t_m - t_1}$$

als ein gewogenes **arithmetisches Mittel** aus den Beständen und ihren Verweildauern darstellen.
3. Sind für alle i = 1,2,...,n die Verweildauern d_i der Bestandseinheiten gegeben, dann errechnet man den **Durchschnittsbestand** wie folgt:

$$\overline{B} = \frac{\sum_{i=1}^{n} d_i}{t_m - t_1} = \frac{\sum_{i=1}^{n} (t_i^A - t_i^Z)}{t_m - t_1}.$$

4. Liegen keine Angaben über die Verweildauern vor, so kann die Berechnung des Durchschnittsbestands **näherungsweise** dadurch erfolgen, daß man innerhalb des Beobachtungszeitraums $[t_1;t_m]$ für alle j = 1,2,...,m die Bestände B_j zu (möglichst) **äquidistanten** Zeitpunkten t_j ermittelt und für die (m - 1) Zeitintervalle $[t_j;t_{j+1}]$ jeweils einen mittleren Bestand

$$\overline{B}_j = \frac{B_j + B_{j+1}}{2}$$

berechnet. Das arithmetische Mittel

$$\overline{B} \approx \frac{\sum_{j=1}^{m-1} \overline{B}_j}{m-1} = \frac{\frac{B_1 + B_m}{2} + \sum_{j=2}^{m-1} B_j}{m-1}$$

aus den (m - 1) mittleren Beständen ist dann eine (hinreichend gute) Näherung für den Durchschnittsbestand. Diese Form der Berechnung eines Durchschnittsbestandes wird in der statistischen Methodenlehre als **chronologisches Mittel** (grch: chronos → Zeit & logos → Lehr, Kunde) bezeichnet.
5. Die Unterscheidung zwischen abgeschlossener und offener Bestandsmasse ist für die Berechnung des Durchschnittsbestands **ohne** Belang. Dies gilt **nicht** für die Berechnung der **durchschnittlichen** Verweildauer.

Beispiel 7.3-1
In Fortführung der Patienten-Bestandsanalyse aus dem Beispiel 7.2-1 errechnet man auf der Basis des Zeitmengenbestandes D einen **durchschnittlichen Patientenbestand** von

$$\overline{B} = \frac{350 \text{ Personenminuten}}{180 \text{ Minuten}} = 1{,}94 \text{ Personen},$$

der wie folgt interpretiert werden kann: Am 11.11.1994 waren in der Sprechzeit von 8.00 bis 11.00 im Durchschnitt 1,94 Patienten in der Praxis zugegen. Da die Patientenanzahl absolutskaliert ist, kennzeichnet der Durchschnittsbestand eine **fiktive**, real nicht existierende Anzahl.

Beispiel 7.3-2
Einmal angenommen, die Sprechstundenhilfe hätte nicht die individuellen Verweildauern der Patienten registriert, würde aber aus Gewohnheit alle 20 Minuten den Patientenbestand erfassen. Dann wäre die in der Tabelle 7.3-1 gegebene (tabellarische) Bestandsfunktion verfügbar. Da der Patientenbestand zu m = 10

äquidistanten Zeitpunkten erfaßt wurde, die **chronologisch** aufeinanderfolgen und für die Sprechzeit ein **durchschnittlicher** Patientenbestand ermittelt werden soll, berechnet man (als hinreichend gute Näherung für den Durchschnittsbestand) das **chronologische Mittel**

$$\overline{B} \approx \frac{\frac{1+0}{2} + 2 + 3 + \ldots + 1 + 0}{10 - 1} = 1{,}83 \text{ Personen}$$

aus den einzelnen Zeitpunktangaben, aus denen man 9 mittlere Zwanzig-Minuten-Bestände ermitteln kann, deren arithmetisches Mittel eben diesen Näherungswert liefert.

Tabelle 7.3-1

j	t_j	B_j	j	t_j	B_j
1	8.00	1	6	9.40	3
2	8.20	2	7	10.00	1
3	8.40	3	8	10.20	1
4	9.00	4	9	10.40	0
5	9.20	2	10	11.00	0

Definition 7.3-2

Gegeben sei der Zeitmengenbestand D einer abgeschlossenen Bestandsmasse für einen bestimmten Beobachtungszeitraum $[t_1;t_m]$ von der Länge $(t_m - t_1)$. Dann heißt der Quotient

$$\overline{d} = \frac{D}{n} = \frac{\sum_{i=1}^{n} d_i}{n} = \frac{\overline{B} \cdot (t_m - t_1)}{n}$$

aus dem Zeitmengenbestand und der Anzahl n der Bestandseinheiten, die im Beobachtungszeitraum in der Bestandsmasse verweilen, **durchschnittliche Verweildauer** $\overline{d}$.

Anmerkungen zur Def. 7.3-2

1. Die durchschnittliche Verweildauer ist das einfache **arithmetische Mittel** aus den individuellen Verweildauern d_i.
2. Die durchschnittliche Verweildauer ist eine mit der jeweiligen Zeiteinheit bezeichnet Zahl, die den (durchschnittlichen) **Zeitmengenbestand je Bestandseinheit** kennzeichnet.
3. Die **durchschnittliche Verweildauer** gibt an, wie lange im Beobachtungszeitraum im Durchschnitt eine Bestandseinheit in der Bestandsmasse verweilt.
4. In praxi ist die Berechnung der durchschnittlichen Verweildauer vor allem für Bestände aus Produkten mit **begrenzter Haltbarkeit** von Interesse.

5. Für eine **offene** Bestandsmasse kann die durchschnittliche Verweildauer näherungsweise wie folgt ermittelt werden:

$$\overline{d} \approx \frac{\overline{B} \cdot (t_m - t_1)}{Z_{1,m} + A_{1,m}}.$$

$Z_{1;m}$ ist dabei die Zugangs- und $A_{1;m}$ die Abgangssumme der Bestandseinheiten zur bzw. von der offenen Bestandsmasse. Sie bilden die Grundlage für die Berechnung der **Zugangs-** bzw. **Abgangsrate**.

Beispiel 7.3-3

Ausgehend vom Beispiel 7.2-1 ermittelt man für den 11.11.1994 eine **durchschnittliche Patienten-Verweildauer** in Dr. Heiterkeits Praxis von

$$\overline{d} = \frac{60 + 70 + ... + 30}{7} = \frac{350 \text{ Personenminuten}}{7 \text{ Personen}} = 50 \text{ Minuten},$$

die wie folgt interpretiert werden kann: Am 11.11.1194 verweilte während der Sprechzeit ein Patient im Durchschnitt 50 Minuten in der Arztpraxis.

Definition 7.3-3

Das arithmetische Mittel

$$\overline{Z} = \frac{\sum_{j=1}^{m-1} Z_{j,j+1}}{t_m - t_1} \text{ bzw. } \overline{A} = \frac{\sum_{j=1}^{m-1} A_{j,j+1}}{t_m - t_1}$$

der Zugänge $Z_{j;j+1}$ zu bzw. der Abgänge $A_{j;j+1}$ von einer Bestandsmasse im Beobachtungszeitraum $[t_1;t_m]$ heißt für alle $j = 1,2,...,m-1$ **Zugangs-** bzw. **Abgangsrate.**

Anmerkungen zur Def. 7.3-3

1. Die **Zugangsrate** gibt an, wieviel Bestandseinheiten pro (festgelegte) Zeiteinheit im Beobachtungszeitraum im Durchschnitt zur Bestandsmasse hinzukommen (bzw. hinzukamen).
2. Die **Abgangsrate** gibt an, wieviel Bestandseinheiten pro (festgelegte) Zeiteinheit im Beobachtungszeitraum im Durchschnitt aus der Bestandsmasse ausscheiden (bzw. ausgeschieden sind).
3. Kennt man die Zu- und Abgangsraten für eine Bestandsmasse, so kann man sich bereits aus ihren Größenrelationen ein Bild über die Bestandsentwicklung im Beobachtungszeitraum verschaffen:

$$\text{Ist } \begin{Bmatrix} \overline{Z} > \overline{A} \\ \overline{Z} = \overline{A} \\ \overline{Z} < \overline{A} \end{Bmatrix}, \text{ dann bedeutet dies } \begin{Bmatrix} \text{Bestandserhöhung} \\ \text{Bestandserhaltung} \\ \text{Bestandssenkung} \end{Bmatrix}.$$

Beispiel 7.3-4

Ausgehend vom Beispiel 7.2-1 ergeben sich bei einer Sprechzeit von 3 h wegen gleicher Patienten-Zugangs- und Abgangssummen gleichgroße **Patienten-Zugangs-** und **Abgangsraten** von

$$\overline{Z} = \overline{A} = \frac{7}{3} = 2,\overline{3} \text{ Patienten je Stunde,}$$

die wie folgt interpretiert werden können: Am 11.11.1994 betraten und verließen während einer Stunde Sprechzeit im Durchschnitt 2,3 Patienten die Arztpraxis. Zugangs- bzw. Abgangsraten sind wie alle Durchschnitte in der Bestandsanalyse i.allg. fiktive Angaben.

Definition 7.3-4

Gegeben sei die durchschnittliche Verweildauer $\overline{d}$ der Bestandseinheiten einer Bestandsmasse im Beobachtungszeitraum $[t_1;t_m]$ von der Länge $(t_m - t_1)$ Zeiteinheiten. Dann heißt der Quotient

$$U = \frac{t_m - t_1}{\overline{d}} = \frac{n}{\overline{\overline{B}}}$$

aus der Länge des Beobachtungszeitraums und der durchschnittlichen Verweildauer **Umschlagshäufigkeit** U der Bestandsmasse.

Anmerkungen zur Def. 7.3-4

1. Die Umschlagshäufigkeit läßt erkennen, ob die durchschnittliche Verweildauer größer ($U < 1$) oder kleiner ($U > 1$) als der Beobachtungszeitraum ist.
2. Ein $U > 1$ bedeutet, daß die Bestandseinheiten im Durchschnitt nicht die ganze Beobachtungszeit über im Bestand verweilen, also mindestens einmal **umgeschlagen** sein müssen. Aus diesem Grunde interpretiert man die Umschlagshäufigkeit auch als die durchschnittliche Anzahl von **Erneuerungen** einer Bestandsmasse im Zeitraum ihrer Beobachtung.
3. Der Zusammenhang von **Umschlagshäufigkeit** U und **Durchschnittsbestand** $\overline{\overline{B}}$ läßt sich aus **betriebswirtschaftlicher** Sicht z.B. wie folgt verdeutlichen: Bringt man ein Lager zu einem bestimmten Zeitpunkt auf einen bestimmten Bestand, der dem Durchschnittbestand entspricht, und unterstellt dabei, daß alle Bestandseinheiten gleich lang im Bestand verweilen, was der durchschnittlichen Verweildauer $\overline{d}$ entspricht, dann ist das Lager genau nach $\overline{d}$ Zeiteinheiten wieder leer, wäre also einmal umgeschlagen und müßte neu aufgefüllt werden.
4. Für eine **abgeschlossene** Bestandsmasse gilt wegen $\overline{d} \le t_m - t_1$ stets $U \ge 1$.

Beispiel 7.3-5
Aufbauend auf die Beispiele 7.2-1 bis 7.3-2 ermittelt man eine **Umschlagshäufigkeit** von

$$U = \frac{180 \text{ Minuten}}{50 \text{ Minuten}} = 3{,}6,$$

die schließlich und endlich wie folgt interpretiert werden kann: Am 11.11.1994 hat sich der Patientenbestand in Dr. Heiterkeits Praxis im Verlauf der angebotenen Sprechzeit von 3 Stunden insgesamt 3,6 mal erneuert.

7.4 Aufgaben

Aufgabe 7.4-1
Der Spirituosenhändler Trinkaus führt u.a. zwei Wodka-Sorten: **Blauer Würger** und **Hirnpreller**. Sein Bruttogewinn (Verkaufspreis abzüglich Einstandspreis und Herstellungskosten ohne Lagerkosten) beträgt bei „BW" 1,70 DM je (0,7-Liter)Flasche und bei „Hp" 1,20 DM je (0,7-Liter)Flasche. T. möchte in Zukunft nur noch eine Sorte Wodka am Lager halten und weiß nicht, welche Sorte er wählen soll. Die Lagerbewegungen der letzten 10 Wochen, die der Einfachheit halber stets am Wochenende stattgefunden haben sollen, ergeben das folgende Bild:

„Blauer Würger", Anfangsbestand 150 Flaschen:

Woche	1	2	3	4	5	6	7	8	9	10
Zugang	150	-	-	-	-	-	-	-	-	-
Abgang	100	10	20	10	30	20	10	10	20	10

„Hirnpreller", Anfangsbestand 20 Flaschen

Woche	1	2	3	4	5	6	7	8	9	10
Zugang	80	200	-	-	300	-	-	100	100	-
Abgang	100	60	70	80	120	50	60	20	110	60

1. Die Lagerung einer Flasche Wodka kostet pro Woche 3 Pfennige (Kosten an Kapitalbindung, Lagerverwaltung usw.). Wie hoch sind die durchschnittlichen Lagerkosten pro Woche?
2. Bestimmen Sie die mittlere Verweildauer und die Umschlagshäufigkeit.
3. Für die Entscheidung des Großhändlers ist außer dem durchschnittlichen Lagerbestand, der die Grundlage für die Lagerkostenkalkulation bildet, vor allem die Umschlagshäufigkeit maßgebend. Wie geht diese in die Entscheidungsfindung ein? Es kann davon ausgegangen werden, daß eine Flasche Wodka bei beiden Sorten zu gleichen Kosten (Einkaufspreis + Handlungskosten) führt.

Aufgabe 7.4-2

Auf einer Station eines Krankenhauses wurden im Juli 1994 bei einem Anfangsbestand von 40 Patienten folgende Zu- und Abgänge registriert:

Tag	3	5	8	12	15	20	22	25	28	30
Zugang	2		3	2		1	2	1		2
Abgang		2	1		3		1	2	3	
Bestand (24 Uhr)	42	40	42	44	41	42	43	42	39	41

1. Handelt es sich beim Patientenbestand eine abgeschlossene Bestandsmasse? Wenn ja, warum, wenn nein, warum nicht?
2. Fertigen Sie ein Patienten-Bestandsdiagramm an.
3. Ermitteln und interpretieren Sie die Patienten-Zu- und Abgangsrate sowie den durchschnittlichen Patientenbestand auf der Station.
4. Wie lange verweilte im Durchschnitt ein Patient auf der Station?
5. Wie oft hat sich der Patientenbestand im Juli 1994 erneuert?

Aufgabe 7.4-3

Den Katalograum der FHTW-Bibliothek frequentierten am 28. Oktober 1994 zwischen 10.00 Uhr und 11.30 Uhr insgesamt 10 Studenten. Die folgende Tabelle gibt für jeden Studenten den Zeitpunkt des Betretens und des Verlassens des Katalograumes an.

Stud.	1	2	3	4	5	6	7	8	9	10
Betr.	10.05	10.10	10.20	10.30	10.35	10.45	10.55	11.10	11.20	11.25
Verl.	10.40	10.30	10.50	10.45	11.00	11.10	11.10	11.20	nach 11.30	nach 11.30

1. Welche Art von statistischer Masse bilden die Katalogbesucher? Begründen Sie Ihre Aussage.
2. Ermitteln Sie die Bestandsfunktion in tabellarischer und graphischer Form. Ergänzen Sie das Bestandsdiagramm durch das Verweildiagramm der Katalogbesucher.
3. Ermitteln und interpretieren Sie die Zu- und Abgangssummen sowie die Zu- und Abgangsraten der Katalogbesucher.
4. Bestimmen Sie den Durchschnittsbestand an Katalogbesuchern.
5. Welchen Durchschnittsbestand ergibt sich, wenn Sie jeweils im Abstand von 5 Minuten eine Bestandsermittlung realisieren würden? Woraus erklären sich die Unterschiede zur Ermitlung des Durchschnittsbestands unter 4.?
6. Bestimmen und interpretieren Sie die durchschnittliche Verweildauer der Studenten im Katalograum.

7. Was bedeutet im konkreten Fall die Umschlagshäufigkeit? Wie hoch ist sie?

Aufgabe 7.4-4

Ein Fachgeschäft für Rundfunk- und Fernsehgeräte verzeichnete im September 1994 bei einem Anfangsbestand von 15 Fernsehgeräten folgende Lagerbewegungen:

Tag	2	5	9	12	16	18	21	24	27	30
Zugang			5			10				
Abgang	2	4	3	4	5	3	2	3	4	4
Bestand (Ladenschluß)	13	9	11	7	2	9	7	4	10	6

1. Handelt es sich beim Bestand an Fernsehgeräten um eine offene oder abgeschlossene Bestandsmasse?
2. Ermitteln und interpretieren Sie die Zu- und Abgangsrate, den Durchschnittsbestand, die durchschnittliche Verweildauer sowie die Umschlagshäufigkeit.

Aufgabe 7.4-5 (Fortsetzung der Aufgabe 6.3-9)

1991 wird für Deutschland eine Mortalität (lat.: mortalitas → Sterblichkeit) von 115 Gestorbenen, eine Natalität (lat.: natalis → die Geburt betreffend) von 104 Lebendgeborenen und eine Mobilität (lat.: mobilitas → Beweglichkeit) von 80 überschüßigen Zuzügen ausgewiesen. Die Angaben sind auf je 10000 Einwohner bezogen.

Schreiben Sie die Bevölkerung Deutschlands für 1992 fort und weisen Sie dabei die natürliche und räumliche Bevölkerungsbewegung aus. Gehen Sie in diesem Zusammenhang für 1991 von einer jahresdurchschnittlichen Bevölkerung in den neuen Bundesländern von 16 Mio Einwohnern aus.

II Wahrscheinlichkeitsrechnung

Die Wahrscheinlichkeitsrechnung liefert sowohl Modelle zur mathematischen Beschreibung von zufälligen Ereignissen als auch Aussagen über deren Gesetzmäßigkeiten. Sie bildet das Fundament der mathematischen Statistik und findet eine breite Anwendung in den Natur-, Ingenieur-, Wirtschafts- und Sozialwissenschaften. Die Wahrscheinlichkeit ist dabei eine Maßzahl für den Grad der Gewißheit (bzw. Ungewißheit) des Eintretens eines zufälligen Ereignisses. Für die Bestimmung von Wahrscheinlichkeiten erweist sich in vielen Fällen die **Kombinatorik** als ein hilfreiches Instrument.

8 Kombinatorik

Die Kombinatorik (lat.: combinare → verbinden, verknüpfen) ist das Teilgebiet der mathematischen Statistik, das sich mit den Gesetzen von Zusammenstellungen und möglichen Anordnungen von abzählbar endlich vielen, beliebig gegebenen Elementen einer Menge beschäftigt.

8.1 Komplexionen

Definition 8.1-1

Zusammenstellungen von Elementen einer Menge heißen **Komplexionen**.

Anmerkungen zur Def. 8.1-1

1. Zwei Komplexionen (lat.: complexio → Verknüpfung) gelten als **gleich**, wenn in ihnen genau die gleichen Elemente in genau gleicher Anzahl auftreten. Ansonsten gelten zwei Komplexionen als **verschieden**.
2. Gleiche Komplexionen werden nach Zusammenstellungen **mit** und **ohne** Berücksichtigung der **Anordnung** (Reihenfolge) der Elemente unterschieden.
3. Voneinander verschiedene Komplexionen werden nach Zusammenstellungen **mit** und **ohne** **Wiederholung** der Elemente unterschieden.
4. Je nach Art der Komplexionen unterscheidet man in der Kombinatorik zwischen **Permutationen, Kombinationen** und **Variationen**.

8.2 Permutationen

Definition 8.2-1

Eine Komplexion, in der n verschiedene Elemente einer Menge in irgendeiner Reihenfolge angeordnet werden, heißt **Permutation** von n Elementen **ohne Wiederholung** (von Elementen). Die Anzahl der Permutationen ohne Wiederholung von n verschiedenen Elementen ist $P_n = 1 \cdot 2 \cdot \ldots \cdot (n-1) \cdot n = n!$.

Anmerkungen zur Def. 8.2-1

1. Permutationen (lat.: permutatio → Tausch) sind Komplexionen, die man durch das bloße Vertauschen von Elementen einer Menge erhält.
2. Das Produkt der (ersten) natürlichen Zahlen wird i.allg. für alle $n \geq 2$ verkürzt n! (lies: „**n Fakultät**") geschrieben.
3. Es gelten folgende Festlegungen: $0! = 1$ und $1! = 1$.

Beispiel 8.2-1

Sie fahren mit drei Studienfreunden in Urlaub. Um einen Anlaß zum Feiern zu finden, vereinbaren Sie, zu jeder Mahlzeit (Frühstück, Mittag- und Abendessen) am Speisetisch die Sitzplätze zu wechseln. Wann werden Sie mit Ihren Freunden die Wiederholung der ersten Sitzordnung „begießen" können?

Da es sich um vier verschiedene Personen einer (abzählbar endlichen) Menge von Studienfreunden handelt, kann eine beliebige Sitzordnung als eine **Permutation ohne Wiederholung** von $n = 4$ Elementen aufgefaßt werden. Die Anzahl der möglichen Sitzordnungen ist dann $P_4 = 1 \cdot 2 \cdot 3 \cdot 4 = 4! = 24$. Da die Sitzordnung am Tag 3mal verändert wird, sind nach 24/3 = 8 Tagen die möglichen Komplexionen erschöpft, so daß das Frühstück am 9. Urlaubstag zum Frühschoppen (per)mutieren kann.

Definition 8.2-2

Eine beliebige Komplexion von n Elementen einer Menge, die in $m \leq n$ Gruppen zu je n_i, $i = 1,2,\ldots,k$, gleichen Elementen zusammengefaßt sind, wobei die $n_i!$ Permutationen der n_i Elemente als gleich gelten und

$$n = \sum_{i=1}^{k} n_i$$

ist, heißt **Permutation** von n Elementen **mit Wiederholung** (von Elementen). Die Anzahl der Permutationen mit Wiederholung aus n Elementen ist

$$P_n^W = \frac{n!}{n_1!n_2!\ldots n_k!} = \frac{n!}{\prod_{i=1}^{k} n_i!}.$$

Beispiel 8.2-2

Sie sind ein passionierter Skatspieler. Könnten Sie alle möglichen Spiele im Verlaufe Ihres Lebens „erleben"?

Da für ein Spiel die n = 32 Skatkarten in k = 4 Gruppen aufgeteilt werden, also auf jeden der i = 1,2,3 Spieler n_i = 10 Karten und n_4 = 2 Karten für den Skat, ergeben sich

$$P_{32}^{W} = \frac{32!}{10!10!10!2!} = 2\,753\,294\,408\,504\,640$$

mögliche Spiele. Dabei ist zu beachten, daß die möglichen Permutationen innerhalb der 10 Karten eines jeden Spielers und innerhalb des Skates stets dasselbe Spiel bedeuten. Würden Sie 50 Jahre lang täglich 200 Spiele „durchstehen", was ohnehin unrealistisch ist, würden Sie mit ca. 3 Millionen Spielen nur einen verschwindend geringen Teil aller möglichen Spiele „erleben" können.

8.3 Kombinationen

Definition 8.3.1

Gegeben sei eine Auswahl von $k \leq n$ ($k,n \in \mathbf{N}$) voneinander verschiedenen Elementen aus n Elementen einer Menge. Dann heißen die Komplexionen aus k Elementen ohne Berücksichtigung der Anordnung der Elemente **Kombinationen ohne Wiederholung** von n Elementen zur k-ten Klasse. Die Anzahl der Kombinationen von n Elementen zur k-ten Klasse ohne Wiederholung errechnet man wie folgt:

$$C_{n,k} = \frac{n!}{(n-k)! \cdot k!} = \binom{n}{k}.$$

Anmerkungen zur Def. 8.3-1

1. Das Symbol

$$\binom{n}{k} = \frac{n \cdot (n-1) \cdot \ldots \cdot (n-k+1)}{1 \cdot 2 \cdot \ldots \cdot k}, \; n,k \in \mathbf{N}$$

(lies: „**n über k**") wurde vom schweizer Mathematiker Leonhard Euler (1707-1783) als verkürzende Schreibweise für **Binomialkoeffizienten** eingeführt. Ihm zu Ehren nennt man es **Eulersches Symbol**.

2. Für das Eulersche Symbol gelten folgende Festlegungen

$$\binom{n}{0} = \binom{0}{0} = 1.$$

3. Für Berechnungen nützlich ist die Ausnutzung der Symmetrieeigenschaft:

$$\binom{n}{k} = \binom{n}{n-k}$$

4. Kombinationen ohne Wiederholung können als Ergebnisse eines Auswahlverfahrens **ohne Zurücklegen** gedeutet werden.

Beispiel 8.3-1

In der 1. Fußball-Bundesliga spielen in der Spielzeit 1994/95 18 Mannschaften um die deutsche Faßballmeisterschaft. Wieviel Spieltage sind erforderlich, um die sog. Herbstmeisterschaft auszutragen?

Der Austragungsmodus der Herbstmeisterschaft besteht darin, daß jeder gegen jeden gespielt haben muß, unabhängig davon, welche Mannschaft das Heimrecht genießt (und damit in der Mannschaftsanordnung eines Spiels als erste genannt wird). Da ein Fußballspiel als eine Komplexion von $k = 2$ Mannschaften aus $n = 18$ Mannschaften aufgefaßt werden kann, wobei die Anordnung der Mannschaften keine Rolle spielt und eine Wiederholung ausgeschlossen ist, da jeder Club nur eine Mannschaft stellen darf, errechnet man die erforderliche Spieleanzahl von

$$C_{18,2} = \binom{18}{2} = \frac{18 \cdot 17}{1 \cdot 2} = 153$$

als eine **Kombination ohne Wiederholung** von 18 Elementen (Mannschaften) zur 2. Klasse (Mannschaften je Spiel). Einmal unterstellt, daß alle Mannschaften jeweils an einem Tag spielen, so gibt es an einem Spieltag 18/2 = 9 Spiele, so daß letztlich 153/9 = 17 Spieltage erforderlich sind, um die Herbstmeisterschaft austragen zu können.

Definition 8.3-2

Gegeben sei eine Auswahl von $k \leq n$ ($k,n \in \mathbf{N}$) Elementen aus n Elementen einer Menge, die nicht alle verschieden sind. Dann heißen die Komplexionen aus k Elementen ohne Berücksichtigung der Anordnung der Elemente **Kombinationen mit Wiederholung** von n Elementen zur k-ten Klasse. Die Anzahl der Kombinationen von n Elementen zur k-ten Klasse mit Wiederholung errechnet man wie folgt:

$$C^{W}_{n,k} = \frac{(n+k-1)!}{k! \cdot (n-1)!} = \binom{n+k-1}{k}.$$

Anmerkung zur Def. 8.3-2

Kombinationen mit Wiederholung können als Ergebnisse eines Auswahlverfahrens **mit Zurücklegen** gedeutet werden.

Beispiel 8.3-2

Reminiszenzen aus der Dorfschulzeit: Wieviel unterschiedliche Ergebnisse liefert das kleine Einmaleins von 1 x 1 bis 9 x 9?

Da es sich bei den einzelnen Ergebnissen um Produkte von je 2 aus 9 Ziffern handelt, deren Anordnung ohne Belang ist, da die Faktoren vertauscht werden, sich aber wiederholen können, liegen **Kombinationen** von 9 Elementen (Ziffern) zur 2. Klasse **mit Wiederholung** vor, so daß ein geplagter Dorfschuljunge

$$C_{9,2}^{W} = \binom{9+2-1}{2} = \frac{10 \cdot 9}{1 \cdot 2} = 45$$

verschiedene Ergebnisse aufsagen können mußte.

8.4 Variationen

Definition 8.4-1

Gegeben sei eine Auswahl von $k \leq n$ ($k,n \in \mathbf{N}$) voneinander verschiedenen Elementen aus n Elementen einer Menge. Dann heißen die Komplexionen aus k Elementen mit Berücksichtigung der Anordnung der Elemente **Variationen ohne Wiederholung** von n Elementen zur k-ten Klasse. Die Anzahl der Variationen von n Elementen zur k-ten Klasse ohne Wiederholung errechnet man wie folgt:

$$V_{n,k} = \frac{n!}{(n-k)!}.$$

Anmerkung zur Def. 8.4-1

Variationen ohne Wiederholung können als Ergebnisse eines Auswahlverfahrens **ohne Zurücklegen** gedeutet werden.

Beispiel 8.4-1

Bezugnehmend auf das Beispiel 8.3-1 interessiert nunmehr die Frage, wieviel Spieltage zur Austragung der deutschen Fußballmeisterschaft angesetzt werden müssen, wenn sowohl in der Vor- als auch in der Rückrunde jeder gegen jeden spielen soll. In diesem Fall handelt es bei den Spielansetzungen um **Variationen** von 18 Elementen (Mannschaften) zur 2. Klasse (Mannschaften je Spiel) **ohne Wiederholung**, so daß insgesamt

$$V_{18,2} = \frac{18!}{(18-2)!} = 18 \cdot 17 = 306$$

Spiele erforderlich sind, um die deutsche Fußballmeisterschaft (auch 1994/95) austragen zu können. Im Unterschied zur Kombination spielt bei der Variation die **Anordnung** der Elemente eine Rolle, denn wie jeder Fußballanhänger weiß, genießt z.B. im Spiel Bayern München gegen Borussia Dortmund Bayern Heimvorteil und in der Spielansetzung Dortmund-München hat die Borussia den Heimvorteil. Unterstellt man auch hier, daß alle Mannschaften jeweils an einem Tag spielen, dann werden an einem Spieltag 18/2 = 9 Spiele ausgetragen, die letztlich 306/9 = 34 Spieltage erfordern, um die Meisterschaft ausspielen zu können (... was ja ohnehin jeder Fußballfan weiß ...)

Definition 8.4-2

Gegeben sei eine Auswahl von k aus n Elementen ($k,n \in \mathbf{N}$) einer Menge, die nicht alle verschieden sind. Dann heißen die Komplexionen aus k Elementen mit Berücksichtigung der Anordnung der Elemente **Variationen mit Wiederholung** von n Elementen zur k-ten Klasse. Die Anzahl der Variationen von n Elementen zur k-ten Klasse mit Wiederholung errechnet man wie folgt:

$$V_{n,k}^{W} = n^k .$$

Anmerkungen zur Def. 8.4-2

1. In praxi werden auch **Spezialfälle** von Variationen mit Wiederholung für $k \geq n$ betrachtet. Gilt $n > k$, spricht man von einer **Auswahl** von k aus n Elementen. Gilt $k > n$, spricht man von einer **Plazierung** von n Elementen auf k Plätze.
2. Variationen mit Wiederholung können für $n > k$ als Ergebnisse eines Auswahlverfahrens **mit Zurücklegen** gedeutet werden.

Beispiel 8.4-2

Sie spielen am Biertisch mit zwei unterschiedlich farbigen Spielwürfeln „Max". Wieviel unterschiedliche, aber gleichmögliche Augenzahlkomplexionen sind beim einmaligen Würfeln mit zwei Spielwürfeln denkbar?

Da bei „Max" $k = 2$ aus $n = 6$ Augenzahlen von Interesse sind, wobei Wiederholungen zulässig und möglich sind, handelt es sich um **Variationen** von 6 Elementen (Augenzahlen) zur 2. Klasse (Würfel) **mit Wiederholung**, so daß letztlich

$$V_{6,2}^{W} = 6^2 = 36$$

verschiedene Augenzahlvariationen denkbar sind.

Augenzahlkomplexionen heißen **gleichmöglich**, wenn sie im Zuge eines Zufallsexperiments die gleiche Chance des Auftretens besitzen. (vgl. Definition 10.5-2 und Definition 11.2-1) Man überlegt sich im Fall von „Max", daß die Augenzahlkomplexion (1;2) wohl unterschieden werden muß von der Augenzahlkomplexion (2;1), wenn die Forderung der **Gleichmöglichkeit** etwa im Vergleich zur Augenzahlkomplexion (1;1) gegeben sein soll. Würde man die Anordnung der Augenzahlen 1 und 2 nicht berücksichtigen, wäre die Komplexion (1;2) = (2;1) wegen ihres zweimaligen Auftretens gegenüber dem einmaligen Auftreten der Komplexion (1;1) „bevorteilt".

Beispiel 8.4-3

Der **A**merican **S**tandard **C**ode for **I**nformation **I**nterchange ist in seiner ursprünglichen Fassung ein 7-Bit-Code. Wieviel verschiedene Bitmuster können damit zur Zeichen-Codierung erzeugt werden?

Bekanntlich ist der Informationsgehalt einer Binärstelle 1 bit (engl: **bi**nary digi**t** → zweiwertige Ziffer), da eine Binärstelle nur zweier Zustände (etwa anliegende Spannung ist niedrig (**L**ow) oder hoch (**H**igh)) fähig ist. Hier sind also n = 2 Elemente (L,H) auf k = 7 Binärstellen zu plazieren, wobei Wiederholungen zulässig sind und die Anordnung der Elemente zu berücksichtigen ist. Somit kann man mit 7 nacheinander angeordneten Binärstellen

$$V_{7,2}^{W} = 2^7 = 128$$

verschiedene **Variationen mit Wiederholungen** erzeugen, die in der Fachsprache als Bitmuster bezeichnet werden. Der lateinische Großbuchstabe P ist gemäß ASCII z.B. wie folgt codiert: HLHLLLL.

8.5 Aufgaben

Aufgabe 8.5-1

Ein Rangiermeister der Deutschen Bahn AG hat die Aufgabe, einen Zug aus 6 Wagen derart zusammenzustellen, daß zwei Wagen der 1. Klasse, drei Wagen der 2. Klasse und ein Gepäckwagen im Zug vorhanden sind.

Wieviel verschiedene Wagenreihungen können theoretisch an der Wagenstandsanzeigetafel (Fachausdruck) angegeben werden?

Aufgabe 8.5-2

Ein Schiff führt zur Signalgabe jeweils zwei blaue, grüne, schwarze, rote, gelbe und weiße Wimpel mit. Zwei aufgezogene Wimpel bilden jeweils ein Signal, wobei die Reihenfolge der Wimpel keine Rolle spielen darf, wenn die Signale aus jeder Richtung verständlich sein sollen.

Wie groß ist die Anzahl möglicher Signale, die vom Schiff aus gegeben werden können?

Aufgabe 8.5-3

In einem großen Immobilienbüro bilden je drei Wohnungsmakler ein Team. Da sich die Geschäfte im wesentlichen auf die Wochenenden konzentrieren, gibt es unter den drei Maklern L, U, G stets Probleme mit der Aufteilung der „Wochenenddienste" (Samstag und Sonntag). Um die Einteilung der Wochenenddienste zu objektivieren, entscheiden sie sich für ein Zufallsexperiment. Es werden drei Zettel mit den Anfangsbuchstaben ihrer Namen in eine Schachtel gelegt, geschüttelt und dann zwei Zettel nach dem Zufallsprinzip gezogen. Geben Sie die möglichen Ergebnisse dieses Zufallsexperiments an und ermitteln Sie ihre Anzahl, wenn

1. mit der Aufteilung festgelegt werden soll, an welchem Tag ein Makler Dienst hat (der zuerst gezogene Zettel steht für Samstag) und es möglich sein soll, daß ein Makler an beiden Tagen Dienst hat;
2. doppelter Dienst möglich ist, jedoch nicht bestimmt werden soll, an welchem Tag ein Makler Dienst hat;
3. kein doppelter Dienst möglich ist, jedoch bestimmt werden soll, an welchem Tag ein Makler Dienst hat;
4. kein doppelter Dienst möglich ist und nicht bestimmt werden soll, an welchem Tag ein Makler Dienst hat.

Aufgabe 8.5-4

In der Blindenschrift werden durch die Anordnung von maximal (2 x 3 =) 6 Punkten, die erhoben (oder nicht) in Papier gedrückt werden, Buchstaben, Ziffern und Satzzeichen dem Blinden fühlbar gemacht. Reicht dies aus, um das Alphabet mit Groß- und Kleinbuchstaben, die üblichen Satzzeichen und die Ziffern 0 bis 9 darstellen zu können? Begründen Sie Ihre Lösung.

Aufgabe 8.5-5

Wanderwege um den Inselsberg im Thüringer Wald sind mit Etiketten, bestehend aus zwei farbigen Strichen, gekennzeichnet. Wieviel Farben sind erforderlich, wenn

1. für 36 Wanderwege die Anordnung der Farben zu beachten und eine Farbwiederholung zulässig ist?
2. für 21 Wanderwege die Farbenreihenfolge keine Rolle spielt und eine Farbwiederholung nicht eintreten darf?
3. für 15 Wanderwege die Farbenreihenfolge nicht berücksichtigt zu werden braucht und eine Farbwiederholung erlaubt ist?

Aufgabe 8.5-6

Zur Kennzeichnung von Dateien verwendet man neben den meist 8-stelligen Namen 3-stellige Erweiterungen (engl.: extension).
Wieviel verschiedene „extensions“ lassen sich aus den 26 Buchstaben des deutschen Alphabets bilden?

Aufgabe 8.5-7

In der Lagerhaltung wird Material unterschiedlicher Abmessung und Rohstoffzusammensetzung häufig durch Farbmarkierungen gekennzeichnet.
Wieviel verschiedene Sorten Rohre können z.B. markiert werden, wenn die Farben rot, grün und gelb zur Verfügung stehen und jede Sorte Rohr mit drei verschiedenfarbigen Ringen gekennzeichnet wird?

Aufgabe 8.5-8

Für den Campus Karlshorst der FHTW Berlin gilt die Rufnummer 5019 xxxx.
Wieviel Anschlußmöglichkeiten sind für den Campus Karlshorst möglich, wenn
1. keine der „Campusnummern“ mit null oder eins beginnen soll?
2. wenn alle Anschlüsse des Fachbereichs 5 (Betriebswirtschaft) mit einer 5 beginnen sollen?
3. wenn für die im Fachbereich 6 angesiedelten Studiengänge mit folgenden Nummern beginnen sollen: Wirtschaftsinformatik: 61xx und 62xx, Wirtschaftsingenieure: 63xx bis 65xx, Wirtschaftskommunikation: 66xx ?
4. keine Einschränkungen gegeben sind?

Aufgabe 8.5-9

Moderne Akten- und Reisekoffer sind i.allg. mit dreistelligen Ziffernschlössern ausgestattet.
Wieviel Sicherungscodes sind möglich, wenn die Ziffern von 0 bis 9 zulässig sind?

Aufgabe 8.5-10

Sie sind PraktikantIN in einem mittelständischen Unternehmen. Um sich stets einen Überblick über den Arbeitnehmerstand verschaffen zu können, bittet Sie der Chef, für potentiell 80 Angestellte eine Dispositions-Magnet-Tafel mit ein- und mehrfarbigen Symbolen, die jeweils einen Arbeitnehmer kennzeichnen sollen, einzurichten. Wieviel verschiedene Farben benötigen Sie, wenn Sie
1. einfarbige Symbole
2. zweigeteilte Symbole, die gleich- oder verschiedenfarbig sein können
3. dreigeteilte Symbole, die gleich- oder verschiedenfarbig sein können
4. viergeteilte Symbole, die gleich- oder verschiedenfarbig sein können

verwenden?

Aufgabe 8.5-11

Beim Pferdelotto gilt es, die drei schnellsten Pferde eines bestimmten Rennens mit ihrer Reihenfolge des Eintreffens im Ziel vorherzusagen. Im ersten Rennen gehen insgesamt fünf Pferde, im zweiten 10 und im dritten Rennen 20 Pferde an den Start.

Wieviel verschiedene Tiplisten gibt es jeweils für die drei Rennen?

Aufgabe 8.5-12

Wegen einer eleganteren Handhabung bei der Codierung von Informationen hat man den ASCII auf 8 Binärstellen erweitert.

Wieviel Bitmuster mit einem Informationsgehalt von 8 bit = 1 byte können mit dem erweiterten ASCII codiert werden, wenn die Anordnung der Binärstellen a) nicht berücksichtigt und b) berücksichtigt wird?

Aufgabe 8.5-13

In der Vorrunde der Fußballweltmeisterschaft 1994 spielten in der Gruppe C die Nationalmannschaften Deutschlands, Spaniens, Boliviens und Süd-Koreas im K.O.-System um den Einzug in das Achtelfinale.

Wieviel Spiele waren erforderlich, um die beiden Erstplazierten zu ermitteln, die sich für das Achtelfinale qualifizierten. Wieviel Spiele wären erforderlich gewesen, wenn mit Vor- und Rückrunde die Qualifikation ausgespielt worden wäre?

Aufgabe 8.5-14

Im Achtelfinale der Fußballweltmeisterschaft 1994 spielten 16 Mannschaften um den Einzug in das Halbfinale.

Wieviel Spielpaarungen wären erforderlich gewesen, wenn a) im K.O.-System und b) nicht im K.O.-System, sondern mit Vor- und Rückrunde gespielt worden wäre?

Aufgabe 8.5-15

Bestimmen Sie die Anzahl der möglichen Fünfer, Vierer und Dreier beim Zahlenlotto „6 aus 49“.

Aufgabe 8.5-16

Die Schmalspurbahn „Rasender Roland“ auf der Insel Rügen, auf der nur Züge der Wagenklasse II verkehren, hält zwischen Binz und Göhren noch an weiteren fünf Bahnhöfen.

Wieviel unterschiedliche Fahrkarten müßten für diesen Streckenverlauf auf traditionelle Art hergestellt werden?

9 Zufallsexperiment, Ergebnis, Ereignis

Definition 9-1

Ein unter gleichen Bedingungen beliebig oft wiederholter Versuch mit unbestimmtem Ausgang heißt **Zufallsexperiment**.

Anmerkungen zur Def. 9-1

1. Synonyme: **zufälliger Versuch**, Zufallsvorgang
2. Die Forderung der Wiederholung sollte zumindest gedanklich gegeben sein.
3. Charakteristisch für Zufallsexperimente sind voneinander **unabhängige** Versuche.
4. Das Studium der Gesetzmäßigkeiten von Zufallsexperimenten ist ein Grundanliegen der Wahrscheinlichkeitsrechnung. Es setzt die Angabe der Menge aller Ergebnisse voraus, die bei einem Zufallsexperiment auftreten können.

Definition 9-2

Das Resultat eines Zufallsexperiments heißt **Ergebnis.** Die Menge aller möglichen Ergebnisse eines Zufallsexperiments heißt **Ergebnisraum**.

Anmerkungen zur Def. 9-2

1. Synonym: **Ergebnismenge**
2. Das Ergebnis wird i.allg. mit dem griechischen **Klein**buchstaben ω (lies: „**Omega**“) bezeichnet.
3. Der Ergebnisraum wird i.allg. mit dem griechischen **Groß**buchstaben Ω (lies: „**Omega**“) bezeichnet, wobei gilt: $\Omega = \{\omega : \omega \text{ ist ein Ergebnis des Zufallsexperiments}\}$.
4. Bezüglich der Anzahl der Ergebnisse eines Ereignisraumes unterscheidet man zwischen **abzählbaren** und **nichtabzählbaren** Ergebnismengen. Abzählbare Ergebnismengen unterteilt man ferner in **abzählbar endliche** und **abzählbar unendliche** Mengen.

Definition 9-3

Eine Teilmenge des Ergebnisraumes eines Zufallsexperiments heißt zufälliges **Ereignis**. Eine einelementige Teilmenge heißt **Elementarereignis.**

Anmerkungen zur Def. 9-3

1. Zufällige Ereignisse werden i.allg. mit den lateinischen **Groß**buchstaben A, B, C ... bezeichnet.
2. Ein Ereignis A kann formal wie folgt beschrieben werden: $A = \{\omega : \omega \text{ hat die Eigenschaft } ...\} = \{\omega_1; \omega_2; ...\}$. Das Ereignis A ist eingetreten, wenn das Ergebnis a des Zufallsexperiments ein Element der Teilmenge A des Ergebnisraumes Ω ist.
3. Ein Ergebnis ω eines Zufallsexperiments ist begrifflich wohl zu unterscheiden von einem Elementarereignis $\{\omega\}$, so wie sich ein Hut (Ergebnis) von einer Hutschachtel (einelementige Teilmenge), die einen Hut enthält, unterscheidet.

Beispiel 9-1
Das Werfen einer Münze ist ein **Zufallsexperiment**. Es kann beliebig oft wiederholt werden. Die Münzwürfe stellen voneinander unabhängige Versuche dar. Bei einem einmaligen Wurf einer Münze lautet die **Ergebnismenge** des Zufallsexperiments

$$\Omega = \{\omega : \omega \text{ Zahl oder Wappen liegt oben}\} = \{\text{Zahl}, \text{Wappen}\}.$$

Damit ist das Ergebnis „Münze steht auf der Kante" von den Ereignisbetrachtungen des Zufallsexperiments ausgeschlossen.

Beispiel 9-2
Das einmalige Würfeln mit einem Spielwürfel ist ein Zufallsexperiment. Der abzählbar endliche **Ergebnisraum** des Zufallsexperiments ist wie folgt definiert:

$$\Omega = \{\omega : \omega = i; i = 1,2,\ldots,6\} = \{1,2,3,4,5,6\}.$$

Die 6 einelementigen Ergebnismengen $A_i = \{i\}$ „Die gewürfelte Augenzahl ist gleich i, i = 1,2,...,6." sind die zufälligen **Elementarereignisse** A_i des Zufallsexperiments. Das zufällige Ereignis B „Die Augenzahl ist gerade." ist die Teilmenge $B = \{2,4,6\}$ des Ergebnisraumes Ω.

Beispiel 9-3
Die Ermittlung der Anzahl der fehlerhaften Teile in einer Stichprobe vom Umfang n Stück aus einer Grundgesamtheit (etwa einer Tagesproduktion) von N Stück ist ein **Zufallsexperiment**. Unterstellt man einmal, daß die Stichprobe auf einmal der Tagesproduktion entnommen wird und jedes der N Teile die gleiche Chance hat, bei der zufälligen Entnahme in die Stichprobe zu gelangen, dann kennzeichnen die möglichen Ergebnisse A_i „Die Anzahl der Ausschußteile in der Stichprobe ist gleich i, i = 0,1,2,...,n." den abzählbar endlichen **Ergebnisraum** $\Omega = \{0,1,\ldots,n\}$ des Zufallsexperiments. Die einelementigen Ergebnismengen $A_i = \{i\}$ sind dann die **Elementarereignisse** des Zufallsexperiments. Das zufällige Ereignis B „Höchstens 5 Ausschußteile sind in der Stichprobe enthalten." wäre dann durch die Teilmenge

$$B = \{b \in N : 0 \le b \le 5\} = \{0,1,\ldots,5\}$$

des Ergebnisraumes Ω gekennzeichnet.

Beispiel 9-4

Die Registrierung der Anzahl der an einem bestimmten Tag bei einer Versicherung eingegangenen Schadensmeldungen ist ein **Zufallsexperiment**. Der **Ergebnisraum** $\Omega = \{S_i = i; i = 0,1,2,...\}$ ist durch die Ergebnisse S_i „Die Anzahl der im Verlaufe des Tages eingegangenen Schadensmeldungen ist gleich i, i = 0,1,2,...“ gekennzeichnet.

Das zufällige Ereignis A „Genau 20 Schadensfälle sind eingegangen.“ ist eine einelementige Ergebnismenge $A = \{20\}$ und damit ein mögliches **Elementarereignis** des Zufallsexperiments. Das zufällige Ereignis B „Mindestens 10 aber höchsten 50 eingegangene Schadensfälle sind eingegangen.“ ist eine abzählbar endliche Teilmenge

$$B = \{b \in N{:}10 \le b \le 50\} = \{10,11,...,50\}$$

des Ergebnisraumes Ω.

Beispiel 9-5

Die Bestimmung der Wartezeit eines Kunden an einer Kasse in einem Supermarkt ist ein **Zufallsexperiment**, dessen **Ergebnisraum** wie folgt beschrieben werden könnte:

$$\Omega = \{t \in R{:}0 \le t < \infty\}.$$

Da die Zeit ein Kontinuum ist, stellt der beschriebene Ergebnisraum eine nichtabzählbare Ergebnismenge dar. Interessiert man sich für ein Ereignis A „Die Wartezeit ist $t \le 5$ Minuten.“, dann ist es durch Ergebnisteilmenge

$$A = \{t \in R{:}0 \le t \le 5\}$$

gekennzeichnet.

Definition 9-4

Der Ergebnisraum Ω eines Zufallsexperiment ist das **sichere Ereignis**.

Anmerkungen zur Def. 9-4

1. Für einen Ergebnisraum besteht das sichere Ereignis darin, daß genau eines der möglichen Elementarereignisse eintritt. Aus diesem Grunde bezeichnet man es i.allg. gleichfalls mit Ω.
2. Das sichere Ereignis ist streng genommen **kein** zufälliges Ereignis. Gleiches gilt auch für das unmögliche Ereignis.

Definition 9-5

Die leere Ergebnismenge $\varnothing$ eines Zufallsexperiments ist das **unmögliche Ereignis**.

Anmerkungen zur Def. 9-5

1. Für einen Ergebnisraum besteht das unmögliche Ereignis darin, daß keines der möglichen Elementarereignisse eintritt.
2. Das unmögliche Ereignis, das streng genommen **kein** zufälliges Ereignis ist, bezeichnet man i.allg. in Anlehnung an die leere Ergebnismenge gleichfalls mit $\varnothing$.

Beispiel 9-6

Das **sichere Ereignis** $\Omega = \{1,2,3,4,5,6\}$ beim einmaligen Würfeln mit einem Spielwürfel besteht darin, daß genau eine der Augenzahlen (entweder 1 oder 2 ... oder 6) angezeigt wird.
Das **unmögliche Ereignis** bestünde bei diesem Zufallsexperiment z.B. im Würfeln einer 7, wobei allgemein

$$\varnothing = \{\omega \in N : \omega \notin \Omega\}$$

gilt. Das Ereignis

$$G = \{\omega \in N : \omega = \text{gerade Zahl}\} = \{2,4,6\}$$

ist ein aus Elementarereignissen zusammengesetztes Ereignis, das darin besteht, daß beim einmaligen Würfeln mit einem Spielwürfel eine gerade Augenzahl erscheint.

Beispiel 9-7

Für das Zufallsexperiment „Einmaliges Würfeln mit einem roten und einem gelben Spielwürfel." sind die geordneten Paare (r,g) der jeweiligen Augenzahlen mit r,g = 1,2,...,6 die möglichen Ergebnisse des Zufallsexperiments. Der **Ergebnisraum** ist dann $\Omega = \{(1;1),(1;2),\ldots,(6;6)\}$ bzw. in Kurzschreibweise

$$\Omega = \{(r;g) \in N : \ 1 \leq r \leq 6, \ 1 \leq g \leq 6\}.$$

Das **sichere Ereignis** besteht bei diesem Zufallsexperiment darin, daß genau eines der 36 möglichen Augenpaare beim Würfeln erscheint.
Das **unmögliche Ereignis** bestünde z.B. darin, daß beim einmaligen Würfeln mit den beiden Würfeln zweimal die Augenzahl 7 erschiene, wobei allgemein

$$\varnothing = \{(r;g) \in N : (r,g) \notin \Omega\}$$

gilt. Stellt das **Elementarereignis** $\{(6;6)\}$ eine einelementige Ergebnismenge dar, dann ist das Ereignis

$$B = \{(r;g): r + g > 10\} = \{(5,6),(6,5),(6,6)\}$$

eine Teilmenge des Ergebnisraumes. Das Ereignis B besteht darin, daß beim einmaligen Würfeln mit zwei Würfeln die Augensumme größer als 10 ist.

10 Ereignisoperationen, Ereignisfeld

10.1 Logisches Teilereignis

Definition 10.1-1

Es seien A und B zufällige Ereignisse. Dann heißt die Ereignisrelation $A \subset B$ **logisches Teilereignis**.

Anmerkungen zur Def. 10.1-1

1. Lies: „... A zieht B nach sich ..."
2. Bedeutung: A ist Teil von B
3. Operation: $A \in B$
4. Das **Venn-Diagramm** der Ereignisrelation $A \subset B$ ist in der Abbildung 10.1-1 skizziert.

Abbildung 10.1-1

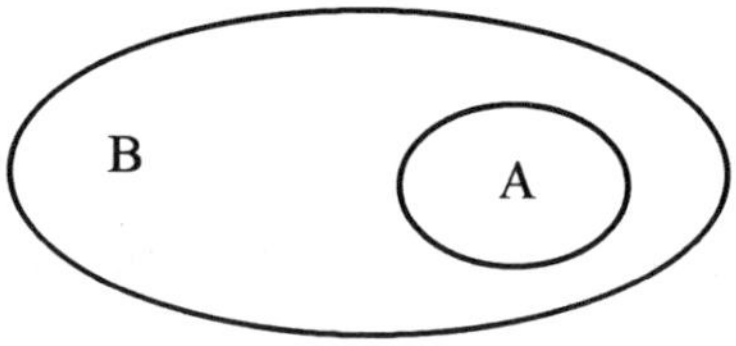

Beispiel 10.1-1

Das Zufallsexperiment bestehe im einmaligen Würfeln mit einem Spielwürfel. Interessiert man sich für die Ereignisse

- A: „Die Augenzahl ist gleich 6." bzw.
  $A = \{\omega : \omega = 6\} = \{6\}$,
- B: „Die Augenzahl ist gerade." bzw.
  $B = \{\omega : \omega = 2,4,6\} = \{2,4,6\}$ und
- C: „Die Augenzahl ist verschieden von 1." bzw.
  $C = \{\omega : \omega \in \Omega \wedge \omega \neq 1\} = \{2,3,4,5,6\}$,

dann überzeugt man sich leicht davon, daß $A \subset B$, $B \subset C$ und letztlich auch $A \subset C$ gilt.

10.2 Logische Summe

Definition 10.2-1

Es seien A und B zufällige Ereignisse. Dann heißt die Ereignisoperation $A \cup B$ **logische Summe**.

Anmerkungen zur Def. 10.2-1

1. Lies: „... A vereinigt mit B ...“
2. Bedeutung: A oder B oder beide
3. Operation: $A \cup B = \{\omega : \omega \in A \vee \omega \in B\}$
4. Das **Venn-Diagramm** der logischen Summe ist in der Abbildung 10.2-1 dargestellt.

Abbildung 10.2-1

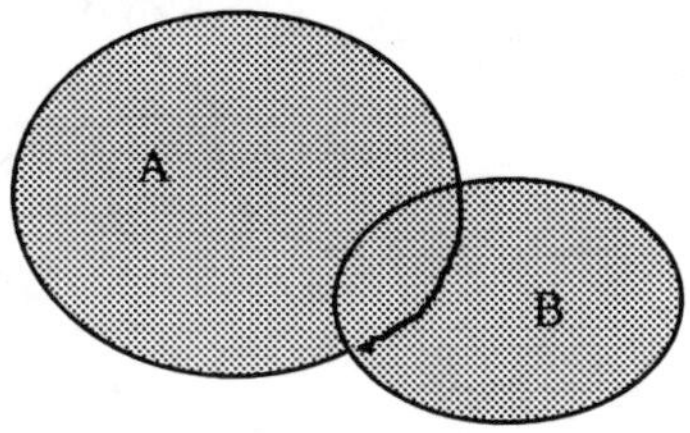

Beispiel 10.2-1

Das Zufallsexperiment bestehe im einmaligen Würfeln mit einem Spielwürfel. Betrachtet werden die Ereignisse

- A: „Die Augenzahl ist gerade.“, also $A = \{\omega : \omega = 2,4,6\} = \{2,4,6\}$,
- B: „Die Augenzahl ist ungerade.“, also $B = \{\omega : \omega = 1,3,5\} = \{1,3,5\}$ und
- C: „Die Augenzahl ist gleich und kleiner 2.“, also $C = \{\omega : \omega \le 2\} = \{1,2\}$,

dann überlegt man sich leicht, daß die **logische Summe**

$$A \cup B = \{2,4,6\} \cup \{1,3,5\} = \{1,2,3,4,5,6\} = \Omega$$

das **sichere Ereignis** bzw. den **Ergebnisraum** im betrachteten Zufallsexperiment darstellt.

Die logische Summe

$$A \cup C = \{2,4,6\} \cup \{1,2\} = \{1,2,4,6\}$$

kennzeichnet das Ereignis, daß beim einmaligen Würfeln mit einem Würfel die Augenzahl verschieden von 3 und 5 ist.

10.3 Logisches Produkt

Definition 10.3-1

Es seien A und B zufällige Ereignisse. Dann heißt die Ereignisoperation $A \cap B$ **logisches Produkt**.

Anmerkungen zur Def. 10.3-1

1. Lies: „... A geschnitten B ..."
2. Bedeutung: sowohl A als auch B; A und B treten zugleich ein
3. Operation: $A \cap B = \{\omega : \omega \in A \wedge \omega \in B\}$
4. Das **Venn-Diagramm** des logischen Produkts ist in der Abbildung 10.3-1 dargestellt.

Abbildung 10.3-1

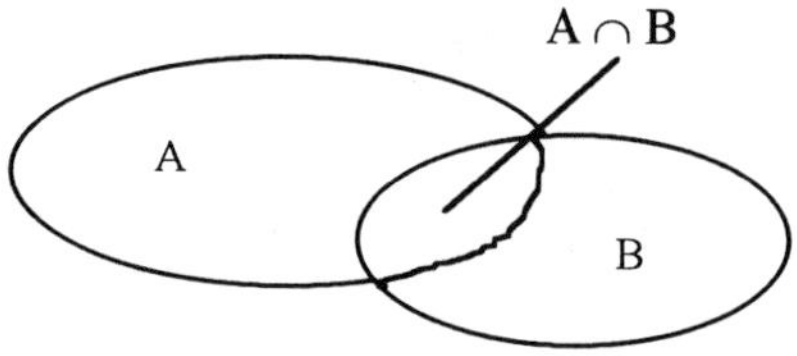

Beispiel 10.3-1

In Fortsetzung des Beispiels 10.2-1 ergeben sich für die interessierenden Ereignisse die folgenden **logischen Produkte**:

- $A \cap C = \{2,4,6\} \cap \{1,2\} = \{2\}$
  Demnach ist das logische Produkt der Ereignisse „Die Augenzahl ist gerade." und „Die Augenzahl ist gleich und kleiner 2." die Augenzahl 2. Man sagt daher auch: Die Ereignisse A und C haben das Ergebnis „Augenzahl 2" gemeinsam.
- $A \cap B = \{2,4,6\} \cap \{1,3,5\} = \emptyset$
  Demnach ist das logische Produkt der Ereignisse A: „gerade Augenzahl" und B: „ungerade Augenzahl" das **unmögliche Ereignis**. Man sagt auch: Da die Ereignisse A und B bezüglich der möglichen Ergebnisse des Zufallsexperiments nichts gemeinsam haben, schließen sie sich gegenseitig aus.

Definition 10.3-2

Zufällige Ereignisse, die sich paarweise gegenseitig ausschließen, heißen **disjunkt.**

Anmerkungen zur Def. 10.3-2

1. Synonym: **unvereinbare** Ereignisse, elementefremde Ereignisse
2. Zwei zufällige Ereignisse A und B sind disjunkt (lat.: disiunctio → Trennung), wenn gilt:
$$A \cap B = \emptyset$$
3. **Elementarereignisse** sind stets disjunkte Ereignisse.

10.4 Logische Differenz

Definition 10.4-1

Es seien A und B zufällige Ereignisse. Dann heißt die Ereignisoperation A\B **logische Differenz.**

Anmerkungen zur Def. 10.4-1

1. Lies: „... A und nicht B ...“
2. Bedeutung: zwar A, aber nicht B
3. Operation: $A \backslash B = \{\omega : \omega \in A \wedge \omega \notin B\}$
4. Das **Venn-Diagramm** der logischen Differenz ist in der Abbildung 10.4-1 dargestellt.

Abbildung 10.4-1

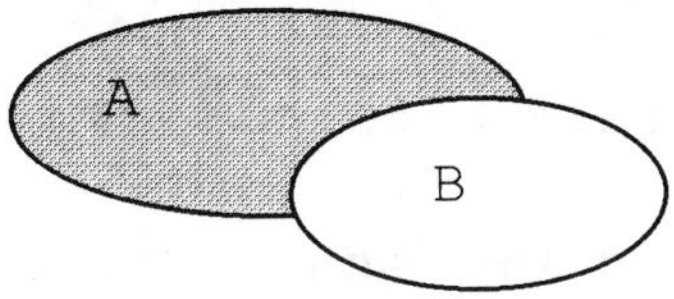

Beispiel 10.4-1

Ausgehend vom Beispiel 10.2-1 ergeben sich die folgenden **logischen Differenzen**:

- $A \backslash B = \{2,4,6\} \backslash \{1,3,5\} = \{2,4,6\}$ und $B \backslash A = \{1,3,5\} \backslash \{2,4,6\} = \{1,3,5\}$

  Aus dem Beispiel können zwei interessante Aussagen abgeleitet werden:

  a) I.allg. gilt für die logische Differenz von zufälligen Ereignissen **nicht** das Kommutativgesetz.

  b) Für zwei disjunkte Ereignisse ist die logische Differenz gleich dem **erstgenannten** Ereignis.

- $A \backslash C = \{2,4,6\} \backslash \{1,2\} = \{4,6\}$ und $C \backslash A = \{1,2\} \backslash \{2,4,6\} = \{1\}$

  Auch diese Ereignisverknüpfung zeigt, daß die logische Differenz i.allg. nicht kommutativ (lat.: commutare → vertauschen) ist.

Definition 10.4-2

Es sei A ein zufälliges Ereignis. Dann heißt die logische Differenz $\overline{A} = \Omega \backslash A$ aus dem sicheren Ereignis Ω und dem Ereignis A **Komplementärereignis** $\overline{A}$.

Anmerkungen zur Def. 10.4-2

1. Synonyme: komplementäres Ereignis, **entgegengesetztes** Ereignis, Gegenereignis
2. Lies: „... komplementär zu A ...“
3. Bedeutung: alle Ergebnisse von Ω, die nicht zu A gehören
4. Operation: $\overline{A} = \{\omega : \omega \in \Omega \wedge \omega \notin A\}$
5. Das **Venn-Diagramm** des Komplementärereignis ist in der Abbildung 10.4-2 dargestellt.

Abbildung 10.4-2

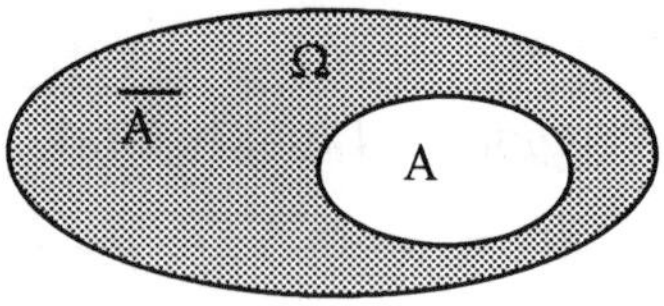

Beispiel 10.4-2
Unter Verwendung der im Beispiel 10.2-1 betrachteten Ereignisse ergeben sich die folgenden **Komplementärereignisse**:

$$\bar{A} = \{1,2,3,4,5,6\} \backslash \{2,4,6\} = \{1,3,5\} = B$$

$$\bar{B} = \{1,2,3,4,5,6\} \backslash \{1,3,5\} = \{2,4,6\} = A$$

$$\bar{C} = \{1,2,3,4,5,6\} \backslash \{1,2\} = \{3,4,5,6\}$$

Offensichtlich lassen sich daraus die folgenden Aussagen ableiten:
- Die logische Summe eines zufälligen Ereignisses und seines Komplementärereignisses ist das **sichere** Ereignis, wobei z.B. $C \cup \bar{C} = \Omega$ gilt.
- Das logische Produkt eines zufälligen Ereignisses und seines Komplementärereignisses ist das **unmögliche** Ereignis, wobei z.B. $A \cap \bar{A} = \emptyset$ gilt.
- Die logische Differenz zweier zufälliger Ereignisse ist gleich dem logischen Produkt des erstgenannten Ereignisses und dem Komplementärereignis des letztgenannten Ereignisses, so daß z.B. $C \backslash A = C \cap \bar{A} = \{1,2\} \cap \{1,3,5\} = \{1\}$ gilt.

10.5 Ereignisfeld

Definition 10.5-1

Die Menge aller Ereignisse und ihrer logischen Verknüpfungen, die bei einem Zufallsexperiment von Interesse sind, heißt **Ereignisfeld** $\mathcal{F}$.

Anmerkungen zur Def. 10.5-1
1. Das Ereignisfeld $\mathcal{F}$ ist die **Potenzmenge** des Ergebnisraumes Ω.
2. Das Ereignisfeld $\mathcal{F}$ enthält als Elemente stets auch das sichere Ereignis Ω und das unmögliche Ereignis $\emptyset$, so daß $\Omega, \emptyset \in \mathcal{F}$ gilt.
3. Sind A und B zufällige Ereignisse, dann gehören wenigstens alle im Kontext des Zufallsexperiments interessierenden Ereignisse zum Ereignisfeld, wobei z.B. gilt:

$$\{\Omega, \emptyset, A, B, A \cup B, A \cap B, \bar{A}, \bar{B}\} \quad \mathcal{F}$$

Definition 10.5-2

Ein Ereignisfeld $\mathcal{F}$, das aus abzählbar endlich vielen gleichmöglichen Elementarereignissen besteht, von denen bei Durchführung eines Zufallsexperiments genau eines eintritt, heißt **LAPLACEsches Ereignisfeld.**

Anmerkungen zur Def. 10.5-2

1. Elementarereignisse heißen **gleichmöglich**, wenn sie im Zuge eines Zufallsexperiments die gleiche Chance haben, einzutreten. Gleichmögliche Ereignisse sind daher hinsichtlich des Grades der Bestimmtheit (bzw. Unbestimmtheit) ihres Eintretens nicht unterscheidbar.
2. Sind für alle $i = 1,2,...,n$ A_i gleichmögliche Elementarereignisse, so besitzt ein LAPLACEsches Ereignisfeld die folgenden Eigenschaften:

$$A_1 \cup A_2 \cup ... \cup A_n = \Omega,\ A_i \cap A_j = \varnothing \text{ für } i \neq j.$$

3. Aus den Eigenschaften eines LAPLACEschen Ereignisfeldes ergibt sich unmittelbar, daß sich jedes beliebige zufällige Ereignis $A \neq \varnothing$ als logische Summe derjenigen gleichmöglichen Elementarereignisse $A_i \subset A$ darstellen läßt, die das Ereignis A nach sich ziehen, wobei gilt:

$$A = \bigcup_{A_i \subset A} A_i$$

4. Die Anzahl derjenigen gleichmöglichen Elementarereignisse A_i, die das Ergeinis A nach sich ziehen, heißt **absolute Häufigkeit** h(A).
5. Das LAPLACEsche Ereignisfeld bildet die Grundlage der **klassischen** Wahrscheinlichkeitsdefinition.

10.6 Aufgaben

Aufgabe 10.6-1

Bezeichnet man die jahresdurchschnittliche Menge der Einwohner Berlins für 1995 mit B und interessiert sich für das statistische Merkmal „Alter“ der Einwohner, so ist es sinnvoll, etwa die folgenden Altersgruppen

$$A_1 = \{0 \leq A \leq 15\},\ A_2 = \{15 < A \leq 65\},\ A_3 = \{A > 65\},\ A_4 = \{15 < A \leq 30\}$$

als Teilmengen von B zu definieren.Welche inhaltliche Bedeutung besitzen die Mengen:

$$A_1 \cup A_2 \cup A_3,\ \overline{A_1 \cup A_3},\ A_1 \cap \overline{A_2},\ A_2 \cap A_4,\ B \cap (\overline{A_1 \cup A_2}),\ (A_2 \setminus A_4) \cup A_3,$$
$$(A_2 \cap A_4) \cup (\overline{A_2 \cup A_3})\ ?$$

Aufgabe 10.6-2

Die Statistik-Klausur im betriebswirtschaftlichen Studiengang lieferte im vergangenen Semester an der FHTW folgende Ergebnisse:

Note	sehr gut	gut	befriedigend	genügend	ungenügend
Anzahl	10	30	60	40	20

Berechnen Sie für die nachfolgend genannten Ereignisse die relativen Häufigkeiten und verdeutlichen Sie deren inhaltliche Zusammensetzung:
N_i, i = 1,2,...,5, (einzelne Note); A „...bestanden..." (Note 4 und besser); B „...Note 3 und schlechter..."; $C = A \cup B$; $D = \overline{A \cap B}$; $E = (\overline{A} \cup \overline{B}) \setminus \overline{A}$.

Aufgabe 10.6-3

Das Zufallsexperiment bestehe im einmaligen Würfeln mit zwei Würfeln von unterschiedlicher Farbe. Definieren, notieren und zählen Sie die für die folgenden Ereignisse günstigen Fälle: A: „Die Summe der Augenzahlen ist drei.", B: „Beide Augenzahlen sind ungerade.", Ω: „Sicheres Ereignis", ∅: „Unmögliches Ereignis", R: „Der rote Würfel zeigt eine Sechs.", G: „Der gelbe Würfel zeigt eine Sechs.",C: „Die Augensumme ist größer als neun.", M: „Max", A\B, B\A, $A \cup B$, $A \cap B$, $\overline{C}$, $A \cup C$, $A \cap C$, $A \cup M$, $M \cap A$, $B \cap M$, $B \cap \overline{M}$, G\R, R\G.

Aufgabe 10.6-4

Unter den Hörern einer Statistik-Vorlesung wird eine Person zufällig ausgewählt. Im Kontext dieses Zufallsexperiments werden folgende Ereignisse betrachtet:

- A: „Die ausgewählte Person ist männlichen Geschlechts."
- B: „Die ausgewählte Person raucht nicht."
- C: „Die ausgewählte Person wohnt zur Untermiete."

1. Beschreiben Sie verbal die Ereignisse $A \cap B$, $A \cap \overline{C}$, B\A, A\B.
2. Unter welchen Bedingungen gilt: $A \cap B \cap C = A$, $\overline{C} \subset B$, $\overline{A} = B$?

Aufgabe 10.6-5

Ein Computerarbeitsplatz, der aus 2 **P**ersonal**C**omputer und einem Server besteht, sei arbeitsfähig, wenn der Server und mindestens PC intakt sind. Es werden die folgende Ereignisse betrachtet:

- A: „Der Server ist intakt."
- B_k: „Der k-te PC, k = 1,2, ist intakt."
- C: „Der Computerarbeitsplatz ist arbeitsfähig."

Drücken Sie die Ereignisse C und $\overline{C}$ durch die Ereignisse A, B_1 und B_2 aus.

11 Wahrscheinlichkeitsdefinitionen

11.1 Axiomatische Definition

Definition 11.1-1

Es seien $A \in \mathcal{F}$ und $B \in \mathcal{F}$ zufällige Ereignisse, die Elemente eines Ereignisfeldes $\mathcal{F}$ sind. Dann heißt die Funktion P, die jedem Ereignis des Ereignisfeldes eine reelle Zahl zuordnet, **Wahrscheinlichkeit**, wenn sie folgende Axiome erfüllt:

1. $0 \le P(A) \le 1$
2. $P(\Omega) = 1$
3. $P(A \cup B) = P(A) + P(B)$ mit $A \cap B = \varnothing$.

Anmerkungen zur Def. 11.1-1

1. Die axiomatische Wahrscheinlichkeitsdefinition geht auf eine Arbeit (1933) des russischen Mathematikers A. N. Kolmogorov zurück.
2. Ein **Axiom** (grch.: axioun → für recht halten) ist ein Lehrsatz, der nicht weiter bewiesen zu werden braucht.
3. Das 1. Wahrscheinlichkeitsaxiom, das auch **Nichtnegativitätsaxiom** genannt wird, besagt, daß die Wahrscheinlichkeit eines Ereignisses A stets nur eine reelle Zahl zwischen null und eins sein kann.
4. Das 2. Wahrscheinlichkeitsaxiom, das auch als **Normierungsaxiom** bezeichnet wird, besagt, daß die Wahrscheinlichkeit des sicheren Ereignisses Ω stets eins ist.
5. Das 3. Wahrscheinlichkeitsaxiom, das auch als **Additionsaxiom** bezeichnet wird, besagt, daß die Wahrscheinlichkeit für die logische Summe zweier disjunkter zufälliger Ereignisse A, B gleich ist der Summe der einzelnen Ereigniswahrscheinlichkeiten.
6. Die Funktionsbezeichnung P für die Wahrscheinlichkeit hat sich in Anlehnung an die englischsprachige Literatur (engl.: **P**robability → Wahrscheinlichkeit) auch in der deutschsprachigen Literatur als Standard durchgesetzt.

11.2 Klassische Definition

Definition 11.2-1

Es sei $A \in \mathcal{F}$ ein zufälliges Ereignis, das Element eines LAPLACEschen Ereignisfeldes ist. Dann heißt der Quotient

$$P(A) = \frac{h(A)}{h(\Omega)}$$

aus der Anzahl h(A) der Elementarereignisse A_i, die das Ereignis A nach sich ziehen, und der abzählbar endlichen Anzahl h(Ω) aller im Kontext des Zufallsexperiments möglichen Elementarereignisse **klassische Wahrscheinlichkeit** des Ereignisses A.

Anmerkungen zur Def. 11.2-1

1. Die klassische Wahrscheinlichkeitsdefinition geht auf den französischen Mathematiker Pierre Simon Laplace (1749-1827) zurück.
2. Bezeichnet man ein gleichmögliches Elementarereignis, das das zufällige Ereignis A nach sich zieht, als ein für das zufälliges Ereignis A **günstiges** Elementarereignis, so läßt sich die klassische Wahrscheinlichkeitsdefinition nach LAPLACE auch wie folgt formulieren:

$$P(A) = \frac{h(A)}{h(\Omega)} = \frac{\text{Anzahl der für A günstigen Elementarereignisse}}{\text{Anzahl der möglichen Elementarereignisse}}$$

3. Die praktische Bedeutung der klassischen Wahrscheinlichkeitsdefinition liegt vor allem darin, daß man die Wahrscheinlichkeit eines interessierenden Ereignisses i.allg. mit Hilfe der **Kombinatorik** berechnen kann, ohne das jeweilige Zufallsexperiment selbst durchführen zu müssen.

Beispiel 11.1-1

Das Zufallsexperiment bestehe im einmaligen Werfen einer Münze. Die möglichen Ausgänge des Zufallsexperiments sind die zwei gleichmöglichen Ergebnisse „Zahl oben" und „Wappen oben".
Bezeichnet man mit Z = {Zahl oben} und W = {Wappen oben} die im Zufallsexperiment möglichen **Elementarereignisse**, dann bilden die beiden Elementarereignisse Z und W wegen $Z \cup W = \Omega$ und $Z \cap W = \varnothing$ ein **LAPLACEsches Ereignisfeld** vom Umfang $h(\Omega) = 2$, wobei $\mathcal{F} = \{Z,W\}$ ist. Da für beide Elementarereignisse wegen $h(Z) = 1$ und $h(W) = 1$ jeweils nur ein günstiger Fall gegeben ist, gilt entsprechend der **klassischen** Wahrscheinlichkeitsdefinition

$$P(Z) = \frac{1}{2} \text{ und } P(W) = \frac{1}{2}.$$

Man sagt daher auch: Die Ereignisse Z und W sind **gleichwahrscheinlich**.

Beispiel 11.1-2

Bezugnehmend auf das Beispiel 9-2 überlegt man sich leicht, daß für alle $i = 1,2,...,6$ die $n = 6$ Elementarereignisse $A_i = \{i\}$ wegen

$$A_1 \cup A_2 \cup ... \cup A_6 = \{1,2,3,4,5,6\} = \Omega \text{ und } A_i \cap A_j = \varnothing,\ i \neq j,$$

ein **LAPLACEsches Ereignisfeld** bilden, da sie im Zuge des Zufallsexperiments „Einmaliges Würfeln mit einem idealen Spielwürfel." alle die gleiche Chance besitzen, als Augenzahl auf dem Würfel oben erscheinen zu können. Jedes im Zusammenhang mit dem Zufallsexperiment interessierende Ereignis läßt sich als

logische Summe der entsprechenden **Elementarereignisse** darstellen, wobei z.B. für die folgenden Ereignisse folgende Aussagen gelten:

- A: „Die Augenzahl ist gerade.“, also

$$A = A_2 \cup A_4 \cup A_6 = \{2\} \cup \{4\} \cup \{6\} = \{2,4,6\}.$$

  Wegen h(A) = 3 ist gemäß der **klassischen** Wahrscheinlichkeitsdefinition die Wahrscheinlichkeit für das Eintreten des Ereignisses A

$$P(A) = \frac{3}{6} = 0{,}5$$

- B: „Die Augenzahl ist ungerade.“, also

$$B = A_1 \cup A_3 \cup A_5 = \{1\} \cup \{3\} \cup \{5\} = \{1,3,5\},$$

  so daß wegen h(B) = 3

$$P(B) = \frac{3}{6} = 0{,}5$$

  ist.
- C: „Die Augenzahl ist gleich und kleiner 3.“, also

$$C = A_1 \cup A_2 = \{1\} \cup \{2\} = \{1,2\},$$

  so daß wegen h(C) = 2

$$P(C) = \frac{2}{6} = \frac{1}{3} = 0{,}3\overline{3}$$

  ist.
- $A \cup B$: „Die Augenzahl ist entweder gerade oder ungerade.“, also

$$P(A \cup B) = \frac{6}{6} = 1 = P(\Omega).$$

  Da die logische Summe der Ereignisse A und B das sichere Ereignis ist, ist die Wahrscheinlichkeit gemäß dem 2. Kolmogorovschen Axiom gleich eins.
- $A \cup C$: „Die Augenzahl ist verschieden von 5.“, also

$$P(A \cup C) = \frac{5}{6} = 0{,}8\overline{3}.$$

  Demnach beträgt die Wahrscheinlicheit dafür, beim einmaligen Würfeln mit einem (idealen) Würfel eine von 5 verschiedene Augenzahl zu würfeln, 0,833.

11.3 Statistische Definition

Definition 11.3-1

Ein Zufallsexperiment, bei dem das Ereignis A beobachtet wird, wird unter gleichen Bedingungen n-mal unabhängig voneinander wiederholt. Dann heißt die Beziehung

$$f(A) = \frac{h(A)}{n} \xrightarrow{n \to \infty} P(A)$$

statistische Wahrscheinlichkeit des Ereignisses A.

Anmerkungen zur Def. 11.3-1

1. Die statistische Wahrscheinlichkeitsdefinition geht auf den deutschen Mathematiker Richard von Mises (1883-1953) zurück.
2. Die statistische Definition der Wahrscheinlichkeit basiert auf der **relativen Häufigkeit** f(A), mit der das Ereignis A im Zuge eines Zufallsexperiments statistisch beobachtet wird.
3. Werden hinreichend viele Versuche n durchgeführt, so nähert sich die relative Häufigkeit f(A) des Ereignisses A entsprechend dem sog. **Gesetz der großen Zahlen** der Wahrscheinlichkeit P(A) für das Eintreten des zufälligen Ereignisses A.
4. Die statistische Definition ist in praxi dann von Vorteil, wenn Wahrscheinlichkeiten für interessierende Fragestellungen nicht berechnet werden können. Dann verwendet man die statistisch beobachteten relativen Häufigkeiten als **Näherungen** für die nicht bestimmbaren Wahrscheinlichkeiten.
5. In praxi werden statistische Wahrscheinlichkeiten i.allg. als Prozentzahlen angegeben.

Beispiel 11.3-1

Ein in der Fachliteratur oft zitiertes Beispiel ist das Experiment von *Buffon & Pearson*, die eine Münze 12000 bzw. 24000 mal geworfen haben.

Abbildung 11.3-1

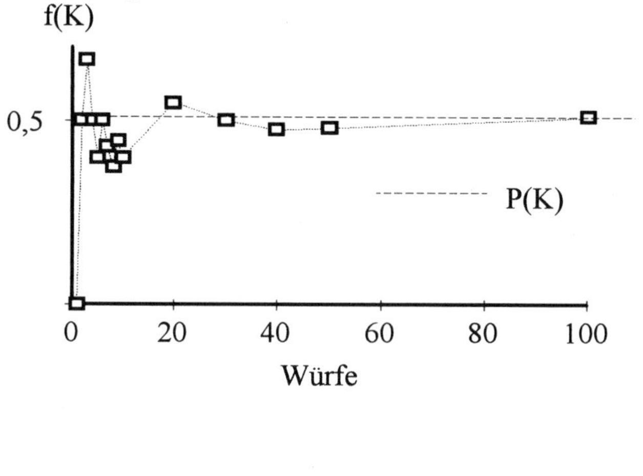

Die Abbildung 11.3-1 zeigt auszugsweise und stellvertretend für die Ergebnisse des Experiments die relativen Häufigkeiten f(K) für das Ereignis K = {Kopf} für die ersten 100 Würfe. Man erkennt bereits nach n = 100 Würfen, daß die sich die relativen Häufigkeiten f(K) auf einen Wert um 0,5 einpegeln. Die klassiche Wahrscheinlichkeit von P(K) = 0,5 ist durch die gestrichelte Linie gekennzeichnet.

11.4 Subjektive Definition

Definition 11.4-1

Die willkürliche Bestimmung der Wahrscheinlichkeit P(A) eines Ereignisses A durch eine mit dem jeweiligen Zufallsexperiment vertrauten Person heißt **subjektive Wahrscheinlichkeit**.

Anmerkungen zur Def. 11.4-1

1. Subjektive Wahrscheinlichkeiten spielen in der **Entscheidungstheorie** für Lösungsansätze von Entscheidungsproblemen unter Ungewißheit eine besondere Rolle.
2. Subjektive Wahrscheinlichkeiten werden in praxi oft als **Wettchancen** angegeben.

Beispiel 11.4-1

Wenn ein Student der Betriebswirtschaft bei einem Wetteinsatz von 5 Bier die **Wette**, daß er beim einmaligen Würfeln mit einem Spielwürfel eine Sechs würfelt, der Wette vorzieht, daß er die Statistik-Klausur beim ersten Anlauf besteht, dann ist die subjektive Wahrscheinlichkeit dafür, daß er die Klausur besteht, kleiner als ein Sechstel.

Beispiel 11.4-2

William Shakespeare läßt in der Tragödie *Hamlet, Prinz von Dänemark* im fünften Aufzug, zweite Szene, den Hofmann Osrick zu Hamlet sagen:

> *„Der König, Herr, hat gewettet, daß Laertes in zwölf Stößen von beiden Seiten nicht über drei vor Euch voraushaben soll; er hat auf* ***zwölf gegen neun*** *gewettet ...“*

Bezeichnet man aufgrund der königlichen Aussage

> *„... wenn Hamlet trifft zum ersten oder zweiten, wenn er beim dritten Tausch den Stoß erwidert, laßt das Geschütz von allen Zinnen feuern ..."*

das Ereignis, daß Hamlet in 12 Stößen drei hintereinander trifft, mit A, dann entspricht die königliche Wette von 9 zu 12 einer subjektiven Wahrscheinlichkeit von

$$P(A) = \frac{9}{9+12} \approx 0{,}43.$$

Unterstellt man einmal, daß der König mit Hamlets Fechtkünsten vertraut ist und die **subjektive Wahrscheinlichkeit** als Maßzahl für die **Gewinnchance** Hamlets angesehen werden darf, dann ist die Chance, daß das „... Geschütz von allen Zinnen feuert ...“, allerdings nicht sehr groß.

Für alle Shakespeare-Freunde, die die Wahrscheinlichkeitsrechnung nicht kalt und unpoetisch finden, sollen des Interesses wegen noch zwei Lösungsansätze skizziert werden, die sich der **Kombinatorik** bedienen. Sie gehen von den folgenden Prämissen aus:

1. Hamlet und Laertes sind gleich gute Fechter, so daß jeder die gleiche Chance besitzt, einen beliebigen Fechtgang von den zwölf Fechtgängen für sich zu entscheiden.
2. In jedem Fechtgang gibt es nur einen Sieger und einen Verlierer.

Unter den genannten Bedingungen gibt es insgesamt $2^{12} = 4096$ **Variationen** (gleichmögliche Mensuren) von 2 Elementen (Fechtern) zur 12. Klasse (Fechtgänge) **mit Wiederholung**. Da beide gleichgute Fechter sind, gewinnt z.B. Hamlet 4096/2 = 2048 mal im ersten Fechtgang, eine Überlegung, die das Verständnis der folgenden Aussage etwas erleichert: In

$$\binom{12}{0}+\binom{11}{1}+\binom{10}{2}+\binom{9}{3}+\binom{8}{4}+\binom{7}{5}+\binom{6}{6}=1+11+45+84+70+21+1=233$$

gleichmöglichen Mensuren zu je 12 Fechtgängen siegen **weder** Hamlet **noch** Laertes in drei aufeinanderfolgenden Fechtgängen. Gleiches gilt dann auch für Laertes, so daß letztlich in den $4096-2\cdot 233=3630$ **verbleibenden** Mensuren entweder Hamlet oder Laertes oder beide (mindestens) drei Fechtgänge in Folge gewinnen, wovon wiederum die Hälfte, also 3630/2 = 1815 Mensuren auf Hamlet entfallen, in denen er (mindestens) dreimal in Folge als Sieger hervorgeht. In Anlehnung an die **klassische** Wahrscheinlichkeitsdefinition beträgt letztlich die **Wahrscheinlichkeit** dafür, daß Hamlet in 12 Fechtgängen 3 in Folge für sich entscheidet, 1815/4096 = 0,443, ein Ergebnis, daß erstaunlich nahe an der **subjektiven** Wahrscheinlichkeit Shakespeare´s von ~ 0,43 liegt.

Zum gleichen Ergebnis gelangt man unter Verwendung der Fibonacci-Zahlen:

$$\frac{1}{2^3}+\frac{1}{2^4}+\frac{2}{2^5}+\frac{3}{2^6}+\frac{5}{2^7}+\frac{8}{2^8}+\ldots+\frac{55}{2^{12}}=\frac{1815}{4096}\approx 0{,}443.$$

Der erste Summand gibt dabei die **klassische** Wahrscheinlichkeit dafür an, daß Hamlet in 3 Fechtgängen dreimal in Folge gewinnt. Dies leuchtet ein, zumal es für Hamlet eben nur eine günstige von $2^3 = 8$ gleichmöglichen Mensuren zu drei Fechtgängen gibt. Analog sind dann die weiteren Summanden zu interpretieren.

(vgl.: Evert Sprinchorn, The Odds on Hamlet, The American Statistician, 12/1970, pp. 14 - 17)

11.5 Aufgaben

Aufgabe 11.5-1
Bestimmen Sie die Wahrscheinlichkeiten für die in der Aufgabe 10.6-3 genannten Ereignisse beim Spielen von „Max".

Aufgabe 11.5-2
Nennen Sie die Bedingungen, unter denen es sinnvoll ist, die in der Aufgabe 10.6-2 bestimmten relativen Häufigkeiten als Wahrscheinlichkeiten zu verwenden und zu interpretieren.

Aufgabe 11.5-3
Bestimmen Sie die Wahrscheinlichkeit dafür, daß Sie einen mit einem dreistelligen Ziffernschloß verschlossenen Aktenkoffer beim ersten Versuch öffnen.

Aufgabe 11.5-4
Sie sitzen nach einem erfolgreichen Studientag am Biertisch und spielen Skat. Bevor Sie und Ihre Studienfreunde zahlen, vereinbaren Sie eine letzte Runde „mit Unikum", wenn eine aus den gut gemischten 32 Skatkarten zufällig herausgegriffene Karte eine „Dame" oder eine „Herz-Karte" ist.
Wie groß ist die Wahrscheinlichkeit dafür, daß Sie und Ihre Freunde den Skatabend mit einer „Unikum-Runde" abschließen? Begründen und skizzieren Sie Ihre Lösung.

Aufgabe 11.5-5
Wie groß ist die Wahrscheinlichkeit, beim Zahlenlotto „6 aus 49" mit einem Tippschein einen Dreier, Vierer, Fünfer oder Sechser (ohne Zusatzzahl) zu gewinnen? Begründen und skizzieren Sie Ihre Lösungen.

Aufgabe 11.5-6
Sie führen das folgende Zufallsexperiment durch: „Zweimaliges Werfen einer 5-Mark-Münze". Wie groß ist die Wahrscheinlichkeit dafür, daß a) zweimal die Zahl 5, b) mindestens einmal die Zahl 5 und c) keinmal die Zahl 5 oben erscheint?

Aufgabe 11.5-7
In einer Schachtel befinden sich 6 aufladbare Akkumulatoren, von denen zwei Leer sind. Sie benötigen gerade für Ihren Walkman einen „neuen" Akku.
Wie groß ist die Wahrscheinlichkeit dafür, daß Sie beim ersten Versuch einen funktionsfähigen Akku herausgreifen?

12 Wahrscheinlichkeitstheoreme

12.1 Elementartheoreme

Definition 12.1-1

Die Wahrscheinlichkeit P des unmöglichen Ereignisses $\varnothing$ ist null, so daß $P(\varnothing) = 0$ gilt.

Definition 12.1-2

Die Wahrscheinlichkeit P des sicheren Ereignisses Ω ist eins, so daß $P(\Omega) = 1$ gilt.

Definition 12.1-3

Es seien $A, B \in \mathcal{F}$ zufällige Ereignisse eines Ereignisfeldes $\mathcal{F}$. Ferner ziehe das Ereignis A das Ereignis B nach sich. Dann gilt für $A \subset B$ stets $P(A) \le P(B)$.

Definition 12.1-4

Es sei $A \in \mathcal{F}$ ein zufälliges Ereignis eines Ereignisfeldes $\mathcal{F}$. Ferner sei $\overline{A} \in \mathcal{F}$ das zum Ereignis A gehörende Komplementärereignis. Dann gilt für die Wahrscheinlichkeit P des Komplementärereignisses $\overline{A}$ stets $P(\overline{A}) = 1 - P(A)$.

Beispiel 12.1-1

Das Zufallsexperiment bestehe im einmaligen Würfeln mit einem (idealen) Spielwürfel. Interessiert man sich für die Wahrscheinlichkeit des Eintretens des zufälligen Ereignisses S: „Die Augenzahl ist die **Sieben**.“, dann errechnet man unter Verwendung der **klassischen Definition** eine Wahrscheinlichkeit von

$$P(S) = \frac{h(S)}{h(\Omega)} = \frac{0}{6} = 0 = P(\varnothing).$$

Dies ist einleuchtend, denn das Ereignis S stellt im Kontext des Zufallsexperiments das **unmögliche Ereignis** dar, so daß sowohl die Anzahl h(S) der für das Ereignis S günstigen Fälle (von den $h(\Omega) = 6$ möglichen Fällen) als auch die Wahrscheinlichkeit P(S) null ist.

In logischen Konsequenz ist die Wahrscheinlichkeit $P(\Omega)$ für das **sichere Ereignis** $\Omega = \{1,2,3,4,5,6\}$ wegen

$$P(\Omega) = \frac{h(\Omega)}{h(\Omega)} = \frac{6}{6} = 1.$$

Beispiel 12.1-2

Bezugnehmend auf das Beispiel 10.1-1 errechnet man für die Ereignisse A, B und C unter Verwendung der **klassischen Definition** die folgenden Wahrscheinlichkeiten:

$$P(A) = \frac{h(A)}{h(\Omega)} = \frac{1}{6},\ P(B) = \frac{h(B)}{h(\Omega)} = \frac{3}{6} = \frac{1}{2} \text{ und } P(C) = \frac{h(C)}{h(\Omega)} = \frac{5}{6}.$$

Da z.B. das Ereignis B das Ereignis C **nach sich zieht**, gilt für die Wahrscheinlichkeiten der Ereignisse die folgende leicht nachprüfbare Relation: P(B) < P(C).

Beispiel 12.1-3

Bezugnehmend auf das Beispiel 9-7 errechnet man für das Ereignis B: „Die Summe der Augenzahlen beim einmaligen Würfeln mit zwei unterschiedlich farbigen Würfeln ist größer als 10." unter Verwendung der **klassischen Definition** eine Wahrscheinlichkeit von

$$P(B) = \frac{h(B)}{h(\Omega)} = \frac{3}{36} = \frac{1}{12}.$$

Die **Komplementärwahrscheinlichkeit** ist dann

$$P(\overline{B}) = 1 - P(B) = 1 - \frac{1}{12} = \frac{11}{12}.$$

Demnach ist es sehr wahrscheinlich, beim einmaligen Würfeln eine Augenzahlsumme kleiner und gleich zehn zu würfeln.

12.2 Additionstheoreme

Definition 12.2-1

Es seien A, B $\in \mathcal{F}$ zwei beliebige zufällige Ereignisse eines Ereignisfeldes $\mathcal{F}$. Dann heißt die Beziehung

$$P(A \cup B) = P(A) + P(B) - P(A \cap B)$$

allgemeines Additionstheorem für zwei Ereignisse.

Anmerkung zur Def. 12.2-1

1. Synonyme: **allgemeiner Additionssatz**, allgemeine Additionsregel

2. Das allgemeine Additionstheorem (grch.: theorema → Lehrsatz, Regel) läßt sich durch wiederholte Anwendung auf die Betrachtung von mehr als zwei Ereignissen erweitern.

Beispiel 12.2-1

Bezugnehmend auf die Beispiele 10.2-1 und 10.3-1 errechnet man unter Verwendung der **klassischen Definition** für die Ereignisse A, C und $A \cap C$ die folgenden Wahrscheinlichkeiten:

$$P(A) = \frac{h(A)}{h(\Omega)} = \frac{3}{6},\ P(C) = \frac{h(C)}{h(\Omega)} = \frac{2}{6},\ P(A \cap C) = \frac{h(A \cap C)}{h(\Omega)} = \frac{1}{6},$$

so daß sich bei Anwendung des **allgemeinen Additionstheorems** für die logische Summe der Ereignisse $A \cup C$ eine Wahrscheinlichkeit von

$$P(A \cup C) = \frac{3}{6} + \frac{2}{6} - \frac{1}{6} = \frac{2}{3}$$

ergibt. Das Ergebnis leuchtet ein, da die Ereignisse A und C das Elementarereignis „Augenzahl 2" gemeinsam haben und diese „Doppelzählung" bei der Wahrscheinlichkeitsbestimmung berücksichtigt bzw. bereinigt werden muß. Zum gleichen Ergebnis gelangt man bei Anwendung der klassischen Wahrscheinlichkeitsdefinition auf die **logische Summe** $A \cup C$, wobei

$$P(A \cup C) = \frac{h(A \cup C)}{h(\Omega)} = \frac{4}{6} = \frac{2}{3}$$

gilt.

Definition 12.2-2

Es seien $A, B \in \mathcal{F}$ zwei disjunkte zufällige Ereignisse eines Ereignisfeldes $\mathcal{F}$, so daß $A \cap B = \varnothing$ gilt. Dann heißt die Beziehung

$$P(A \cup B) = P(A) + P(B)$$

Additionstheorem für zwei disjunkte Ereignisse.

Anmerkungen zur Def. 12.2-2

1. Die gezeigte Additionsregel ist das **Additionsaxiom** der Kolmogorovschen Wahrscheinlichkeitsdefinition.
2. Für $i = 1,2,...,n$ paarweise disjunkte zufällige Ereignisse A_i gilt die folgende Verallgemeinerung:

$$P(\bigcup_{i=1}^{n} A_i) = \sum_{i=1}^{n} P(A_i) \text{ mit } A_i \cap A_j = \emptyset \text{ für } i \neq j.$$

Beispiel 12.2-2
Ausgehend von den Beispielen 10.2-1 und 10.3-1 errechnet man unter Verwendung der **klassischen Wahrscheinlichkeitsdefinition** für die Ereignisse A und B die folgenden Wahrscheinlichkeiten:

$$P(A) = \frac{h(A)}{h(\Omega)} = \frac{3}{6} = \frac{1}{2} \text{ und } P(B) = \frac{h(B)}{h(\Omega)} = \frac{3}{6} = \frac{1}{2}.$$

Da wegen $A \cap B = \emptyset$ die beiden Ereignisse **disjunkt** sind, gilt gemäß dem **Additionstheorem** für die sich paarweise gegenseitig ausschließenden Ereignisse A und B

$$P(A \cup B) = P(A) + P(B) = \frac{1}{2} + \frac{1}{2} = 1 = P(\Omega).$$

Dieses Ergebnis leuchtet ein, da es beim einmaligen Würfeln mit einem Würfel als sicher gilt, daß entweder eine gerade oder eine ungerade Augenzahl oben erscheint.

12.3 Bedingte Wahrscheinlichkeit

Definition 12.3-1

Es seien A, B $\in \mathcal{F}$ zwei zufällige Ereignisse eines Ereignisfeldes $\mathcal{F}$. Dann heißt die Wahrscheinlichkeit $P(A|B)$ für das Eintreten des Ereignisses A unter der Bedingung, daß das Ereignis B bereits eingetreten ist, **bedingte Wahrscheinlichkeit**. Für die bedingte Wahrscheinlichkeit gilt

$$P(A|B) = \frac{P(A \cap B)}{P(B)}, \text{ falls } P(B) > 0.$$

Anmerkungen zur Def. 12.3-1

1. Wegen

$$P(B|A) = \frac{P(A \cap B)}{P(A)}, \text{ falls } P(A) > 0.,$$

sind die bedingten Wahrscheinlichkeiten $P(A|B)$ und $P(B|A)$ i.allg. voneinander **verschieden**.

2. Für bedingte Wahrscheinlichkeiten gelten i.allg. die gleichen Rechenregeln wie für die unbedingten Wahrscheinlichkeiten.

3. Das **Venn-Diagramm** zur Verdeutlichung bedingter Ereignisse ist in der Abbildung 12.3-1 skizziert.

Abbildung 12.3-1

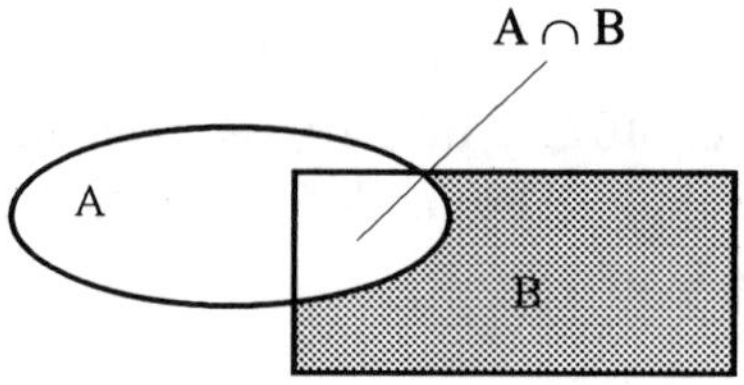

Man erkennt jetzt leicht, daß die bedingte Wahrscheinlichkeit P(A|B) bildhaft gedeutet werden kann als der „Flächen**anteil**" von B, der von A überlagert wird.

Beispiel 12.3-1

In Anlehnung an das Beispiel 9-7 bestehe das Zufallsexperiment im einmaligen Würfeln mit zwei (idealen) Spielwürfeln von roter und gelber Farbe. Von Interesse seien die Ereignisse

- A: „Die Summe der Augenzahlen ist 4.", so daß gilt:

$$A = \{(r,g) \in N : r + g = 4\} = \{(1,3),(2,2),(3,1)\}$$

- „Beide Augenzahlen sind gerade.", so daß gilt:

$$B = \{(r,g) \in N : r \wedge g \text{ gerade}\} =$$
$$\{(2,2),(2,4),(2,6),(4,2),(4,4),(4,6),(6,2),(6,4),(6,6)\}$$

Bei Anwendung der **klassischen** Wahrscheinlichkeitsdefinition errechnet man die folgenden unbedingten Wahrscheinlichkeiten

$$P(A) = \frac{h(A)}{h(\Omega)} = \frac{3}{36} = \frac{1}{12} \text{ und } P(B) = \frac{h(B)}{h(\Omega)} = \frac{9}{36} = \frac{1}{4},$$

wobei unter Ausnutzung der Kombinatorik für $h(B) = V^W_{3;2} = 3^2 = 9$ gilt, da die Anzahl der für das Ereignis B günstigen Fälle auch als eine Variation von 3 Elementen (gerade Augenzahlen) zur 2. Klasse (zwei Würfel) aufgedeckt werden kann.

Wegen $A \cap B = \{(2,2)\}$ und $h(A \cap B) = 1$ ist

$$P(A \cap B) = \frac{h(A \cap B)}{h(\Omega)} = \frac{1}{36},$$

so daß sich letztlich die **bedingten Wahrscheinlichkeiten**

$$P(A|B) = \frac{\frac{1}{36}}{\frac{1}{4}} = \frac{1}{9} \text{ und } P(B|A) = \frac{\frac{1}{36}}{\frac{1}{12}} = \frac{1}{3}$$

ergeben. Demnach beträgt die Wahrscheinlichkeit dafür, daß z.B die Summe der Augenzahlen gleich vier ist, unter der Bedingung, daß beide Augenzahlen gerade sind, 1/9. Dieses Ergebnis leuchtet ein, da es im konkreten Fall nur das eine „günstige" Elementarereignis {(2;2)} von den neun möglichen Elementarereignissen im Kontext des Ereignisses B gibt.

Definition 12.3-2

Es seien A, B ∈ $\mathcal{F}$ zwei zufällige Ereignisse eines Ereignisfeldes $\mathcal{F}$, deren unbedingte Wahrscheinlichkeiten P(A) und P(B) sowie deren bedingte Wahrscheinlichkeiten P(A|B) und P(B|A) bekannt sind. Die Ereignisse A und B heißen stochastisch **unabhängig**, wenn

$$P(A|B) = P(A) \text{ oder } P(B|A) = P(B)$$

gilt. Gilt

$$P(A|B) \neq P(A) \text{ oder } P(B|A) \neq P(B),$$

so heißen sie stochastisch **abhängig.**

Anmerkungen zur Def. 12.3-2

1. Die Betrachtung der stochastischen Unabhängigkeit von mehr als zwei zufälligen Ereignissen führt zum Begriff der **vollständigen** stochastischen Unabhängigkeit.
2. Vollständig stochastisch unabhängige Ereignise sind stets auch **paarweise** stochastisch voneinander unabhängig.
3. Aus der paarweisen stochastischen Unabhängigkeit von Ereignissen folgt i.allg. **nicht** deren vollständige stochastische Unabhängigkeit.
4. Die stochastische Unabhängigkeit ist ein **fundamentales Theorem** der mathematischen Statistik.

Beispiel 12.3-2

In Weiterführung des Beispiels 12.3-1 interessieren zusätzlich die Ereignisse

- C: „Der rote Würfel zeigt (oben) eine 6." bzw.

$$C = \{(r,g): r = 6; 1 \leq g \leq 6\} = \{(6,1),(6,2),(6,3),(6,4),(6,5),(6,6)\}$$

- D: „Der gelbe Würfel zeigt (oben) eine 6." bzw.

$$D = \{(r,g): 1 \leq r \leq 6; g = 6\} = \{(1,6),(2,6),(3,6),(4,6),(5,6),(6,6)\}.$$

Wegen h(C) = 6 und h(D) = 6 errechnet man unter Verwendung der **klassischen Definition** die folgenden Wahrscheinlichkeiten:

$$P(C) = \frac{h(C)}{h(\Omega)} = \frac{6}{36} = \frac{1}{6} \text{ und } P(D) = \frac{h(D)}{h(\Omega)} = \frac{6}{36} = \frac{1}{6}.$$

Demnach sind beim einmaligen Würfeln mit zwei Würfeln die Ereignisse C und D **gleichwahrscheinlich**.
Ist man daran interessiert, die Wahrscheinlichkeit dafür zu berechnen, daß im Zufallsexperiment sowohl der rote als auch der gelbe Würfel eine 6 zeigt, so bestimmt man mit Hilfe des **logischen Ereignisprodukts**

$$C \cap D = \{(r,g): (r,g) \in C \wedge (r,g) \in D\} = \{(6,6)\}$$

die Anzahl $h(C \cap D) = 1$ der für die Ereignisverknüpfung günstigen geordneten Augenzahlpaare (Elementarereignisse) und mittels der **klassischen Definition** die Wahrscheinlichkeit

$$P(C \cap D) = \frac{h(C \cap D)}{h(\Omega)} = \frac{1}{36}$$

für das Ereignis, daß beim einmaligen Würfeln mit zwei Würfeln eine Doppel-Sechs oben erscheint. Man kann nunmehr leicht nachvollziehen, daß die Ergebnismengen für die bedingten Ereignisse $C|D = \{(6,6)\}$ und $D|C = \{(6,6)\}$ **einelementig** im Sinne des Zufallsexperiments sind, so daß wegen $h(C|D) = h(D|C) =$ auf der Grundlage der klassischen Definition die **bedingten Wahrscheinlichkeiten**

$$P(C|D) = \frac{h(C|D)}{h(D)} = \frac{1}{6} \text{ und } P(D|C) = \frac{h(D|C)}{h(C)} = \frac{1}{6}$$

bestimmt werden können. Da offensichtlich

$$P(C|D) = P(C) = \frac{1}{6} \text{ und } P(D|C) = P(D) = \frac{1}{6}$$

gilt, hat man neben der logischen Überlegung auch die mathematische Bestätigung dafür gefunden, daß das Ereignis des Erscheinens einer 6 auf dem roten

Würfel stochastisch **unabhängig** ist vom Erscheinen einer 6 auf dem gelben Würfel und umgekehrt. Die stochastische Unabhängigkeit gilt für alle zulässigen Augenzahlvariationen im betrachteten Zufallsexperiment.

12.4 Multiplikationstheoreme

Definition 12.4-1

Es seien A, B $\in \mathcal{F}$ zwei zufällige Ereignisse eines Ereignisfeldes $\mathcal{F}$, deren unbedingte Wahrscheinlichkeiten P(A) und P(B) sowie deren bedingte Wahrscheinlichkeiten P(A|B) und P(B|A) bekannt sind. Dann heißt die Beziehung

$$P(A \cap B) = P(A) \cdot P(B|A) = P(A|B) \cdot P(B)$$

allgemeines Multiplikationstheorem für zwei Ereignisse.

Anmerkungen zur Def. 12.4-1

1. Das allgemeine Multiplikationstheorem kann auf die Betrachtung von mehr als zwei Ereignissen erweitert werden.
2. Das Multiplikationstheorem findet in praxi überall dort Anwendung, wo Wahrscheinlichkeiten von Ereignissen bestimmt werden, die mit Hilfe der Ereignisoperation **logisches Produkt** verknüpft werden.

Definition 12.4-2

Es seien A, B $\in \mathcal{F}$ zwei stochastisch unabhängige zufällige Ereignisse eines Ereignisfeldes $\mathcal{F}$, deren unbedingte Wahrscheinlichkeiten P(A) und P(B) bekannt sind. Dann heißt die Beziehung

$$P(A \cap B) = P(A) \cdot P(B)$$

Multiplikationstheorem für zwei stochastisch unabhängige Ereignisse.

Anmerkungen zur Def. 12.4-2

1. Das Multiplikationstheorem für stochastisch unabhängige Ereignisse ist eine Spezialfall des allgemeinen Multiplikationstheorems und spielt in der statistischen Methodenlehre eine außerordentlich wichtige Rolle. Z.B. basiert der **Chi-Quadrat-Unabhängigkeitstest** in seiner Anwendung auf Kontingenztabellen auf diesem Theorem. (vgl. Definition 18.3.2-1)
2. In praxi findet das Multiplikationstheorem überall dort breite Anwendung, wo die Wahrscheinlichkeit für das **gemeinsame** Auftreten von **unabhängigen** Ereignissen zu berechnen ist.
3. Mitunter wird die stochastische Unabhängigkeit von Ereignissen anhand der folgenden Darstellung des Theorems erklärt: Zwei Ereignisse heißen stochastisch unabhängig, wenn das Produkt ihrer unbedingten Wahrscheinlichkeiten gleich der Wahrscheinlichkeit ihres gemeinsamen Eintretens ist.

Beispiel 12.4-1

Das Zufallsexperiment bestehe wiederum im einmaligen Würfeln mit zwei verschiedenfarbigen (idealen) Würfeln. In Anlehnung der betrachteten Ereignisse in den Beispielen 9-7 und 12.3-1 werden die Ereignisse

- E: „Die Summe der Augenzahlen ist 4." bzw.

$$E = \{(r, g) \in N : r + g = 4\} = \{(1,3), (2,2), (3,1)\}$$

- F: „Die Summe der Augenzahlen ist größer als 10." bzw.

$$F = \{(r, g) \in N : r + g > 10\} = \{(5,6), (6,5), (6,6)\}$$

unter Verwendung des Multiplikationstheorems auf stochastische **Unabhängigkeit** untersucht. Die Wahrscheinlichkeit dafür, daß im Zuge des Zufallsexperiments beide Ereignisse gemeinsam eintreten, ist

$$P(E \cap F) = \frac{h(E \cap F)}{h(\Omega)} = \frac{0}{36} = 0,$$

da offenbar das logische Ereignisprodukt $E \cap F = \varnothing$ eine leere Ergebnismenge ist. Man sagt daher auch: Die zufälligen Ereignisse E und F sind **disjunkt** oder elementefremd. Da die unbedingten Ereigniswahrscheinlichkeiten

$$P(E) = \frac{h(E)}{h(\Omega)} = \frac{3}{36} = \frac{1}{12} \text{ und } P(F) = \frac{h(F)}{h(\Omega)} = \frac{3}{36} = \frac{1}{12}$$

sind, aber

$$P(E \cap F) = 0 \neq P(E) \cdot P(F) = \frac{1}{12} \cdot \frac{1}{12} = \frac{1}{144}$$

gilt, sind die beiden Ereignisse stochastisch voneinander **abhängig**. Wohl schließen sich die zufälligen Ereignisse E und F gegenseitig aus, aber sie sind **nicht** voneinander unabhängig. Dies leuchtet im konkreten Fall ein, denn wenn das Ereignis E eintritt, kann das Ereignis F nicht mehr eintreten. Damit hängt das Eintreten des Ereignisses F vom Eintritt des Ereignisses E stochastisch ab.

Beachte:

Sind zwei zufällige Ereignisse unvereinbar, so sind sie **nicht** voneinander unabhängig.

12.5 Totale Wahrscheinlichkeit

Definition 12.5-1

Es seien für alle i = 1,2,...,n $A_i \in \mathcal{F}$ paarweise disjunkte Ereignisse eines Ereignisfeldes $\mathcal{F}$ mit den Wahrscheinlichkeiten $P(A_i)$, deren logische Summe das sichere Ereignis Ω ist. Ferner sei $B \in \mathcal{F}$ ein zufälliges Ereignis, dessen bedingte Wahrscheinlichkeiten $P(B|A_i)$ bezüglich der Ereignisse A_i bekannt sind. Dann heißt die Beziehung

$$P(B) = \sum_{i=1}^{n} P(B|A_i) \cdot P(A_i)$$

totale Wahrscheinlichkeit für das Ereignis B.

Anmerkungen zur Def. 12.5-1

1. Synonym: **unbedingte** Wahrscheinlichkeit
2. Das **Venn-Diagramm** in der Abbildung 12.5-1 skizziert die Idee der totalen Wahrscheinlichkeit.

Abbildung 12.5-1

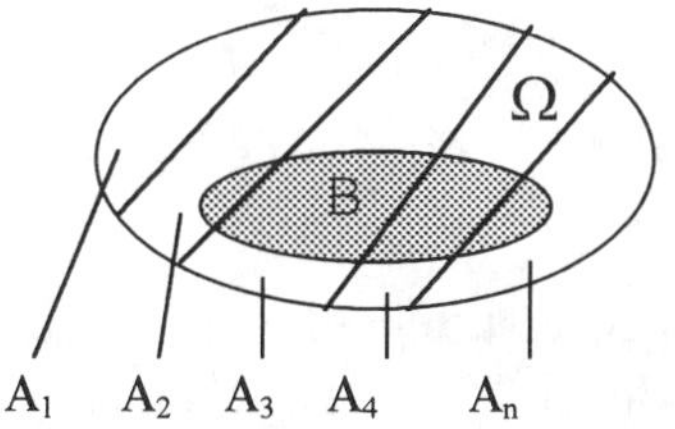

3. Das Ereignis B tritt offensichtlich mit einem der disjunkten Ereignisse A_i ein, so daß B als logische Summe der n paarweise disjunkten Ereignisse $B \cap A_i$ dargestellt werden kann, woraus sich unter Verwendung des **allgemeinen Multiplikationstheorems** die Formel der totalen Wahrscheinlichkeit ableiten läßt.

Beispiel 12.5-1

Erfahrungen aus den vergangenen Semestern besagen, daß an der FHTW Berlin erwartungsgemäß 30% der Studenten im Studiengang Wirtschaftsinformatik und 40% der Studenten Studiengang Betriebswirtschaft die Statistikklausur im Grundstudium im ersten Anlauf nicht bestehen. Erfahrungsgemäß sind 4/5 der Statistikhörer Studenten der Betriebswirtschaft und 1/5 der Hörer Studenten der Wirtschaftsinformatik. Einmal angenommen, Ihre Freundin hat sich an der FHTW im Grundstudium in die Lehrveranstaltung Statistik für Studenten der Betriebswirtschaft und der Wirtschaftsinformatik eingeschrieben. Wie groß wäre ihre Chance, unter sonst gleichen Bedingungen im ersten Anlauf die Statistikklausur zu bestehen?

Zur Beantwortung dieser durchaus wichtigen studentischen Überlebensfrage werden die folgenden zufälligen Ereignisse eingeführt:

- B: „Ein zufällig ausgewählter Klausurteilnehmer ist im betriebswirtschaftlichen Studiengang eingeschrieben.“
- W: „Ein zufällig ausgewählter Klausurteilnehmer ist im Studiengang Wirtschaftsinformatik eingeschrieben.“
- D: „Ein zufällig ausgewählter Klausurteilnehmer fällt im ersten Anlauf durch.“
- D|B: „Ein zufällig ausgewählter Klausurteilnehmer fällt durch unter der Bedingung, StudentIN der Betriebswirtschaft zu sein.“
- D|W: „Ein zufällig ausgewählter Klausurteilnehmer fällt durch unter der Bedingung, StudentIN der Wirtschaftsinformatik zu sein.“

Da hinreichend viele Studenten in beiden Studiengängen immatrikuliert sind, können in Anlehnung an die **statistische Wahrscheinlichkeitsdefintion** die empirisch beobachteten relativen Häufigkeiten in hinreichend guter Näherung als Wahrscheinlichkeiten interpretiert werden. Zu Zuordnung der Wahrscheinlichkeiten zu den vereinbarten Ereignissen ergibt dabei das folgende Bild:

$$f(B) = \frac{4}{5} = 0{,}8 \approx P(B) \text{ und } f(W) = \frac{1}{5} = 0{,}2 \approx P(W)$$

$$f(D|B) = \frac{40\%}{100\%} = 0{,}4 \approx P(D|B) \text{ und } f(D|W) = \frac{30\%}{100\%} = 0{,}3 \approx P(D|W).$$

Da ein zufällig ausgewählter Klausurteilnehmer im Kontext des betrachteten Zufallsexperiments „Statistik-Klausur“ nur im Studiengang **B**etriebswirtschaft oder im Studiengang **W**irtschaftsinformatik immatrikuliert sein kann, schließen sich die Ereignisse B und W gegenseitig aus, so daß wegen $B \cap W = \varnothing$ unter Verwendung des **Additionstheorems**

$$P(B \cup W) = P(B) + P(W) = 0{,}8 + 0{,}2 = 1 = P(\Omega)$$

gilt. Die **totale Wahrscheinlichkeit** des **D**urchfallens errechnet sich dann aus

$$P(D) = P(D|B) \cdot P(B) + P(D|W) \cdot P(W) = 0{,}4 \cdot 0{,}8 + 0{,}3 \cdot 0{,}2 = 0{,}38.$$

Die Wahrscheinlichkeit dafür, die Statistik-Klausur im ersten Anlauf zu bestehen, beträgt demnach (bei Unterstellung sonst gleicher Bedingungen) 0,38. Interpretiert man das Ergebnis im Sinne der statistischen Wahrscheinlichkeitsdefinition, so würden erwartungsgemäß 38% der Statistikhörer aus beiden Studiengängen die Klausur nicht bestehen.

Interpretiert man die bedingten (statistischen) Wahrscheinlichkeiten im Sinne der deskriptiven Statistik als studiengangspezifische **Durchfallerquoten**, so läßt sich die totale Wahrscheinlichkeit auch interpretieren als ein gewogenes **arithmetisches Mittel** aus den studiengangspezifischen **D**urchfallerquoten D_i und den prozentualen studiengangspezifischen **H**örer-Anteilen H_i, wobei

$$\overline{D} = \frac{\sum_{i=1}^{2} D_i \cdot H_i}{\sum_{i=1}^{2} H_i} = \frac{40 \cdot 80 + 30 \cdot 20}{80 + 20} = 38\%$$

ist.

12.6 Theorem von BAYES

Definition 12.6-1

Es seien für alle i = 1,2,...,n $A_i \in \mathcal{F}$ paarweise disjunkte Ereignisse eines Ereignisfeldes $\mathcal{F}$ mit den Wahrscheinlichkeiten $P(A_i)$, deren logische Summe das sichere Ereignis ist. Ferner sei $B \in \mathcal{F}$ ein zufälliges Ereignis, dessen bedingte Wahrscheinlichkeiten $P(B|A_i)$ bezüglich der Ereignisse A_i bekannt sind. Dann heißt für alle k = 1,2,...,n die Beziehung

$$P(A_k|B) = \frac{P(B|A_k) \cdot P(A_k)}{\sum_{i=1}^{n} P(B|A_i) \cdot P(A_i)} = \frac{P(B|A_k) \cdot P(A_k)}{P(B)}$$

BAYESsches Theorem.

Anmerkungen zur Def. 12.6-1

1. Das BAYESsche Theorem findet in praxi bei der Bestimmung von Wahrscheinlichkeiten bei **Risikoentscheidungen** eine breite Anwendung.
2. Die Wahrscheinlichkeiten $P(A_i)$ bezeichnet man im Zusammenhang mit dem BAYESschen Theorem auch als **a-priori-Wahrscheinlichkeiten** (lat.: a priori $\rightarrow$ vom Früheren her, von vorherein). Dies rührt daher, daß die Ereignisse A_i im Kontext eines Zufallsexperiments meist nicht direkt beobachtet, wohl aber ihre Wahrscheinlichkeiten $P(A_i)$ berechnet werden können.
3. Die bedingten Wahrscheinlichkeiten $P(A_k|B)$ bezeichnet man auch als **a-posteriori-Wahrscheinlichkeiten** (lat.: a posteriori $\rightarrow$ vom Späteren her, nachträglich). Dies rührt aus ihrer Verwendung zur Abschätzung von Risikoentscheidungen, nachdem das Ereignis B bereits beobachtet wurde bzw. bereits eingetreten ist.
4. Die **Regel** für die **Risikoentscheidung** lautet: Ist das Ereignis B eingetreten, so ist dasjenige Ereignis unter den Ereignissen A_i eingetreten, das unter dieser Bedingung die größte Wahrscheinlichkeit besitzt.

Beispiel 12.6-1

In Fortsetzung des Beispiels 12.5-1 wird einmal angenommen, daß ein Klausurteilnehmer in der Statistikklausur durchgefallen ist und sich gerade im Prüfungsamt für die Wiederholungsklausur anmeldet. Die Angestellte im Prüfungsamt hat keine Kenntnis darüber, daß der „Durchfaller“ Student der Betriebswirtschaft ist. Wie groß wäre unter den angenommenen Bedingungen die Wahrscheinlichkeit dafür, daß die Angestellte im Prüfungsamt ohne weitere Befragung den „Durchfaller“ dem richtigen Studiengang zuordnet?

Da für den besagten Studenten das Ereignis „**D**urchgefallen“ eingetreten ist, gilt es, die **a-postriori-Wahrscheinlichkeit** P(B|D) zu bestimmen, für die man den folgenden Wert ermittelt

$$P(B|D) = \frac{P(D|B) \cdot P(B)}{P(D)} = \frac{0{,}4 \cdot 0{,}8}{0{,}38} = 0{,}842,$$

der wie folgt interpretiert werden kann: Die Wahrscheinlichkeit dafür, daß die Angestellte im Prüfungsamt den „Durchfaller“ als Student der Betriebswirtschaft identifiziert, ist mit 0,84 recht hoch. Einmal angenommen, daß hinreichend viele Studenten (unter gleichen Bedingungen) im Prüfungsamt erscheinen (was mitunter sehr realistisch ist), würde die Angestellte in 100 gleichen Situationen erwartungsgemäß 84 mal eine richtige und nur in 16 Fällen eine falsche Zuordnung treffen.

Die Wahrscheinlichkeit, einen „Durchfaller“ als Studenten der Wirtschaftsinformatik zu identifizieren, ist dann

$$P(W|D) = \frac{P(D|W) \cdot P(W)}{P(D)} = \frac{0{,}3 \cdot 0{,}2}{0{,}38} = 0{,}158.$$

Demnach würde die Angestellte im Prüfungsamt in 100 gleichen Fällen nur 16 mal eine richtige Zuordnung treffen und sich in 84 Fällen erwartungsgemäß irren. Da die Zuordnung der „Statistik-Durchfaller“ zum richtigen Studiengang für die Angestellte im Prüfungsamt eine **Entscheidung unter Ungewißheit** ist, ist sie wegen der hohen **a-posteriori-Wahrscheinlichkeit** für die Betriebswirte gut beraten, einen Studenten, der sich zur Nachprüfung anmeldet, einfach als Betriebswirt zu identifizieren. Man erkennt jetzt leicht, daß sich die beiden a-posteriori-Wahrscheinlichkeiten zu eins addieren. Dies leuchtet ein, denn für die Angestellte ist es im genannten Zufallsexperiment **ein sicheres Ereignis**, daß ein Nachholer entweder einE StudentIN der Betriebswirtschaft oder der Wirtschaftsinformatik ist.

12.7 Aufgaben

Aufgabe 12.7-1

Verwenden Sie die Angaben aus den Aufgaben 10.6-3 bzw. 11.5-1 und zeigen Sie, daß das allgemeine Additionstheorem für die Ereignisse A und B gültig ist, die Ereignisse R und G stochastisch unabhängig sind und die Ereignisse A und C disjunkt sind, nicht aber stochastisch unabhängig.

Aufgabe 12.7-2 (Klausuraufgabe)

An den beiden Aufgängen zum Berliner S-Bahnhof „Hackescher Markt" ist je ein Fahrkartenautomat installiert. Beide Automaten arbeiten unabhängig voneinander und sind pro Tag 20 Stunden in Betrieb. Im vergangenen Jahr war der Automat am Hauptaufgang für insgesamt 432 Stunden, der am Nebenaufgang hingegen nur für insgesamt 288 Stunden wegen technischer Störungen außer Betrieb. Einmal für dieses Jahr die gleichen „technischen" Bedingungen wie im vergangenen Jahr unterstellt.

1. Mit welcher Sicherheit können Sie auf dem S-Bahnhof „Hackescher Markt" einen Fahrschein lösen?
2. Wie groß ist die Wahrscheinlichkeit dafür, auf dem S-Bahnhof „Hackescher Markt" **keinen** Fahrschein lösen zu können? (... und sich damit der Gefahr auszusetzen, 60 DM Strafe zahlen zu müssen ...)
3. Einmal angenommen, Sie fahren täglich mit der S-Bahn zur Arbeit und kaufen sich jedesmal am S-Bahnhof „Hackescher Markt" einen Fahrschein. Nach wieviel Tagen ist (im Durchschnitt) damit zu rechnen, daß Sie einmal keinen Fahrschein lösen können?

Aufgabe 12.7-3 (Klausuraufgabe)

Die Versicherungsgruppe HUK Coburg bedient sich in ihrer Hauptverwaltung zur Bearbeitung der betriebswirtschaftlichen Vorgänge eines modernen Datenverarbeitungs- und Kommunikationssystems, das durch zwei voneinander unabhängig arbeitende Rechner bedient wird. Das System fällt aus, wenn beide Rechner gleichzeitig ausfallen. Einmal angenommen, die Ausfallwahrscheinlichkeit des ersten Rechners im Verlaufe eines Arbeitstages beträgt 0,05 und die des zweiten Rechners 0,04.

1. Mit welcher Wahrscheinlichkeit fällt das System im Verlaufe eines Arbeitstages nicht aus?
2. Nach wieviel Arbeitstagen ist ein Systemausfall zu erwarten?

Aufgabe 12.7-4

In einer Stanzerei werden Vorschraubringe auf drei Maschinen hergestellt. Auf der 1. Maschine werden 20%, auf der 2. Maschine die Hälfte und auf der 3. Maschine der Rest einer Tagesproduktion hergestellt. Es ist bekannt, daß die 1. Maschine 1%, die 2. Maschine 4% und die 3. Maschine 5% Ausschuß produziert. Die Tagesproduktion wird in einem Container gesammelt und gelagert.

1. Wie groß ist die Wahrscheinlichkeit dafür, daß ein zufällig aus dem Container entnommener Vorschraubring Ausschuß ist?
2. Wie groß ist die Wahrscheinlichkeit dafür, daß ein aus dem Container zufällig entnommenes Ausschußteil von der Maschine k (k = 1,2,3) hergestellt wurde?

Aufgabe 12.7-5

Sie fahren täglich mit der U-Bahn zur Hochschule und nutzen die Fahrzeit zur Vervollkommnung Ihrer Englischkenntnisse, indem Sie Sprachübungen mit Hilfe Ihres Walkman nutzen. Aus Gründen der Betriebssicherheit Ihres Walkman bewahren Sie in einer Schachtel aufladbare Akkumulatoren auf. Sie benötigen gerade einen „neuen" Akku. Sie wissen, daß von den sechs sich in der Schachtel befindlichen Akkus zwei „leer" sind.

Wie groß ist die Wahrscheinlichkeit,

1. daß Sie beim ersten Versuch einen funktionsfähigen Akku herausgreifen?
2. daß Sie beim zweiten Versuch einen funktionsfähigen Akku herausgreifen, wenn der erste „leer" war?

Aufgabe 12.7-6

Die Zuverlässigkeit einer Belegprüfung von Debitorenrechnungen sei durch folgende Angaben gekennzeichnet: 90% der im Mehrwertsteuersatz fehlerhaften Rechnungen werden durch die Belegprüfung entdeckt und 99% der fehlerfreien Rechnungen werden als solche erkannt.

Aus einer großen Menge von Rechnungen, von der nur 0,1% fehlerhaft sind, wird eine zufällig herausgegriffene Rechnung geprüft und als „fehlerverdächtig" eingestuft.

Wie groß ist die Wahrscheinlichkeit dafür, daß die Rechnung in ihrem Mehrwertsteuersatz wirklich fehlerhaft ist?

Aufgabe 12.7-7

Für vier **P**ersonal**C**omputer seien die (bedingten) Wahrscheinlichkeiten dafür, daß sie die Garantiezeit ohne Reparatur überstehen: 0,80, 0,85, 0,90 und 0,95.

Wie groß ist die Wahrscheinlichkeit dafür, daß ein aus diesen vier PC zufällig ausgewähltes Gerät in der Garantiezeit nicht repariert werden muß?

13 Zufallsvariablen

13.1 Grundbegriffe

Definition 13.1-1

Gegeben sei der Ergebnisraum Ω eines Zufallsexperiments. Dann heißt die Abbildung $X:\Omega \to R$ des Ergebnisraumes in die reellen Zahlen **R**, für die die Wahrscheinlichkeit $P(a \le X \le b)$, $a,b \in \mathbf{R}$, definiert ist, **Zufallsvariable**.

Anmerkungen zur Def. 13.1-1

1. Synonyme: **Zufallsgröße**, zufällige Variable
2. Zufallsvariablen werden i.allg. mit den lateinischen **Großbuchstaben** ... X, Y, Z bezeichnet.
3. Eine Zufallsvariable ist **keine** Unbekannte, kein (symbolischer) Platzhalter, keine Variable im Sinne der Algebra, sondern eine **Abbildung** bzw. eine **Funktion**, deren Funktionswerte auf der Ergebnismenge Ω variieren und in diesem Sinne „variabel" sind.
4. Die Ergebnismenge Ω bildet den **Definitionsbereich** und die Menge der reellen Zahlen **R** den **Wertebereich** der Abbildung bzw. Funktion X.
5. Zur vollständigen Charakterisierung einer Zufallsvariablen X gehört neben der Kenntnis ihres Wertebereichs auch die Kenntnis ihrer **Wahrscheinlichkeitsverteilung**.
6. Die Wahrscheinlichkeitsverteilung einer Zufallsvariablen X ist die zusammenfassende Bezeichnung für ihre Wahrscheinlichkeits- oder Dichtefunktion und ihre Verteilungsfunktion.
7. Eine Zufallsvariable kann bereits eindeutig durch ihre **Verteilungsfunktion** beschrieben werden.

Definition 13.1-2

Es sei X eine Zufallsvariable. Dann heißt die Funktion $F_X(a) = P(X \le a)$, die jeder reellen Zahl a die Wahrscheinlichkeit $P(X \le a)$ zuordnet, **Verteilungsfunktion** $F_X(a)$ der Zufallsvariablen X.

Anmerkungen zur Def. 13.1-2

1. Die Verteilungsfunktion $F_X(a)$ gibt die Wahrscheinlichkeit dafür an, daß der im Zuge eines Zufallsexperiments von der Zufallsvariablen X angenommene Wert **nicht größer als** der Wert a ausfällt.
2. Die Verteilungsfunktion (vgl. auch Definitionen 4.1.1-4 und 4.1.2-8) $F_X(a)$ einer Zufallsvariablen X besitzt folgende **Eigenschaften**:
   - $F_X(a)$ ist monoton wachsend, d.h. für $a \le b$ gilt stets $F_X(a) \le F_X(b)$.
   - Wegen $\lim_{a\to-\infty} F_X(a) = 0$ und $\lim_{a\to\infty} F_X(a) = 1$ gilt stets $0 \le F_X(a) \le 1$.

Definition 13.1-3

Der Wert $a \in \mathbf{R}$, den eine Zufallsvariable X im Zuge eines Zufallsexperiments mit einer bestimmten Wahrscheinlichkeit annimmt, heißt **Realisation** der Zufallsvariablen X.

Anmerkungen zur Def. 13.1-3

1. Realisationen von Zufallsvariablen werden i.allg. mit indizierten lateinischen **Klein**buchstaben bezeichnet.
2. Realisationen von Zufallsvariablen werden unabhängig davon, ob die Ergebnisse eines Zufallsexperiments auf einer **Nominal-**, **Ordinal-** oder **Kardinalskala** gemessen wurden, stets durch reelle Zahlen ausgedrückt.
3. Ein **Charakteristikum** einer Zufallsvariablen ist die Menge der Realisationen, die sie im Zuge eines Zufallsexperiments annehmen kann.

Definition 13.1-4

Eine Zufallsvariable, die abzählbar endlich oder abzählbar unendlich viele Realisationen annehmen kann, heißt **diskrete** Zufallsvariable.

Anmerkungen zur Def. 13.1-4

1. Ist X eine diskrete Zufallsvariable mit $i = 1,2,...,n$ abzählbar endlichen vielen Realisationen, dann kennzeichnet $X = x_i$ eine mögliche Realisation der Zufallsvariablen X.
2. Eine diskrete Zufallsvariable kann man in der deskriptiven Statistik mit einem **kardinalskalierten** Merkmal, das nur einzelne, meist ganzzahlige, also diskrete Merkmalswerte annehmen kann, assoziieren.

Definition 13.1-5

Eine Zufallsvariable, die in einem bestimmten Intervall jeden beliebigen Wert bzw. unendlich viele Werte annehmen kann, heißt **stetige** Zufallsvariable.

Anmerkungen zur Def. 13.1-5

1. Ist X eine stetige Zufallsvariable, dann kennzeichnet das Werteintervall $a \le X \le b$ alle möglichen Realisationen von X. Dabei sind a und b beliebige reelle Zahlen, für die allgemein gilt:
$$-\infty < a \le b < +\infty$$
2. Gilt $a = b$, so ist $X = a$ bzw. $X = b$ eine mögliche punktuelle Realisation von X.
3. Gilt $a = -\infty$, so schreibt man kurz: $X \le b$ und sagt: Alle Werte, die **kleiner gleich** b sind, stellen mögliche Realisationen von X dar.
4. Gilt $b = +\infty$, so schreibt man kurz: $X > a$ und sagt: Alle Werte, die **größer** a sind, stellen mögliche Realisationen von X dar.
5. Eine stetige Zufallsvariable kann in der Deskriptiven Statistik mit einem **kardinalskalierten** Merkmal, das aus der Menge der reellen Zahlen jeden Wert annehmen kann, assoziiert werden.

13.2 Diskrete Zufallsvariablen

Das entscheidende Charakteristikum einer Zufallsvariablen ist ihre **Wahrscheinlichkeitsverteilung**. Unter dem Begriff der Wahrscheinlichkeitsverteilung einer diskreten Zufallsvariablen subsumiert man deren **Wahrscheinlichkeits-** und **Ver-**

teilungsfunktion sowie die daraus entlehnten theoretischen Momente wie z.B. den **Erwartungswert** und die **Varianz.**

Definition 13.2-1

Es sei X eine diskrete Zufallsvariable. Dann heißt die Funktion

$$f_X(x_i) = P(X = x_i) = p_i, \; i = 1,2,...,$$

die jeder Realisation x_i die Wahrscheinlichkeit $P(X = x_i) = p_i$ zuordnet, **Wahrscheinlichkeitsfunktion** der diskreten Zufallsvariable X.

Anmerkungen zur Def. 13.2-1

1. Die **Verteilungstabelle**

x_1	x_2	...
p_1	p_2	...

   kennzeichnet die Wahrscheinlichkeitsfunktion der diskreten Zufallsvariablen X in tabellarischer Form.
2. Das **Stabdiagramm** ist die geeignete Form der graphischen Darstellung der Wahrscheinlichkeitsfunktion einer diskreten Zufallsvariablen.
3. Die Wahrscheinlichkeiten p_i bezeichnet man auch als **Einzelwahrscheinlichkeiten**.
4. Besitzt die diskrete Zufallsvariable X abzählbar **endlich** viele Realisationen x_i, i = 1,2,...,n, so gilt für die Summe der Einzelwahrscheinlichkeiten p_i stets

$$\sum_{i=1}^{n} P(X = x_i) = \sum_{i=1}^{n} p_i = 1.$$

5. Für eine diskrete Zufallsvariable mit abzählbar **unendlich** vielen Realisationen gilt für die Summe der Einzelwahrscheinlichkeiten

$$\sum_{i=1}^{\infty} P(X = x_i) = \sum_{i=1}^{\infty} p_i = 1$$

6. Eine diskrete Zufallsvariable X, die nur eine einzige Realisation x_1 mit einer Wahrscheinlichkeit

$$P(X = x_1) = 1$$

   annehmen kann, heißt **einpunktverteilt**. Man sagt auch: X besitzt eine **Einpunktverteilung**.
7. Eine diskrete Zufallsvariable X mit i = 1,2,...,n abzählbar endlich vielen Realisationen x_i, die alle die gleichen Einzelwahrscheinlichkeiten

$$P(X = x_i) = p_i = \frac{1}{n}$$

besitzen, heißt **gleichverteilt** auf den Realisationen x_i. Man sagt auch: X besitzt eine **Gleichverteilung**.

8. Zwei diskrete Zufallsvariablen X und Y heißen **identisch verteilt**, wenn für alle i,j = 1,2,... sowohl ihre Realisationen $(X = x_i) = (Y = y_j)$ als auch die dazugehörigen Einzelwahrscheinlichkeiten
$$P(X = x_i) = P(Y = y_j)$$
übereinstimmen.
9. Zwei diskrete Zufallsvariablen X und Y heißen voneinander stochastisch **unabhängig,** wenn gilt:
$$P\left[(X = x_i) \cap (Y = y_j)\right] = P(X = x_i) \cdot P(Y = y_j)$$

Definition 13.2-2

Es sei X eine diskrete Zufallsvariable, für die die Wahrscheinlichkeitsfunktion $f_X(x_i)$ gegeben ist. Dann heißt die Funktion

$$F_X(a) = P(X \le a) = \sum_{x_i \le a} f_X(x_i) = \sum_{x_i \le a} P(X = x_i) = \sum_{x_i \le a} p_i$$

Verteilungsfunktion der diskreten Zufallsvariablen X.

Anmerkungen zur Def. 13.2-2

1. Die Verteilungsfunktion gibt die Wahrscheinlichkeit dafür an, daß die diskrete Zufallsvariable X **höchstens** den Wert $a \in \mathbf{R}$ annimmt.
2. Der Graph der Verteilungsfunktion einer diskreten Zufallsvariablen ist eine **Treppenfunktion**, die für alle i = 1,2,... an den Realisationsstellen x_i durch die **Sprunghöhen** $P(X = x_i) = p_i$ gekennzeichnet ist.
3. Die Verteilungsfunktion einer diskreten Zufallsvariablen ist in der Deskriptiven Statistik mit der empirischen Verteilungsfunktion eines diskreten **kardinalsaklierten** statistischen Merkmals vergleichbar.
4. Wegen
$$F_X(x_i) = P(X \le x_i) = P(X < x_i) + P(X = x_i) = F_X(x_{i-1}) + f_X(x_i)$$
gilt stets auch
$$f_X(x_i) = F_X(x_i) - F_X(x_{i-1}).$$
5. Kennt man die Verteilungsfunktion einer diskreten Zufallsvariablen, so kennt man auch ihre Wahrscheinlichkeitsfunktion und umgekehrt. Zur Kennzeichnung der Wahrscheinlichkeitsverteilung einer diskreten Zufallsvariablen genügt daher die Kenntnis entweder ihrer **Wahrscheinlichkeitsfunktion** oder ihrer **Verteilungsfunktion**.

Definition 13.2-3

Es sei X eine diskrete Zufallsvariable, für die die Wahrscheinlichkeitsfunktion $f_X(x_i)$, i = 1,2,..., gegeben ist. Dann heißt die Beziehung

$$E(X) = \sum_i x_i \cdot f_X(x_i) = \sum_i x_i \cdot P(X = x_i) = \sum_i x_i \cdot p_i = \mu_X$$

Erwartungswert der diskreten Zufallsvariablen X.

Anmerkungen zur Def. 13.2-3

1. E fungiert als **Erwartungswert-Operator**. Lies: „... E von X ... oder ... Erwartungswert von X ...“
2. Da sich der Erwartungswert einer diskreten Zufallsgröße X als ein gewogenes **arithmetisches Mittel**

$$E(X) = \frac{\sum_i x_i \cdot p_i}{\sum_i p_i} = \sum_i x_i \cdot p_i \text{ wegen } \sum_i p_i = 1$$

   aus den Realsationen x_i und den Einzelwahrscheinlichkeiten p_i darstellen läßt, kann er in Anlehnung an die Deskriptive Statistik und an das Gesetz der großen Zahlen als durchschnittliche (meist fiktive) Realisation der diskreten Zufallsvariable X interpretiert werden, die man bei hinreichend vielen unabhängigen Wiederholungen des gleichen Zufallsexperiments **im Mittel erwarten** kann.
3. Der Erwartungswert spielt in der Anwendung der Wahrscheinlichkeitsrechnung auf wirtschaftliche Prozesse vor allem bei der Lösung von **Entscheidungsproblemen** eine wichtige Rolle.
4. Da verschiedene diskrete Zufallsvariablen gleiche Erwartungswerte besitzen können, genügt die alleinige Charakterisierung einer diskreten Zufallsvariablen durch ihren Erwartungswert nicht. Man ergänzt daher i.allg. die Charakterisierung einer Zufallsvariablen noch durch die Streuungsmaßzahlen der **Varianz** und der **Standardabweichung**.

Definition 13.2-4

Es sei X eine diskrete Zufallsvariable, für die die Wahrscheinlichkeitsfunktion $f_X(x_i)$, i = 1,2,..., gegeben ist. Dann heißt die Beziehung

$$V(X) = \sum_i [x_i - E(X)]^2 \cdot f_X(x_i) = \sum_i [x_i - E(X)]^2 \cdot p_i = \sigma_X^2$$

Varianz und die (positive) Quadratwurzel aus der Varianz

$$\sigma_X = \sqrt{V(X)} = \sqrt{\sigma_X^2}$$

Standardabweichung der diskreten Zufallsvariablen X.

Anmerkungen zur Def. 13.2-4

1. In Anlehnung an die Deskriptive Statistik kann die Varianz als **mittlere quadratische** Abweichung der Realisationen x_i der diskreten Zufallsvariablen X von ihrem Erwartungswert E(X) interpretiert werden.
2. Interpretiert man die quadrierten Abweichungen $[x_i - E(X)]^2$ als Realisationen der Zufallsvariablen $[X - E(X)]^2$, so kann man die Varianz wegen $V(X) = E[X - E(X)]^2$ auch als den **Erwartungswert** für die quadrierte Abweichung der Zufallsvariable X von ihrem Erwartungswert E(X) darstellen.
3. In praxi verwendet man aus Gründen der einfacheren Berechnung meist die folgende Formel:

$$\sigma_X^2 = \sum_i x_i^2 \cdot p_i - \left(\sum_i x_i \cdot p_i\right)^2$$

Beispiel 13.2-1

Studienfreunde von Ihnen sind jung vermählt. Sie träumen davon, drei Kinder zu haben. Dies ist für Sie Anlaß, folgende Überlegungen anzustellen: Schließt man einmal Mehrlingsgeburten aus und unterstellt, daß **K**naben- und **M**ädchengeburten (stochastisch) voneinander unabhängig und gleichwahrscheinlich sind, so läßt sich die Geburt dreier Kinder auch als ein Zufallsexperiment interpretieren, das durch die folgende **Ergebnismenge** Ω gekennzeichnet ist:

$$\Omega = \{KKK, KKM, KMK, MKK, KMM, MKM, MMK, MMM\}.$$

Im Blickwinkel der **Kombinatorik** stellt sich die Ergebnismenge des Zufallsexperiments als eine **Variation** von 2 Elementen (Knabe, Mädchen) zur 3. Klasse (Anzahl der Kinder) **mit Wiederholung** dar, so daß man sich $2^3 = 8$ gleichmögliche Komplexionen von Knaben- und Mädchengeburten denken kann. Einmal angenommen, Ihre Studienfreunde wünschen sich (in Abkehr von der leidigen „Stammhalterdiskussion") ausschließlich Mädchen. Dann läßt sich die zufällige **Anzahl** der Mädchengeburten im Rahmen dieses Zufallsexperiments als eine **diskrete Zufallsvariable** auffassen. Dies leuchtet ein, wenn man sich die Ergebnismenge Ω des Zufallsexperiments als eine **Funktion** denkt, wobei jedem Ergebnis $\omega \in \Omega$ eine reelle Zahl zugeordnet wird, so wie es in der Abbildung 13.2-1 skizziert ist.

Bezeichnet man die Zufallsvariable „Anzahl der Mädchengeburten" mit X, so ergibt sich unter Verwendung der **klassischen Wahrscheinlichkeitsdefinition** die in der Tabelle 13.2-1 in Form einer **Verteilungstabelle** und in der Abbildung 13.2-2 graphisch dargestellte **Wahrscheinlichkeitsfunktion** $f_X(x_i)$ der diskreten Zufallsvariable X mit i = 1,2,...,n und n = 4 abzählbar endlich vielen Realisationen x_i.

Abbildung 13.2-1

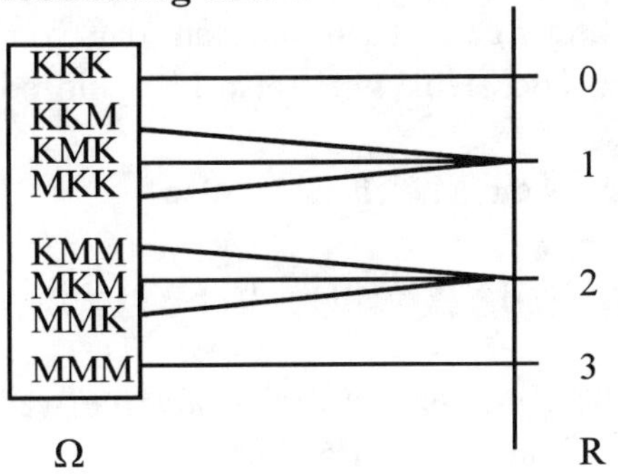

Tabelle 13.2-1

i	x_i	$P(X = x_i) = p_i$
1	0	1/8
2	1	3/8
3	2	3/8
4	3	1/8

Abbildung 13.2-2

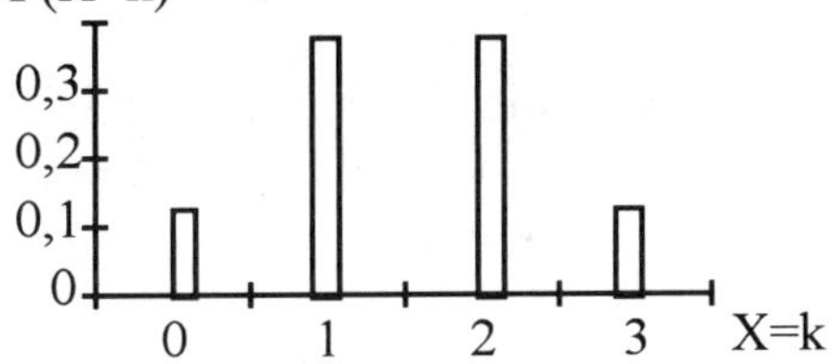

Die **Verteilungsfunktion** $F_X(a)$, $a \in \mathbf{R}$, der diskreten Zufallsvariablen X: „Anzahl der Mädchengeburten in einer Familie mit drei Kindern." ist in ihrer expliziten Form in der Tabelle 13.2-2 und in ihrer graphischen Form in der Abbildung 13.2-3 dargestellt:

Tabelle 13.2-2

$$F_X(a) = \begin{cases} 0 & a < 0 \\ 0{,}125 & 0 \le a < 1 \\ 0{,}500 & 1 \le a < 2 \\ 0{,}875 & 2 \le a < 3 \\ 1 & 3 \le a \end{cases}$$

Abbildung 13.2-3

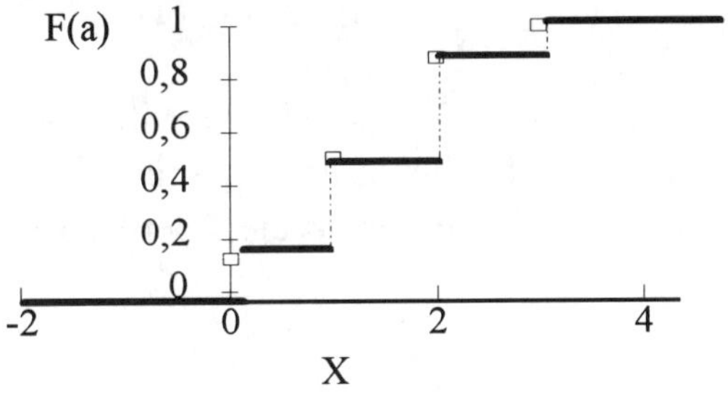

Mit Hilfe der Verteilungsfunktion $F_X(a)$ lassen sich die **Wahrscheinlichkeiten** folgender (im Sinne der Familienplanung) interessierender Ereignisse angeben:

- Ereignis A: „...**höchstens** zwei Mädchen ...", also

$$P(X \le 2) = F_X(2) = 0{,}875.$$

In Anlehnung an die statistische Wahrscheinlichkeitsdefinition und unter den angenommenen Bedingungen ist zu erwarten, daß von 100 Familien mit drei Kindern 87 Familien höchstens zwei (also kein, ein oder zwei) Mädchen haben.

- Ereignis B: „...**mehr als** ein Mädchen ...“, also

$$P(X > 1) = 1 - P(X \leq 1) = 1 - F_X(1) = 1 - 0{,}5 = 0{,}5.$$

Demnach hat von 100 Familien mit drei Kindern erwartungsgemäß die Hälfte mehr als ein (also zwei oder drei) Mädchen.

- Ereignis C: „...**weniger als** drei Mädchen...“, also

$$P(X < 3) = P(X \leq 3) - P(X = 3) = P(X \leq 2) = F_X(2) = 1 - 0{,}125 = 0{,}875.$$

Demnach sind die Ereignisse A und C identisch und somit **gleichwahrscheinlich**.

- Ereignis D: „...**mindestens** (wenigstens) ein Mädchen...“, also

$$P(X \geq 1) = 1 - P(X \leq 1) + P(X = 1) = 1 - F_X(1) + P(X = 1) = \\ 1 - 0{,}5 + 0{,}375 = 0{,}875.$$

Demnach haben erwartungsgemäß von 100 Familien mit drei Kindern 87 Familien mindestens ein (also ein, zwei oder drei) Mädchen.

- Ereignis E: „...**mindestens** ein, aber **höchstens** zwei Mädchen...“, also

$$P(1 \leq X \leq 2) = F_X(2) - F_X(1) + P(X = 1) = 0{,}875 - 0{,}5 + 0{,}375 = 0{,}75.$$

Drei Viertel aller Familien mit drei Kindern hätten erwartungsgemäß mindestens ein, aber höchstens zwei (also ein oder zwei) Mädchen.

- Ereignis F: „...**mehr als** ein, aber **höchstens** drei Mädchen...“, also

$$P(1 < X \leq 3) = F_X(3) - F_X(1) = 1 - 0{,}5 = 0{,}5.$$

Die Hälfte aller Familien mit drei Kindern hätte erwartungsgemäß mehr als ein, aber höchstens drei (also zwei oder drei) Mädchen.

- Ereignis G: „...**mehr als** ein, aber **weniger als** drei Mädchen...“, also

$$P(1 < X < 3) = F_X(3) - F_X(1) - P(X = 3) = 1 - 0{,}5 - 0{,}125 = 0{,}375.$$

Von 100 Familien mit drei Kindern hätten erwartungsgemäß 37 Familien mehr als ein, aber weniger als drei (also genau ein) Mädchen.

- Ereignis F: „...**mindestens** ein, aber **weniger als** drei Mädchen...“, also

$$P(1 \leq X < 3) = F_X(3) - F_X(1) + P(X = 1) - P(X = 3) =$$
$$1 - 0{,}5 + 0{,}375 - 0{,}125 = 0{,}75.$$

Die drei Viertel aller Familien mit drei Kindern hätten demnach mindestens ein, aber weniger als drei (also ein oder zwei) Mädchen.

Man kann sich die betrachteten Ereignisse und die dazugehörenden Wahrscheinlichkeiten auch an der in der Abbildung 13.2-3 skizzierten **Verteilungsfunktion** in Gestalt einer Treppenfunktion verdeutlichen. Da der Definitionsbereich der Verteilungsfunktion $F_X(a)$ die Menge aller reellen Zahlen a umfaßt, ist es per definitionem auch möglich, den Wert der Verteilungsfunktion etwa an der Stelle $a = 1{,}11$ zu bestimmen. Unter Zuhilfenahme der Abbildung 13.2-3 ermittelt man einen Funktionswert $F_X(1{,}11) = 0{,}5$. Dies leuchtet ein, wenn man sich überlegt, daß das Ereignis $X \leq 1{,}11$ durch die Teilmenge {KKK, MKK, KMK, KKM} der Ergebnismenge Ω gegeben ist. Die Anzahl der Mädchengeburten ist gemäß Definition 13.2-2 dann kleiner gleich 1,11, wenn kein oder ein Mädchen geboren wurde.

Schließlich und endlich ermittelt man für die Zufallsvariable X: „Anzahl der Mädchengeburten in einer Familie mit drei Kindern“ einen **Erwartungswert** von:

$$E(X) = 0 \cdot \frac{1}{8} + 1 \cdot \frac{3}{8} + 2 \cdot \frac{3}{8} + 3 \cdot \frac{1}{8} = \frac{12}{8} = 1{,}5,$$

der wie folgt interpretiert werden kann: Die durchschnittliche Anzahl der Mädchengeburten in einer Familie mit drei Kindern beträgt 1,5 Mädchen. Da die Anzahl der Mädchengeburten eine diskrete Zufallsvariable ist und im konkreten Fall nur ganzzahlige Werte sinnvoll zu interpretieren sind, sagt man auch: Im Durchschnitt haben zwei Familien mit jeweils drei Kindern drei Mädchen.

Für die Zufallsvariable X errechnet man eine **Varianz** von

$$V(X) = (0 - 1{,}5)^2 \cdot \frac{1}{8} + (1 - 1{,}5)^2 \cdot \frac{3}{8} + \ldots + (3 - 1{,}5)^2 \cdot \frac{1}{8} = 0{,}7$$

und eine **Standardabweichung** von

$$\sigma_X = \sqrt{0{,}75} \approx 0{,}87,$$

die wie folgt interpretiert werden kann: Da Anzahlen **absolutskaliert**, also ganzzahlig sind, erweist es sich als vorteilhaft, etwa von 100 Familien mit je drei Kindern auszugehen. Diese 100 Familien besitzen erwartungsgemäß 150 Mädchen. Für die Mehrheit der 100 Familien ist zu erwarten, daß sie mehr als 150 - 87 = 63 Mädchen und weniger als 150 + 87 = 237 Mädchen haben.

13.3 Stetige Zufallsvariablen

Ein wesentliches Kennzeichen einer Zufallsvariablen ist ihre Wahrscheinlichkeitsverteilung. Unter den Begriff der Wahrscheinlichkeitsverteilung einer stetigen Zufallsvariablen subsumiert man deren **Dichte-** und **Verteilungsfunktion** sowie die daraus entlehnten theoretischen Momente wie z.B. den **Erwartungswert** und die **Varianz**.

Definition 13.3-1

Es sei X eine stetige Zufallsvariable. Dann heißt die auf der Menge **R** der reellen Zahlen definierte nichtnegative Funktion f_X mit der Eigenschaft

$$\int_{-\infty}^{+\infty} f_X(x)dx =$$

Dichtefunktion der stetigen Zufallsvariablen X.

Anmerkungen zur Def. 13.3-1

1. Synomyme: Wahrscheinlichkeitsdichte, Verteilungsdichte, **Dichte**
2. Da die Dichtefunktion eine nichtnegative Funktion ist, gilt für ihre Funktionswerte stets

$$f_X(x) \geq 0.$$

3. Das uneigentliche Integral

$$\int_{-\infty}^{+\infty} f_X(x)dx = 1$$

läßt sich als **Fläche** interpretieren, die durch die Dichtefunktion f_X und der Abszisse in der (x,f_X)-Ebene eingeschlossen ist.

4. Da die Fläche unter der Dichtefunktion stets 1 ist, erweist sich diese Eigenschaft in der Wahrscheinlichkeitsrechnung als besonders zweckmäßig, da in Anlehnung an das Kolmogrovsche **Normierungsaxiom** die Wahrscheinlichkeit für das sichere Ereignis eins ist, so daß

$$\int_{-\infty}^{+\infty} f_X(x)dx = P(-\infty < X < +\infty) = P(\Omega) = 1$$

gilt.

5. Man achte darauf, daß der Wert der Dichtefunktion $f_X(x)$ an einer beliebigen Stelle x **keine** Wahrscheinlichkeit darstellt. Die Wahrscheinlichkeitsimplikation ist nur über die **Integration** der Dichtefunktion, also über die Flächeninhaltsbestimmung zwischen der Dichtefunktion und der Abzisse möglich und sinnvoll.
6. Die für eine beliebige reelle Zahl a gültige Beziehung

$$\int_{-\infty}^{+\infty} f_X(x)dx = \int_{-\infty}^{a} f_X(x)dx + \int_{a}^{+\infty} f_X(x)dx$$

läßt sich als **Flächenteilung** unter der Dichtefunktion deuten und führt unmittelbar zum Begriff der **Verteilungsfunktion**.

Definition 13.3-2

Es sei X eine stetige Zufallsvariable, für die die Dichtefunktion $f_X(x)$ gegeben ist. Ferner sei a eine beliebige reelle Zahl. Dann heißt die Funktion

$$F_X(a) = P(X \leq a) = \int_{-\infty}^{a} f_X(x)dx$$

Verteilungsfunktion der stetigen Zufallsvariablen X.

Anmerkungen zur Def. 13.3-2

1. Die Verteilungsfunktion einer stetigen Zufallsvariablen ist eine stetige, **monoton wachsende** Funktion, die sich durch die Integration der Dichtefunktion ergibt.
2. Der Wert der Verteilungsfunktion $F_X(a) = P(X \leq a)$ an der Stelle a ist gleich der **Wahrscheinlichkeit** dafür, daß die stetige Zufallsvariable X Werte annimmt, die kleiner gleich a sind. Geometrisch läßt sich die Wahrscheinlichkeit $P(X \leq a)$ deuten als die **Fläche** unter der Dichtefunktion $f_X(x)$ bis zur Stelle a.
3. Der Zusammenhang zwischen **Dichte-** und **Verteilungsfunktion** einer stetigen Zufallsvariablen ist in der Abbildung 13.3-1 skizziert.
4. Zu einer gegebenen stetigen Verteilungsfunktion F_X erhält man die entsprechende Dichtefunktion f_X, indem man die **erste Ableitung** der Verteilungsfunktion bestimmt, so daß gilt:

$$\frac{dF_X(x)}{dx} = f_X(x)$$

5. Interpretiert man uneigentliche Integrale als Grenzwerte von bestimmten Integralen, so läßt sich der Zusammenhang von Dichte- und Verteilungsfunktion einer stetigen Zufallsvariablen X in eine für praktische Anwendungen **zweckmäßige** Form überführen:

$$P(a \leq X \leq b) = \int_{a}^{b} f_X(x)dx = F_X(b) - F_X(a).$$

a und b sind beliebige reelle Zahlen, für die stets $a \leq b$ gilt.

6. Für eine stetige Zufallsvariable X ist i.allg. die **Gleichheit** der folgenden Wahrscheinlichkeiten gegeben:

$$P(a \leq X \leq b) = P(a < X \leq b) = P(a \leq X < b) = P(a < X < b).$$

7. Gilt a = b, so gilt

$$P(X = a) = \int_a^a f_X(x)dx = 0.$$

Demnach nimmt eine stetige Zufallsvariable X jede ihrer möglichen Realisationen nur mit einer Wahrscheinlichkeit von null an. Dies heißt aber **nicht**, daß das Ereignis X = a das unmögliche Ereignis ∅ darstellt. Vielmehr kann die Wahrscheinlichkeit für das Ereignis $a < X < b$ größer als null sein, selbst wenn das Intervall $a < X < b$ infinitesimal klein ist.

Abbildung 13.3-1

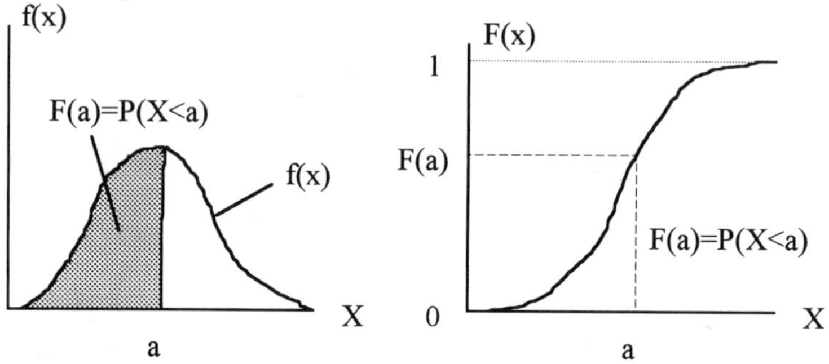

Definition 13.3-3

Es sei X eine stetige Zufallsvariable, für die die Dichtefunktion $f_X(x)$ gegeben ist. Dann heißt die durch die Beziehung

$$E(X) = \mu_X = \int_{-\infty}^{+\infty} x \cdot f_X(x)dx$$

definierte reelle Zahl E(X) **Erwartungswert** der stetigen Zufallsvariablen X.

Anmerkungen zur Def. 13.3-3

1. Interpretiert man in Anlehnung an die Deskriptive Statistik ein Integral als eine Produktsumme aus infinitesimal kleinen äquidistanten Klassenbreiten und deren relative Häufigkeitsdichten, so kann man auch im Falle einer stetigen Zufallsgröße den Erwartungswert als ein gewogenes **arithmetisches Mittel** aus den Klassenmitten und den Klassenhäufigkeiten deuten.
2. Da verschiedene stetige Zufallsvariablen gleiche Erwartungswerte besitzen können, genügt die Bestimmung des Erwartungswertes i.allg. nicht aus, um eine Zufallsvariable mit Hilfe nur ei-

nes Wertes charakterisieren zu können. Zur weiteren Kennzeichnung bestimmt man daher die **Varianz** bzw. die **Standardabweichung** einer stetigen Zufallsvariablen.

Definition 13.3-4

Es sei X eine stetige Zufallsvariable, für die die Dichtefunktion $f_X(x)$ gegeben ist. Dann heißt die durch die Beziehung

$$V(X) = \sigma_X^2 = \int_{-\infty}^{+\infty} [x - E(X)]^2 \cdot f_X(x)dx$$

definierte reelle Zahl V(X) **Varianz** und die (positive) Quadratwurzel aus der Varianz

$$\sigma_X = \sqrt{V(X)} = \sqrt{\sigma_X^2}$$

Standardabweichung der stetigen Zufallsvariablen X.

Anmerkungen zur Def. 13.3-4

1. In praxi erweist es sich i.allg. als vorteilhaft, die Varianz unter Verwendung der Beziehung

$$\sigma_X^2 = \int_{-\infty}^{+\infty} x^2 \cdot f_X(x)dx - \left(\int_{-\infty}^{+\infty} x \cdot f_X(x)dx \right)^2$$

zu bestimmen. Die Existenz der uneigentlichen Integrale wird dabei vorausgesetzt.

2. Von **praktischer** Bedeutung ist die Transformation der stetigen Zufallsvariablen X in eine stetige Zufallsvariable Z mit Hilfe ihres Erwartungswertes E(X) und ihrer Varianz V(X). Der Übergang von X zu

$$Z = \frac{X - E(X)}{\sqrt{V(X)}} = \frac{X - \mu_X}{\sigma_X}$$

heißt **Standardisierung** von X. Die standardisierte Zufallsvariable X bzw. die Zufallsvariable Z besitzt die folgenden, für spätere Betrachtungen nützlichen Eigenschaften: ihr Erwartungswert ist null und ihre Varianz (und damit auch ihre Standardabweichung) ist eins. (vgl. Definition 4.6-4) Allgemein gilt daher:

$$E(Z) = E\left(\frac{X - \mu_X}{\sigma_X} \right) = 0 \text{ und } V(Z) = V\left(\frac{X - \mu_X}{\sigma_X} \right) = 1.$$

Beispiel 13.3-1

Eine Studentin der Betriebswirtschaft absolviert ihr Praktikum in einem mittelständischen Unternehmen, das sich auf Verkauf, Verleih und Reparatur von PKW eines bestimmten Typs spezialisiert hat. Auf Bitte ihres Statistik-Professors ermittelt sie in der letzten Juliwoche 1994 für n = 23 Leihwagen gleichen Typs anhand der Fahrtenbücher und der verbrauchten Tankschecks den durchschnittlichen Benzinverbrauch X (in Liter Normalbenzin je 100 km). Die Tabelle 13.3-1 enthält die **Urliste** der erhobenen Daten.

Tabelle 13.3-1

10.62	9.42	9.12	9.58	8.65	10.91	10.58	9.52	9.85	11.32	10.92	10.00
9.98	10.03	9.29	9.48	10.16	10.69	8.95	11.01	10.05	10.68	9.82	

Die Tabelle 13.3-2 beinhaltet die **Häufigkeitsverteilung** für die klassierten Daten. Die Abbildung 13.3-2 skizziert den über alle k = 1,2,...,7 Klassen das **Histogramm** auf der Basis der relativen Klassenhäufigkeiten f_k, wobei die Höhen der Säulen die **Häufigkeitsdichten** f_k^D darstellen.

Tabelle 13.3-2

k	$x_k^u \le X < x_k^o$	x_k^*	h_k	f_k	f_k^D	$x_k^* \cdot f_k$	$(x_k^* - \bar{x})^2 \cdot f_k$
1	8,25- 8,75	8,5	1	0,043	0,086	0,370	0,101
2	8,75- 9,25	9,0	2	0,087	0,174	0,783	0,091
3	9,25- 9,75	9,5	5	0,217	0,434	2,065	0,059
4	9,75-10,25	10,0	7	0,304	0,608	3,043	0,000
5	10,25-10,75	10,5	4	0,174	0,348	1,826	0,040
6	10,75-11,25	11,0	3	0,130	0,260	1,435	0,125
7	11,25-11,75	11,5	1	0,043	0,086	0,500	0,095
Σ			23	1,000		10,022	0,510
√							0,714

Die statistisch beobachtete Häufigkeitsverteilung der stetigen Zufallsvariablen X: „...durchschnittlicher Benzinverbrauch eines Leihwagens..." läßt für die n = 23 Leihwagen eine **symmetrische** Wahrscheinlichkeitsverteilung vermuten. Aus Gründen der einfachen Handhabung verwendet man in praxi zur modellmäßigen Beschreibung von stetigen Zufallsvariablen mit komplizierten bzw. unbekannten symmetrischen Wahrscheinlichkeitsverteilungen die sog. **Dreieck- oder Simpson-Verteilung**. Die Dichtefunktion einer Dreieckverteilung ist als gleichschenkliges Dreieck über dem Histogramm des Benzinverbrauchs in der Abbildung 13.3-2 skizziert.

Abbildung 13.3-2

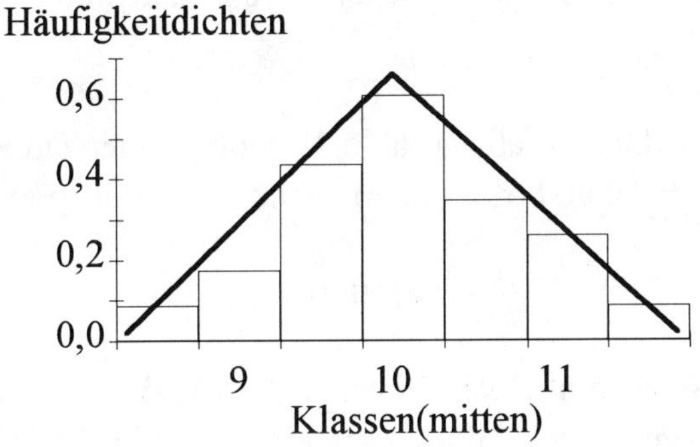

Allgemein besitzt die **Dichtefunktion** einer Dreieckverteilung über einem Intervall [c,d], c < d, die folgende Gestalt:

$$f_X(x) = \begin{cases} 0 & \text{für} \quad x \le c \\ \dfrac{4 \cdot (x-c)}{(d-c)^2} & \text{für} \quad c < x \le \dfrac{c+d}{2} \\ \dfrac{4 \cdot (d-x)}{(d-c)^2} & \text{für} \quad \dfrac{c+d}{2} < x < d \\ 0 & \text{für} \quad x \ge d \end{cases}$$

Erwartungswert $E(X) = \mu$ und **Varianz** $V(X) = \sigma^2$ einer stetigen, dreieckverteilten Zufallsvariablen X, kurz: $X \sim Dr(\mu, \sigma^2)$, sind wie folgt definiert:

$$E(X) = \frac{c+d}{2}, \quad V(X) = \frac{(d-c)^2}{24}.$$

Unterstellt man anhand der empirischen Untersuchung, daß die stetige Zufallsvariable X: „Durchschnittlicher Benzinverbrauch eines PKW." hinreichend genau über dem Verbrauchsintervall [8,5 l/100km;11,5 l/100km] **dreieckverteilt** ist, dann überzeugt man sich leicht, daß

$$E(X) = \mu_X = \frac{8{,}5 + 11{,}5}{2} = 10 \text{ [l/100km]},$$

$$V(X) = \sigma_X^2 = \frac{(11{,}5 - 8{,}5)^2}{24} = 0{,}375 \text{ [l/100km]}^2$$

und

$$\sigma_X = \sqrt{0{,}375} \approx 0{,}612 \text{ [l/100km]}$$

gilt.

Man sagt daher auch: Die Zufallsvariable X genügt einer Dreieckverteilung mit den Parametern $\mu_X = 10$ und $\sigma_X^2 = 0{,}375$, wobei die in praxi übliche **Kurzschreibweise**

$$X \sim Dr(10;\ 0{,}375)$$

ist.

Möchte man die Wahrscheinlichkeit $P(9 \le X \le 10{,}5)$ des Ereignisses bestimmen, daß ein beliebig ausgewählter Leihwagen einen durchschnittlichen Benzinverbrauch zwischen 9 und 10,5 Liter je 100 km aufzuweist, so überlegt man sich anhand der Abbildung 13.3-2, daß die über dem Intervall [8,5;11,5] definierte **Dichtefunktion** $f_X(x)$ der betrachteten Dreieckverteilung an der Stelle $E(X) = 10$ [l/100km] eine Unstetigkeitsstelle besitzt. Aus diesem Grunde integriert man die Dichtefunktion über die zwei disjunkten Teilintervalle [9;10] und [10;10,5], wobei

$$P(9 \le X \le 10{,}5) = P(9 \le X < 10) \cup P(10 \le X \le 10{,}5) = \int_9^{10} f_X(x)dx + \int_{10}^{10{,}5} f_X(x)dx$$

gilt.

Für das Teilintervall [9;10] ermittelt man den Wert des bestimmten Integrals über der **Dichtefunktion**

$$f_X(x) = \frac{4 \cdot (x - 8{,}5)}{(11{,}5 - 8{,}5)^2} = \frac{4}{9} \cdot (x - 8{,}5)$$

für alle reellen Zahlen x in den Integrationsgrenzen $c = 9$ [l/100 km] und $d = 10$ [l/100km]. Da

$$P(9 \le X < 10) = \int_9^{10} \frac{4}{9} \cdot (x - 8{,}5)dx = \frac{4}{9} \cdot \int_9^{10} (x - 8{,}5)dx = \frac{4}{9} \cdot \left[\frac{x^2}{2} - 8{,}5x\right]_9^{10} =$$

$$\frac{4}{9} \cdot \left[\left(\frac{10^2}{2} - 8{,}5 \cdot 10\right) - \left(\frac{9^2}{2} - 8{,}5 \cdot 9\right)\right] = \frac{4}{9} \cdot (-35 + 36) \approx 0{,}44$$

ist, beträgt die Wahrscheinlichkeit dafür, daß ein beliebiger Leihwagen (von gleichem Typ) einen durchschnittlichen Benzinverbrauch von mehr als 9, aber weniger als 10 Litern je 100 km hat, 0,44.
Im Sinne der statistischen Definition der Wahrscheinlichkeit sagt man auch: 44% der Leihwagen sind durch Benzinverbrauchspanne von $9 \leq X < 10$ [l/100km] gekennzeichnet.
Analog verfährt man bei der **Integration** der Dichtefunktion im Teilintervall [10;10,5], wobei im speziellen

$$P(10 \leq X \leq 10{,}5) = \int_{10}^{10{,}5} \frac{4 \cdot (11{,}5 - x)}{(11{,}5 - 8{,}5)^2}\,dx = \frac{4}{9} \cdot \int_{10}^{10{,}5} (11{,}5 - x)\,dx =$$

$$\frac{4}{9} \cdot \left[11{,}5x - \frac{x^2}{2} \right]_{10}^{10{,}5} = \frac{4}{9} \cdot \{[120{,}75 - 55{,}125] - [115 - 50]\} \approx 0{,}28$$

gilt.
Demnach besitzen ca. 28% aller Leihwagen einen durchschnittlichen Benzinverbrauch von 10 bis 10,5 [l/100km] und in logischer Konsequenz 44% + 28% = 72% der Leihwagen einen Benzinverbrauch von 9 bis 10,5 Litern je 100 km, wenn unterstellt wird, daß die stetige Zufallsvariable $X \sim Dr(10;0{,}375)$-verteilt ist.

14 Diskrete Wahrscheinlichkeitsverteilungen

14.1 Binomialverteilung

Definition 14.1-1

Ein Zufallsexperiment, bei dem entweder das Ereignis A mit der Wahrscheinlichkeit $P(A) = p$ oder das Komplementärereignis $\overline{A}$ mit der Komplementär-Wahrscheinlichkeit $P(\overline{A}) = 1 - P(A) = 1 - p$ als Ergebnis eintritt, wird n-mal unabhängig wiederholt. Die diskrete Zufallsvariable X, die die Anzahl k der Zufallsexperimente mit dem Ergebnis A angibt, heißt **binomialverteilt** mit den Parametern n und p, kurz: X ~ Bi(n,p), wenn sie die **Wahrscheinlichkeitsfunktion**

$$f_X(k) = P(X = k) = \binom{n}{k} \cdot p^k \cdot (1-p)^{n-k} \quad \text{mit } k = 0,1,2,\dots,n,$$

die **Verteilungsfunktion**

$$F_X(m) = P(X \le m) = \sum_{k=0}^{m} P(X = k),\ m \le n,$$

den **Erwartungswert** $E(X) = n \cdot p$ und die **Varianz** $V(X) = n \cdot p \cdot (1-p)$ besitzt.

Anmerkungen zur Def. 14.1-1

1. Die **Binomial**verteilung (lat: bis → doppelt & nomen → Name) geht auf den schweizer Mathematiker Jacob Bernoulli (1654-1705) zurück. Ihm zu Ehren nennt man die Binomialverteilung auch Bernoulli-Verteilung.
2. Die Binomialverteilung ist durch die zwei **Parameter** n und p gekennzeichnet. In Abhängigkeit von n und p gibt es eine ganze **Familie** von Binomialverteilungen.
3. Die n voneinander unabhängigen Wiederholungen ein und desselben Zufallsexperiments bezeichnet man auch als **BERNOULLI-Experiment**.
4. Das Ereignis A wird auch (unabhängig von dessen konkreter Bedeutung) als **Erfolg** und die Wahrscheinlichkeit p als **Erfolgswahrscheinlichkeit** bezeichnet.
5. Charakteristisch für ein Bernoulli-Experiment ist das Zufallsauswahlmodell **mit Zurücklegen**, wobei die Unveränderlichkeit der Erfolgswahrscheinlichkeit p unterstellt wird.
6. I.allg. ist die Wahrscheinlichkeitsfunktion für bestimmte Erfolgswahrscheinlichkeiten p und Versuchsanzahlen n **tabelliert**.
7. Die Bestimmung von Binomialwahrscheinlichkeiten kann in praxi für große n recht aufwendig sein. In diesem Fall bedient man sich i.allg. der folgenden **Approximationsmöglichkeiten** (lat.: approximare → sich annähern):
   - Für $n \cdot p \le 10$ und $n \ge 1500 \cdot p$ ist eine binomialverteilte Zufallsvariable X ~ Bi(n,p) näherungsweise **poissonverteilt** mit dem Parameter $\lambda = n \cdot p$, also $X \approx Po(\lambda)$.
   - Für $n \cdot p \cdot (1-p) \ge 9$ ist eine binomialverteilte Zufallsvariable X ~ Bi(n,p) näherungsweise **normalverteilt** mit den Parametern $\mu = n \cdot p$ und $\sigma^2 = n \cdot p \cdot (1-p)$, also $N(\mu; \sigma^2)$.

Beispiel 14.1-1
Ein umtriebiger BW-Student erzählt in einem Pausengespräch seinem Statistik-Professor, daß er aus Existenznöten nebenbei für ein Versicherungsunternehmen Produkte vertreibt und daß die Chance, einen Vertrag abzuschließen, erfahrungsgemäß bei 20 % liegt, was für den Professor wiederum ein Anlaß ist, daraus eine praxisrelevante statistische Problemstellung zu entlehnen. Einmal angenommen, der Student vereinbart im Verlaufe einer Woche 10 voneinander unabhängige Beratungen. Wie groß ist die Wahrscheinlichkeit dafür, daß er 1) $k = 0$, also keinen, 2) $k \leq 2$, also höchstens zwei, 3) $k \geq 1$, also mindestens einen und 4) $1 < k \leq 3$, also mehr als einen, aber höchstens drei Verträge abschließt?
Man überlegt sich leicht, daß die $n = 10$ festgelegten, voneinander unabhängigen Beratungen als ein **Bernoulli-Experiment** aufgefaßt werden können, wenn man die Chance (Erfolgswahrscheinlichkeit), generell eine Beratung erfolgreich mit einem Vertrag abzuschließen (Ereignis A), als gegeben und unveränderlich mit $P(A) = 0{,}2$ annimmt. Die Anzahl $k = 0,1,2,...,10$ der erfolgreichen Abschlüsse kennzeichnen dann die $n + 1 = 11$ möglichen Realisationen der diskreten Zufallsvariablen X, die einer **Binomialverteilung** genügt, wobei $X \sim Bi(10;0{,}2)$ gilt. Für die interessierenden Ereignisse errechnet bzw. erhält man unter Verwendung der in der **Tafel 1** tabellierten **Wahrscheinlichkeitsfunktion** der Binomialverteilung für die Parameter $n = 10$ und $p = 0{,}2$ die folgenden Binomialwahrscheinlichkeiten:

$$1)\ P(X = 0) = \binom{10}{0} \cdot 0{,}2^0 \cdot (1 - 0{,}2)^{10} \approx 0{,}107.$$

Demnach beträgt die Wahrscheinlichkeit dafür, bei 10 Beratungen keinen Vertag abzuschließen, 0,107. Angenommen, der Student plant im Sommersemester 1995 über 10 Wochen jeweils 10 Beratungen pro Woche, dann muß er wegen $0 \cdot 0{,}107 \approx$ erwartungsgemäß einmal damit rechnen, leer auszugehen.

$$2)\ F_X(2) = P(X \leq 2) = \sum_{k=0}^{2} P(X = k) = 0{,}107 + 0{,}268 + 0{,}302 = 0{,}677.$$

Unter Verwendung der **Verteilungsfunktion** ist die Wahrscheinlichkeit, bei 10 Beratungen höchstens zwei Verträge unter Dach und Fach zu bekommen, 0,677. Im Verlaufe des Wintersemesters kann er unter den betrachteten Bedingungen in ca. 7 von 10 Wochen mit höchstens zwei Vertragsabschlüssen rechnen. Man achte darauf, daß hier auch das Ereignis, **keinen** Vertag abgeschlossen zu haben, in das Kalkül der Berechnung eingeschlossen ist.

$$3)\ P(X \geq 1) = 1 - P(X < 1) = 1 - P(X = 0) = 1 - 0{,}107 = 0{,}893.$$

Die Wahrscheinlichkeit dafür, bei 10 unabhängigen Beratungen mindestens einen Erfolg zu konstatieren, beträgt 0,893. Der Student kann in 9 von 10 Wochen mit mindestens einem Abschluß rechnen, wenn er pro Woche 10 Beratungen unter sonst gleichen Bedingungen realisiert.

$$4)\ P(1 \leq X \leq 3) = F_X(3) - F_X(1) = \left(\sum_{m=0}^{3} P(X = m)\right) - \left(\sum_{m=0}^{1} P(X = m)\right) =$$

$$(0{,}107 + 0{,}268 + 0{,}302 + 0{,}201) - (0{,}107 + 0{,}268) = 0{,}503.$$

Demnach kann er in der Hälfte aller Arbeitswochen damit rechnen, wenigstens einen, aber höchsten drei Verträge abzuschließen.

Die **Wahrscheinlichkeitsfunktion**, die die Erfolgschancen des Studenten für die einzelnen möglichen Vertragsabschlußanzahlen kennzeichnet, ist in der Abbildung 14.1-1 skizziert.

Abbildung 14.1-1

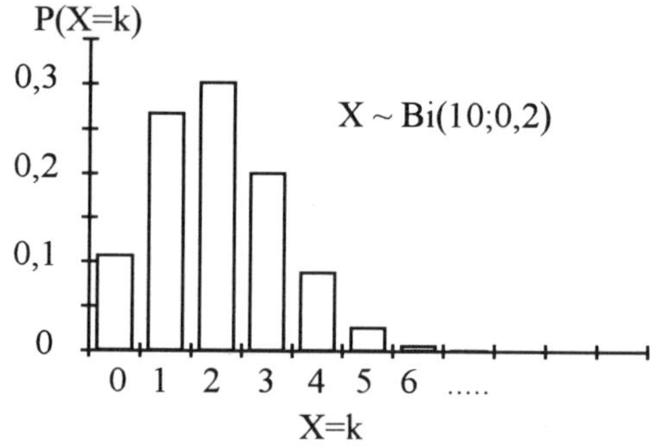

Beispiel 14.1-2

In Erweiterung des Beispiels 13.2-1 soll nunmehr eine Familie mit vier Kindern betrachtet werden. Dabei interessiert die Wahrscheinlichkeit dafür, daß einer Familie mit vier Kindern mindestens ein Knabe (also ein „Stammhalter“) lebend geboren wird.

Faßt man die Geburt eines Kindes als ein Ergebnis eines **Zufallsexperiments** auf, so läßt sich die Anzahl $k = 0, 1, .., 4$, der lebendgeborenen Knaben als eine mögliche **Realisation** einer **diskreten** Zufallsvariablen X auffassen, die

$$X \sim Bi(4; 0{,}513)$$

verteilt ist. Da die Knabengeburt von Interesse ist, wird als Näherungswert für den Parameter p der Anteil (relative Häufigkeit) der 1991 in Deutschland lebendgeborenen Knaben an den Lebendgeborenen verwendet.
(Quelle: Statistisches Jahrbuch 1993, S. 74)
Für

$$p = \frac{426098}{830019} \approx 0{,}513$$

und n = 4 errechnet man die folgenden **Einzelwahrscheinlichkeiten**

$$P(X=0) = \binom{4}{0} \cdot 0{,}513^0 \cdot 0{,}487^4 \approx 0{,}0562; \; P(X=1) = \binom{4}{1} \cdot 0{,}513 \cdot 0{,}487^3 \approx 0{,}2370$$

$$P(X=2) = \binom{4}{2} \cdot 0{,}513^2 \cdot 0{,}487^2 \approx 0{,}3745; \; P(X=3) = \binom{4}{3} \cdot 0{,}513^3 \cdot 0{,}487 \approx 0{,}2630$$

$$P(X=4) = \binom{4}{4} \cdot 0{,}513^4 \cdot 0{,}487^0 \approx 0{,}0693,$$

auf deren Grundlage man die Wahrscheinlichkeit für das interessierende Ereignis $X \geq 1$ bestimmen kann, wobei

$$P(X \geq 1) = 1 - P(X < 1) = 1 - P(X = 0) = 1 - 0{,}0562 = 0{,}9438$$

ist. Demnach ist es sehr wahrscheinlich, daß in einer Familie mit vier Kindern mindestens ein „Stammhalter“ vorkommt. Die **Wahrscheinlichkeitsverteilung** für das skizzierte Stammhalterproblem ist in der Abbildung 14.1-2 dargestellt.

Abbildung 14.1-2

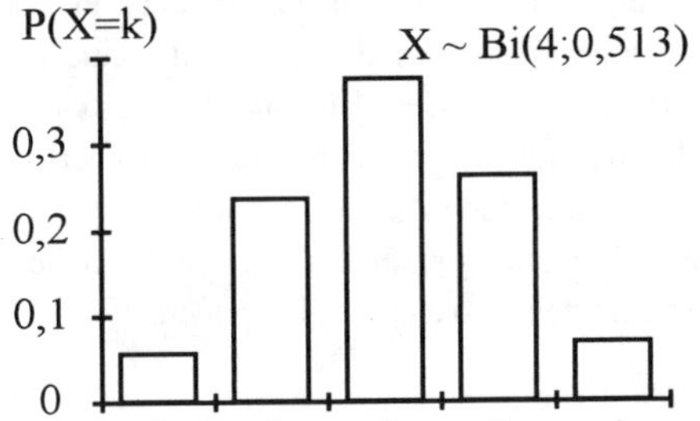

14.2 Geometrische Verteilung

Definition 14.2-1

Ein Zufallsexperiment, bei dem entweder das Ereignis A mit der Wahrscheinlichkeit $P(A) = p$ oder das Komplementärereignis $\overline{A}$ mit der Komplementär-Wahrscheinlichkeit $P(\overline{A}) = 1 - P(A) = 1 - p$ als Ergebnis eintritt, wird beliebig oft unabhängig wiederholt. Die diskrete Zufallsvariable X, die die Anzahl k der Wiederholungen des Zufallsexperiments angibt, bis zum ersten Mal das Ergebnis A beobachtet wird, heißt **geometrisch verteilt** mit dem Parameter p, kurz: $X \sim Ge(p)$, wenn sie die **Wahrscheinlichkeitsfunktion**

$$f_X(k) = P(X = k) = p \cdot (1-p)^{k-1} \text{ mit } k = 1,2,\ldots,$$

die **Verteilungsfunktion**

$$F_X(a) = P(X \le a) = \begin{cases} 0 & \text{für} \quad a < 1 \\ 1-(1-p)^m & \text{für} \quad m \le a < m+1; m = 1,2,\ldots, \end{cases}$$

den **Erwartungswert** $E(X) = \frac{1}{p}$ und die **Varianz** $V(X) = \frac{1-p}{p^2}$ besitzt.

Anmerkungen zur Def. 14.2-1

1. Die geometrische Verteilung ist ein Spezialfall der negativen Binomialverteilung. Sie wird zu Ehren des französischen Mathematikers Blaise Pascal (1623-1662) auch als **Pascal-Verteilung** bezeichnet.
2. Die geometrische Verteilung besitzt nur den **einen** Parameter p.
3. Wegen ihrer einfachen Berechnung wird die geometrische Verteilung i.allg. **nicht** tabelliert.
4. Eine Ge(p)-verteilte Zufallsvariable gibt die Anzahl der unabhängigen Versuche **bis zum ersten Auftreten** eines „Erfolges“ an.
5. Führt man (zumindest gedanklich) die Zufallsexperimente in äquidistanten Zeitabständen durch, so kann man die geometrische Verteilung auch als eine diskrete Wartezeitverteilung „ohne Gedächtnis“ interpretieren, da der Eintritt des ersten Erfolgs unabhängig, also „gedächtnislos“ ist von der bereits verstrichenen bzw. noch erforderlichen Zeit für bereits durchgeführte bzw. noch zu realisierende Zufallsexperimente.
6. Der Name der geometrischen Verteilung resultiert aus der Tatsache, daß für alle k = 1,2,... die Einzelwahrscheinlichkeiten eine **geometrische** Folge bilden.

Beispiel 14.2-1

Bezugnehmend auf das Beispiel 14.1-1 erscheint es nunmehr interessant, z.B. die Wahrscheinlichkeit dafür zu bestimmen, daß der Student bereits nach der ersten Beratung einen Vertag abschließt (Ereignis A). Da die **Erfolgswahrscheinlich-**

keit $p = 0{,}2$ und die Anzahl der Beratungen $k = 1$ ist, ist $X \sim Ge(0{,}2)$-verteilt, so daß

$$P(A) = f_X(1) = P(X = 1) = 0{,}2 \cdot (1 - 0{,}2)^{1-1} = 0{,}2 \cdot 0{,}8^0 = 0{,}2$$

gilt. Demnach ist die Wahrscheinlichkeit dafür, daß der Student bereits nach Ende der ersten Beratung einen Vertag schließt, 0,2. Dieses Ergebnis überrascht nicht, stimmt es doch generell mit der Erfolgswahrscheinlichkeit $P(A) = p = 0{,}2$ eines Vertragsabschlusses überein. Er kann daher in 10 Wochen erwartungsgemäß zweimal damit rechnen, daß er bereits nach der ersten Beratung einen Abschluß tätigt.

Da bekanntlich „... aller guten Dinge drei sind ...", soll noch die Wahrscheinlichkeit dafür bestimmt werden, daß das **Ereignis** A: „Vertragsabschluß" erst nach Ablauf der $k = 3$. Beratung eintritt. Wegen

$$f_X(3) = P(X = 3) = 0{,}2 \cdot (1 - 0{,}2)^{3-1} = 0{,}128$$

wird der Student unter sonst gleichen Bedingungen im Verlauf von 10 Wochen auf alle Fälle einmal damit rechnen müssen, erst nach Beendigung eines dritten Versuchs erstmals erfolgreich zu sein. Bestimmt man hingegen den Wert der **Verteilungsfunktion** für $a = 3$ Beratungen, so ist das Ergebnis

$$F_X(3) = P(X \leq 3) = 1 - (1 - 0{,}2)^3 \approx 0{,}488$$

wie folgt zu interpretieren: Erwartungsgemäß wird der Student in 5 von 10 Wochen nach Beendigung **höchstens** dreier Beratungen den ersten Vertag abschließen. Schließlich und endlich kann er wegen

$$E(X) = \frac{1}{0{,}2} = 5 \text{ Beratungen}$$

unter sonst gleichen Bedingungen im **Durchschnitt** nach fünf Beratungen mit dem ersten Vertragsabschluß rechnen. Dieses Ergebnis leuchtet ein, denn wenn die Erfolgswahrscheinlichkeit für einen Vertragsabschluß 0,2 ist, dann ist unter sonst gleichen Bedingungen nach 5 Beratungen im Durchschnitt mit $0{,}2 \cdot 5 = 1$ Vertagsabschluß zu rechnen.

14.3 Hypergeometrische Verteilung

Definition 14.3-1

Das Zufallsexperiment bestehe darin, aus N Elementen, von denen $M < N$ die Eigenschaft A besitzen, $n < N$ zufällig und ohne Zurücklegen auszuwählen. Dann heißt für alle nichtnegativen ganzzahligen $k \leq n$ die diskrete Zufallsvariable X, die die Anzahl k der Elemente mit der Eigenschaft A in der Stichprobe vom Umfang n angibt, **hypergeometrisch verteilt** mit den Parametern N, M und n, kurz: $X \sim Hy(N,M,n)$, wenn sie die **Wahrscheinlichkeitsfunktion**

$$f_X(k) = P(X = k) = \frac{\binom{M}{k} \cdot \binom{N-M}{n-k}}{\binom{N}{n}} \text{ mit } k \leq M \text{ und } n-k \leq N-M,$$

die **Verteilungsfunktion**

$$F_X(m) = P(X \leq m) = \sum_{k=0}^{m} P(X = m) \text{ mit } m \leq M,$$

den **Erwartungswert**

$$E(X) = n \cdot \frac{M}{N} = n \cdot p \text{ mit } p = \frac{M}{N}$$

und die **Varianz**

$$V(X) = n \cdot p \cdot (1-p) \cdot \frac{N-n}{N-1}$$

besitzt.

Anmerkungen zur Def. 14.3-1

1. Die hypergeometrische Verteilung spielt in der statistischen **Qualitätskontrolle** eine besondere Rolle.
2. Da die hypergeometrische Verteilung durch die **drei** Parameter N, M und n bestimmt ist, gibt es eine ganze **Familie** von hypergeometrischen Verteilungen. Wegen der drei **Parameter** werden hypergeometrische Verteilungen i.allg. **nicht** tabelliert.
3. Charakteristisch für eine hypergeometrisch verteilte Zufallsvariable ist das Zufallsauswahlmodell **ohne Zurücklegen**, wobei die Unveränderlichkeit der Erfolgswahrscheinlichkeit $p = M/N$ unterstellt wird.
4. Die Bestimmung von Wahrscheinlichkeiten für Hy(N,M,n)-verteilte Zufallsvariablen kann in praxi recht aufwendig sein. In diesem Fall bedient man sich i.allg. der folgenden **Approximationen** (lat.: approximare → sich annähern):

   - Für $0,1 < p = M / N < 0,9$ und $n > 10$ und $n / N < 0,05$ kann eine Hy(N,M,n)-verteilte Zufallsvariable X durch eine **binominalverteilte** Zufallsvariable X mit den Parametern n und $p = M/N$ approximiert werden, so daß $X \approx Bi(n;p)$ gilt.

- Für $p = M/N \leq 0{,}1$ oder $p = M/N \geq 0{,}9$ und $n > 30$ und $n/N < 0{,}05$ kann eine Hy(N,M,n)-verteilte Zufallsvariable X durch eine **poissonverteilte** Zufallsvariable X mit dem Parameter $\lambda = n \cdot M / N = n \cdot p$ approximiert werden, so daß $X \approx Po(\lambda)$ gilt.

- Für $0{,}1 < p = M / N < 0{,}9$ und $n > 30$ kann eine Hy(N;M;n)-verteilte Zufallsvariable X über eine **normalverteilte** Zufallsvariable X mit den Parametern $\mu = n \cdot M / N = n \cdot p$ und $\sigma^2 = n \cdot p \cdot (1 - p)$ approximiert werden, so daß $X \approx N(\mu; \sigma^2)$ gilt.

Beispiel 14.3-1

Ein mittelständisches Unternehmen stellt Antriebswellen her. Einer Tagesproduktion von N = 100 Stück werden zufällig n = 10 Antriebswellen **ohne Zurücklegen** entnommen und bezüglich ihres Durchmessers geprüft. Liegt der Durchmesser innerhalb der ingenieurtechnisch vorgeschriebenen Toleranzen, so ist die Welle verwendbar, ansonsten ist sie Ausschuß (worin die Möglichkeit der Nachbearbeitung der Einfachheit halber eingeschlossen sein soll). Aus Erfahrung weiß man, daß in einer Tagesproduktion im Durchschnitt 2 % der Wellen Ausschuß sind. Wie groß ist z.B. die Wahrscheinlichkeit dafür, daß in der Stichprobe **ohne Zurücklegen** vom Umfang n = 10 keine der Antriebswellen Ausschuß ist?
Da in der **Qualitätskontrolle** i.allg. die Anzahl der nicht normgerechten Teile interessiert, besteht im konkreten Fall das im Zuge des **Zufallsexperiments** interessierende Ereignis A darin, daß die **diskrete** Zufallsvariable X: „Anzahl der Ausschußwellen in der Stichprobe" den Wert k = 0 annimmt, was ja nichts anderes bedeutet, als daß in der Stichprobe kein Ausschußteil vorkommt. Da $p = M / 100 = 0{,}02$ ist, kann man offensichtlich $M = 0{,}02 \cdot 100 = 5$ Stück Ausschußwellen in der Tagesproduktion erwarten und die diskrete Zufallsvariable X als eine **hypergeometrisch** verteilte Zufallsvariable aufdecken, wobei $X \sim Hy(100;5;10)$ und

$$P(A) = P(X = 0) = \frac{\binom{5}{0} \cdot \binom{100-5}{10-0}}{\binom{100}{10}} = \frac{95 \cdot 94 \cdot \ldots \cdot 86}{100 \cdot 99 \cdot \ldots \cdot 91} \approx 0{,}58$$

gilt. Demnach ist die Wahrscheinlichkeit dafür, in einer Stichprobe ohne Zurücklegen vom Umfang n = 10 Stück keine Ausschußwelle vorzufinden, unter den gegebenen Bedingungen 0,58. Wiederholte man unter sonst gleichen Bedingungen 100mal das gleiche Zufallsexperiment, so könnte man im Durchschnitt 58 mal das Ereignis A: „Keine Ausschußwelle in der Stichprobe" erwarten.

Beispiel 14.3-2

Allwöchentlich wartet die große Masse der Lottospieler auf die Bekanntgabe (ohne Gewähr) der Lottozahlen z.B. beim Spiel „6 aus 49". Da eine Ziehung im Spiel „6 aus 49" als ein **Zufallsexperiment** aufgefaßt werden kann, bei dem 6 Zahlen aus 49 Zahlen **ohne Zurücklegen** gezogen werden, ist die **diskrete** Zufallsvariable X: „Anzahl der richtigen Zahlen in einer Ziehung" **hypergeometrisch** verteilt mit den Parametern N = 49, M = 6 und n = 6, so daß

$$X \sim Hy(49;6;6)$$

gilt. Demnach beträgt z.B. die Wahrscheinlichkeit für Ereignis A: „Vierer bei einer Ziehung im Zahlenlotto 6 aus 49"

$$P(A) = P(X = 4) = \frac{\binom{6}{4} \cdot \binom{49-6}{6-4}}{\binom{49}{6}} = \frac{15 \cdot 903}{13983816} \approx 0{,}00097\,.$$

Die Wahrscheinlichkeit, in einer Ziehung einen Vierer zu tippen, ist ca. 0,001. Würde man 1000 unterschiedliche Tipscheine abgeben, könnte man erwartungsgemäß mit einem Vierer rechnen.

In diesem Zusammenhang ist es bedeutsam zu vermerken, daß die **Wahrscheinlichkeitsfunktion** einer hypergeometrisch verteilten Zufallsvariablen eine spezielle Anwendung der **klassischen** Wahrscheinlichkeitsdefinition darstellt. Die für das Ereignis A günstigen Fälle kann man sich mit Hilfe der **Kombinatorik** wie folgt vorstellen und berechnen: Von den sechs „richtigen" Zahlen fehlen bei einem Vierer zwei „richtige" Zahlen. Da beim Zahlenlotto die Reihenfolge der gezogenen Zahlen keine Rolle spielt und Zahlenwiederholungen wegen des Auswahlmodells „ohne Zurücklegen" in einer Ziehung ausgeschlossen sind, gibt es

$$\binom{6}{4} = \binom{6}{2} = \frac{6 \cdot 5}{1 \cdot 2} = 1$$

Kombinationen ohne Wiederholung von 6 Zahlen zur 4. Klasse, also 15 „richtige" Vierer-Kombinationen. Da jede Ziehung aus 6 Zahlen besteht, muß man sich jede dieser 15 „richtigen" Vierer-Kombinationen noch durch zwei „nicht richtige" Zahlen komplettiert denken, die aus den 49 - 6 = 43 „nicht richtigen" Zahlen auszuwählen sind.

Man überlegt sich, daß es insgesamt

$$\binom{43}{2} = \frac{43 \cdot 42}{1 \cdot 2} = 903$$

Kombinationen ohne Wiederholung von 43 „nicht richtigen" Zahlen zur 2. Klasse gibt, eine „richtige" Vierer-Kombination durch zwei „nicht richtige" Zahlen zu ergänzen, ohne daß darunter ein Sechser bzw. Fünfer enthalten ist. Letztlich hat man also $5 \cdot 903 = 13545$ für das Ereignis A günstige Fälle oder mögliche Vierer in „6 aus 49" zu verzeichnen. Die Anzahl der bei einer Ziehung im Zahlenlotto „6 aus 49" möglichen Zahlenkombinationen ohne Wiederholung ist dann

$$\binom{49}{6} = \frac{49 \cdot 48 \cdot \ldots \cdot 44}{1 \cdot 2 \cdot \ldots \cdot 6} = 13983816,$$

woraus sich letztlich die berechnete Wahrscheinlichkeit für einen Vierer ergibt. In analoger Form kann man sich die Wahrscheinlichkeiten für einen Dreier, Fünfer bzw. Sechser berechnen.

14.4 Poisson-Verteilung

Definition 14.4-1

Eine diskrete Zufallsvariable X, die die abzählbar unendlich vielen Werte $k = 0,1,2,\ldots$ annehmen kann, heißt poissonverteilt mit dem Parameter $\lambda > 0$, kurz: $X \sim Po(\lambda)$, wenn sie die **Wahrscheinlichkeitsfunktion**

$$f_X(k) = P(X = k) = \frac{\lambda^k}{k!} \cdot e^{-\lambda},$$

die **Verteilungsfunktion**

$$F_X(m) = P(X \le m) = \sum_{k=0}^{m} P(X = k), \; m \le n,$$

den **Erwartungswert** $E(X) = \lambda$ und die **Varianz** $V(X) = \lambda$ besitzt.

Anmerkungen zur Def. 14.4-1

1. Die Poisson-Verteilung geht auf den französischen Mathematiker Simeon Denis Poisson (1781-1840) zurück und wurde nach ihm benannt.

2. Wegen der Grenzwertbeziehung

$$\lim_{\substack{n\to\infty \\ p\to 0 \\ n\cdot p=\lambda=\text{const}}} \binom{n}{k}\cdot p^k \cdot (1-p)^{n-k} = \frac{\lambda^k}{k!}\cdot e^{-\lambda}, k=0,1,2,\ldots$$

wird die Poissonverteilung auch als Verteilung **seltener Ereignisse** bezeichnet und in praxi oft als **Approximation** (Grenzverteilung) für die vor allem für große n und kleine p schwieriger zu berechnende **Binomialverteilung** verwendet.
3. e kennzeichnet die **Eulersche Konstante**, wobei e = 2,7182818... gilt.
4. In praxi spielt die Poisson-Verteilung vor allem dann eine Rolle, wenn voneinander unabhängige punktuelle Ereignisse hinsichtlich der Häufigkeit ihres Auftretens im Zeitablauf in festen, meist kleinen Zeitabständen beobachtet und modelliert werden. Die Zufallvariable X gibt dann die Anzahl der **seltenen** Vorkommnisse in einem bestimmten, meist kleinen Zeitraum an.
5. Einen im Zeitablauf betrachteten punktuellen Ereignisstrom bezeichnet man auch als **Poisson-Prozeß**, sofern er bestimmte (hier nicht näher erläuterte) Bedingungen erfüllt.
6. Typische poissonverteilte Zufallsvariablen sind z.B. die
   - **Anzahl** der in einer Telefonzentrale ankommenden Telefongespräche innerhalb einer Minute
   - **Anzahl** der Fadenbrüche pro Stunde in einer Spinnerei
   - **Anzahl** der Kunden, die z.B. innerhalb von 5 Minuten eine Bankfiliale betreten
   - **Anzahl** der Fahrzeuge, die pro Minute eine Kreuzung passieren
   - **Anzahl** der Schadensmeldungen, die im Verlauf eines Geschäftstages bei einer Versicherung eintreffen
   - **Anzahl** der Übertragungsfehler in einem Computernetz während einer Stunde
   - **Anzahl** der Tippfehler auf einer Manuskriptseite.
7. Die Summe poissonverteilter Zufallsvariablen ist wieder poissonverteilt.

Beispiel 14.4-1

Von den im Jahresdurchschnitt 1992 in den alten Bundesländern existierenden 65700 Unternehmen im Bauhauptgewerbe meldeten im gleichen Jahr 1890 Unternehmen Konkurs an.

(Quelle: Zahlen der wirtschaftlichen Entwicklung der Bundesrepublik Deutschland 1993, S. 63, 77, Institut der Deutschen Wirtschaft Köln)

Einmal für jedes Bauunternehmen ein gleiches Konkursrisiko im Verlauf des Wirtschaftsjahres 1992 unterstellt, so betrug die **Konkurswahrscheinlichkeit** eines Unternehmens innerhalb des Jahres 1992

$$p = \frac{1890}{65700} \approx 0{,}029$$

und innerhalb eines beliebigen Tages

$$p = \frac{1890}{65700 \cdot 360} \approx 0{,}00008.$$

Demnach waren im Jahresdurchschnitt 1992 in den alten Bundesländern an einem beliebigen Tag im Mittel

$$E(X) = \lambda = 65700 \cdot 0{,}00008 \approx 5{,}4$$

Insolvenzen im Bauhauptgewerbe zu erwarten. Bezeichnet man mit X die **diskrete** Zufallsvariable, die die **Anzahl** der täglichen Insolvenzen im Bauhauptgewerbe angibt, so ist unter den angenommenen Bedingungen $X \sim Po(5{,}4)$-verteilt. Die Wahrscheinlichkeit z.B. für das Ereignis A: „Drei Insolvenzen an einem beliebigen Tag." ist dann

$$P(A) = P(X = 3) = \frac{5{,}4^3}{3!} \cdot e^{-5{,}4} \approx 0{,}1185.$$

Bei Annahme eines gleichen Konkursrisikos für jedes Bauunternehmen hätte man im Wirtschaftsjahr 1992 daher in $0{,}1185 \cdot 360 \approx 42$ von 360 Tagen mit $k = 3$ Insolvenzen rechnen können.
Formal läßt sich die diskutierte Problemstellung auf ein **Bernoulli-Experiment** zurückführen, wobei dann für die Zufallsvariable $X \sim Bi(65700;0{,}00008)$ gilt. Die Wahrscheinlichkeit des Ereignisses A errechnet sich dann auf der Basis der Wahrscheinlichkeitsfunktion der **Binomialverteilung** mit den Parametern $n = 65700$, $p = 0{,}00008$ wie folgt:

$$P(A) = P(X = 3) = \binom{65700}{3} \cdot 0{,}00008^3 \cdot 0{,}99992^{64697} \approx 0{,}1185.$$

Man überzeugt sich im konkreten Fall leicht von der wesentlich aufwendigeren Form der Berechnung der Wahrscheinlichkeit P(A) des Ereignisses A unter Verwendung der Wahrscheinlichkeitsfunktion der Binomialverteilung anstelle der der Poisson-Verteilung.

Beispiel 14.4-2
Ein in den Statistik-Lehrbüchern nicht nur wegen seiner Anschaulichkeit, sondern wohl auch wegen seiner Skurilität gern zitiertes Beispiel zur Poisson-Verteilung ist die vom deutschen Statistiker Ladislaus von **Bortkiewicz** (1868-1931) zusammengetragene (und in seinem 1898 in Leipzig erschienenen Buch „Das Gesetz der kleinen Zahlen" veröffentlichte) Statistik der durch Hufschlag getöteten Soldaten des kaiserlich-preußischen Heeres. Bortkiewicz zählte in zehn preußischen Regimentern über zwanzig Jahre hinweg die durch Hufschlag getöteten

Soldaten und stellte dabei die folgende interessante, in der Tabelle 14.4-1 widergegebene Verteilung fest:

Tabelle 14.4-1

i	X = k	h(X = k)	f(X = k)	k · h(X = k)	P(X = k)	$h^e(X = k)$
1	0	109	0,545	0	0,5434	108,67
2	1	65	0,325	65	0,3314	66,29
3	2	22	0,110	44	0,1011	20,22
4	3	3	0,015	9	0,0206	4,11
5	4	1	0,005	4	0,0031	0,63
6	5	0	0,000	0	0,0004	0,08
7	6	0	0,000	0	0,0000	0,00
8	7	0	0,000	0	0,0000	0,00
9	8	0	0,000	0	0,0000	0,00
Σ		200	1,000	122	1,0000	200,00
∅	0,61					

Die Tabelle 14.4-1 ist in ihren Bestandteilen z.B. wie folgt zu interpretieren:

- Die **diskrete Zufallsvariable** $X = k$, $k = 0,1,2,...$, gibt die Anzahl k der in $h(X = k)$ Regimenter-Jahren durch Hufschlag getöteten Soldaten an.
- Die beobachtete **absolute** Häufigkeit $h(X = 2) = 22$ bedeutet, daß in 22 Regimenter-Jahren $k = 2$ Soldaten durch Hufschlag getötet wurden.
- Die beobachtete **relative** Häufigkeit $f(X = 2) = 0{,}11$ besagt, daß in 11 % der beobachteten Regimenter-Jahre, also in 22 von 200 (= 10 Regimenter mal 20 Jahre) Regimenter-Jahren, zwei Soldaten durch Hufschlag getötet wurden.
- In 10 Regimentern wurden im Verlauf von 20 Jahren insgesamt

$$\sum_{k=0}^{8} k \cdot h(X = k) = 0 \cdot 109 + 1 \cdot 65 + ... = 122$$

  Soldaten durch Hufschlag getötet.
- Pro Regiment und Jahr sind dies im **Durchschnitt**

$$\bar{k} = \frac{\sum_{k=0}^{8} k \cdot h(X = k)}{\sum_{k=0}^{8} h(X = k)} = \frac{122}{200} = 0{,}61$$

  durch Hufschlag getötete Soldaten.

- Da „große“ Anzahlen von Todesfällen infolge von Hufschlag in einem Regiment-Jahr **selten** zu beobachten sind, ist es interessant zu überprüfen, inwieweit die von Bortkiewicz **empirisch** beobachtete Verteilung (hinreichend genau) durch das **theoretische** Verteilungsmodell der seltenen Ereignisse, also durch eine spezielle **Poisson-Verteilung**, beschrieben werden kann.
- Verwendet man das gewogene **arithmetische Mittel** von 0,61 Hufschlagtoten pro Regiment-Jahr als einen Schätzwert für die Anzahl der Hufschlagtoten, die man (bedingt durch das freie Spiel des Zufalls) in einem Regiment-Jahr im Mittel **erwarten** kann, so leuchtet es ein, diesen empirisch ermittelten Durchschnittswert als Erwartungswert $\lambda = 0{,}6$ für die Poisson-Verteilung zu verwenden, wobei jetzt $X \sim Po(0{,}61)$ als **Verteilungshypothese** gilt.
- Die Abbildung 14.4-1 skizziert für alle betrachteten Realisationen die **Wahrscheinlichkeitsverteilung** der diskreten, poissonverteilten Zufallsvariablen X.

Abbildung 14.4-1

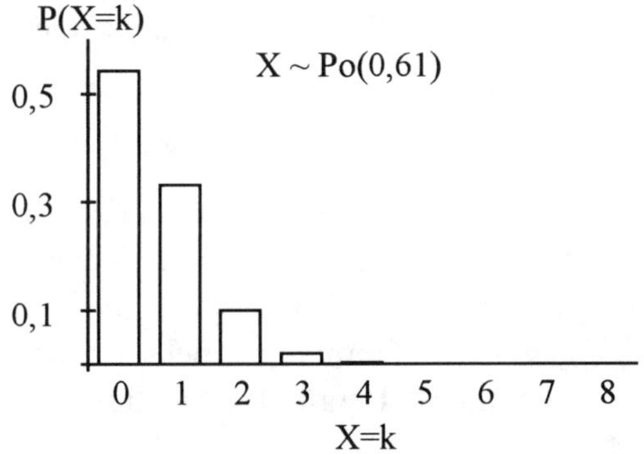

- Die Wahrscheinlichkeit dafür, daß unter der Verteilungshypothese $X \sim Po(0{,}61)$, $k = 2$ Soldaten im Verlaufe eines Regiment-Jahres durch Hufschlag getötet werden, ist dann

$$f_X(2) = P(X = 2) = \frac{0{,}61^2}{2!} \cdot e^{-0{,}61} \approx 0{,}1011.$$

- Man überzeugt sich jetzt leicht davon, daß man unter der Verteilungshypothese $X \sim Po(0{,}61)$ bei 200 Regimenter-Jahren **theoretisch**

$$h^e(X = 2) = 0{,}1011 \cdot 200 = 20{,}22$$

durch Hufschlag getötete Soldaten hätte erwarten können.

- Beachtenswert ist, daß

$$\sum_{k=0}^{8} h(X=k) = \sum_{k=0}^{8} h^e(X=k) = 200$$

gilt. Dies leuchtet ein, zumal unter der Verteilungsannahme $X \sim Po(0{,}61)$ der Gesamtumfang von 200 Regimenter-Jahren jetzt unter den Gesichtspunkten einer **Poisson-Verteilung** theoretisch „neu verteilt" wurde.

14.5 Aufgaben

Aufgabe 14.5-1
Untersuchungen für ein Herrenkonfektionsgeschäft ergaben, daß werktags in der Zeit von 12 bis 13 Uhr im Durchschnitt alle 5 Minuten ein Kunde das Geschäft betritt. Berechnen Sie die Wahrscheinlichkeit dafür, daß werktags in der Zeit zwischen 12.45 Uhr und 13 Uhr a) genau fünf Kunden und b) mindestens fünf Kunden das Geschäft betreten. Welches Verteilungsmodell verwenden Sie? Warum?

Aufgabe 14.5-2
Auf dem Berliner Hauptbahnhof kam laut letztem Winterfahrplan täglich ungefähr alle 20 Minuten ein Fernzug an. Erfahrungsgemäß haben in der Winterfahrplanzeit 5% aller Fernzüge Verspätung. Wie groß ist die Wahrscheinlichkeit dafür, daß an einem beliebigen Winterfahrplantag mehr als drei Fernzüge verspätet auf dem Hauptbahnhof ankommen? Begründen Sie Ihre Wahl des Verteilungsmodells.

Aufgabe 14.5-3
Die Eisenbahnstrecke Sonneberg-Eisfeld (Bundesland Thüringen) kreuzt in der Nähe von Schalkau die Bundesstraße 89. Passiert ein Zug den beschrankten Übergang, bleiben die Schranken für 2,5 Minuten geschlossen. Verkehrstechnische Untersuchungen ergaben, daß in der Zeit von 6 bis 7 Uhr pro Minute durchschnittlich 4 Fahrzeuge den Bahnübergang in Richtung Schalkau passieren.
Berechnen Sie die Wahrscheinlichkeit dafür, daß für den „6.30 Uhr-Zug" die Fahrzeugwarteschlange in Richtung Schalkau 1) mehr als 50 Meter, 2) mehr als 100 Meter, 3) mehr als 50, aber (gleich und) weniger als 100 Meter beträgt, 4) sich keine Warteschlange bildet. Welches Verteilungsmodell ist zur Lösung des Problems geeignet?
(Hinweis: Definieren Sie zur Lösung des Problems eine geeignete diskrete Zufallsvariable, indem Sie der Einfachheit halber für jedes „wartende" Fahrzeug einen Platzbedarf von 5 Metern veranschlagen.)

Aufgabe 14.5-4

Astronomische Erfahrungen besagen, daß man an einem sternenklaren Sommerabend im August durchschnittlich alle 10 Minuten eine Sternschnuppe beobachten kann. Sie nehmen sich die Zeit, für eine Viertelstunde an einem solchen Abend den Sternenhimmel zu beobachten. Wie groß ist die Wahrscheinlichkeit dafür a) keine Sternschnuppe, b) genau eine Sternschnuppe und c) mehr als zwei Sternschnuppen zu beobachten (... und sich etwas wünschen zu dürfen...)?

Aufgabe 14.5-5 (Klausuraufgabe)

Statistische Untersuchungen im Rahmen der Erstellung des 1993er Waldschadensberichts für Norddeutschland ergaben, daß die Anzahl der geschädigten Bäume je Ar Waldfläche hinreichend genau poissonverteilt ist und im Durchschnitt 7 Bäume je zehn Ar Waldfläche geschädigt sind. Die Waldschäden werden in den folgenden (disjunkten) Schadstufen ausgewiesen: Schadstufe 0: kein schadhafter Baum je Ar Waldfläche, Schadstufe 1: ein schadhafter Baum je Ar Waldfläche, Schadstufe 2: mehr als ein schadhafter Baum, aber weniger als vier schadhafte Bäume je Ar Waldfläche, Schadstufe 3: mehr als drei schadhafte Bäume je Ar Waldfläche.

1. Charakterisieren Sie die betrachtete Zufallsvariable und Ihre Verteilung. Begründen Sie Ihre Entscheidung!
2. Wieviel Prozent des norddeutschen Waldes sind unter den genannten Bedingungen 1993 den jeweiligen Schadstufen zuzuordnen?

Aufgabe 14.5-6 (Klausuraufgabe)

Im vergangenen Geschäftsjahr erhielt eine Berliner Autovermietung alle 14 Tage im Durchschnitt 7 Bußgeldbescheide wegen falschen Parkens.

1. Bestimmen Sie die Wahrscheinlichkeit dafür, daß unter sonst gleichen Bedingungen an einem beliebigen Tag a) kein Bußgeldbescheid und b) mindestens ein, aber höchstens zwei Bußgeldbescheide bei der Autovermietung eintreffen.
2. Wie groß ist die Wahrscheinlichkeit dafür, daß nach Ablauf eines Tages, also bereits am darauffolgenden Tag, erneut ein Bußgeldbescheid eintrifft?
3. Welche theoretischen Verteilungsmodelle verwenden Sie zur Bestimmung der jeweiligen Wahrscheinlichkeiten? Warum?

Aufgabe 14.5-7

Geben Sie die Wahrscheinlichkeit für das Ereignis an, daß einer Familie mit vier Kindern das erste Mal ein Sohn (bzw. eine Tochter) geboren wird. Verwenden Sie dazu die Angaben aus dem Beispiel 14.1-2. Welches Verteilungsmodell verwenden Sie? Warum?

15 Stetige Wahrscheinlichkeitsverteilungen

15.1 Normalverteilung

Definition 15.1-1

Eine stetige Zufallsvariable X heißt **normalverteilt** mit den Parametern $\mu \in \mathbf{R}$ und $\sigma^2 > 0$, kurz: $X \sim N(\mu,\sigma^2)$, wenn sie die **Dichtefunktion**

$$f_X(x) = \frac{1}{\sigma\sqrt{2\pi}} \cdot e^{-\frac{(x-\mu)^2}{2\sigma^2}} \text{ für alle } -\infty < x \in R < \infty,$$

die **Verteilungsfunktion**

$$F_X(a) = P(X \le a) = \int_{-\infty}^{a} f_X(x)dx \text{ für alle } -\infty < a \in R < \infty,$$

den **Erwartungswert** $E(X) = \mu$ und die **Varianz** $V(X) = \sigma^2$ besitzt.

Anmerkungen zur Def. 15.1-1

1. Die Normalverteilung geht auf den deutschen Mathematiker Carl Friedrich Gauß (1777-1855) zurück, der sie 1809 ursprünglich als Bewegungsgesetz von Beobachtungsfehlern bei Landvermessungen entdeckte. Die sich heute im Umlauf befindende **10-DM-Banknote** erinnert in ihrer Gestaltung an diese wissenschaftlich so bedeutsame Leistung. Ihm zu Ehren nennt man eine Normalverteilung auch **Gauß-Verteilung**.
2. Da eine Normalverteilung durch die zwei **Parameter** μ und σ^2 bestimmt ist, gibt es eine ganze **Familie** von Normalverteilungen. Die Parameterbezeichnung mit Hilfe der griechischen Kleinbuchstaben μ (lies: **My**) für den Mittelwert und σ (lies: **Sigma**) für die Streuung stammt von Gauß.
3. Die Dichtefunktion $f_X(x)$, die an der Stelle $x = \mu$ ihr Maximum und an den Stellen $x = \mu \pm \sigma$ ihre Wendepunkte besitzt, hat die Gestalt einer (symmetrischen) **Glockenkurve**.

Abbildung 15.1-1

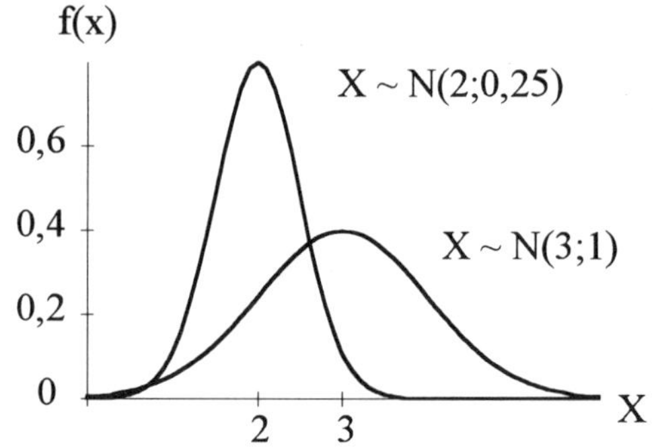

4. Der Wert der Dichtefunktion $f_X(x)$ an der Stelle $x = \mu$ ist umgekehrt proportional zur Streuung σ. Je **größer** (kleiner) die Streuung, desto **flacher** (steiler) ist die Glockenkurve. Die Abbildung 15.1-1 verdeutlicht diesen Zusammenhang.
5. Wie bei allen stetigen Verteilungen wird auch bei der Normalverteilung die Wahrscheinlichkeitsimplikation über die **Verteilungsfunktion** $F_X(a) = P(X \le a)$ bewerkstelligt. Die Wahrscheinlichkeit P wird dabei geometrisch als **Fläche** unterhalb der Dichtefunktion f_X, begrenzt durch die Abzisse X, gedeutet.
6. Da für eine Normalverteilung die Verteilungsfunktion mit Hilfe einer elementaren Funktion explizit nicht darstellbar und somit als Integral explizit auch nicht auswertbar ist, hat man die Werte der Verteilungsfunktion der sog. **Standardnormalverteilung** N(0;1) für bestimmte Argumente mit Hilfe von Näherungsverfahren ermittelt und **tabelliert**. Die Werte der Verteilungsfunktion der Standardnormalverteilung sind für positive Argumente in der **Tafel 3** zusammengestellt.
7. Ist die Zufallsvariable $X \sim N(\mu, \sigma^2)$-verteilt, so ist die **standardisierte** Zufallsvariable

$$Z = \frac{X - E(X)}{\sqrt{V(X)}} = \frac{X - \mu}{\sigma}$$

standardnormalverteilt mit dem Erwartungswert E(Z) = 0 und der Varianz V(Z) = 1, kurz: $Z \sim N(0;1)$.
8. Der Wert der Verteilungsfunktion $F_X(a)$ einer normalverteilten Zufallsvariablen X an der Stelle $a \in \mathbf{R}$ kann durch den tabellierten Wert der Verteilungsfunktion $\Phi(Z = c)$ der standardnormalverteilten Zufallsvariablen Z an der Stelle $c \in \mathbf{R}$ ausgedrückt werden, wobei stets

$$F_X(a) = P(X \le a) = P(Z \le c) = \Phi\left(\frac{a - \mu}{\sigma}\right) = \Phi(c)$$

gilt. Ferner gelten die folgenden wichtigen **Rechenregeln**:

$$P(a \le X \le b) = F_X(b) - F_X(a) = \Phi\left(\frac{b - \mu}{\sigma}\right) - \Phi\left(\frac{a - \mu}{\sigma}\right)$$

und

$$P(X > a) = 1 - P(X \le a) = 1 - F_X(a) = 1 - \Phi\left(\frac{a - \mu}{\sigma}\right).$$

9. Da die Verteilungsfunktion $\Phi(Z)$ der **standardnormalverteilten** Zufallsvariablen Z meist nur für **nichtnegative** Argumente $c \ge 0$ tabelliert ist, kann ihr Wert $\Phi(Z = c)$ für negative Argumente $c < 0$ mit Hilfe der **Symmetrie-Beziehung**

$$\Phi(-c) = 1 - \Phi(c)$$

bestimmt werden.
10. Die Standardnormalverteilung findet neben der Wahrscheinlichkeitsrechnung vor allem in der **Induktiven Statistik** bei Herleitung von statistischen Schätz- und Testverfahren eine breite Anwendung. Die theoretische und praktische Bedeutung der Standardnormalverteilung liegt nicht zuletzt im **zentralen Grenzwertsatz** begründet.

Definition 15.1-2

Es seien für alle i = 1,2,...,n X_i identisch verteilte und unabhängige Zufallsvariablen mit dem Erwartungswert $E(X_i) = \mu$ und der Varianz $V(X_i) = \sigma^2 > 0$. Ferner sei

$$Y = \sum_{i=1}^{n} X_i$$

die Zufallsvariable, die sich als Summe aus den Zufallsvariablen X_i ergibt, wobei für ihren Erwartungswert $E(Y) = n \cdot \mu$ und für ihre Varianz $V(Y) = n \cdot \sigma^2$ gilt. Die Aussage, daß die standardisierte Zufallsvariable

$$Z = \frac{Y - n \cdot \mu}{\sigma \cdot \sqrt{n}}$$

mit steigendem n gegen die standardisierte Normalverteilung N(0;1) konvergiert, bezeichnet man als **zentralen Grenzwertsatz**.

Anmerkungen zur Def. 15.1-2

1. Der zentrale Grenzwertsatz ist eine der **grundlegenden Theoreme** der Wahrscheinlichkeitsrechnung. Er hebt die **zentrale** Bedeutung der Normalverteilung im Vergleich zu allen anderen theoretischen Verteilungen hervor.
2. Die praktische Bedeutung des zentralen Grenzwertsatzes liegt vor allem darin, daß er theoretisch begründet, daß zufällige Prozesse, die sich aus der Überlagerung einer Vielzahl von zufälligen Einzeleffekten ergeben, i.allg. hinreichend genau durch die Normalverteilung beschrieben werden können.
3. Vor allem für die Herleitung von **Stichprobenfunktionen** in der **Induktiven Statistik** erweisen sich aus dem zentralen Grenzwertsatz abgeleitete Approximationen als sehr vorteilhaft. (Näheres dazu im Abschnitt 16.3)

Beispiel 15.1-1

Ausgehend vom Beispiel 13.3-2 soll nunmehr die **stetige** Zufallsvaribale X: „Durchschnittlicher Benzinverbrauch eines Leihwagens“ als hinreichend genau **normalverteilt** betrachtet werden, so daß $X \sim N(\mu;\sigma^2)$ gilt.

Die Abbildung 15.1-2 zeigt den über die k = 1,2,...,7 Klassenmitten x_k^* abgetragenen **Polygonzug** der statistisch beobachteten Häufigkeitsdichten f_k^D sowie die über alle Klassenmitten berechnete **Dichtefunktion** f_X der Normalverteilung mit den Parametern $\mu = 10$ Liter Normalbenzin je 100 Kilometer und $\sigma^2 = 0{,}5$ $[l/100km]^2$. Die verwendeten Normalverteilungsparameter wurden der Einfachheit halber gerundet.

Unter Verwendung der Tabelle 13.3-2 überzeugt man sich leicht davon, daß der **Erwartungswert**

$$\mu \approx \overline{x} \approx \sum_{k=1}^{7} x_k^* \cdot f_k \approx 10 \text{ [l/100 km]},$$

als ein gewogenes **arithmetisches Mittel** aus den Klassenmitten und den relativen Häufigkeiten und **Varianz**

$$\sigma^2 \approx \sum_{k=1}^{7} (x_k^* - \overline{x})^2 \cdot f_k \approx 0{,}51 \text{ [l/100 km]}^2$$

als ein mit den relativen Häufigkeiten gewogenes arithmetisches Mittel aus den quadrierten Abweichungen der Klassenmitten vom arithmetischen Mittel berechnet wurden. Die **Standardabweichung** der Zufallsvariablen X ist dann näherungsweise $\sigma \approx \sqrt{0{,}51} \approx 0{,}714$ [l/100 km]. Da der Graph der Dichtefunktion und der Polygonzug innerhalb der Abbildung 15.1-2 einen ähnlichen Verlauf zeigen, kann die Annahme, daß die stetige Zufallsvariable $X \sim N(10;0{,}51)$-verteilt ist, zumindest in hinreichend guter Näherung als berechtigt angesehen werden.
Von Interesse sind die **Wahrscheinlichkeiten** für die folgenden Ereignisse:

a) A: $X \leq 9$, also „...ein Verbrauch von gleich und **weniger als** 9 l/100km ..."
b) B: $X > 10{,}5$, also „...ein Verbrauch von **mehr als** 10,5 l/100 km ..."
c) C: $9{,}5 \leq X \leq 10{,}2$, also „...ein Verbrach von gleich und **mehr als** 9,5, aber gleich und **weniger als** 10,2 l/100 km ..."

- Wegen $X \sim N(10;0{,}51)$ gilt:

$$P(A) = P(X \leq 9) = \Phi\left(\frac{9-10}{0{,}714}\right) = \Phi(-1{,}4) = 1 - \Phi(1{,}4) = 1 - 0{,}9192 = 0{,}0808.$$

Anhand der **Tafel 3** findet man für das Argument $c = x = 1{,}4$ einen Wert der Verteilungsfunktion der **Standardnormalverteilung** von $\Phi(1{,}4) = 0{,}9192$, der wie folgt interpretiert werden kann:
Unter der Annahme, daß der Benzinverbrauch der Leihwagen (hinreichend genau) normalverteilt ist, beträgt die Wahrscheinlichkeit dafür, daß ein zufällig ausgewählter Leihwagen einen durchschnittlichen Benzinverbrauch unter 9 l/100 km besitzt, 0,0808. Bei einer ausreichend großen Anzahl von Leihwagen (etwa mehr als 100) hätten ca. 8% aller Leihwagen einen durchschnittlichen Benzinverbrauch von 9 l/100 km und weniger.

- Für das Ereignis B errechnet man eine Wahrscheinlichkeit von

$$P(B) = P(X > 10{,}5) = 1 - \Phi\left(\frac{10{,}5 - 10}{0{,}714}\right) = 1 - \Phi(0{,}7) = 1 - 0{,}7580 = 0{,}2420$$

und interpretiert sie wie folgt: Unter der Annahme, daß $X \sim N(10;0{,}51)$-verteilt ist, ist die Wahrscheinlichkeit dafür, daß ein zufällig ausgewählter Leihwagen einen Durchschnittsverbrauch von mehr als 10,5 Liter Benzin je 100 km hat, 0,2420. Demnach hat fast ein Viertel aller Leihwagen einen Durchscnittsverbrauch von mehr als 10,5 l/100 km.

- Hinsichtlich des Ereignisses C erhält man das folgende Ergebnis:

$$P(C) = P(9{,}5 \le X \le 10{,}2) = \Phi\left(\frac{10{,}2 - 10}{0{,}714}\right) - \Phi\left(\frac{9{,}5 - 10}{0{,}714}\right)$$

$$= \Phi(0{,}28) - \Phi(-0{,}7) = \Phi(0{,}28) - [1 - \Phi(0{,}7)]$$

$$= \Phi(0{,}28) + \Phi(0{,}7) - 1 = 0{,}6103 + 0{,}7580 - 1 = 0{,}3683$$

Die Wahrscheinlichkeit dafür, daß unter den angenommenen Bedingungen ein zufällig ausgewählter Leihwagen einen durchschnittlichen Benzinverbrauch von mehr als 9,5, aber weniger als 10,2 l/100 km besitzt, beträgt 0,3683. Demnach würden sich erwartungsgemäß 37% der Leihwagen im angezeigten Verbrauchsintervall befinden.

Abbildung 15.1-2

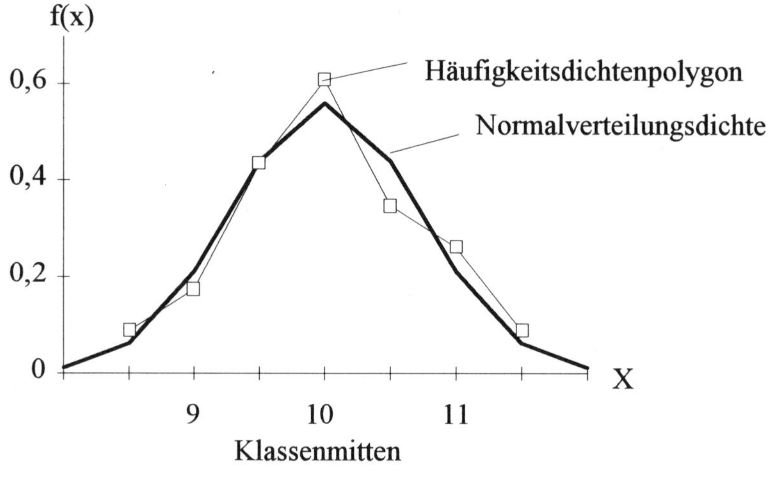

Beispiel 15.1-2
Die Tabelle 15.1-1 beinhaltet die Körpergrößenverteilung von 906 21-jährigen Rekruten des Bezirkes Mistelbach im k.u.k. Österreich, erhoben im Jahre 1912.

Tabelle 15.1-1
„Die Besetzungszahlen lauten fortlaufend von der Größenstufe 147 cm bis zu der von 183 cm: 1, 0, 0, 2, 4, 3, 4, 7, 6, 12, 14, 25, 22, 30, 35, 43, 48, 47, 60, 63, 74, 60, 64, 47, 48, 36, 31, 33, 21, 24, 13, 9, 9, 3, 3, 4, 1.“
(Quelle: Wilhelm Winkler, Statistik, Zweite umgearbeitete Auflage, Verlag von Quelle & Meyer in Leipzig, 1933, S. 48)

Die Abbildung 15.1-3 zeigt die **Körpergrößenverteilung** auf der Basis der absoluten Häufigkeiten, die Abbildung 15.1-4 den Polygonzug der beobachteten Häufigkeitsdichten und die Dichtefunktion der **stetigen** Zufallsvariablen X: „Körpergröße von 21-jährigen Rekruten, gemessen in cm“, wobei X ~ N(166,8;34,7) gilt.

Abbildung 15.1-3

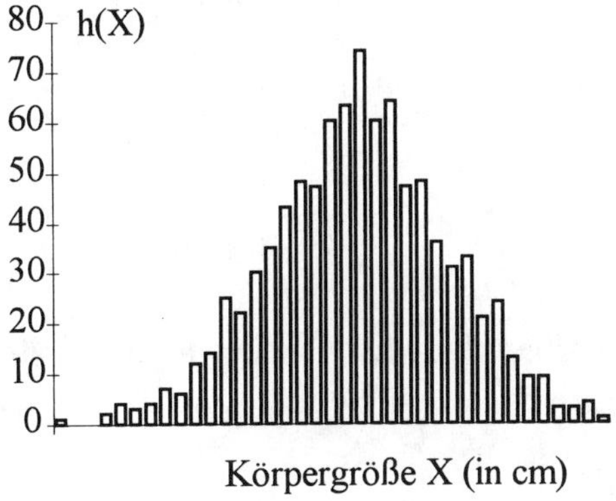

Abbildung 15.1-4

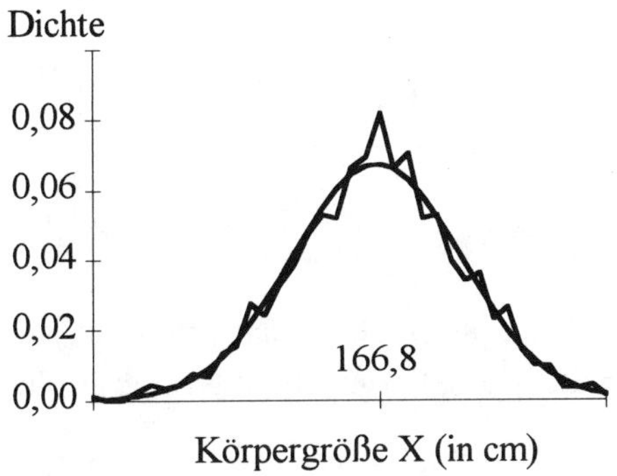

Da der Graph der Dichtefunktion einer Normalverteilung an den Stellen $\mu \pm \sigma$ seine Wendepunkte besitzt, interessiert die Frage, welche Wahrscheinlichkeitsmasse auf dieses Merkmalswerteintervall entfällt. Im Falle der N(166,8;34,7)-verteilten stetigen Zufallsvariablen X gilt es wegen

$$\sigma = \sqrt{34{,}8} \approx 5{,}9 \text{ cm}$$

die Wahrscheinlichkeit dafür zu bestimmen, daß die Körpergröße eines zufällig ausgewählten Rekruten zwischen 166,8 - 5,9 = 160,9 cm und 166,8 + 5,9 = 172,7 cm, also im sog. **1-σ-Bereich** der Körpergrößen, liegt.
Es gilt

$$P(160{,}9 \le X \le 172{,}7) = \Phi\left(\frac{172{,}7 - 166{,}8}{5{,}9}\right) - \Phi\left(\frac{160{,}9 - 166{,}8}{5{,}9}\right) =$$

$$\Phi(1) - \Phi(-1) = \Phi(1) - [1 - \Phi(1)] = 2 \cdot \Phi(1) - 1 = 2 \cdot 0{,}8413 - 1 \approx 0{,}6827.$$

Demnach hätten erwartungsgemäß 68,3% aller Mistelbacher Rekruten eine Körpergröße im 1-σ-Bereich der erfaßten Körpergrößen besessen.
Für den sog. **2-σ-Bereich** der Körpergrößen, also für das Körpergrößenintervall $[166{,}8 \pm 2 \cdot 5{,}9] = [155{,}0;178{,}6]$, errechnet man die folgende Wahrscheinlichkeitsmasse:

$$P(155{,}0 \le X \le 178{,}6) = \Phi\left(\frac{178{,}6 - 166{,}8}{5{,}9}\right) - \Phi\left(\frac{155{,}0 - 166{,}8}{5{,}9}\right) =$$

$$\Phi(2) - \Phi(-2) = \Phi(2) - [1 - \Phi(2)] = 2 \cdot \Phi(2) - 1 = 2 \cdot 0{,}9772 - 1 \approx 0{,}9545.$$

Analog bestimmt man dann für den sog. **3-σ-Bereich** der Körpergrößen, also für das Körpergrößenintervall $[149{,}1;184{,}5]$, eine Wahrscheinlichkeitsmasse von

$$P(149{,}1 \le X \le 184{,}5) = \Phi\left(\frac{184{,}5 - 166{,}8}{5{,}9}\right) - \Phi\left(\frac{149{,}1 - 166{,}8}{5{,}9}\right) =$$

$$\Phi(3) - \Phi(-3) = \Phi(3) - [1 - \Phi(3)] = 2 \cdot \Phi(3) - 1 = 2 \cdot 0{,}9986 - 1 \approx 0{,}9973.$$

Demnach ist es fast sicher, daß die Körpergrößen der Mistelbacher Rekruten im 3-σ-Bereich aller erfaßten Körpergrößen liegen.

Merke:

Kann eine Zufallsvariable hinreichend genau durch eine Normalverteilung beschrieben werden, dann ist die Wahrscheinlichkeit dafür, daß eine beliebige Realisation in das Intervall $[\mu \pm k \cdot \sigma], k = 1,2,3$, fällt,

$$P(\mu - k \cdot \sigma \le X \le \mu + k \cdot \sigma) = 2 \cdot \Phi(k) - 1 = \begin{cases} 0{,}683 & \text{für} \quad k = 1 \\ 0{,}955 & \text{für} \quad k = 2. \\ 0{,}997 & \text{für} \quad k = 3 \end{cases}$$

Diese oft auch als 3-σ-Regel (lies: **Drei-Sigma-Regel**) bezeichnete Beziehung ist dabei nicht nur an die Betrachtung von Zufallsvariablen gebunden. Sie ist auch in der **Deskriptiven Statistik** auf kardinalskalierte statistische Merkmale anwendbar, sobald deren Häufigkeitsverteilungen hinreichend genau durch Normalverteilungen beschrieben werden können.

Für die Darstellung von Verfahren der **Induktiven Statistik** (siehe Teil III) erweisen sich in diesem Zusammenhang die folgenden Überlegungen als bemerkenswert und vorteilhaft: Streng genommen kennzeichnet die 3-σ-Regel nichts anderes, als die jeweiligen **zentralen** Wahrscheinlichkeitsmassen für ein ganzzahliges **symmetrisches** Streuungsintervall einer Zufallsvariablen X um ihren Erwartungswert. In der Induktiven Statistik ist man vor allem aus Praktikabilitäts- und Vereinfachungsgründen an ganz **speziellen zentralen** Wahrscheinlichkeitsmassen, etwa 0,90, 0,95 oder 0,99, interessiert. Die Frage, die sich daraus ergibt, ist nun, welches (meist nicht ganzzahlige, also reelle) Vielfache z der Streuung σ um den Mittelwert μ etwa einer mittleren oder zentralen Wahrscheinlichkeit(smasse) von 0,95 entspricht, so daß

$$P(\mu - z \cdot \sigma \leq X \leq \mu + z \cdot \sigma) = 0{,}95$$

gilt. Da bekanntlich die **Fläche** unter der symmetrischen Normalverteilungsdichte Eins ist, überlegt man sich in Anlehnung an die Deskriptive Statistik (vgl. Abschnitt 4.3.2 und 4.4.2), daß z.B. die zentralen p = 0,95 Anteile der Wahrscheinlichkeitsfläche durch die (1 ± p)/2-**Quantile**

$$x_{(1-0{,}95)/2} = x_{0{,}025} \text{ und } x_{(1+0{,}95)/2} = x_{0{,}975}$$

auf der Abzisse x (im konkreten Fall der Körpergrößenachse x) begrenzt werden. Zwischen den Quantilen $x_{0,025}$ und $x_{0,975}$ der N(166,8;34,7)-verteilten Zufallsvariablen X: „Körpergröße eines Mistelbacher Rekruten." und den Quantilen $z_{0,025}$ und $z_{0,975}$ der N(0;1)-verteilten Zufallsvariablen Z besteht offensichtlich der folgende Zusammenhang:

$$z_{0{,}975} = \frac{x_{0{,}975} - 116{,}8}{5{,}9} \quad \text{bzw. } x_{0{,}975} = 166{,}8 + z_{0{,}975} \cdot 5{,}9$$

und

$$z_{0{,}025} = \frac{x_{0{,}025} - 116{,}8}{5{,}9} \quad \text{bzw. } x_{0{,}025} = 166{,}8 + z_{0{,}025} \cdot 5{,}9.$$

Da die (1 ± p)/2-Quantile $z_{0,025}$ und $z_{0,975}$ der Standardnormalverteilung N(0;1) **symmetrisch um Null** liegen, gilt im konkreten Fall

$$z_{0{,}975} = -z_{0{,}025}.$$

Liest man die Tafel der Standardnormalverteilung (**Tafel 3**) von „innen nach außen", so findet man in ausreichender Näherung für eine Wahrscheinlichkeit(smasse) von $\Phi(z) = 0{,}975$ den dazugehörigen Quantilswert $z_{0,975} = 1{,}96$, woraus sich wegen $z_{0,975} = 1{,}96 = -z_{0,025}$ ein $z_{0,025} = -1{,}96$ ergibt. Die jeweiligen Quantile der N(166,8;34,7)-verteilten Zufallsvariablen X sind dann

$$x_{0,975} = 166{,}8 + 1{,}96 \cdot 5{,}9 \approx 178{,}4 \text{ cm}$$

und

$$x_{0,025} = 166{,}8 - 1{,}96 \cdot 5{,}9 \approx 155{,}2 \text{ cm.}$$

Unter der Annahme, daß die Körpergröße X der 906 Mistelbacher Rekruten einer Normalverteilung genügt, sind (bzw. waren) ca. 95% der Rekruten größer als 155 cm und kleiner als 178 cm. Es ist evident, daß dieses Ergebnis in seinen Werten nur geringfügig vom **2-σ-Bereich** der Körpergrößen abweicht.

Merke:

Kann eine Zufallsvariable hinreichend genau durch eine Normalverteilung beschrieben werden, dann ist die Wahrscheinlichkeit dafür, daß eine beliebige Realisation in das Intervall $[\mu \pm z \cdot \sigma]$ fällt,

$$P(\mu - z \cdot \sigma \le X \le \mu + z \cdot \sigma) = 2 \cdot \Phi(z) - 1 = \begin{cases} 0{,}90 & \text{für} \quad z = 1{,}645 \\ 0{,}95 & \text{für} \quad z = 1{,}960. \\ 0{,}99 & \text{für} \quad z = 2{,}576 \end{cases}$$

Beispiel 15.1-3

Wesentliche Grundaussagen der Wahrscheinlichkeitsrechnung sollen anhand des **Galtonbrettes,** das in der Abbildung 15.1-5 skizziert ist, erläutert und veranschaulicht werden. Das vom englischen Wissenschaftler Sir Francis Galton (1822-1911) konstruierte und nach ihm benannte Galtonsche Brett ist ein einfacher Zufallsmechanismus zur Veranschaulichung der **Binomialverteilung** und ihrer Approximation durch die **Normalverteilung** im Kontext des **zentralen Grenzwertsatzes** und des **Gesetzes der großen Zahlen**.

Seine Konstruktion ist denkbar einfach: auf einem rechteckigen Brett sind n Nagelreihen waagerecht so plaziert, daß die jeweils übereinanderliegenden Nagelreihen in einer freiwählbaren Nagelrelation zueinander auf Lücke stehen. Bringt man das Brett in Schieflage und läßt hinreichend viele Kugeln über die Nagelreihen hinabrollen, so werden die Kugeln beim Auftreffen auf einem Nagel (der n Nagelreihen) zufällig nach rechts oder links unten abgelenkt, bis sie letztlich in eines der n + 1 Fächer unterhalb der n-ten und letzten Nagelreihe fallen, dort gesammelt und gezählt werden. Interessant dabei ist, daß man trotz dem scheinbaren Chaos der einzelnen Kugeldurchläufe für hinreichend viele Kugeln in ausreichend guter Näherung das jeweilige Bewegungsgesetz des Zufalls in Gestalt einer Verteilung erkennen kann.

Abbildung 15.1-5

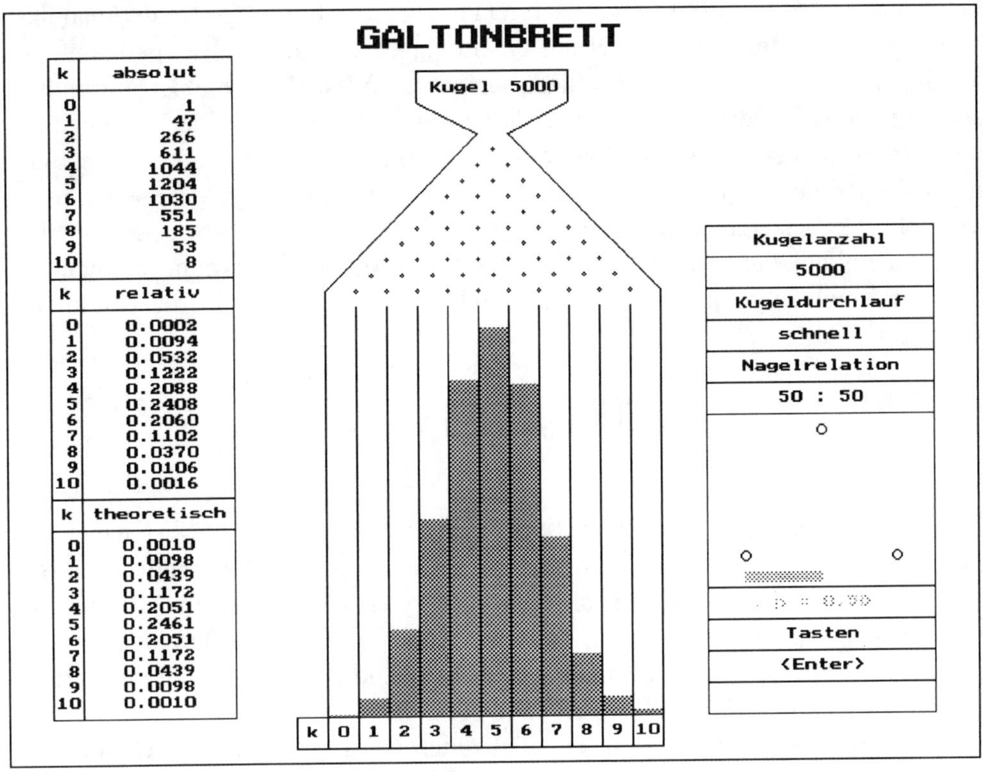

Die Abbildung 15.1-5 ist eine Hardcopy einer Bildschirmausgabe eines vom Autor erarbeiteten Computerprogramms, daß die Abläufe in einem Galtonbrett mit Hilfe der dynamischen Graphik simuliert. Im betreffenden Fall rollten N = 5000 Kugel über n = 10 Nagelreihen, die in einer Nagelrelation von 50 : 50 zueinander standen, über das Brett. Die dadurch gewonnene empirische, absolute **Häufigkeitsverteilung** läßt bereits in guter Näherung eine **symmetrische** Verteilung erkennen. In den links stehenden Ergebnisprotokollen sind die absoluten und die relativen Häufigkeiten sowie die Einzelwahrscheinlichkeiten der Binomialverteilung mit den Parametern n = 10 und p = 0,5 aufgelistet. Im angezeigten Ergebnis des zufallsbedingten Kugeldurchlaufs fielen z.B. $h_5 = 1204$ Kugeln in das Fach der Ordnung k = 5, woraus sich eine relative Häufigkeit von

$$f_5 = \frac{1204}{5000} = 0{,}2408$$

ergibt. Demnach sind etwa 24% aller Kugeln in das Fach Nr. 5 gefallen. Da die einzelnen auf Lücke stehenden Nagelreihen zueinander in der Nagelrelation 50 : 50 plaziert wurden, beträgt gemäß der **klassischen** Wahrscheinlichkeitsdefinition die Wahrscheinlichkeit dafür, daß eine Kugel beim Auftreffen auf einem beliebigen Nagel nach links oder nach rechts unten fällt, p = 0,5. Deutet man das jeweilige Auftreffen einer Kugel auf einem Nagel als ein Zufallsexperiment, so können im Sinne eines **Bernoulli-Experiments** p = 0,5 als die **Erfolgswahrscheinlichkeit** und die n = 10 Nagelreihen als die Anzahl n = 10 der voneinander unabhängigen **Versuche** aufgefaßt werden. Definiert man im Kontext des Bernoulli-Experiments eine diskrete Zufallsvariable X derart, daß X = k die Nummer k des Faches anzeigt, in die eine Kugel zufällig gefallen ist, so ist gemäß der Wahrscheinlichkeitsfunktion der **Binomialverteilung** die Wahrscheinlichkeit dafür, daß eine Kugel nach ihrem Lauf durch die n = 10 Nagelreihen genau in das Fach X = 5 fällt,

$$P(X = 5) = \binom{10}{5} \cdot 0{,}5^5 \cdot (1 - 0{,}5)^{10-5} = 0{,}2461.$$

Gilt $X \sim Bi(10;0{,}5)$, so sind **theoretisch** $0{,}2461 \cdot 5000 = 1230{,}5 \sim 1231$ Kugel im Fach k = 5 zu erwarten. Da in Anlehnung und das **Gesetz der großen Zahlen** z.B. nach N = 5000 Wiederholungen des gleichen Bernoulli-Experiments $h_5 = 1204$ mal beobachtet wurde, daß eine Kugel nach ihrem Durchlauf in das Fach k = 5 fiel, hat man damit bereits in ausreichend guter Näherung die Anzahl der für das Ereignis X = 5 günstigen Fälle gefunden.
Die Interpretations- und Deutungsmöglichkeiten von Ergebnissen am Galtonbrett sind damit bei weitem noch nicht erschöpft. So kann die Tatsache, daß die relative Häufigkeit $f_5 = 0{,}2408$ sich schon nach N = 5000 Wiederholungen sehr nahe an die Wahrscheinlichkeit P(X = 5) = 0,2461 annähert, auch als ein anschauliches Beispiel für die **statistische Wahrscheinlichkeitsdefinition** herangezogen werden.
Deutet man schließlich und endlich einen Kugeldurchlauf als Summe von n diskreten Zufallsvariablen X_i, i=1,2,...,n, die alle identisch verteilt sind, wobei $X_i \sim Bi(1;0{,}5)$ gilt, so läßt sich bereits für die n = 10 Zufallsvariablen X_i auf empirischem Wege zeigen, daß in Anlehnung an den **zentralen Grenzwertsatz** die Summe der Zufallsvariablen ausreichend genau durch eine **Normalverteilung** beschrieben werden kann, wobei allgemein

$$\sum_{i=1}^{n} X_i \approx N(\mu;\sigma^2) \text{ mit } \mu = n \cdot p \text{ und } \sigma^2 = n \cdot p \cdot (1 - p)$$

gilt.

15.2 Exponentialverteilung

Definition 15.2-1

Eine stetige Zufallsvariable X heißt **exponentialverteilt** mit dem Parameter $\lambda > 0$, kurz: $X \sim Ex(\lambda)$, wenn sie die **Dichtefunktion**

$$f_X(x) = \begin{cases} 0 & \text{für } x < 0 \\ \lambda \cdot e^{-\lambda \cdot x} & \text{für } x \geq 0 \end{cases},$$

die **Verteilungsfunktion**

$$F_X(x) = P(X \leq x) = \begin{cases} 0 & \text{für } x < 0 \\ 1 - e^{-\lambda \cdot x} & \text{für } x \geq 0 \end{cases},$$

den **Erwartungswert** $E(X) = \frac{1}{\lambda}$ und die **Varianz** $V(X) = \frac{1}{\lambda^2}$ besitzt.

Anmerkungen zur Def. 15.2-1

1. Die Exponentialverteilung besitzt nur einen **Parameter**, der i.allg. mit dem griechischen Kleinbuchstaben λ (lies: **Lambda**) bezeichnet wird.
2. Die Exponentialverteilung wird z.B. in der **Bedienungs-** und **Zuverlässigkeitstheorie** zur Modellierung der **Dauer** von zeitabhängigen Prozessen angewandt, die „gedächtnislos" sind bzw. „nicht altern".
3. Typische **praktische** Problemstellungen für die Anwendung der Exponentialverteilung sind wahrscheinlichstheoretische Abschätzungen der
   - **Lebensdauer** eines elektronischen Bauelements oder einer Glühlampe
   - **Dauer** eines Telefongesprächs
   - **Warte-** bzw. **Bedienzeit** eines Kunden etwa an einem Bank- oder Postschalter oder an einer Tankstelle. Aus diesem Grunde kennzeichnet man die Exponentialverteilung oft auch als **Wartezeitverteilung.**
   - **Reparaturzeit** eines Kraftfahrzeuges
   - **Be-** und **Entladezeiten** von Lastkraftwagen
   - **Zeitdifferenz** bis zum Eingang einer Schadensmeldung bei einer Versicherung etc.
4. Aus didaktisch-methodischer Sicht ist der Zusammenhang zwischen der **Exponentialverteilung** und der **Poisson-Verteilung** von besonderem Interesse. Verwendet man die diskrete Poisson-Verteilung zur wahrscheinlichkeitstheoretischen Abschätzung der **Anzahl** seltener Ereignisse bestimmter Art in einem festen Zeitintervall, so läßt sich in diesem Kontext die stetige Exponentialverteilung als die „Umkehrung" der Betrachtung interpretieren: die wahrscheinlichkeitstheoretische Abschätzung der **Dauer** (Zeitabstand), bis zum wiederholten Eintreten eines seltenen Ereignisses.

Beispiel 15.2-1

Auf Bitte ihres Statistik-Professors erfaßten zwei interessierte Studenten der Wirtschaftsinformatik an einem Vormittag im Juli 1994 am Taxistand des Bahnhofs Friedrichstraße die Zeitabstände zwischen den Abfahrtzeiten von 200 jeweils ersten Taxi. Die Tabelle 15.2-1 enthält in Klassen zusammengefaßte Wartezeit X (Angaben in Minuten) eines jeweils ersten Taxi. Die Abbildung 15.2-1 skizziert mit Hilfe eines **Histogramms** die beobachtete Verteilung der Wartezeiten (Zeitabstände) sowie die für die Klassenmitten x_k^* berechnete **Dichtefunktion** $f_X(x_k^*)$ der **Exponentialverteilung** mit dem Parameter $\lambda = 0,76$.

Tabelle 15.2-1

k	$x_k^u \le X < x_k^o$	x_k^*	h_k	f_k	$x_k^* \cdot f_k$	$f_X(x_k^*)$
1	0-1	0,5	108	0,540	0,270	0,519
2	1-2	1,5	55	0,275	0,413	0,243
3	2-3	2,5	17	0,085	0,213	0,114
4	3-4	3,5	9	0,045	0,158	0,053
5	4-5	4,5	7	0,035	0,158	0,025
6	5-6	5,5	4	0,020	0,110	0,012
Σ			200	1,000	1,320	

Abbildung 15.2-1

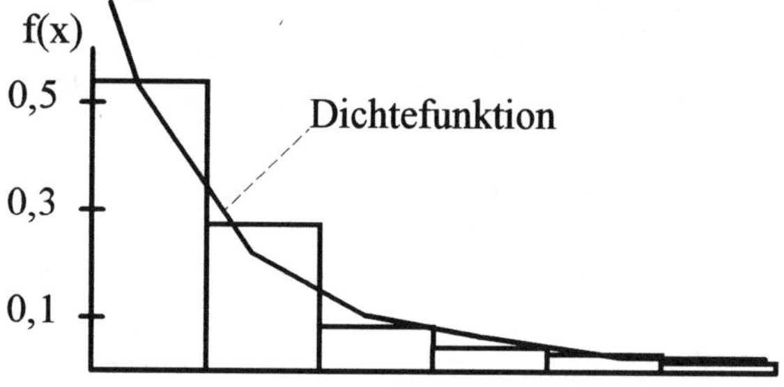

Aus der Tabelle 15.2-1 und der Abbildung 15.2-1 erkennt man, daß die statistisch beobachteten Zeitdifferenzen hinreichend genau durch die **Dichtefunktion** einer **Exponentialverteilung** beschrieben bzw. modelliert werden können. Verwendet man das aus den empirischen Daten berechnete gewogene **arithmetische Mittel**

$$\bar{x} \approx \sum_{k=1}^{6} x_k^* \cdot f_k = 1,32,$$

als einen Näherungswert für den **Erwartungswert** der stetigen Zufallsvariablen X: „Wartezeit eines jeweils ersten Taxi bzw. Zeitdifferenz zwischen zwei Taxiabfahrten", so erhält man wegen

$$E(X) = \frac{1}{\lambda} \approx 1{,}32 \text{ [Minuten pro Taxi]}$$

auch in hinreichend guter Näherung den Wert des **Verteilungsparameters**

$$\lambda = \frac{1}{1{,}32} \approx 0{,}76 \text{ [Taxi pro Minute]}$$

und damit die **Dichtefunktion**

$$f_X(x) = 0{,}76 \cdot e^{-0{,}76 \cdot x} \text{ für alle } x \geq 0$$

sowie die **Verteilungsfunktion**

$$F_X(x) = P(X \leq x) = \begin{cases} 0 & \text{für } x < 0 \\ 1 - e^{-0{,}76 \cdot x} & \text{für } x \geq 0 \end{cases},$$

auf deren Grundlage die **Wahrscheinlichkeiten** etwa für folgende Ereignisse berechnet und interpretiert werden können:

$$P(X \leq 2) = F_X(2) = 1 - e^{-0{,}76 \cdot 2} = 1 - 0{,}219 = 0{,}781.$$

Demnach fahren unter sonst gleichen Bedingungen erwartungsgemäß 78% aller Taxi in Zeitabständen von **höchstens** zwei Minuten vom Taxistand ab.

$$P(X > 3) = 1 - F_X(3) = 1 - \left[1 - e^{-0{,}76 \cdot 3}\right] = 0{,}102.$$

Erwartungsgemäß warten 10% der jeweils ersten Taxi **mindestens** drei Minuten, bevor sie mit einem (neuen) Fahrgast abfahren.

$$P(1 \leq X < 3) = F_X(3) - F_X(1) = [1 - e^{-0{,}76 \cdot 3}] - [1 - e^{-0{,}76 \cdot 1}] =$$

$$e^{-0{,}76 \cdot 1} - e^{-0{,}76 \cdot 3} = 0{,}36$$

Bei Unterstellung gleicher Bedingungen, so wie sie am Taxistand statistisch beobachtet wurden, warten ca. 37% aller abfahrtbereiten Taxi **mindestens** eine, aber **höchsten** drei Minuten bis zu ihrer Abfahrt.

15.3 Chi-Quadrat-Verteilung

Definition 15.3-1

Es seien $Z_i \sim N(0;1)$ n stochastisch unabhängige und standardnormalverteilte Zufallsvariablen. Dann heißt die Zufallsvariable

$$Y = \sum_{i=1}^{n} Z_i^2 ,$$

die sich für alle i = 1,2,...,n aus der Summe der quadrierten Zufallsvariablen Z_i^2 ergibt, **chi-quadrat-verteilt** mit n Freiheitsgraden, kurz: $Y \sim \chi^2(n)$.

Anmerkungen zur Def. 15.3-1

1. Die Chi-Quadrat-Verteilung ist eine **stetige**, i.allg. **asymmetrische** und nur für positive Werte definierte Wahrscheinlichkeitsverteilung, die in der Induktiven Statistik vor allem bei der Hypothesenprüfung von praktischer Bedeutung ist. Aus diesem Grunde kennzeichnet man sie auch als eine statistische **Prüfverteilung**.
2. Die Chi-Quadrat-Verteilung wurde unabhängig voneinander 1876 durch den deutschen Mathematiker Friedrich Robert Helmert (1843-1917) und 1900 durch den englischen Statistiker Karl Pearson (1857-1936) entdeckt.
3. Die Anzahl n = m = 1,2,... der Freiheitsgrade ist der alleinige **Parameter** der Chi-Quadrat-Verteilung. Er charakterisiert eine ganze **Familie** von Chi-Quadrat-Verteilungen. Die Abbildung 15.3-1 skizziert die Graphen der Dichtefunktion einer Chi-Quadrat-Verteilung mit m = 4 und m = 10 Freiheitsgraden.

Abbildung 15.3-1

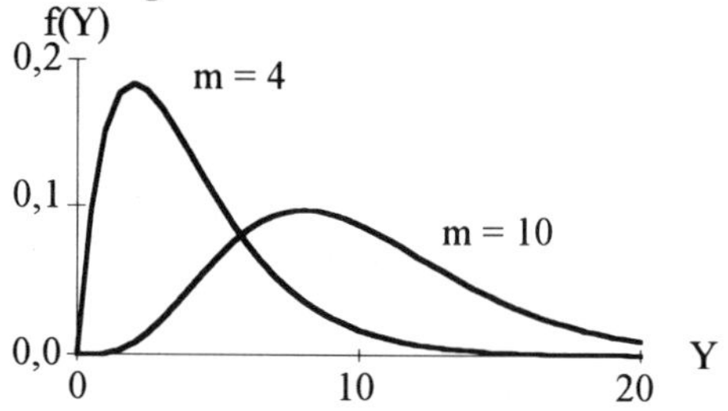

4. Für den Erwartungswert und die Varianz der chi-quadrat-verteilten Zufallsvariablen Y gilt: E(Y) = m und V(Y) = 2m.
5. Für eine Freiheitsgradeanzahl m > 100 kann die chi-quadrat-verteilte Zufallsvariable Y durch eine Normalverteilung **approximiert** werden, wobei $Y \approx N(m;2m)$ gilt.
6. In der **Tafel 4** sind wichtige Quantile $\chi^2_{m;q}$ der Verteilungsfunktion

$$F_Y\left[\chi^2_{m;q}\right] = P\left[Y \le \chi^2_{m;q}\right] = q$$

der Chi-Quadrat-Verteilung für m Freiheitsgrade **tabelliert**.

Beispiel 15.3-1

In der Induktiven Statistik (vgl. Teil III) findet die Chi-Quadrat-Verteilung als sog. **Prüfverteilung** vor allem zur Bestimmung von Konfidenzintervallen bzw. zur Prüfung von Hypothesen über unbekannte Parameter in der Grundgesamtheit eine breite Anwendung. Dabei kommt für eine bestimmte Anzahl m von Freiheitsgraden den sog. q-Quantilen $\chi^2_{m;q}$ der Chi-Quadrat-Verteilung eine besondere Bedeutung zu. Man entnimmt z.B. für m = 11 Freiheitsgrade und q = 0,975 der im Anhang beigefügten **Tafel 4** das entsprechende Quantil $\chi^2_{11;0,975} = 21{,}92$.

15.4 t-Verteilung

Definition 15.4-1

Es sei $Z \sim N(0;1)$ eine standardnormalverteilte Zufallsvariable und $Y \sim \chi^2(m)$ eine Chi-Quadrat-verteilte Zufallsvariable mit m Freiheitsgraden. Ferner seien die Zufallsvariablen Z und Y stochastisch unabhängig. Dann genügt die Zufallsvariable

$$T = \frac{Z}{\sqrt{\frac{Y}{m}}}$$

einer **t-Verteilung** mit m Freiheitsgraden, kurz: $T \sim t(m)$.

Anmerkungen zur Def. 15.4-1

1. Die t-Verteilung geht auf den bei den Brauereien „Guiness" beschäftigten englischen Chemiker William Sealy Gosset (1876-1937) zurück, der sie erstmals 1908 unter dem Pseudonym **Student** im Zusammenhang mit seinen Arbeiten zu kleinen Stichproben veröffentlichte. Aus diesem Grunde wird sie in der einschlägigen Literatur auch als Student-Verteilung oder einfach t-Verteilung bezeichnet.
2. Der Graph der **Dichtefunktion** einer t-Verteilung ist dem der Standardnormalverteilung sehr ähnlich. So wie die Standardnormalverteilung ist die t-Verteilung auch **stetig, symmetrisch, glockenförmig**, allerdings (in Abhängigkeit von der Anzahl der Freiheitsgrade m) **flacher gewölbt** als die N(0;1). Die Abbildung 15.4-1 verdeutlicht diesen Zusammenhang. Sie skizziert die Graphen der Dichtefunktionen einer mit m = 2 Freiheitsgraden t-verteilten Zufallsvariablen T und einer N(0;1)-verteilten Zufallsvariablen Z.
3. Im Unterschied zur Standardnormalverteilung ist die t-Verteilung **unabhängig** von den Parametern μ und σ^2. Die Form einer t-Verteilung wird durch den **Verteilungsparameter** m Anzahl der Freiheitsgrade bestimmt. Der Verteilungsparameter m = 1,2,... charakterisiert eine ganze **Familie** von t-Verteilungen.
4. Für den Erwartungswert und die Varianz der t-verteilten Zufallsvariablen T gilt: $E(T) = 0$ für $m \geq 2$ und $V(T) = m/(m-2)$ für $m \geq 3$.
5. Mit $m \to \infty$ **nähert** sich die t-Verteilung der Standardnormalverteilung N(0;1). Für $m > 50$ kann eine t-verteilte Zufallsvariable bereits hinreichend genau durch eine N(0;1)-Verteilung

approximiert werden. Aus diesem Grunde interpretiert man die t-Verteilung auch als die Standardnormalverteilung **kleiner Stichproben** und ordnet sie in die Familie der statistischen **Prüfverteilungen** ein.

6. Wichtige **Quantile** $t_{m;q}$ der Verteilungsfunktion

$$F_T\left[t_{m;q}\right] = P\left[T \le t_{m;q}\right] = q$$

der t-Verteilung für verschiedene Freiheitsgrade m sind im Anhang in der **Tafel 5** tabelliert.

Abbildung 15.4-1

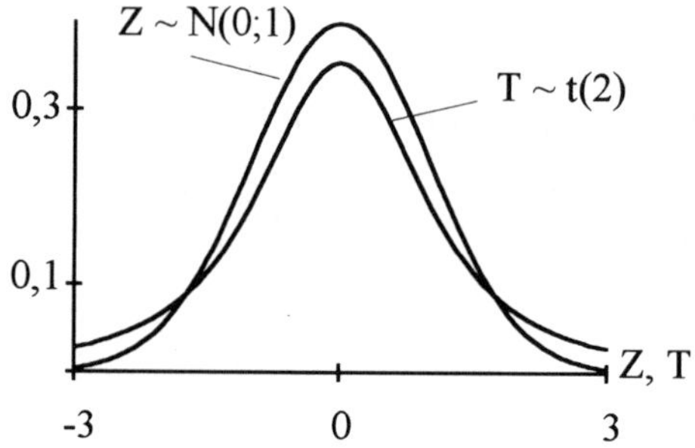

Beispiel 15.4-1

In der Induktiven Statistik (vgl. Teil III) findet die t-Verteilung als sog. **Prüfverteilung** vor allem zur Bestimmung von Konfidenzintervallen bzw. zur Prüfung von Hypothesen über unbekannte Parameter in der Grundgesamtheit eine breite Anwendung. Dabei kommt für eine bestimmte Anzahl m von Freiheitsgraden den sog. q-Quantilen $t_{m;q}$ der t-Verteilung eine besondere Bedeutung zu. Man entnimmt z.B. für m = 11 Freiheitsgrade und q = 0,975 der im Anhang beigefügten **Tafel 5** das entsprechende Quantil $t_{11;0,975} = 2{,}20$.

15.5 F-Verteilung

Definition 15.5-1

Es seien $Y_1 \sim \chi^2(m_1)$ und $Y_2 \sim \chi^2(m_2)$ stochastisch unabhängige und Chi-Quadrat-verteilte Zufallsvariablen mit m_1 bzw. m_2 Freiheitsgraden. Dann genügt die Zufallsvariable

$$F = \frac{Y_1/m_1}{Y_2/m_2}$$

einer **F-Verteilung** mit m_1 und m_2 Freiheitsgraden, kurz: $F \sim F(m_1; m_2)$.

Anmerkungen zur Def. 15.5-1

1. Die F-Verteilung wurde zu Ehren des englischen Statistikers Sir Ronald Aylmer Fisher (1890-1962) benannt, der sie 1924 erstmals veröffentlichte.
2. Die F-Verteilung ist eine **stetige**, **asymmetrische** (eingipflige und i.allg. linkssteile) und nur für positive Argumente definierte Wahrscheinlichkeitsverteilung, die in der statistischen Hypothesenprüfung eine breite Anwendung erfährt. Aus diesem Grunde ordnet man sie i.allg. der Familie der statistischen **Prüfverteilungen** zu.
3. Die Zähler- und Nennerfreiheitsgrade m_1 und m_2 sind die beiden **Parameter** der F-Verteilung. Sie charakterisieren eine ganze **Familie** von F-Verteilungen. Die Abbildung 15.5-1 skizziert die Graphen der **Dichtefunktion** einer F(10;2)-verteilten bzw. einer F(10;10)-verteilten Zufallsvariablen F.
4. Wichtige **Quantile** $F_{m_1;m_2;q}$ der Verteilungsfunktion

$$F_F\left[F_{m_1;m_2;q}\right] = P\left[F \leq F_{m_1;m_2;q}\right] = q$$

   der F-Verteilung für verschiedene Freiheitsgrade m_1 und m_2 sind im Anhang in der **Tafel 6** tabelliert.
5. Charakteristisch für die F-Verteilung ist die Eigenschaft der sog. **reziproken Symmetrie**, wobei allg. gilt: Ist eine Zufallsvariable $X \sim F(m_1;m_2)$-verteilt, so ist die Zufallsvariable $Y = 1/X \sim F(m_2;m_1)$-verteilt.

Abbildung 15.5-1

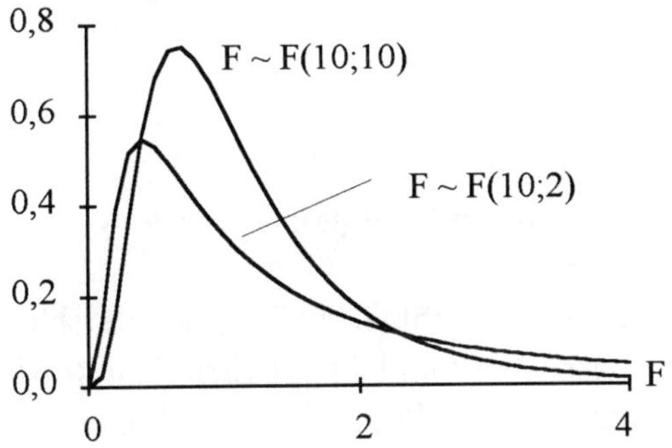

Beispiel 15.5-1

In der Induktiven Statistik (vgl. Kapitel III) findet die F-Verteilung als sog. **Prüfverteilung** vor allem. zur Prüfung von Hypothesen über unbekannte Parameter in der Grundgesamtheit eine breite Anwendung. Dabei kommt für bestimmte Anzahlen m_1 und m_2 von Freiheitsgraden den sog. q-Quantilen $F_{m_1;m_2;q}$ der F-Verteilung eine besondere Bedeutung zu. Z.B. entnimmt man für $m_1 = 11$ bzw. $m_2 = 11$ Freiheitsgrade und $q = 0{,}975$ der im Anhang beigefügten **Tafel 6** das entsprechende Quantil. $F_{11;11;0,975} = 3{,}47$. Bemerkenswert ist, daß bei der F-Verteilung die jeweiligen q-Quantile einer eigenen Tafel bedürfen, wobei die Anzahl m_1 der

Freiheitsgrade in den Tafel-**Spalten** und die Anzahl m_2 der Freiheitsgrade in den Tafel-**Zeilen** angeordnet sind.

15.6 Aufgaben

Aufgabe 15.6-1 (Klausuraufgabe)
Sie benutzen auf dem Weg zur Hochschule den Zubringerbus zur U-Bahn und die U-Bahn. Angeregt durch die Lehrveranstaltungen in Statistik erfassen Sie im Verlaufe dieses Semesters die Abweichungen vom Fahrplan für den Zubringerbus. Die statistische Analyse der Fahrplanabweichungen ergibt, daß sie ausreichend genau normalverteilt sind und der Zubringerbus im Mittel fahrplantreu mit einer Standardabweichung von 2 Minuten die U-Bahn-Station erreicht. Die U-Bahn fährt alle 10 Minuten jeweils x.00, x.10 ... Uhr von der Station ab. Laut Fahrplan erreicht der Bus die U-Bahn-Station jeweils x.05, x.25 bzw. x.45 Uhr. Wenigstens zur letzten Statistikvorlesung möchten Sie einmal pünktlich erscheinen. Dies sei garantiert, wenn der x.45-Zubringerbus spätestens x.49 Uhr die U-Bahn-Station erreicht (... und die U-Bahn störungsfrei fährt, was wir der Einfachheit einmal unterstellen wollen ...).

1. Wie groß ist die Wahrscheinlichkeit dafür, daß der x.45-Zubringerbus die U-Bahn-Endstation zwischen x.42 und x.48 Uhr erreicht?
2. Mit welcher Wahrscheinlichkeit kommen Sie verspätet zur letzten Statistikvorlesung?

Aufgabe 15.6-2
Die Dauer (Angaben in Wochen) vergleichbarer Industriebauprojekte sei näherungsweise N ~ (40;4)-verteilt.

1. Wie groß ist die Wahrscheinlichkeit, daß ein vergleichbares und geplantes Industriebauprojekt zwischen 38 und 42 Wochen dauern wird?
2. Der Solltermin für die Fertigstellung eines vergleichbaren Projektes ist mit 45 Wochen vertraglich fixiert und durch Konventionalstrafen abgesichert. Da Anpassungsmaßnahmen zur Gewährleistung des Solltermins mit zusätzlichen Kosten verbunden sind, werden diese dann und nur dann prophylaktisch ergriffen, wenn die Wahrscheinlichkeit dafür, daß der Solltermin überzogen wird, größer als 0,05 ist. Kann im konkreten Fall auf die Anpassungsmaßnahmen verzichtet werden? Begründen Sie kurz Ihre Entscheidung.

Aufgabe 15.6-3
Die im letzten Halbjahr registrierten Anzahlen der wöchentlichen Havarien der im Seminargebäude der FHTW installierten Verkaufsautomaten lagen im Mittel bei 1,5 Havarien. Die einzelnen wöchentlichen Havarieanzahlen streuten im Mittel um 1.2 Havarien um ihren Mittelwert.

1. Warum ist die Annahme, daß die Anzahlen der wöchentlichen Havarien einer Poisson-Verteilung genügen, berechtigt?
2. Bestimmen Sie die Wahrscheinlichkeit dafür, daß zwischen zwei Havarien ein Zeitraum von wenigstens zwei Wochen vergeht. Welches Verteilungsmodell verwenden Sie für die Lösung des Problems? Warum?

Aufgabe 15.6-4

Das Gewicht G eines Hühnereies sei eine N(60;9)-verteilte Zufallsvariable. Welchen Erlös würde eine Bäuerin auf dem Wochenendmarkt erwartungsgemäß erzielen, wenn man unterstellt, daß sie 1000 Eier verkauft und ein Ei der Gewichtsklasse I: $G > 62g$ für 40 Pfennige, ein Ei der Gewichtsklasse II: $57g < G \leq 62g$ für 35 Pfennige und ein Ei der Gewichtsklasse III: $G \leq 57g$ für 30 Pfennige anbietet?

Aufgabe 15.6-5

Lösen Sie jeweils die 3. Teilaufgabe der Aufgaben 5.3-1 und 5.3-4 sowie die 4. Teilaufgabe der Aufgabe 5.3-8.

Aufgabe 15.6-6

Bereits der in der Abbildung 4.1.1-4 skizzierte Stem-and-Leaf-Plot der Body-Maß-Indexwerte der Statistik-III-HörerINNEN (vgl. Beispiele 3-1 und 4.1.1-2) läßt erkennen, daß die Annahme berechtigt erscheint, die Body-Maß-Indexwerte als hinreichend genau normalverteilt anzusehen.
Unter Verwendung der in der Tabelle 3-1 aufgelisteten Daten ermittelt man einen durchschnittlichen Body-Maß-Index von 22 Body-Maß-Einheiten und einen gerundeten Wert für die Standardabweichung von 2,5 Body-Maß-Einheiten.
Bestimmen Sie die Wahrscheinlichkeit dafür, daß

1. einE zufällig ausgewähltEr Statistik-III-HörerIN einen Body-Maß-Indexwert kleiner als 20 Body-Maßeinheiten besitzt und somit aus physiologischer Sicht „untergewichtig" ist;
2. einE zufällig ausgewähltEr Statistik-III-HörerIN einen Body-Maß-Indexwert gleich und größer 20, aber kleiner als 25 Body-Maß-Einheiten besitzt und somit aus physiologischer Sicht „normalgewichtig" ist;
3. einE zufällig ausgewähltEr Statistik-III-HörerIN einen Body-Maß-Indexwert gleich und größer als 25 Body-Maßeinheiten besitzt und somit aus physiologischer Sicht „übergewichtig" ist.
4. Wieviel Prozent der Statistik-III-HörerINNEN wären demnach „unter-, normal- bzw. übergewichtig"? Präsentieren Sie die unter den angenommenen Bedingungen theoretisch zu erwartende prozentuale „Body-Maß-Index-Struktur" der Statistik-III-HörerINNEN mit Hilfe einer geeigneten graphischen Darstellung.

III Induktive Statistik

Der Schluß vom Teil aus Ganze unter Einbeziehung der Wahrscheinlichkeit ist die **Grundidee** der Induktiven Statistik (lat.: inductio → das Hineinführen), die auch als Schließende, Konfirmatorische oder Inferentielle Statistik bezeichnet wird. Die Induktive (oder vom Teil aufs Ganze schließende) Statistik basiert auf mathematischen Verfahren, mit deren Hilfe man anhand von **Zufallsstichproben** und unter Einbeziehung von **Wahrscheinlichkeitsmodellen** versucht, Aussagen über (i.allg. unbekannte und daher zu **schätzende** Parameter von) **Grundgesamtheiten** zu treffen. Die vielfältigen mathematischen Verfahren der Induktiven Statistik untergliedert man i.allg. in **Stichproben-, Schätz-** und **Testverfahren**.

16 Stichprobenverfahren

16.1 Grundgesamtheit, Stichprobe

Definition 16.1-1

Eine abzählbar endliche, unendliche oder hypothetische Menge von Untersuchungseinheiten, die sich durch vorgegebene, aber gleiche Ausprägungen sachlicher, zeitlicher und örtlicher Identifikationsmerkmale auszeichnen, heißt **Grundgesamtheit**.

Anmerkungen zur Def. 16.1-1

1. Der Begriff der Grundgesamtheit in der Induktiven Statistik entspricht im wesentlichen dem Begriff der statistischen Gesamtheit in der Deskriptiven Statistik, die im Unterschied zur Grundgesamtheit auf eine abzählbar endliche Menge von statistischen Elementen begrenzt ist.
2. Die Untersuchungseinheiten sind die Träger der für die statistische Untersuchung interessierenden statistischen Untersuchungs- oder Erhebungsmerkmale.
3. An den Untersuchungsmerkmalen werden die Ausprägungen statistisch erhoben, deren Verteilung von Interesse ist.
4. Eine Grundgesamtheit, bei der das interessierende Merkmal nur zwei Ausprägungen haben kann, heißt **dichotom**.
5. Man beschreibt eine abzählbar endliche Grundgesamtheit aufzählend i.allg. in der Form
$$G = \{e_1, e_2, \ldots, e_i, \ldots, e_N\}.$$
Die Anzahl N der Elemente e_i, i = 1,2,...,N, heißt **Umfang** der Grundgesamtheit.

Definition 16.1-2

Eine mit Hilfe eines bestimmten Auswahlverfahrens ermittelte n-elementige Teilmenge aus einer Grundgesamtheit heißt **Stichprobe** vom Umfang n.

Anmerkungen zur Def. 16.1-2

1. Bezüglich der Auswahlverfahren unterscheidet man i.allg. zwischen Verfahren der **Zufalls-** und der **bewußten Auswahl**.

2. **Zufallsauswahlverfahren** sind z.B. die
   - Auswahl durch Auslosen
   - Auswahl mittels Zufallszahlen
   - Buchstabenauswahl
   - Schlußziffernauswahl
   - Geburtstagsauswahl
   - Klumpenauswahl
   - geschichtete und die mehrstufige Auswahl.
3. Die **Quotenauswahl** ist ein Verfahren der bewußten Auswahl.
4. Der Quotient

$$A = \frac{n}{N}(\cdot 100\%)$$

   aus dem Stichprobenumfang n und der Umfang N der Grundgesamtheit heißt **Auswahlsatz.**
5. Die praktische Bedeutung von Stichprobenverfahren liegt vor allem in der **Kosten- und Zeitersparnis** von Teilerhebungen begründet. Hinzu kommt noch, daß in praxi mitunter Totalerhebungen (etwa im Sinne der „zerstörenden Prüfung" in der Qualitätskontrolle) nicht sinnvoll bzw. möglich sind.
6. Ursprünglich stammt der Begriff der Stichprobe aus dem Hüttenwesen des 16. Jahrhunderts. Er bezeichnete den Vorgang, mit dem Probelöffel aus der Schmelzmasse eines Hochofens, auch **Stich**ofen genannt, eine **Probe** zu ziehen.
7. Stichproben, die mit Hilfe von Zufallsauswahlverfahren gezogen werden, heißen **Zufallsstichproben**.

Definition 16.1-3

Eine Stichprobe, bei der theoretisch jede statistische Einheit der Grundgesamtheit mit einer von Null verschiedenen Wahrscheinlichkeit in die Auswahl gelangen kann, heißt **Zufallsstichprobe.**

Anmerkungen zur Def. 16.1-3

1. Zufallsstichproben unterscheidet man hinsichtlich der Entnahmetechnik: Zufallsauswahl **mit** und **ohne Zurücklegen** der Einheiten bzw. Elemente.
2. Das Zufallsauswahlmodell **mit Zurücklegen** bildet die Grundlage der **einfachen** Zufallsstichprobe.
3. Die praktische Anwendung der Wahrscheinlichkeitsrechnung in der Induktiven Statistik läßt sich am einfachsten anhand der einfachen Zufallsstichprobe verdeutlichen. Dazu ist es vorteilhaft, den Begriff der **Stichprobenvariablen** zu verwenden.

Beispiel 16.1-1

Die Technik des Ziehens einer einfachen **Zufallstichprobe** mit Hilfe von **Zufallszahlen** soll anhand der Körpergrößenbefunde der 906 Mistelbacher Rekruten aus dem Beispiel 15.1-2 verdeutlicht werden. Man überlegt sich leicht, daß im konkreten Fall die abzählbar endliche **Grundgesamtheit** aus N = 906 Rekruten besteht. Da an jedem Rekruten (die statistische Einheit) die Körpergröße X (das statistische Merkmal) erhoben wurde, besteht die **Urliste** (zumindest gedanklich) aus N = 906 verhältnisskalierten, stetigen, direkt erfaßten Merkmalswerten x_i, i = 1,2,...,N, die der Übersichtlichkeit halber in einer **Häufigkeitstabelle** zusammengefaßt wurden. Die Tabelle 16.1-1 enthält für alle j = 1,2,...,37 sowohl die in der Urliste sich voneinander unterscheidenden und aufsteigend geordneten Körpergrößenwerte x_j als auch die kumulierten absoluten Häufigkeiten H_j der N = 906 Mistelbacher Rekruten.

Tabelle 16.1-1

j	x_j	H_j	j	x_j	H_j	j	x_j	H_j
1	147	1	14	160	130	27	173	786
2	148	1	15	161	165	28	174	819
3	149	1	16	162	208	29	175	840
4	150	3	17	163	256	30	176	864
5	151	7	18	164	303	31	177	877
6	152	10	19	165	363	32	178	886
7	153	14	20	166	426	33	179	895
8	154	21	21	167	500	34	180	898
9	155	27	22	168	560	35	181	901
10	156	39	23	169	624	36	182	905
11	157	53	24	170	671	37	183	906
12	158	78	25	171	719			
13	159	100	26	172	755			

Mit Hilfe der in der **Tafel 7** zusammengestellten zehnstelligen gleichverteilten **Zufallszahlen** soll eine einfache Zufallstichprobe vom Umfang n = 10 Körpergrößenwerten gezogen werden. Dies entspricht einem **Auswahlsatz** von

$$A = \left(\frac{10}{906}\right) \cdot 100\% = 1{,}1\% .$$

Beim Ziehen einer Stichprobe aus einer endlichen Grundgesamtheit mit Hilfe von Zufallszahlen geht man i.allg. wie folgt vor:

1. Schritt: Numeriere alle statistischen Einheiten der Grundgesamtheit.
Dies ist auf zwei Arten möglich: entweder man numeriert von 0 bis (N - 1) oder von 1 bis N, wobei im letzten Fall die N-te Einheit die Ordnungszahl 0 zugewiesen bekommt. Dies erklärt sich aus der Konstruktion der Zufallszahlen, die theoretisch garantieren, daß jede Einheit der Grundgesamtheit die **gleiche Chance** besitzt, in die Stichprobe zu gelangen. Da die kumulierten absoluten Häufigkeiten in der Tabelle 16.1-1 als eine Form des Durchzählens von 1

bis 906 gedeutet werden können, wird die zweite Art des Numerierens praktiziert, wobei der 906-te Rekrut die Ordnungszahl 0 zugewiesen bekommt.

2. Schritt: Bestimme die kleinste ganzzahlige Zehnerpotenz, für die $N \leq 10^k$ gilt. Man überlegt sich leicht, daß diese Bedingung der Potenz- und Logarithmengesetze auch wie folgt formuliert werden kann: $\lg N \leq k$. Wegen $\lg 906 = 2.95713 \leq 3$ bestimmt man als kleinstes ganzzahliges k ein k = 3.

3. Schritt: Ziehe die n-elementige Stichprobe mit Hilfe k-stelliger Zufallszahlen. Da die **Tafel 7** nur einen Auszug aus gleichverteilten Zufallszahlen darstellt, sollte man bei ihrer Nutzung zur Simulation von Zufallsstichproben folgende Hinweise beachten:

- Beginne für jede Stichprobe die Auswahl der Zufallszahlen an einer anderen Stelle der Tafel 7.
- Entnimm die Zufallszahlen entweder längs beliebiger Zeilen bzw. Spalten aus der Tafel 7.

Da n = 10 und k = 3 sind, gilt es, aus der Tafel 7 **zehn dreistellige** Zufallszahlen abzulesen. Beginnt man in der Tafel 7 z.B. mit dem Block in der ersten Zeile und in der ersten Spalte und entnimmt zeilenweise die ersten dreistelligen Zufallszahlen, dann erhält man für alle i = 1,2,...,10 die in der Tabelle 16.1-2 aufgelistete Folge von 3-stelligen gleichverteilten Zufallszahlen ZZ_i sowie die ihnen zugeordneten Körpergrößenwerte x_i, die die realisierte Stichprobe der Zufallsvariablen X_i darstellen.

Tabelle 16.1-2

i	1	2	3	4	5	6	7	8	9	10
ZZ_i	542	381	291	401	843	745	239	453	519	565
x_i	168	166	164	166	176	172	163	167	168	169

Die Merkmalswertezuordnung zu den Zufallszahlen ZZ_i erfolgt im konkreten Fall unter Ausnutzung der kumulierten absoluten Häufigkeiten H_j mit Hilfe der folgenden Beziehung:

$$H_{j-1} < ZZ_i \leq H_j \rightarrow x_j \rightarrow x_i.$$

Z.B. ist für i = 1 $ZZ_1 = 542$. Demnach ist die Körpergröße des Rekruten mit der Ordnungsnummer 542 in die Stichprobe aufzunehmen. Da offensichtlich

$$H_{21} = 500 < ZZ_1 = 542 < H_{22} = 545$$

gilt, ist j = 22 und x_{22} = 168. Die Körpergröße der Ordnung i = 1 ist demnach x_1 = 168 cm. In analoger Art und Weise erfolgt die Zuordnung der Körpergrößen zu den anderen Zufallszahlen.

Für weitere Betrachtungen soll noch eine einfache Zufallsstichprobe vom Umfang n = 10 aus der Grundgesamtheit der Mistelbacher Rekruten gezogen werden. Beginnt man etwa in der Tafel 7 mit der fünften Blockspalte und entnimmt zeilenweise 3-stellige Zufallszahlen, dann erhält man die folgende Zufallszahlenfolge: 990, 281, 896, 963, 613, 977, 183, 362, 644, 159. Da aber nur N = 906 Rekruten in der Grundgesamtheit enthalten sind, können den nicht erfaßten Rekruten mit den Ordnungsnummern 990, 963 und 977 in logischer Konsequenz auch keine Merkmalswerte zugeordnet werden. Man löst dieses Problem, indem man mit der Auflistung der Zufallszahlen fortfährt, bis n = 10 zutreffende Ordnungsnummern verfügbar sind. Im konkreten Fall wären dies beim Fortführen des zeilenweisen Ablesens die Zufallszahlen 027, 408 und 402, so daß man letztlich die in der Tabelle 16.1-3 zusammengestellte, realisierte Stichprobe erhält.

Tabelle 16.1-3

i	1	2	3	4	5	6	7	8	9	10
ZZ_i	281	896	613	193	362	644	159	027	408	402
x_i	164	180	169	162	165	170	161	155	166	166

Für die praktische Arbeit mit Zufallszahlen ist der Hinweis noch hilfreich, daß man beim Auswahlmodell **„mit Zurücklegen"** gleiche Zufallszahlen zuläßt, beim Auswahlmodell **„ohne Zurücklegen"** eine sich wiederholende Zufallszahl „übergeht", so wie man es bei Zufallszahlen praktiziert, die größer als die Anzahl N der Elemente der betrachteten Grundgesamtheit ausfallen.

16.2 Stichprobenvariablen, Stichprobenfunktionen

Definition 16.2-1

Gegeben sei die Verteilungsfunktion F_X einer über eine Grundgesamtheit definierten Zufallsvariablen X. Dann heißen für alle i = 1,2,...,n die n Zufallsvariablen X_i, die die gleichen Eigenschaften besitzen wie die Zufallsvariable X, **Stichprobenvariablen.**

Anmerkungen zur Def. 16.2-1

1. Die Stichprobenvariablen X_i werden **nicht** als eine n-malige Anwendung der Zufallsvariablen X, sondern als eine Folge von n Zufallsvariablen X_i, gedeutet, die alle die **gleiche** Definition wie die Zufallsvariable X besitzen.

2. Die Tabelle 16.2-1 verdeutlicht den Zusammenhang zwischen der Zufallsvariablen X, den n Stichprobenvariablen X_i und den n Realisationen (Beobachtungen) x_i.

Tabelle 16.2-1

Die Ziehung ...	1	2	...	i	...	n
ergibt den **Stichprobenwert** ... als konkrete Realisation	x_1	x_2	...	x_i	...	x_n
der **Stichprobenvariablen** ...,	X_1	X_2	...	X_i	...	X_n
die die gleichen Eigenschaften besitzen wie die **Zufallsvariable ...**				X		

Definition 16.2-2

Das n-Tupel $\{X_1, X_2, ..., X_n\}$ von Stichprobenvariablen heißt **einfache Zufallsstichprobe** vom Umfang n, sobald die Stichprobenvariablen X_i unabhängig und identisch verteilt sind, also $X_i \sim$ i.i.d. gilt.

Anmerkungen zur Def. 16.2-2

1. Die Abkürzung i.i.d. ist der englischen Bezeichnung für eine einfache Zufallsstichprobe entlehnt: **i**ndependently and **i**dentically **d**istributed (random sample).
2. Das n-Tupel $\{x_1, x_2, ..., x_n\}$ der Stichprobenwerte bezeichnet man auch als **realisierte** (einfache Zufalls)Stichprobe.

Definition 16.2-3

Eine Funktion h, die dem n-Tupel $\{X_1, X_2, ..., X_n\}$ der n Stichprobenvariablen X_i die Zufallsvariable $V = h(X_1, X_2, ..., X_n)$ zuordnet, heißt **Stichprobenfunktion**.

Anmerkungen zur Def. 16.2-3

1. Eine Stichprobenfunktion nennt man auch eine **Statistik**.
2. Jede Stichprobenfunktion ist eine Funktion von Zufallsvariablen und damit selbst wieder eine **Zufallsvariable**.
3. Stichprobenfunktionen werden i.allg. wie Zufallsvariable mit lateinischen **Großbuchstaben** bezeichnet.
4. Für weitere Betrachtungen **wichtige** Stichprobenfunktionen sind:
   - das **Stichprobenmittel** (Stichprobendurchschnitt)

$$\overline{X} = \frac{1}{n} \cdot \sum_{i=1}^{n} X_i$$

Es besitzt den Erwartungswert $E(\overline{X}) = \mu$ und die Varianz $V(\overline{X}) = \frac{\sigma^2}{n}$.

- die **Stichprobenvarianz**

$$S^2 = \frac{1}{n-1} \cdot \sum_{i=1}^{n} (X_i - \overline{X})^2$$

Sie besitzt den Erwartungswert $E(S^2) = \sigma^2$.

- der **Stichprobenanteil**

$$P = \frac{1}{n} \cdot \sum_{i=1}^{n} X_i \text{ mit } X_i = \begin{cases} 0 \\ 1 \end{cases}$$

Er besitzt den Erwartungswert $E(P) = \pi$ und die Varianz $V(P) = \frac{\pi \cdot (1-\pi)}{n}$.

- die **Gauß-Statistik**

$$Z = \frac{\overline{X} - \mu}{\sqrt{\sigma^2}} \cdot \sqrt{n} = \frac{\overline{X} - \mu}{\sigma} \cdot \sqrt{n}$$

Sie besitzt den Erwartungswert E(Z) = 0 und die Varianz V(Z) = 1.

- die **T-Statistik**

$$T = \frac{\overline{X} - \mu}{\sqrt{S^2}} \cdot \sqrt{n} = \frac{\overline{X} - \mu}{S} \cdot \sqrt{n}$$

Sie besitzt für m = (n - 1) > 1 Freiheitsgrade den Erwartungswert E(T) = 0 und für m > 2 Freiheitsgrade die Varianz V(T) = m/(m - 2).

- die **F-Statistik**

$$F = \frac{S_x^2 / \sigma_x^2}{S_y^2 / \sigma_y^2}.$$

Sie besitzt für $m_Y = (n_Y - 1) > 2$ Freiheitsgrade den Erwartungswert $E(F) = m_y / (m_y - 2)$.

5. Die Parameter μ, σ^2 und π bezeichnen die **wahren**, i.allg. jedoch **unbekannten** Parameter der Grundgesamtheit.

Definition 16.2-4

Ein beobachteter, aus n Stichprobenwerten x_i ermittelter Wert einer Stichprobenfunktion heißt empirischer **Stichprobenfunktionswert**.

Anmerkungen zur Def. 16.2-4

1. Während Stichprobenfunktionen i.allg. mit lateinischen Großbuchstaben bezeichnet werden, werden die für sie beobachteten Stichprobenfunktionswerte i.allg. mit den jeweiligen lateinischen **Kleinbuchstaben** bezeichnet.
2. Die jeweils zu den in der Def. 16.2-3 genannten Stichprobenfunktionen gehörenden empirischen **Stichprobenfunktionswerte** sind:

- der **Stichprobenmittelwert**

$$\overline{x} = \frac{\sum_{i=1}^{n} x_i}{n}$$

- die **Stichprobenvarianz**

$$s^2 = \frac{\sum_{i=1}^{n} (x_i - \overline{x})^2}{n-1}$$

und die daraus abgeleitete **Stichprobenstreuung**

$$s = \sqrt{\frac{\sum_{i=1}^{n} (x_i - \overline{x})^2}{n-1}}$$

- der **Stichprobenanteilswert**

$$p = \frac{\sum_{i=1}^{n} x_i}{n}; x_i = \begin{cases} 0 & \forall x_i \le x^* \\ 1 & \forall x_i > x^* \end{cases}$$

- der **Wert** z der Gauß-Statistik

$$z = \frac{\overline{x} - \mu}{\sigma} \cdot \sqrt{n}$$

- der **Wert** t der T-Statistik

$$t = \frac{\overline{x} - \mu}{s} \cdot \sqrt{n}$$

- der **Wert** f der F-Statistik

$$f = \frac{s_x^2}{s_y^2}, \text{ falls } \sigma_x^2 = \sigma_y^2$$

3. Die Werte $\overline{x}, s^2$, s und p kennzeichnen die mit Hilfe einer Zufallsstichprobe vom Umfang n beobachteten **empirischen** Stichprobenparameter.
4. Der (induktive) Schluß vom Teil aufs Ganze bedarf nicht nur eines statistisch beobachteten Stichprobenfunktionswertes, sondern auch der Kenntnis seines wahrscheinlichkeitstheoretischen Bewegungsgesetztes, der sog. **Stichprobenverteilung**.

Beispiel 16.2-1
Ausgehend vom Beispiel 16.1-1 sollen die im Abschnitt 16.2 definierten Begriffe erläutert werden. Dazu überlegt man sich, daß die statistische Erhebung eines Körpergrößenwertes eines Rekruten, also das Erfassen einer Merkmalsausprägung des Merkmals X (Körpergröße) an einem zufällig ausgewählten Merkmalsträger (Rekrut), als ein **Zufallsexperiment** aufgefaßt werden kann. Nun besteht ein Charakteristikum eines Zufallsexperiments darin, daß ihm stets eine Ergebnismenge (Ergebnisraum) zugeordnet wird. (vgl. Definition 9.2) Der **Ergebnis-**

raum Ω des Zufallsexperiments „...Auswahl eines Mistelbacher Rekruten ...“ ist identisch mit der **Grundgesamtheit** vom Umfang N = 906 Rekruten. Mit Hilfe der Zufallsvariablen X: „Körpergröße eines Mistelbacher Rekruten“, die hier synonym zum Begriff des statistischen Merkmals verwendet wird, werden die Elemente ω (Rekruten) des Ergebnisraumes Ω auf die Menge **R** der reellen Zahlen abgebildet. Da die Merkmalsausprägungen des Merkmals Körpergröße bereits reelle Zahlen sind, kann man sich unter Verwendung der Tabelle 16.1-1 die in die einfache Zufallstichprobe gelangten n = 10 Rekruten mit Hilfe der Zufallsvariablen X bzw. der Stichprobenvariablen X_i wie folgt als Abbildungen auf die reellen Zahlen vorstellen:

- $\omega_{542} \rightarrow$ Rekrut Nr. 542 mit der Körpergröße 168 cm $\rightarrow X(\omega_{542}) \rightarrow X_1(\omega_{542}) \rightarrow x_1 = 168$
- $_{381} \rightarrow$ Rekrut Nr. 381 mit der Körpergröße 166 cm $\rightarrow X(\omega_{381}) \rightarrow X_2(\omega_{381}) \rightarrow x_2 = 166$ etc.

Die Abbildungen $X_i(\omega) = x_i$ sind für alle i = 1,2,...,n Realisationen oder Beobachtungen der Stichprobenvaribalen X_i, die die **gleichen** Eigenschaften (z.B. die Verteilungsfunktion) besitzen, wie die Zufallsvariable X selbst. Unter Verwendung der Stichprobenwerte aus der Tabelle 16.1-2 ermittelt man z.B. für die **Stichprobenfunktion** des Stichprobenmittels $\overline{X}$ einen (beobachteten bzw. realisierten) **Stichprobenmittelwert** von

$$\overline{x} = \frac{168 + 166 + \ldots + 169}{10} = \frac{1679}{10} = 167{,}9 \text{ cm}$$

und für die Stichprobenfunktion der **Stichprobenvarianz** S^2 einen (beobachteten bzw. realisierten) Wert der Stichprobenvarianz von

$$s^2 = \frac{(168 - 167{,}9)^2 + \ldots + (169 - 167{,}9)^2}{10 - 1} = \frac{130{,}9}{9} = 14{,}54 \text{ [cm]}^2$$

Unter Verwendung der Stichprobenwerte aus der Tabelle 16.1-3 ermittelt man die folgenden (realisierten) **Stichprobenfunktionswerte**:

$$\overline{x} = \frac{164 + 180 + \ldots + 166}{10} = \frac{1658}{10} = 165{,}8 \text{ cm}$$

und

$$s^2 = \frac{(164 - 165{,}8)^2 + \ldots + (166 - 165{,}8)^2}{10 - 1} = \frac{387{,}63}{9} = 43{,}07 \text{ [cm]}^2.$$

Vergleicht man einmal nur die Ergebnisse aus den beiden Stichproben, so erkennt man, daß die Realisationen der Stichprobenfunktionen voneinander abweichen.

Dies verwundert nicht, denn sie sind das konkrete Resultat von Zufallsvaribalen. Würde man z.B. 1000 einfache Zufallsstichproben (mit Zurücklegen) aus der Grundgesamtheit der N = 906 Rekruten ziehen und daraus die jeweiligen Stichprobenmittelwerte und Stichprobenvarianzwerte ermitteln, würde man auf empirischem Wege feststellen, daß die Stichprobenfunktionswerte wiederum nur Realisationen von Zufallsvariablen sind, die z.B. durch ihre Verteilungsfunktionen bzw. speziellen Stichprobenfunktionen charakterisiert werden können.

Beispiel 16.2-2

Eine Paketversandfirma wirbt um Auftraggeber mit dem Versprechen, daß mehr als 90 % der von ihr beförderten Pakete innerhalb von drei Tagen ihre Empfänger erreichen. Wenn diese Behauptung stimmt, will ein Versandunternehmen diese Firma mit dem Versand seiner Pakete beauftragen. Zur Entscheidungsfindung läßt das Versandunternehmen eine Testserie von 150 Paketen durch die Paketversandfirma verschicken. Von den 150 verschickten Paketen erreichten 138 Pakete ihre Empfänger termingerecht.

Man überlegt sich, daß im konkreten Fall der Paketversand als ein **Zufallsexperiment** gedeutet werden kann, in dessen Ergebnis ein Paket entweder termingerecht oder nicht termingerecht seinen Empfänger erreicht. Vereinbart man eine **Zufallsvariable** X als Abbildungsvorschrift des Ergebnisraumes Ω in die Menge **R** der reellen Zahlen derart, daß ein Paket ω, daß seinen Empfänger **nicht termingerecht** erreicht, auf die **reele Zahl 0**, und ein Paket ω, das seinen Empfänger **termingerecht** erreicht, auf die **reelle Zahl 1** abgebildet wird, dann können die Stichprobenvariablen X_i (die die gleiche Abbildungsvorschrift auf derselben Ergebnismenge Ω wie die Zufallsvariable X darstellen) z.B. die folgenden Beobachtungswerte liefern:

ω_1	→ termingerecht	$\to X(\omega_1) \to X_1(\omega_1)$	$\to x_1 = 1$
ω_2	→ nicht termingerecht	$\to X(\omega_2) \to X_2(\omega_2)$	$\to x_2 = 0$
....			
ω_{150}	→ termingerecht	$\to X(\omega_{150}) \to X_{150}(\omega_{150})$	$\to x_{150} = 1$

Da für alle i = 1,2,...,n die Stichprobenvariablen X_i nur zweier Ausprägungen fähig sind, kennzeichnet man sie als **dichotome** (grch.: dicha → zweifach & tome → Schritt) Zufallsvariablen und die realiserte Stichprobe {1,0,...,1} vom Umfang n = 150 als einfache **Zufallsstichprobe** aus einer dichotomen **Grundgesamtheit**. Bemerkenwert ist in diesem Zusammenhang die Interpretation des **Stichprobenmittelwertes**

$$\bar{x} = \frac{1+0+\ldots+1}{150} = \frac{138}{150} = 0{,}92$$

der dichotomen Stichprobenvariablenwerte x_i. Man erkennt jetzt leicht, daß im konkreten Fall das arithmetische Mittel der dichotomen Variablenwerte nichts anderes darstellt als den **Stichprobenanteilswert** p = 0,92 der Pakete, die termingerecht ihren Empfänger erreichten. Demnach erreichten 92 % der in der Testserie versandten Pakete ihre Empfänger termingerecht, also innerhalb von drei Tagen.

Hätte man die Abbildungsvorschrift termingerecht → 0 und nicht termingerecht → 1 vereinbart, so hätte man mit Hilfe des Stichprobenmittelwertes

$$\bar{x} = \frac{0+1+...+0}{150} = \frac{12}{150} = 0{,}08$$

gerade den Anteil der Pakete in der Testserie ermittelt, die nicht termingerecht ihre Empfänger erreichten. Demnach hätten in logischer Konsequenz 8 % der in der Testserie versandten Pakete ihren Empfänger nicht innerhalb von drei Tagen erreicht.

16.3 Stichprobenverteilungen

Definition 16.3-1

Die Wahrscheinlichkeitsverteilung einer Stichprobenfunktion heißt **Stichprobenverteilung** der Funktion.

Für die weiteren Betrachtungen sind die folgenden Stichprobenverteilungen von Interesse.

16.3.1 Stichprobenverteilungen des arithmetischen Mittels

Definition 16.3.1-1

Gegeben sei eine einfache Zufallsstichprobe vom Umfang n. Sind für alle i = 1,2,...,n die Stichprobenvariablen X_i unabhängig und identisch verteilt, dann ist das Stichprobenmittel $\overline{X}$ **asymptotisch normalverteilt** mit den Parametern μ und σ^2/n.

Anmerkungen zur Def. 16.3.1-1

1. In **Kurzschreibweise** notiert man diesen Sachverhalt i.allg. wie folgt: Gilt für alle i = 1,2,...,n $X_i \sim$ i.i.d., dann gilt

$$\overline{X} \xrightarrow[n\to\infty]{} N(\mu; \frac{\sigma^2}{n}) \text{ und } Z = \frac{\overline{X}-\mu}{\sigma}\cdot\sqrt{n} \xrightarrow[n\to\infty]{} N(0;1)$$

2. Das Stichprobenmittel (Stichprobendurchschnitt) nennt man asymptotisch (grch.: asymptotos $\rightarrow$ nicht zusammentreffen) normalverteilt, da gemäß dem **zentralen Grenzwertsatz** (vgl. Definition 15.1-2) mit wachsendem Stichprobenumfang $n \rightarrow \infty$ die Verteilungsfunktion der Gauß-Statistik Z schwach gegen die Verteilungsfunktion der Standardnormalverteilung konvergiert (lat.: convergere $\rightarrow$ sich hinneigen).
3. Wichtige Quantile z_q der Verteilungsfunktion der Standardnormalverteilung sind im Anhang in der **Tafel 3** tabelliert.

Definition 16.3.1-2

Gegeben sei eine einfache Zufallsstichprobe vom Umfang n. Sind für alle $i = 1,2,\ldots,n$ die Stichprobenvariablen X_i normalverteilt mit den Parametern μ und σ^2, wobei σ^2 bekannt ist, dann ist das Stichprobenmittel $\overline{X}$ **normalverteilt** mit den Parametern μ und σ^2/n.

Anmerkungen zur Def. 16.3.1-2

1. In **Kurzschreibweise** notiert man diesen Sachverhalt i.allg. wie folgt: Gilt für alle $i = 1,2,\ldots,n$ $X_i \sim N(\mu;\sigma^2)$, dann gilt

$$\overline{X} \sim N(\mu;\frac{\sigma^2}{n}) \text{ und } Z = \frac{\overline{X}-\mu}{\sigma}\sqrt{n} \sim N(0;1).$$

2. In der praktischen Arbeit mit der **Gauß-Statistik** wird die Kenntnis des wahren Streuungsparameters σ der Grundgesamtheit als bereits gegeben bzw. aus früheren Untersuchungen als bereits **bekannt** angesehen.

Definition 16.3.1-3

Gegeben sei eine einfache Zufallsstichprobe vom Umfang n. Sind für alle $i = 1,2,\ldots,n$ die Stichprobenvariablen X_i normalverteilt mit den Parametern μ und σ^2, wobei σ^2 unbekannt ist, dann ist das Stichprobenmittel $\overline{X}$ **t-verteilt** mit $m = n - 1$ Freiheitsgraden.

Anmerkungen zur Def. 16.3.1-3

1. In **Kurzschreibweise** notiert man diesen Sachverhalt i.allg. wie folgt: Gilt für alle $i = 1,2,\ldots,n$ $X_i \sim N(\mu;\sigma^2)$, dann gilt

$$T = \frac{\overline{X}-\mu}{S}\sqrt{n} \sim t(m).$$

2. Der Unterschied zwischen der Gauß-Statistik und der T-Statistik besteht in der Verwendung der **Stichprobenstreuung**

$$S = \sqrt{S^2} = \sqrt{\frac{1}{n-1}\cdot\sum_{i=1}^{n}(X_i - \overline{X})^2}$$

an Stelle des wahren (i.allg. jedoch unbekannten) Streuungsparameters σ der Grundgesamtheit.

3. Mit wachsendem Stichprobenumfang $n \to \infty$ **konvergiert** die Verteilungsfunktion der T-Statistik gegen die Verteilungsfunktion der Standardnormalverteilung.
4. Für die praktische Arbeit verwendet man i.allg. die folgende **Faustregel**: Für einen Stichprobenumfang $n > 30$ kann die Verteilungsfunktion der T-Statistik hinreichend genau durch die Verteilungsfunktion der Standardnormalverteilung **approximiert** werden.
5. Wichtige Quantile $t_{m;q}$ der t-Verteilung sind im Anhang in der **Tafel 5** tabelliert.

Definition 16.3.1-4

Gegeben sei die Stichprobenvariable $D = \overline{X}_1 - \overline{X}_2$ als Differenz zweier Stichprobenmittel $\overline{X}_1$ und $\overline{X}_2$ zweier unabhängiger, einfacher Zufallsstichproben vom Umfang n_1 und n_2 aus zwei normalverteilten Grundgesamtheiten. Dann ist die Stichprobenvariable D ebenfalls normalverteilt.

Anmerkungen zur Def. 16.3.1-4

1. In **Kurzschreibweise** notiert man diesen Sachverhalt i.allg. wie folgt: Gilt für alle $i = 1,2,\dots,n_1$ $X_{i1} \sim N(\mu_1;\sigma_1^2)$ und $i = 1,2,\dots,n_2$ $X_{i2} \sim N(\mu_2;\sigma_2^2)$, dann gilt:

$$Z = \frac{D - E(D)}{\sigma_D} \sim N(0;1) \text{ mit } E(D) = \mu_1 - \mu_2 \text{ und } \sigma_D = \sqrt{\frac{\sigma_1^2}{n_1} + \frac{\sigma_2^2}{n_2}}.$$

2. Die standardisierte Stichprobenvariable Z (der Stichprobenmitteldifferenz) ist eine **modifizierte** Gauß-Statistik.
3. Stammen die Stichprobenmittel aus **identisch** verteilten Grundgesamtheiten, dann ist gemäß dem zentralen Grenzwertsatz ihre Differenz D asymptotisch **normalverteilt**.
4. Im Falle **gleicher Stichprobenvarianzen** genügt die Differenz D der Stichprobenmittel einer t-Verteilung mit $m = n_1 + n_2 - 2$ Freiheitsgraden.

16.3.2 Stichprobenverteilungen von Varianzen

Definition 16.3.2-1

Gegeben sei eine einfache Zufallsstichprobe vom Umfang n. Sind für alle $i = 1,2,\dots,n$ die Stichprobenvariablen X_i normalverteilt mit den Parametern μ und σ^2, dann genügt die Stichprobenvariable

$$U = \frac{n-1}{\sigma^2} \cdot S^2$$

einer **Chi-Quadrat-Verteilung** mit $m = n - 1$ Freiheitsgraden.

Anmerkungen zur Def. 16.3.2-1

1. In **Kurzschreibweise** notiert man diesen Sachverhalt i.allg. wie folgt: Gilt für alle i = 1,2,...,n $X_i \sim N(\mu;\sigma^2)$, dann gilt
$$U = \frac{n-1}{\sigma^2} \cdot S^2 \sim \chi^2(m).$$
2. Wichtige Quantile $\chi^2_{m;q}$ der Verteilungsfunktion der Chi-Quadrat-Verteilung sind im Anhang in der **Tafel 4** tabelliert.

Definition 16.3.2-2

Gegeben sei die Stichprobenvariable

$$F = \frac{U_1}{U_2} = \frac{S_1^2/\sigma_1^2}{S_2^2/\sigma_2^2}$$

als Quotient zweier unabhängiger, χ^2-verteilter Stichprobenvariablen U_1 und U_2 aus zwei normalverteilten Grundgesamtheiten. Dann genügt die Stichprobenvariable F einer F-Verteilung mit $m_1 = n_1 - 1$ und $m_2 = n_2 - 1$ Freiheitsgraden.

Anmerkungen zur Def. 16.3.2-2

1. Sind die wahren (i.allg. jedoch unbekannten) Varianzen σ_1^2 und σ_2^2 der beiden Grundgesamtheiten gleich, gilt also $\sigma_1^2 = \sigma_2^2$, dann genügt die (vereinfachte) **F-Statistik**
$$F = \frac{S_1^2}{S_2^2}$$
einer F-Verteilung mit $m_1 = n_1 - 1$ und $m_2 = n_2 - 1$ Freiheitsgraden.
2. Wichtige Quantile $F_{m1;m2;q}$ der F-Verteilung sind im Anhang in der **Tafel 6** tabelliert.

16.3.3 Stichprobenverteilungen von Anteilen

Definition 16.3.3-1

Gegeben sei eine einfache Zufallsstichprobe vom Umfang n aus einer dichotomen Grundgesamtheit. Sind für alle i = 1,2,...,n die Stichprobenvariablen $X_i \sim Bi(1;\pi)$-verteilt, dann ist der Stichprobenanteil P asymptotisch normalverteilt und die standardisierte Stichprobenvariable

$$Z = \frac{P - \pi}{\sqrt{\pi \cdot (1-\pi)}} \cdot \sqrt{n}$$

asymptotisch standardnormalverteilt.

Anmerkungen zur Def. 16.3.3-1

1. In **Kurzschreibweise** notiert man diesen Sachverhalt i.allg. wie folgt: Gilt für alle i = 1,2,...,n $X_i \sim Bi(1;\pi)$, dann gilt

$$P \xrightarrow[n\to\infty]{} N\left(n\pi; \frac{\pi(1-\pi)}{n}\right) \text{ bzw. } Z = \frac{P-\pi}{\sqrt{\pi(1-\pi)}} \cdot \sqrt{n} \xrightarrow[n\to\infty]{} N(0;1).$$

2. Gemäß dem **zentralen Grenzwertsatz** (vgl. Definition 15.1-2) bezeichnet man in praxi eine Summe von n binomialverteilten Stichprobenvariablen als hinreichend genau standardnormalverteilt, wenn die **Faustregel** $n \cdot \pi \cdot (1-\pi) \geq 9$ gilt.
3. Die standardisierte Stichprobenvariable Z ist eine **modifizierte** Gauß-Statistik.

Definition 16.3.3-2

Gegeben sei die Stichprobenvariable $D = P_1 - P_2$ als Differenz zweier Stichprobenanteile P_1 und P_2 zweier unabhängiger, einfacher Stichproben vom Umfang n_1 und n_2 aus zwei dichotomen Grundgesamtheiten. Dann ist die Stichprobenvariable D **asymptotisch normalverteilt**, sobald die Approximationsbedingungen $n_1\pi_1(1-\pi_1) \geq 9$ und $n_2\pi_2(1-\pi_2) \geq 9$ erfüllt sind.

Anmerkungen zur Def. 16.3.3-2

1. In **Kurzschreibweise** notiert man diesen Sachverhalt i.allg. wie folgt: Gilt für alle $i = 1,2,\ldots,n_1$ $X_{i1} \sim Bi(1;\pi_1)$ und $i = 1,2,\ldots,n_2$ $X_{i2} \sim Bi(1;\pi_2)$, dann gilt:

$$Z = \frac{D - E(D)}{\sigma_D} \xrightarrow[n_1, n_2 \to\infty]{} N(0;1)$$

$$\text{mit } E(D) = \pi_1 - \pi_2 \text{ und } \sigma_D = \sqrt{\frac{\pi_1(1-\pi_1)}{n_1} + \frac{\pi_2(1-\pi_2)}{n_2}}.$$

2. Die standardisierte Stichprobenvariable Z (der Stichprobenanteilsdifferenz) stellt eine **modifizierte** Gauß-Statistik dar.

17 Schätzverfahren
17.1 Punktschätzung

Definition 17.1-1

Eine Stichprobenfunktion, die aufgrund bestimmter Eigenschaften zur näherungsweisen Bestimmung eines wahren, jedoch unbekannten Parameters einer Grundgesamtheit geeignet ist, heißt **Schätzfunktion.**

Anmerkungen zur Def. 17.1-1

1. Der anhand einer Zufallsstichprobe ermittelte empirische Wert einer Schätzfunktion ist seinem Wesen nach eine realisierte **Punktschätzung.**
2. Schätzfunktionen und Schätzwerte faßt man auch unter der Kurzbezeichnung **Schätzer** (engl.: estimator(s)) bzw. **Punktschätzer** (engl.: point estimator(s)) zusammen.
3. Von denen im Kapitel 16 skizzierten Stichprobenfunktionen sind als **Schätzfunktionen** von weiterem Interesse:
   - das **Stichprobenmittel** (Stichprobendurchschnitt)

     $$\hat{\mu} = \frac{1}{n} \cdot \sum_{i=1}^{n} X_i ,$$

     das zur Schätzung des wahren (i.allg. unbekannten) Durchschnitts μ einer Grundgesamtheit verwendet wird.
   - die **Stichprobenvarianz**

     $$\hat{\sigma}^2 = \frac{1}{n-1} \cdot \sum_{i=1}^{n} (X_i - \overline{X})^2 ,$$

     die zur Schätzung der wahren (i.allg. unbekannten) Varianz σ^2 einer Grundgesamtheit verwendet wird.
   - der **Stichprobenanteil**

     $$\hat{\pi} = \frac{1}{n} \cdot \sum_{i=1}^{n} X_i \text{ mit } X_i = \begin{cases} 0 \\ 1 \end{cases} ,$$

     der zur Schätzung des wahren (i.allg. unbekannten) Anteils π einer (dichotomen) Grundgesamtheit verwendet wird.
4. Stichprobenfunktionen, die als Schätzfunktionen fungieren, werden i.allg. mit dem Symbol des zu schätzenden Parameters **und** einem $\wedge$ (lies: **Dach)** gekennzeichnet.
5. Wünschenswerte Eigenschaften von Schätzfunktionen sind z.B. die **Erwartungstreue**, die **Wirksamkeit**, die **Konsistenz** und die **Robustheit.**
6. Die bekanntesten Verfahren zur Herleitung und Konstruktion von Schätzfunktionen sind die **Methode der kleinsten Quadratesumme** und die **Maximum-Likelihood-Methode**.

Definition 17.1-2

Eine Schätzfunktion heißt **erwartungstreu**, wenn ihr Erwartungswert gleich dem zu schätzenden (wahren, unbekannten) Parameter ist.

Anmerkungen zur Def. 17.1-2

1. Synoym zum Begriff der Erwartungstreue wird der Begriff der **Unverzerrtheit** (engl.: unbiasedness) gebraucht.
2. Wegen $E(\hat{\mu}) = E(\overline{X}) = \mu$ ist das Stichprobenmittel $\overline{X}$ ein erwartungstreuer Schätzer für das arithmetische Mittel (Durchschnitt) μ einer Grundgesamtheit.
3. Wegen $E(\hat{\sigma}^2) = E(S^2) = \sigma^2$ ist die Stichprobenvarianz S^2 ein erwartungstreuer Schätzer für die Varianz σ^2 einer Grundgesamtheit.
4. Wegen $E(\hat{\pi}) = E(P) = \pi$ ist der Stichprobenanteil P ein erwartungstreuer Schätzer für den Anteil π einer Grundgesamtheit. Dies ergibt sich unmittelbar aus der Interpretation des Stichprobenanteils als Stichprobenmittel einer dichotomen Grundgesamtheit.

Definition 17.1-3

Eine erwartungstreue Schätzfunktion heißt **wirksamste** Schätzfunktion für einen Parameter, wenn es keine andere erwartungstreue Schätzfunktion für diesen Parameter gibt, die eine kleinere Varianz besitzt als diese Schätzfunktion selbst.

Anmerkungen zur Def. 17.1-3

1. Die Wirksamkeit wird auch als **Effizienz** (engl.: efficiency → Wirksamkeit; lat.: efficiens → bewirkend) bezeichnet.
2. Das Stichprobenmittel $\overline{X}$ ist die **wirksamste** unter allen erwartungstreuen Schätzfunktionen für den Erwartungswert μ (Durchschnitt) einer beliebig verteilten Grundgesamtheit mit endlicher Varianz, einer normalverteilten und einer dichotomen Grundgesamtheit.
3. Die Stichprobenvarianz S^2 ist die **wirksamste** aller erwartungstreuen Schätzfunktionen für die Varianz σ^2 einer normalverteilten Grundgesamtheit.

Definition 17.1-4

Eine Schätzfunktion heißt **konsistent**, wenn mit wachsendem Stichprobenumfang $n \to \infty$ ihr Schätzwert stochastisch gegen den wahren Parameter der Grundgesamtheit konvergiert.

Anmerkungen zur Def. 17.1-4

1. Das Stichprobenmittel $\overline{X}$ und die Stichprobenvarianz S^2 sind konsistente Schätzfunktionen für den Erwartungswert μ bzw. die Varianz σ^2 einer Grundgesamtheit.
2. Die Eigenschaft der Konsistenz von Schätzfunktionen erklärt sich aus dem sog. **Gesetz der großen Zahlen**.

Definition 17.1-5

Eine Schätzfunktion heißt **robust**, wenn sie unempfindlich ist gegenüber Verletzungen der für ihre Anwendung erforderlichen Voraussetzungen.

Anmerkungen zur Def. 17.1-5

1. Die Gauß-Statistik gilt als **robust** gegenüber Abweichungen von der Normalverteilung für einen Stichprobenumfang n > 30.
2. Die F-Statistik ist **nicht robust** gegenüber Abweichungen von der Normalverteilung.

Definition 17.1-6

Gegeben sei eine einfache Zufallsstichprobe, mit deren Hilfe ein unbekannter Parameter einer Grundgesamtheit geschätzt werden soll. Dann heißt die Schätzfunktion, die die Summe der quadrierten Abweichungen der (empirisch beobachteten) Stichprobenwerte vom Schätzwert minimiert, **Kleinst-Quadrate-Schätzer.**

Anmerkungen zur Def. 17.1-6

1. Das Verfahren zur Herleitung von Kleinst-Quadrate-Schätzern heißt **Methode der kleinsten Quadrate(summe)**. Sie geht auf den berühmten deutschen Mathematiker C.F. Gauß (1777-1855) zurück.
2. Kleinst-Quadrate-Schätzer erfordern i.allg. **keine** genaue Kenntnis des Verteilungsgesetzes der Zufallsvariablen in der Grundgesamtheit. Dies ist ein Grund dafür, warum sie in der praktischen Arbeit eine so **breite Anwendung** erfahren.
3. Der in der Grundgesamtheit zu schätzende (unbekannte) Parameter kann ein ein- oder mehrdimensionaler Parameter(vektor) sein. (vgl. Definition 5.2.1-2)
4. In der einschlägigen Literatur werden die Kleinst-Quadrate-Schätzer auch als KQ-Schätzer, LS-Schätzer (engl.: **least squares estimator(s)**) bzw. OLS-Schätzer (engl.: **ordinary least squares estimator(s)** → gewöhnliche Kleinst-Quadrate-Schätzer) bezeichnet.
5. KQ-Schätzer sind i.allg. **erwartungstreu** und **konstistent**.

Beispiel 17.1-1

Die Grundidee der **Methode der Kleinsten Quadratesumme** soll für die Schätzung des unbekannten Durchschnittswertes μ einer Grundgesamtheit mit endlicher Varianz σ^2 demonstriert werden. Zur Schätzung des unbekannten Parameters μ wird eine einfache Stichprobe vom Umfang n gezogen. Bezeichnet man mit x_i, i = 1,2,...,n, die Stichprobenwerte, so leuchtet es ein, den mittleren Wert $\hat{\mu}$ aus den Stichprobenwerten als Schätzwert für den unbekannten Durchschnittsparameter μ zu verwenden.

Wie soll aber dieser Schätzwert $\hat{\mu}$ beschaffen sein?

Eine Möglichkeit, um anhand der Stichprobenwerte x_i den gewünschten mittleren Wert zu ermitteln, ist, denjenigen Wert $\hat{\mu}$ zu verwenden, der die Summe S der quadrierten Abweichungen der Stichprobenwerte x_i vom Schätzwert $\hat{\mu}$ minimiert, so daß

$$S = \sum_{i=1}^{n} (x_i - \hat{\mu})^2 \rightarrow \min$$

gilt. Da es sich hier um ein einfaches Extremwertproblem handelt, bedient man sich der Differentialrechnung zur Lösung des Problems. Die **notwendige Bedingung**, das Verschwinden der 1. Ableitung der Summe S nach dem unbekannten Wert $\hat{\mu}$ bei gegebenen Werten x_i, liefert das folgende Resultat:

$$\frac{dS}{d\hat{\mu}} = \sum_{i=1}^{n} 2 \cdot (x_i - \hat{\mu}) \cdot (-1) = 0.$$

Nach Umformungen des Terms ergibt sich wegen

$$-2 \cdot \sum_{i=1}^{n} (x_i - \hat{\mu}) = \sum_{i=1}^{n} x_i - \sum_{i=1}^{n} \hat{\mu} = \sum_{i=1}^{n} x_i - n \cdot \hat{\mu} = 0$$

ein Schätzwert $\hat{\mu}$ von

$$\hat{\mu} = \frac{\sum_{i=1}^{n} x_i}{n} = \overline{x}$$

der ja nichts anderes ist, als das einfache arithmetische Mittel $\overline{x}$ aus den n Stichprobenwerten x_i.

Man sagt daher auch: Das einfache **arithmetische Mittel** ist der **Kleinst-Quadrate-Schätzer** für den unbekannten Erwartungswert μ einer Zufallsvariablen X über einer hinsichtlich der Wahrscheinlichkeitsverteilung nicht näher spezifizierten Grundgesamtheit.

Definition 17.1-7

Gegeben sei eine einfache Zufallsstichprobe, mit deren Hilfe ein unbekannter Parameter einer Grundgesamtheit geschätzt werden soll. Dann heißt die Schätzfunktion, die denjenigen Wert als Schätzwert für den unbekannten Parameter wählt, unter dem die Glaubwürdigkeit für das Eintreten des Stichprobenergebnisses am größten ist, **Maximum-Likelihood-Schätzer**.

Anmerkungen zur Def. 17.1-7

1. Das Verfahren zur Herleitung von Maximum-Likelihood-Schätzern (engl.: maximum-likelihood → größte Glaubwürdigkeit, Mutmaßlichkeit) heißt **Maximum-Likelihood-Methode**. Sie geht auf den berühmten deutschen Mathematiker C.F. Gauß (1777-1855) zurück, verdankt jedoch ihre breite Anwendung dem englischen Statistiker R.A. Fisher (1890-1962).

2. Maximum-Likelihood-Schätzer erfordern stets spezielle Annahmen über das **Verteilungsgesetz** der betrachteten Zufallsvariablen in der Grundgesamtheit.
3. Die Maximum-Likelihood-Methode ist in der Schätztheorie eine oft verwendete **Alternative** zur Methode der kleinsten Quadrate(summe), die unter bestimmten Voraussetzungen gleiche Resultate liefert.
4. Der in der Grundgesamtheit zu schätzende (unbekannte) Parameter kann ein ein- oder mehrdimensionaler Parameter(vektor) sein.
5. In der einschlägigen Fachliteratur werden Maximum-Likelihood-Schätzer auch kurz als **ML-Schätzer** bezeichnet.
6. ML-Schätzer sind unter schwachen Voraussetzungen i.allg. asymptotisch erwartungstreu, asymptotisch normalverteilt, asymptotisch effizient und konsistent.

Beispiel 17.1-2

Die Grundidee der **Maximum-Likelihood-Methode** soll gleichfalls für die Schätzung des unbekannten Erwartungswertes μ einer **stetigen, normalverteilten** Zufallsvariablen $X \sim N(\mu;\sigma^2)$ demonstriert werden, wobei die Varianz σ^2 in der Grundgesamheit endlich und bekannt sein soll.

Zur Schätzung des unbekannten Parameters μ wird eine einfache Stichprobe vom Umfang n gezogen, wobei für alle $i = 1,2,...,n$ die x_i die Stichprobenwerte bezeichnen. Dabei können die Stichprobenwerte x_i als Realisationen von n stochastisch unabhängigen Zufallsvariablen X_i aufgefaßt werden, sobald diese ebenfalls **normalverteilt** sind, also $X_i \sim N(\mu;\sigma^2)$ gilt. Besitzt die normalverteilte Zufallsvariable X_i die **Dichtefunktion**

$$f_{X_i}(x) = \frac{1}{\sigma\sqrt{2\pi}} \cdot e^{-\frac{(x-\mu)^2}{2\sigma^2}} \quad \text{für alle } -\infty < x \in R < \infty$$

(vgl. Definition 15.1-1), so besitzen die n Zufallsvariablen X_i der einfachen Zufallstichprobe unter der Voraussetzung vollständiger stochastischer Unabhängigkeit (vgl. Definition 12.3-2) die **gemeinsame** Dichtefunktion $f_X(x_1,...,x_n|\mu)$ mit

$$f_X(x_1,...,x_n|\mu) = \prod_{i=1}^{n} \frac{1}{\sigma\sqrt{2\pi}} \cdot e^{-\frac{(x_i-\mu)^2}{2\sigma^2}} = L(\mu|x_1,...,x_n),$$

die auch als **Likelihood-Funktion** $L(\mu|x_1,...,x_n)$ bezeichnet wird.

Man erkennt jetzt, daß die Likelihood-Funktion $L(\mu|x_1,...,x_n)$ algebraisch **identisch** ist mit der gemeinsamen Dichtefuntion $f_X(x_1,...,x_n|\mu)$. Der Unterschied zwischen beiden Funktionen besteht darin, daß im konkreten Fall die gemeinsame Dichtefunktion $f_X(x_1,...,x_n|\mu)$ als eine Funktion in **variablen** Stichprobenwerten x_i für einen fest **vorgegebenen** Parameter μ, die Likelihood-Funktion

$L(\mu|x_1,...,x_n)$ hingegen als eine Funktion in **variablen** Parameterwerten μ für fest **vorgegebene** Stichprobenwerte x_i zu interpretieren ist. Der **Maximum-Likelihood-Schätzer** $\hat{\mu}$ ist in Abhängigkeit von den Stichprobenwerten x_i dann der Wert für alle möglichen Werte von μ, der die Likelihood-Funktion $L(\mu|x_1,...,x_n)$ maximiert. Dieses Extremwertproblem läßt sich algebraisch mit Hilfe der Differentialrechnung lösen. Da sich Summen i.allg. leichter differenzieren lassen als Produkte, verwendet man meist an Stelle der Likelihood-Funktion $L(\mu|x_1,...,x_n)$ den logarithmus naturalis der Likelihood-Funktion, die sog. **log-Likelihod-Funktion**

$$LL = \ln L(\mu|x_1,...,x_n),$$

die genau dort ihr Maximum besitzt, wo die Likelihood-Funktion ihr Maximum annimmt. Bekanntlich besitzt eine stetige Funktion ein (lokales) Maximum genau an der Stelle, an der ihr Anstieg, also die 1. Ableitung null (notwendige Bedingung) und die 2. Ableitung negativ ist (hinreichende Bedingung). Da für die **log-Likelihood-Funktion**

$$LL = \ln L(\mu|x_1,...,x_n) = \ln\left\{\prod_{i=1}^{n} \frac{1}{\sigma\sqrt{2\pi}} \cdot e^{-\frac{(x_i-\mu)^2}{2\sigma^2}}\right\}$$

gilt, läßt sich unter Anwendung der Potenz- und Logarithmengesetze die log-Likelihood-Funktion auch wie folgt darstellen:

$$LL = \ln\left\{\frac{1}{\sqrt[n]{2\pi\sigma^2}} \cdot e^{-\frac{1}{2}\sum_{i=1}^{n}\frac{(x_i-\mu)^2}{\sigma^2}}\right\} = -\frac{n}{2}\ln 2\pi - \frac{n}{2}\ln\sigma^2 - \frac{1}{2}\sum_{i=1}^{n}\frac{(x_i-\mu)^2}{\sigma^2}.$$

Die notwendige Bedingung für das Auffinden des Wertes $\hat{\mu}$, der die log-Likelihood-Funktion LL maximiert, ist das Verschwinden der 1. Abbleitung von LL nach μ, so daß

$$\frac{dLL}{d\mu} = \frac{1}{\sigma^2} \cdot \left(\sum_{i=1}^{n} x_i - n \cdot \mu\right) = 0$$

und

$$\hat{\mu} = \frac{\sum_{i=1}^{n} x_i}{n} = \bar{x}$$

gilt. Da die hinreichende Bedingung

$$\frac{d^2LL}{d\mu^2} = -\frac{n}{\sigma^2}$$

stets negativ ist, sobald eine von Null verschiedene und endliche Varianz existiert, sagt man auch, daß das (einfache) **arithmetische Mittel** $\bar{x}$ aus den Stichprobenwerten x_i einer normalverteilten Grundgesamtheit der **Maximum-Likelihood-Schätzer** $\hat{\mu}$, also der Schätzwert mit der „größten Glaubwürdigkeit" für den unbekannten Durchschnittswert μ der Grundgesamtheit ist.

Beispiel 17.1-3

Beinhaltete das Beispiel 17.1-2 die Darstellung der Grundidee der ML-Schätzung für eine **stetige** Zufallsvariable, so soll der Vollständigkeit halber in diesem Beispiel das Prinzip der ML-Schätzung für eine **diskrete** Zufallsvariable skizziert werden.

Es sei $X \sim Bi(n;p)$ eine **binomialverteilte** Zufallsvariable (vgl. Definition 14.1-1) mit dem bekannten Parameter n (Anzahl der unabhängigen Bernoulli-Experimente) und dem unbekannten Parameter p (Erfolgswahrscheinlichkeit für das Eintreten eines dichotomen Ereignisses). Da für die **Wahrscheinlichkeitsfunktion** von X

$$f_X(k|p) = \binom{n}{k} \cdot p^k \cdot (1-p)^{n-k} = L(p|k)$$

gilt, hat man damit gleichzeitig auch die **Likelihood-Funktion** L gegeben. Man achte darauf, daß im konkreten Fall die **Wahrscheinlichkeitsfunktion** $f_X = P(X = k)$ die Wahrscheinlichkeit dafür angibt, daß für eine in der Grundgesamtheit gegebene Erfolgswahrscheinlichkeit p die diskrete Zufallsvariable X nach n Versuchen genau den Wert k annimmt, also genau k-mal das interessierende dichtome Ereignis beobachtet wird. Demgegenüber kann der Wert der **Likelihood-Funktion** $L = P(p|X = k)$ als Wahrscheinlichkeit dafür interpretiert werden, daß nach n Versuchen genau k-mal das interessierende Ereignis eintritt, wenn die Erfolgswahrscheinlichkeiten in der Grundgesamtheit variieren. Man wird also aus den möglichen Erfolgswahrscheinlichkeiten diejenige als Schätzwert $\hat{p}$ für die unbekannte Erfolgswahrscheinlichkeit p verwenden, die die Likelihood-Funktion maximiert bzw. die dem beobachteten Stichprobenergebnis k die größte Erfolgswahrscheinlichkeit zuordnet. Da die logarithmische Transformation eine streng monotone Transformation ist, nimmt die **log-Likelihood-Funktion**

$$LL = \ln L(p|k) = \ln\binom{n}{k} + k \cdot \ln n + (n-k) \cdot \ln(1-p)$$

an der gleichen Stelle ihr Maximum an wie die (ursprüngliche) Likelihood-Funktion L, so daß sich die Bestimmung des Maximum von LL wesentlich vereinfacht. Da für die notwendige und die hinreichende Bedingung

$$\frac{dLL}{dp} = \frac{k}{p} - \frac{n-k}{1-p} = 0$$

$$\frac{d^2LL}{dp^2} = -\frac{k}{p^2} - \frac{n-k}{(1-p)^2} < 0$$

gilt, liefert die Lösung der ersten Gleichung wegen

$$\frac{k}{p} = \frac{n-k}{1-p}$$

einen **Schätzwert**

$$\hat{\pi} = \frac{k}{n} = p,$$

der als der **Maximum-Likelihood-Schätzer** für die unbekannte Erfolgswahrscheinlichkeit π in der Grundgesamtheit fungiert.

17.2 Intervallschätzung

Die empirischen Werte von Stichprobenfunktionen sind realisierte, allerdings zufallsabhängige **Punktschätzungen**, die nur in den seltensten Fällen mit den wahren, jedoch unbekannten Verteilungsparametern der Grundgesamtheit übereinstimmen. Aus diesem Grunde ersetzt man Punktschätzungen durch **Intervallschätzungen.** Die in praxi gebräuchlichste Form der Intervallschätzung ist das **Konfidenzintervall.**

Definition 17.2-1

Ein Wertebereich, der auf Grund einer Zufallsstichprobe im Ergebnis einer Intervallschätzung für einen unbekannten Parameter einer Grundgesamtheit ermittelt wird und dem eine bestimmte Wahrscheinlichkeit zugeordnet ist, heißt realisiertes oder empirisches **Konfidenzintervall.**

Anmerkungen zur Def. 17.2-1

1. Synonyme: **Vertrauensintervall**, Vertrauensbereich
2. Die einen Konfidenzintervall (lat.: confidentia $\rightarrow$ Vertrauen) zugeordnete Wahrscheinlichkeit heißt **Konfidenzniveau** oder Konfidenzkoeffizient.
3. In praxi konstruiert man i.allg. nur **zweiseitig** begrenzte Konfidenzintervalle.

17.2.1 Konfidenzintervalle für ein arithmetisches Mittel

Definition 17.2.1-1

Gegeben sei der Stichprobenmittelwert $\bar{x}$ einer einfachen Zufallstichprobe vom Umfang n aus einer (wenigstens näherungsweise) $N(\mu;\sigma^2)$-verteilten Grundgesamtheit. Ferner sei die Varianz σ^2 in der Grundgesamtheit bekannt. Dann heißt das geschlossene Intervall

$$\left[\bar{x} - z_q \cdot \frac{\sigma}{\sqrt{n}};\ \ \bar{x} + z_q \cdot \frac{\sigma}{\sqrt{n}}\right]$$

realisiertes **Konfidenzintervall** zum Konfidenzniveau $1\text{-}\alpha$ für den unbekannten **Mittelwert** μ bei bekanntem σ^2.

Anmerkungen zur Def. 17.2.1-1

1. Da die Normalverteilung eine symmetrische Wahrscheinlichkeitsverteilung ist, ist auch das Konfidenzintervall für den unbekannten Parameter μ **symmetrisch**.
2. Die für die Konstruktion des Konfidenzintervalls festgelegte Wahrscheinlichkeit $1\text{-}\alpha$, für die

$$P\left(\bar{x} - z_q \cdot \frac{\sigma}{\sqrt{n}} \le \mu \le \bar{x} + z_q \cdot \frac{\sigma}{\sqrt{n}}\right) \ge 1 - \alpha$$

   gilt, heißt **Konfidenzniveau**.
3. Die (Irrtums)Wahrscheinlichkeit α wird auch als **Signifikanzniveau** (lat.: significans → bedeutsam, bezeichnend) bezeichnet.
4. z_q ist das $(q = 1 - \alpha/2)$-Quantil der **Standardnormalverteilung** N(0;1).
5. **Spezielle** N(0;1)-Quantile für häufig verwendete Konfidenzniveaus sind in der Tabelle 17.2.1 - 1 zusammengefaßt:

Tabelle 17.2.1-1

$1 - \alpha$	z_q
0,90	1,645
0,95	1,960
0,99	2,576

6. Bezeichnet man mit L die sich aus bestimmten **Genauigkeitsanforderungen** an die Intervallschätzung ergebende **Länge** L des Konfidenzintervalls, so ist mindestens ein **Stichprobenumfang** n von

$$n \ge \left(\frac{2 \cdot \sigma \cdot z_q}{L}\right)^2$$

   erforderlich, um den Genauigkeitsforderungen erwartungsgemäß zu entsprechen.

Beispiel 17.2.1-1

Die Konstruktion eines Konfidenzintervalls über den unbekannten Parameter μ einer normalverteilten Grundgesamtheit soll unter Verwendung der Ergebnisse aus den Beispielen 15.1-2, 16.1-1 und 16.2-1 für die Grundgesamtheit der N = 906 Mistelbacher Rekruten demonstriert werden, für die das stetige Merkmal X: „...Körpergröße eines Rekruten..." statistisch erfaßt wurde. Dabei wird das statistisch erhobene Merkmal X als eine **stetige Zufallsvariable** X gedeutet, die in ihrer Grundgesamtheit **normalverteilt** ist, so daß $X \sim N(\mu;\sigma^2)$ gilt, was ja bekanntlich als hinreichend genau angenommen werden kann. Der Einfachheit soll unterstellt werden, daß die durchschnittliche Körpergröße μ aller N = 906 Rekruten **unbekannt**, die Körpergrößenvarianz $\sigma^2 = 34{,}7[\text{cm}]^2$ jedoch **bekannt** ist. Diese Unterstellung ist streng genommen **fragwürdig**, macht es doch wenig Sinn, eine mittlere quadratische Abweichung aller Körpergrößen von ihrem Durchschnitt als gegeben zu betrachten, wenn der Durchschnitt selbst nicht bekannt ist. In praxi erweist sich diese Annahme unter bestimmten Voraussetzungen dennoch als plausibel und praktikabel, vor allem dann, wenn aus früheren statistischen Totalerhebungen für vergleichbare Grundgesamtheiten die Streuungsparameter ermittelt wurden. Legt man ein **Konfidenzniveau** von $-\alpha = 0{,}95$ fest, so ist es evident, daß das Signifikanzniveau $\alpha = 1 - 0{,}95 = 0{,}05$ ist. Aus der Tabelle 17.2.1-1 entnimmt man wegen $q = 1 - 0{,}05/2 = 0{,}975$ das entsprechende Quantil $z_{0,975} = 1{,}96$ der **Standardnormalverteilung** für ein Konfidenzniveau von 0,95 (vgl. auch Beispiel 15.1-2). Verwendet man die einfache Zufallsstichprobe vom Umfang n = 10 aus der Tabelle 16.1-2, so erhält man den **Stichprobenmittelwert** $\bar{x} = 167{,}9$ cm und somit letztlich das auf der konkreten Zufallsstichprobe beruhende empirische 95%-**Konfidenzintervall** für die unbekannte Durchschnittskörpergröße μ der Grundgesamtheit der Mistelbacher Rekruten:

$$\left[167{,}9 \pm 1{,}96 \cdot \frac{5{,}9}{\sqrt{10}}\right] = [164{,}2;171{,}6].$$

Wegen $P(164{,}2 \le \mu \le 171{,}6) \ge 0{,}95$ interpretiert man die realisierte Intervallschätzung auch wie folgt: Mit einer Wahrscheinlichkeit von mindestens 0,95 überdeckt das realisierte Konfidenzintervall [164,2 cm;171,6 cm] die unbekannte Durchschnittskörpergröße der N = 906 Mistelbacher Rekruten. Demnach ist es sehr wahrscheinlich, daß die unbekannte durchschnittliche Körpergröße der 906 Mistelbacher Rekruten zwischen 164,2 und 171,6 cm liegt.

Eine sehr anschauliche und daher in der statistischen Methodenlehre oft anzutreffende Interpretation ergibt sich aus der statistischen Definition der Wahrscheinlichkeit: Bei hinreichend vielen gezogenen einfachen Zufallsstichproben würden erwartungsgemäß 95% aller realisierten Konfidenzintervalle den unbekannten

Durchschnitt bzw. Erwartungswert μ überlagern. Die Abbildung 17.2.1-1 skizziert diesen Sachverhalt. Das 3. realisierte Konfidenzintervall überdeckt dabei z.B. **nicht** den unbekannten Durchschnitt μ.

Ist man daran interessiert, die doch recht unscharfe Intervallschätzung hinsichtlich ihrer Genauigkeit zu verbessern, so ergeben sich die folgenden **Möglichkeiten**:

1. Wahl eines **niedrigeren** Konfidenzniveaus der Intervallschätzung.
   So ermittelt man z.B. für ein Konfidenzniveau von $1\text{-}\alpha = 0{,}9$ das folgende empirische 90%-Konfidenzintervall:

$$\left[167{,}9 \pm 1{,}645 \cdot \frac{5{,}9}{\sqrt{10}}\right] = [164{,}8;171{,}0]$$

   Man erkennt jetzt leicht, daß diese Strategie wenig Erfolg verspricht, zumal man ja stets bestrebt ist, Intervallschätzungen auf einem höheren als auf einem niedrigeren Vertrauensniveau zu bewerkstelligen. Die Verringerung des Konfidenzniveaus $1\text{-}\alpha$ (bzw. die Erhöhung des Fehlerrisikos α) um immerhin fünf Prozentpunkte, reduziert im konkreten Fall die Unschärfe der Intervallschätzung, also die Länge des Konfidenzintervalls, lediglich um

$$2 \cdot \frac{5{,}6}{\sqrt{10}} \cdot (1{,}960 - 1{,}645) = 1{,}1 \text{ cm.}$$

2. **Vergrößerung** des Stichprobenumfangs n.
   Man überzeugt sich leicht, daß sich für das Konfidenzniveau von $1\text{-}\alpha = 0{,}95$ und den Stichprobenumfang von $n = 10$ die **Länge** des Konfidenzintervalls auf

$$L = 2 \cdot 1{,}96 \cdot \frac{5{,}6}{\sqrt{10}} = 6{,}9 \text{ cm}$$

   beläuft. Möchte man die Genauigkeit bzw. die Schärfe der Intervallschätzung in dem Maße erhöhen, daß sich die Länge des Konfidenzintervalls bestenfalls auf $L = 3$ cm beläuft, so wäre wegen

$$n \geq \left[\frac{2 \cdot 1{,}96 \cdot 5{,}6}{3}\right]^2 \approx 54$$

   mindestens eine einfache Zufallsstichprobe vom Umfang $n = 54$ erforderlich, um ein 95%-Konfidenzintervall für die unbekannte Durchschnittskörpergröße

μ der Mistelbacher Rekruten mit der gewünschten „Unschärfespannweite“ von höchstens 3 cm zu schätzen.

Abbildung 17.2.1-1

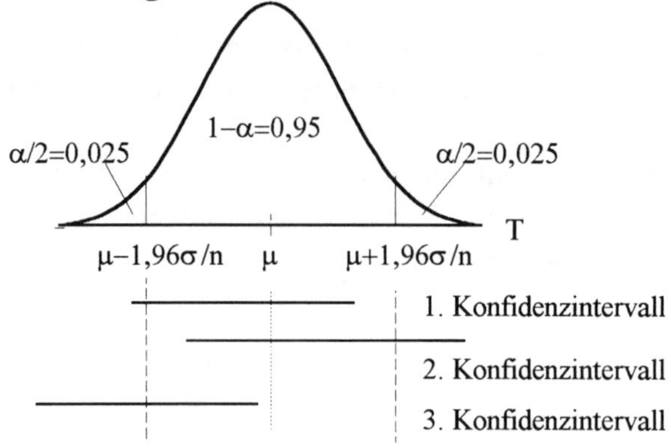

In diesem Zusammenhang sei noch auf eine scheinbare Widersinnigkeit hingewiesen, die erfahrungsgemäß nicht immer sofort einleuchtet. Unterstellt man einmal einen bestimmten Stichprobenumfang, so gilt allgemein die folgende **Regel**: Je höher man das Konfidenzniveau wählt, um so „sicherer“ werden die Intervallschätzungen im wahrscheinlichkeitstheoretischen Sinne. Je „sicherer“ die Intervallschätzungen sind, desto „unschärfer“ werden sie.
Dieses scheinbare Paradoxon leuchtet spätestens dann ein, wenn man sich vorstellt, daß es fast sicher ist, mit einem Schneeball aus einer bestimmten Entfernung ein Scheunentor zu treffen, es aber ein recht unsicheres Unterfangen ist, eine am Scheunentor angebrachte Zielscheibe zu treffen. Letztlich hat man in praxi also bei Intervallschätzungen stets einen **Kompromiß** zwischen der Festlegung eines praktikablen Stichprobenumfangs einerseits und der Wahl eines glaubwürdigen Konfidenzniveaus andererseits zu finden.

Definition 17.2.1-2

Gegeben seien der Stichprobenmittelwert $\bar{x}$ und die Stichprobenvarianz s^2 einer einfachen Zufallstichprobe vom Umfang n aus einer (wenigstens näherungsweise) $N(\mu;\sigma^2)$-verteilten Grundgesamtheit mit den unbekannten Parametern μ und σ^2. Dann heißt das geschlossene Intervall

$$\left[\bar{x} - t_{m;q} \cdot \frac{s}{\sqrt{n}};\quad \bar{x} + t_{m;q} \cdot \frac{s}{\sqrt{n}}\right]$$

realisiertes **Konfidenzintervall** zum Konfidenzniveau 1-α für den unbekannten **Mittelwert** μ bei unbekannter Varianz σ^2.

Anmerkungen zur Def. 17.2.1-2

1. $t_{m;q}$ bezeichnet das $(q = 1 - \alpha/2)$-Quantil der **t-Verteilung** für m = n-1 Freiheitsgrade.
2. Spezielle Quantile der t-Verteilung sind im Anhang in der **Tafel 5** zusammengestellt.
3. Ist α das festzulegende Signifikanzniveau, so ist 1-α das **Konfidenzniveau**, für das

$$P\left(\bar{x} - t_{m;q} \cdot \frac{s}{\sqrt{n}} \le \mu \le \bar{x} + t_{m;q} \cdot \frac{s}{\sqrt{n}}\right) \ge 1 - \alpha$$

gilt.

4. $s = \sqrt{s^2}$ symbolisiert die **Stichprobenstreuung**.

Beispiel 17.2.1-2

In Erweiterung des Beispiels 17.2.1-1 soll ein 95 %-Konfidenzintervall für den unbekannten Durchschnitt der Körpergrößen der Mistelbacher Rekruten berechnet werden, wobei nunmehr von der plausibel erscheinenden Annahme ausgegangen werden soll, daß die beiden Verteilungsparameter μ und σ^2 der Grundgesamtheit vom Umfang N = 906 Rekruten **unbekannt** sind. In der Induktiven Statistik gilt der folgende **Grundsatz**: Alle Parameter, die unbekannt sind, werden auf der Grundlage von Stichprobenbefunden geschätzt.

Als Punktschätzungen für μ und σ^2 sollen wiederum in Anlehnung an die Beispiele 16.1-1 und 16.1-2 sowie an die Tabelle 16.1-1 der **Stichprobenmittelwert** $\bar{x} = 167{,}9$ cm und die **Stichprobenvarianz** $s^2 = 14{,}54[\text{cm}]^2$ aus den n = 10 Stichprobenwerten x_i fungieren. Vereinbart man auch hier ein **Konfidenzniveau** von 1-α = 0,95, so findet man wegen $\alpha = 1 - 0{,}95 = 0{,}05$ und q = 1-α/2 = 0,975 in der **Tafel 5** für m = 10-1 = 9 Freiheitsgrade den **Quantilswert** $t_{9;0,975} = 2{,}26$, so daß man die folgende **Intervallschätzung** für den unbekannten Durchschnittswert μ erhält, wenn man berücksichtigt, daß für die **Stichprobenstreuung** $s = \sqrt{14{,}54} = 3{,}81$ cm gilt:

$$\left[167{,}9 \pm 2{,}26 \cdot \frac{3{,}81}{\sqrt{10}}\right] = [165{,}2; 170{,}6].$$

Wegen $P(165{,}2 \le \mu \le 170{,}6) \ge 0{,}95$ sagt man auch: Mit einer Wahrscheinlichkeit von mindestens 0,95 liegt der unbekannte Körpergrößendurchschnitt μ in den angegebenen Grenzen.

Vergleicht man dieses Resultat mit der Intervallschätzung aus dem Beispiel 17.2.1-1, bei dem die Körpergrößenvarianz der Grundgesamtheit als bekannt angenommen wurde, so darf man aus diesem Einzelergebnis **nicht** die Schlußfolgerung ziehen, daß etwa die Intervallschätzung unter Verwendung der t-Verteilung zu „schärferen" Schätzungen führt. **Im Gegenteil**! Man überlegt sich, daß das Quantil $t_{9;0,975} = 2{,}26$ der t-Verteilung im Wert **größer** ausfällt, als das Quantil

$z_{0,975} = 1{,}96$ der Standardnormalverteilung, so daß ein Konfidenzintervall bei Unterstellung einer t-Verteilung stets **breiter** ausfällt, als ein Konfidenzintervall bei Unterstellung der Standardnormalverteilung, wenn der Stichprobenumfang $n \leq 50$ und die Varianzen σ^2 bzw. s^2 in ihren Werten gleich sind. Wenn hier die Intervallschätzung scheinbar „besser" ausfällt, als im Beispiel 17.2.1-1, dann ist dies rein **zufällig**, denn das freie Spiel des Zufalls hat uns eine Stichprobenvarianz von $s^2 = 14{,}54[\text{cm}]^2$ beschert, die als realisierte Punktschätzung für die unbekannte Varianz σ^2 eben kleiner ausfällt, als die als unbekannt angenommene Varianz $\sigma^2 = 34{,}7[\text{cm}]^2$ in der Grundgesamtheit.

17.2.2 Konfidenzintervall für eine Varianz

Definition 17.2.2-1

Gegeben sei die Stichprobenvarianz s^2 einer einfachen Zufallstichprobe vom Umfang n aus einer (wenigstens näherungsweise) $N(\mu;\sigma^2)$-verteilten Grundgesamtheit. Dann heißt das geschlossene Intervall

$$\left[\frac{(n-1)\cdot s^2}{\chi^2_{m;q_1}};\frac{(n-1)\cdot s^2}{\chi^2_{m;q_2}}\right]$$

realisiertes **Konfidenzintervall** zum Konfidenzniveau $1-\alpha$ für die unbekannte **Varianz** σ^2.

Anmerkungen zur Def. 17.2.2-1

1. $\chi^2_{m;q_1}$ bezeichnet das ($q_1 = 1-\alpha/2$)-Quantil und $\chi^2_{m;q_2}$ das ($q_2 = \alpha/2$)-Quantil der χ^2-Verteilung für m = n-1 Freiheitsgrade.
2. Spezielle Quantile der Chi-Quadrat-Verteilung sind in der **Tafel 4** zusammengestellt.
3. Für das **Konfidenzniveau** gilt:

$$P\left(\frac{(n-1)\cdot s^2}{\chi^2_{m;q_1}} \leq \sigma^2 \leq \frac{(n-1)\cdot s^2}{\chi^2_{m;q_2}}\right) \geq 1-\alpha.$$

4. Da die Chi-Quadrat-Verteilung eine asymmetrische Wahrscheinlichkeitsverteilung ist, sind Konfidenzintervalle für Varianzen i.allg. **nicht symmetrisch**.

Beispiel 17.2.2-1

In Fortführung des Beispiels 17.2.1-2 soll anhand der Stichprobe vom Umfang n = 10 aus der Grundgesamtheit vom Umfang N = 906 Mistelbacher Rekruten eine **Intervallschätzung** für die unbekannte (bzw. als unbekannt angesehene) **Körpergrößenvarianz** σ^2 der demonstriert werden. Vereinbart man ein Konfidenzniveau von $1-\alpha = 0{,}90$, so entnimmt man wegen $\alpha = 0{,}10$, $1-\alpha/2 = 0{,}95$ und $\alpha/2 = 0{,}05$ aus der **Tafel 4** für $m = 10 - 1 = 9$ Freiheitsgrade die erforderlichen Quantile $\chi^2_{9;0,95} = 16{,}92$ und $\chi^2_{9;0,05} = 3{,}33$, so daß sich unter Verwendung der Stichprobenvarianz $s^2 = 14{,}54[\text{cm}]^2$ das folgende realisierte 90%-**Konfidenzintervall** für σ^2 ergibt:

$$\left[\frac{(10-1)\cdot 14{,}54}{16{,}92};\frac{(10-1)\cdot 14{,}54}{3{,}33}\right] = [7{,}73;39{,}30],$$

das wegen $P(7{,}73 \le \sigma^2 \le 39{,}30) \ge 0{,}90$ wie folgt interpretiert werden kann: Mit einer Wahrscheinlichkeit von 0,9 liegt die wahre, jedoch unbekannte Körpergrößenvarianz σ^2 der Mistelbacher Rekruten zwischen 7,73 $[\text{cm}]^2$ und 39,3 $[\text{cm}]^2$.

17.2.3 Konfidenzintervall für einen Anteil

Definition 17.2.3-1

Gegeben sei der Stichprobenanteilswert p einer einfachen Zufallsstichprobe vom Umfang n aus einer dichotomen Grundgesamtheit. Ferner sei die Approximationsbedingung $n \cdot p \cdot (1-p) \ge 9$ erfüllt. Dann heißt das geschlossene Intervall

$$\left[p - z_q \cdot \sqrt{\frac{p\cdot(1-p)}{n}};p + z_q \cdot \sqrt{\frac{p\cdot(1-p)}{n}}\right]$$

realisiertes **Konfidenzintervall** zum Konfidenzniveau $1-\alpha$ für den unbekannten **Anteil** π der dichotomen Grundgesamtheit.

Anmerkungen zur Def. 17.2.3-1

1. z_q bezeichnet das $(q = 1 - \alpha/2)$-Quantil der **Standardnormalverteilung** $N(0;1)$.
2. Die jeweiligen Quantile der Standardnormalverteilung sind für häufig benutzte Konfidenzniveaus in der **Tabelle 17.2.1-1** zusammengefaßt.
3. Da eine Anteilsschätzung asymptotisch normalverteilt ist, ist das dazugehörige (zweiseitig geschlossene) Konfidenzintervall **symmetrisch**.
4. Das **Konfidenzniveau** $(1-\alpha)$ ist wie folgt definiert:

$$P\left(p - z_q \cdot \sqrt{\frac{p\cdot(1-p)}{n}} \le \pi \le p + z_q \cdot \sqrt{\frac{p\cdot(1-p)}{n}}\right) \ge 1-\alpha .$$

5. Für den Fall, daß sowohl der Umfang N einer dichotomen Grundgesamtheit als auch ein Anteil $\pi_0 \approx \pi$ etwa aus vergleichbaren Untersuchungen bekannt ist, kann der notwendige **Stich-**

probenumfang n für eine gewünschte **Länge** bzw. Genauigkeitsforderung L des Konfidenzintervalls mit Hilfe der folgenden Beziehung **näherungsweise** bestimmt werden:

$$n \geq \frac{z_q^2 \cdot \pi_0 \cdot (1-\pi_0)}{L^2 + \dfrac{z_q^2 \cdot \pi_0 \cdot (1-\pi_0)}{N}}.$$

Beispiel 17.2.3-1

In Erweiterung des Beispiels 16.2-2 soll anhand der einfachen Zufallsstichprobe von n = 150 der in einer Testserie versandten Pakete eine **Intervallschätzung** des Paketeanteils der Grundgesamtheit (etwa die Anzahl der innerhalb eines Monat versandten Pakete) bewerkstelligt werden, die ihren Empfänger termingerecht, also innerhalb von drei Tagen, erreichen. Da der **Stichprobenanteilswert** p = 0,92 beträgt und die **Approximationsbedingung**

$$50 \cdot 0{,}92 \cdot (1-0{,}92) \approx 11 > 9$$

für die Verwendung der Verteilungsfunktion Φ der Standardnormalverteilung (an Stelle des umständlich zu berechnenden Wertes der Verteilungsfunktion der Binomialverteilung mit den Parametern n = 150 und p = 0,92) erfüllt ist, entnimmt man aus der Tabelle 17.2.1-1 für ein festgelegtes **Konfidenzniveau** von 0,95 das entsprechende **Quantil** $z_{0,975} = 1{,}96$ der **Standardnormalverteilung** und bewerkstelligt mit

$$\left[0{,}92 \pm 1{,}96 \cdot \sqrt{\frac{0{,}92 \cdot (1-0{,}92)}{150}}\right] = [0{,}876;0{,}963]$$

eine Intervallschätzung für den unbekannten Anteil π der Pakete (etwa eines Monatsversandes), die ihre Empfänger termingerecht innerhalb von drei Tagen erreichen. Diese in der Fachsprache auch als „Hochrechnung" bezeichnete Anteilsintervallschätzung kann wegen $P(0{,}876 \leq \pi \leq 0{,}963) \geq 0{,}95$ wie folgt interpretiert werden: Mit einer Wahrscheinlichkeit von 0,95 liegt der wahre, jedoch unbekannte Anteil von Paketen, die ihre Empfänger termingerecht erreichen, zwischen 87,6% und 96,3%.

Da die sich Länge des realisierten Konfidenzintervalls, also die Spannweite der Intervallschätzung, auf 96,3% - 87,6% = 8,7%-Punkte erstreckt, wird man bestrebt sein, diese doch „unscharfe" Intervallschätzung zu verbessern. Die Lösung des Unschärfeproblems liegt in erster Linie in der Wahl eines hinreichend **großen** Stichprobenumfangs. Wäre man unter den gleichen Bedingungen etwa an einer gewünschten **Länge** des Intervalls von maximal 2%-Punkten interessiert, so müßte man garantieren, daß in einer Testserie **mindestens**

$$n \geq \frac{(1{,}96)^2 \cdot 0{,}9 \cdot (1-0{,}9)}{(0{,}02)^2 + \frac{(1{,}96)^2 \cdot 0{,}9 \cdot (1-0{,}9)}{5000}} \approx 737$$

Pakete versandt werden, wenn zusätzlich unterstellt wird, daß der wahre, jedoch unbekannte Anteil π ungefähr der von der Versandfirma „versprochenen" Erfolgsquote von $\pi_0 = 0{,}9$ entspricht und der Umfang der Grundgesamtheit (etwa ein Tagesversand) N = 5000 Pakete beträgt.
Unter diesen Voraussetzungen und gewünschten Genauigkeitsanforderungen hätte man schließlich und endlich einen Auswahlsatz von

$$A = \frac{737}{5000} = 0{,}147 \text{ bzw. } 14{,}7\%$$

zu verzeichnen bzw. zu berücksichtigen. Man überlegt sich im konkreten Fall, daß die Abschätzung des notwendigen Stichprobenumfangs wesentlich durch den Umfang N der Grundgesamtheit bestimmt wird. Ist garantiert, daß die Stichprobe vom Umfang n aus einer hinreichend großen Grundgesamtheit vom Umfang N stammt, dann vereinfacht sich wegen

$$\lim_{N \to \infty} \frac{z_q^2 \cdot \pi_0 \cdot (1-\pi_0)}{L^2 + \frac{z_q^2 \cdot \pi_0 \cdot (1-\pi_0)}{N}} = \frac{z_q^2 \cdot \pi_0 \cdot (1-\pi_0)}{L^2} \leq n$$

die Abschätzung des notwendigen Stichprobenumfangs n. Mit Hilfe der vereinfachten „Abschätzungsformel"

$$n \geq \frac{z_q^2 \cdot \pi_0 \cdot (1-\pi_0)}{L^2}$$

erzielt man bereits brauchbare Ergebnisse, solange garantiert ist, daß der Auswahlsatz $A < 0{,}05$ bzw. 5% ist.
Daß Intervallschätzungen für Anteile von praktischer Relevanz sind, belegen nicht zuletzt die vielfältigen Anteilschätzungen in der **Demoskopie** (grch.: demos → Volk & skopein → hineinschauen), worin die Wahlprognosen wohl am bekanntesten sind. In der Tat werden zur Bereitstellung erster „treffsicherer" Wahlprognosen i.allg. mindestens 2000 Wähler befragt.

18 Testverfahren

18.1 Grundbegriffe

Definition 18.1-1

Ein statistisches Verfahren, daß auf Grund der Ergebnisse von Zufallsstichproben zur wahrscheinlichkeitstheoretischen Überprüfung bestimmter statistischer Annahmen dient, heißt statistisches **Testverfahren** oder kurz statistischer **Test.**

Anmerkungen zur Def. 18.1-1

1. Statistische Annahmen in Gestalt von Behauptungen oder Vermutungen werden unter dem Begriff der statistischen **Hypothese** subsumiert. Aus diesem Grunde werden statistische Tests auch als **Hypothesentests** bezeichnet.
2. Statistische Hypothesen unterteilt man in sog. Ausgangs- oder **Nullhypothesen** H_0 und in sog. Gegen- oder **Alternativhypothesen** H_1.
3. **Signifikanztests** sind die in praxi übliche Form statistischer Tests.

Definition 18.1-2

Ein statistischer Test, mit dessen Hilfe man überprüft, ob Zufallstichprobenbefunde wesentlich von einer formulierten Nullhypothese H_0 abweichen, heißt **Signifikanztest.**

Anmerkungen zur Def. 18.1-2

1. Signifikanztests (lat.: significans → bedeutsam, wesentlich) stellen generell auf die **Ablehnung** der jeweiligen Nullhypothese H_0 ab. Das Nicht-Ablehnen einer Nullhypothese darf (im Unterschied zum sog. Alternativtest) beim Signifikanztest **keineswegs** als eine Bestätigung der Nullhypothese interpretiert werden.
2. In Abhängigkeit von der inhaltlichen Gestaltung von Hypothesen unterscheidet man bei Signifikanztests i.allg. zwischen **parametrischen** und **nichtparametrischen** Tests.
3. Signifikanztests auf der Basis nur einer Zufallsstichprobe heißen **Einstichprobentests**, die auf der Basis von zwei und mehr Zufallsstichproben **Zwei-** bzw. **Mehrstichprobentests.**
4. Das **Grundschema** eines Signifikanztests kann wie folgt skizziert werden:
   1. Schritt: Aufstellung von **Null- und Alternativhypothese** H_0, H_1 sowie Festlegung des **Signifikanzniveaus** α.
   2. Schritt: Bestimmung der **Verteilung** der **Testvariablen** unter der Nullhypothese H_0 und Ermittlung des **Schwellwertes**.
   3. Schritt: Berechnung des **Testvariablenwertes** aus den realisierten Zufallsstichprobenwerten.
   4. Schritt: **Testentscheidung** und Interpretation.

Definition 18.1-3

Die Wahrscheinlichkeit dafür, bei einem Signifikanztest eine formulierte Nullhypothese H_0 abzulehnen, obgleich sie wahr ist, heißt **Signifikanzniveau** α.

Anmerkungen zur Def. 18.1-3

1. Synonyme: **Irrtumswahrscheinlichkeit**, Fehler erster Art, α-Fehler
2. Bei einem Signifikanztest wird das Signifikanzniveau α i.allg. **vorgegeben**.
3. In praxi ist man stets bestrebt, das Signifikanzniveau α möglichst **klein** zu wählen. Üblich sind die Werte $\alpha = 0{,}10$, $\alpha = 0{,}05$ bzw. $\alpha = 0{,}01$.
4. Die Interpretation des Signifikanzniveaus α als Irrtumswahrscheinlichkeit resultiert aus der Möglichkeit, im Zuge einer (stets zufallsbedingten) Testentscheidung beim Verwerfen der Nullhypothese H_0 bzw. bei Annahme der Alternativhypothese H_1 einem **Irrtum** zu unterliegen, also die Nullhypothese H_0 zu verwerfen, obgleich sie richtig ist.
5. Die zur Irrtumswahrscheinlichkeit α gehörende Komplementärwahrscheinlichkeit $1-\alpha$ heißt **Sicherheitswahrscheinlichkeit**. Die Sicherheitswahrscheinlichkeit darf im Kontext eines Signifikanztets **nicht** als Wahrscheinlichkeit dafür gedeutet werden, daß eine Testentscheidung richtig ist. Sie ist streng genommen nur als Komplementärwahrscheinlichkeit zum festgelegten Signifikanzniveau α definiert, das bei Signifikanztets eine vorgebbare obere Schranke für die Wahrscheinlichkeit dafür darstellt, eine richtige Nullhypothese abzulehnen.
6. Wählt man für das Signifikanzniveau α große Werte, so ist auch die Wahrscheinlichkeit groß, die Nullhypothese abzulehnen, obwohl sie richtig ist.
7. Untrennbar mit dem sog. **α-Fehler** ist der sog. **β-Fehler** verbunden.

Definition 18.1-4

Die Wahrscheinlichkeit dafür, bei einem Signifikanztest eine formulierte Nullhypothese H_0 nicht abzulehnen, obgleich sie falsch ist, heißt **β-Fehler**.

Anmerkungen zur Def. 18.1-4

1. Synonym: **Fehler zweiter Art**
2. Streng genommen und logisch gesehen ist bei einem Signifikanztest der ß-Fehler **kein** Gradmesser für eine Fehlentscheidung, da bei einem Signifikanztest keine Entscheidung darüber gefällt wird (und folglich auch kein Fehler begangen werden kann), eine falsche Nullhypothese nicht zu verwerfen. Dennoch ist man bei **Signifikanztests** daran interessiert, den ß-Fehler möglichst **klein** zu halten.
2. I.allg. ist der ß-Fehler **unbekannt**, weil er z.B. bei Parametertests von den wahren, jedoch unbekannten Werten der zu prüfenden Verteilungsparameter abhängig ist.
3. Unter bestimmten Voraussetzungen kann für ein vorgegebenes Signifikanzniveau α der β-Fehler angegeben werden. Dies führt zur Betrachtung der **Gütefunktion** bzw. **Operationscharakeristik** eines Signifikanztests, worauf hier nicht nährer eingegangen wird. I.allg. beurteilt man die Güte eines Signifikanztests anhand der Wahrscheinlichkeit, den „Fehler zweiter Art“ zu begehen, also eine Nullhypothese nicht abzulehnen, obgleich sie falsch ist.
4. Bei einem Signifikanztest gilt für das Zusammenspiel von α- und β-Fehler (vor allem für diskrete Zufallsvariablen und für kleine Stichprobenumfänge) die folgende **Faustregel**: Je kleiner das Signifikanzniveau α, desto größer der β-Fehler und umgekehrt.
5. Da man bei einem Signifikanztest beide Fehlermöglichkeiten nicht kleinhalten kann, sollte man bei praktischen Testentscheidungen auf der Grundlage kleiner Stichproben darauf achten, das Signifikanzniveau α **nicht** auf zu kleine Werte festzulegen, da die Wahrscheinlichkeit für das Nichtablehnen einer falschen Nullhypothese H_0, also der ß-Fehler, unter Umständen sehr **groß** werden kann.

6. Die in praxi üblichen Möglichkeiten, den ß-Fehler für ein gegebenes Signifikanzniveau α zu reduzieren sind
   - die Konstruktion bzw. Verwendung möglichst „**guter**" Tests, die es mit einer möglichst großen Wahrscheinlichkeit vermögen, eine falsche Nullhypothese abzulehnen
   - eine vertretbare **Erhöhung** des Stichprobenumfangs.
7. Die vier **Entscheidungssituationen**, die bei einem Signifikanztest zum Überprüfen der Nullhypothese H_0 gegen die Alternativhypothese H_1 möglich sind, sind in der Tabelle 18.1-1 dargestellt:

Tabelle 18.1-1

Testentscheidung	tatsächlicher Zustand	
	H_0 ist wahr	H_0 ist falsch
H_0 wird nicht abgelehnt	richtige Entscheidung	β-Fehler
H_0 wird abgelehnt	α-Fehler	richtige Entscheidung

8. Aus dem Zusammenspiel von α- und β-Fehler ergibt sich der folgende **Grundsatz** für das Formulieren von Null- und Alternativhypothesen: Soll mit Hilfe eines Signifikanztests die statistische Überprüfung einer Behauptung erfolgen, so sollte in der Nullhypothese die Negation dieser Behauptung formuliert werden. Die Behauptung gilt dann als statistisch überprüft, bedeutungsvoll, nachweisbar, wenn die Nullhypothese abgelehnt wird.

Definition 18.1-5

Eine Stichprobenfunktion, die für die Überprüfung einer statistischen Hypothese verwendet wird, heißt **Testvariable**.

Anmerkungen zur Def. 18.1-5

1. Synonyme: **Prüfgröße**, Prüfvariable, Teststatistik
2. Die in der Definition 16.2-3 skizzierten Stichprobenfunktionen der Gauß-Statistik, T-Statistik und F-Statistik sind Testvariablen.

Definition 18.1-6

Der aus realisierten Stichprobenbefunden ermittelte Wert einer Testvariablen heißt **Testvariablenwert**.

Anmerkungen zur Def. 18.1-6

1. Synonyme: **Prüfgrößenwert**, Prüfvariablenwert, Wert der Teststatistik
2. Die in der Definition 16.2-4 skizzierten Berechnungsvorschriften liefern für realisierte Stichprobenwerte die jeweiligen empirischen Testvariablenwerte z, t und f der Gauß-Statistik, T-Statistik bzw. F-Statistik.

Definition 18.1-7

Die Stichprobenverteilung, der eine Testvariable bei Gültigkeit der Nullhypothese genügt, heißt **Prüfverteilung.**

Anmerkungen zur Def. 18.1-7

1. Synonyme: Testvariablenverteilung, Prüfgrößenverteilung
2. Typische Prüfverteilungen sind die **Standardnormalverteilung,** die **t-Verteilung,** die **Chi-Quadrat-Verteilung** und die **F-Verteilung**. (vgl. Definitionen 15.1-1, 15.4-1, 15.3-1 und 15.5-1). Wichtige Quantile ihrer Verteilungsfunktionen sind im Anhang in den **Tafeln 3** bis **6** tabelliert.

Definition 18.1-8

Ein für ein vorgegebenes Signifikanzniveau α ermitteltes Quantil einer Prüfverteilung heißt **Schwellwert.**

Anmerkungen zur Def. 18.1-8

1. Synonyme: **kritischer Wert**, Tafelwert, Quantil, Fraktil
2. Schwellwerte bilden die Grundlage für die Ermittlung des Annahme- bzw. Ablehnungsbereichs einer Nullhypothese H_0 bzw. einer Alternativhypothese H_1.
3. Schwellwerte markieren sog. Grenzwerte, die unter bestimmten Bedingungen den „unter der Nullhypothese zulässigen und zufallsbedingten Abweichungsspielraum“ vom „zufallsbedingten Spielraum signifikanter Abweichungen von der Nullhypothese“ trennen.

Definition 18.1-9

Eine Entscheidungsregel, die aus dem Größenvergleich eines Testvariablenwertes mit einem Schwellwert abgeleitet wird, heißt **Testentscheidung.**

Anmerkungen zur Def. 18.1-9

1. Für die Testentscheidung im Kontext eines Signifikanztests gelten die folgenden **Grundregeln**: Liegt der Testvariablenwert **unterhalb** des Schwellwertes, so wird die Nullhypothese H_0 **beibehalten**. **Überschreitet** der Testvariablenwert den Schwellwert, so ist die Nullhyothese H_0 zu **verwerfen** und die Alternativhypothese anzunehmen.
2. Bei einem Signifikanztest ist eine Wahrscheinlichkeitsaussage nur möglich und plausibel, wenn auf Grund der Testentscheidung die Nullhypothese H_0 **verworfen** werden muß.
3. Gibt es aufgrund der Testentscheidung keinen Anlaß, die Nullhypothese H_0 zu verwerfen, so heißt dies **nicht**, daß die Nullhypothese H_0 richtig ist, sondern nur, daß es auf Grund des Tests keinen Anlaß gibt anzunehmen, daß sie falsch ist. **Mehr nicht**!
4. Streng genommen ist das Nicht-Verwerfen einer Nullhypothese bei einem Signifikanztest gar **keine** echte Entscheidung. Man übt vielmehr **Stimmenthaltung** bzw. „entscheidet aus Mangel an Abweichungen zugunsten der Nullhypothese“.

18.2 Parametrische Tests

Das Prüfen von Hypothesen über charakteristische Kennzahlen (Parameter) wie z.B. Erwartungswert oder Varianz von Zufallsvariablen ist das Grundanliegen parametrischer Tests.

18.2.1 Einfacher t-Test

Definition 18.2.1-1

Der Signifikanztest, der auf den folgenden Prämissen beruht, heißt **einfacher t-Test**.

- **Zielstellung:** Prüfen einer Hypothese über den unbekannten Mittelwert μ einer Grundgesamtheit aufgrund einer Zufallsstichprobe vom Umfang n.
- **Voraussetzung:** Die Zufallsstichprobe entstammt einer (zumindest näherungsweise) $N(\mu,\sigma^2)$-verteilten Grundgesamtheit mit unbekannter Varianz σ^2.
- **Hypothesen:** Über den unbekannten Mittelwert μ ist entweder die zweiseitige Nullhypothese $H_0{:}\,\mu = \mu_0$ gegen die zweiseitige Alternativhypothese $H_1{:}\,\mu \neq \mu_0$ oder die einseitige Nullhypothese $H_0{:}\,\mu \leq \mu_0$ bzw. $H_0{:}\,\mu \geq \mu_0$ gegen die einseitige Alternativhypothese $H_1{:}\,\mu > \mu_0$ bzw. $H_0{:}\,\mu < \mu_0$ zu prüfen. μ_0 ist dabei ein bestimmter vorgegebener (bekannter, angenommener, vermuteter) Wert.
- **Testvaribalenwert:** Berechne aufgrund der Zufallsstichprobe vom Umfang n aus den Stichprobenwerten x_i, i = 1,2,...,n, den Testvariablenwert

$$t = \frac{\overline{x} - \mu_0}{s} \cdot \sqrt{n},$$

  wobei $\overline{x}$ den Stichprobenmittelwert und s die Stichprobenstreuung bedeuten.
- **Schwellwert:** Ermittle für ein gegebenes Signifikanzniveau α den jeweiligen Schwellwert $t_{m;q}$ der t-Verteilung für m = n-1 Freiheitsgrade.
- **Testentscheidung:** Fällt beim zweiseitigen Test $|t| > t_{m;q}$ mit $q = 1 - \alpha/2$ bzw. beim einseitigen Test $|t| > t_{m;q}$ mit $q = 1 - \alpha$ aus, so verwirf die Nullhypothese H_0 und akzeptiere die Alternativhypothese H_1. Ansonsten behalte die Nullhypothese H_0 bei.

Anmerkungen zur Def. 18.2.1-1

1. Synonyme: Einstichprobentest für das arithmetische Mittel bei unbekannter Varianz der Grundgesamtheit, **Einstichproben-t-Test**, Differenzentest, approximativer Gauß-Test
2. Die Zielstellung des einfachen t-Tests kann auch wie folgt formuliert werden: Überprüfung einer Hypothese über den Erwartungswert $E(X) = \mu$ einer normalverteilten Zufallsvariablen X.

3. Da für einen Stichprobenumfang $n > 30$ der Einstichproben-t-Test **robust** ist gegenüber der Verletzung der Normalverteilungsannahme, kann die strenge Voraussetzung, daß die Zufallsstichprobe aus einer normalverteilten Grundgesamtheit stammen soll, in praxi als bereits **hinreichend** genau erfüllt angesehen werden, sobald der Stichprobenumfang $n > 30$ ist.
4. Formuliert man z.B. die zweiseitige Nullhypothese $H_0: \mu - \mu_0 = 0$ als sog. **Null-Abweichungs**-Hypothese, so hat man eine plausible Erklärung dafür gefunden, warum der einfache t-Test in der einschlägigen Literatur auch als **Differenzentest** und die Ausgangshypothese i.allg. als **Null**hypothese bezeichnet wird.
5. Da die t-Verteilung eine um Null symmetrische Prüfverteilung ist, genügt es, bei der Testentscheidung lediglich den **Absolutwert** $|t|$ der T-Statistik zu verwenden.

Beispiel 18.2.1-1

Beim Sinnieren darüber, wie er seine Studenten in die faszinierende Gedankenwelt der Induktiven Statistik einweihen kann, „versüßt" sich ein Statistik-Professor sein Nachgrübeln mit einer Tasse heißer Trinkschokolade, aufgegossen aus dem Pulver eines Tassen-Portionsbeutels, für das der Hersteller ein Normgewicht von 25 Gramm anzeigt. Dabei kommt ihm die Idee, den **Einstichproben-t-Test** anhand eines Zufallsexperiments zu demonstrieren. Von Hause aus skeptisch, zweifelt er an der Exaktheit der Normgewichtsangabe des Herstellers. Da er mit Hilfe des in Rede stehenden Signifikanztests bestrebt ist nachzuweisen, daß die Normgewichtsangabe nicht zutrifft, formuliert er genau das Gegenteil als **Nullhypothese** H_0: Im Durchschnitt beinhalten alle Portionsbeutel in der Grundgesamtheit 25 g Schokopulver, kurz: H_0: $\mu = \mu_0 = 25\text{g}$. Nun ist ihm im konkreten Fall lediglich daran gelegen, statistisch zu zeigen, daß die Gewichte der Beutelinhalte im Durchschnitt **verschieden** von 25 g sind, also gleichsam im Durchschnitt über oder unter 25 g liegen können. Man sagt daher auch: Bei der zur eingangs formulierten Nullhypothese $H_0: \mu = \mu_0 = 25\text{g}$ gehörenden Alternativhypothese $H_1: \mu \neq \mu_0 = 25\text{g}$ handelt es sich um eine sog. **zweiseitige** Hypothese. Damit ist auch der zu praktizierende einfache t-Test als ein **zweiseitiger** Test aufgedeckt. Nachdem der Statistik-Professor seine Vermutungen in geeigneten Hypothesen formuliert hat, wählt er (über einen längeren Zeitraum hinweg) aus 10 verschiedenen 10er Packungen zufällig jeweils einen Beutel aus und erfaßt das Gewicht X des darin enthaltenen Pulvers. Die empirisch erhobenen Einzelgewichte x_i (Angaben in Gramm) der einfachen **Zufallsstichprobe** vom Umfang $n = 10$ sind in der Tabelle 18.2.1-1 zusammengefaßt. Soweit zur Vorgeschichte.

Tabelle 18.2.1-1

x_1	x_2	x_3	x_4	x_5	x_6	x_7	x_8	x_9	x_{10}
24,1	25,5	25,3	24,5	23,7	25,1	23,4	24,4	25,2	24,6

Faßt man die statistisch erhobenen Abfüllgewichte x_i der $n = 10$ Beutel als Realisationen einer (hinreichend genau) normalverteilten Zufallsvariablen auf, so gilt

$X \sim N(\mu, \sigma^2)$. Diese Annahme ist insofern realistisch, da Meßgrößen bei hinreichend großen Grundgesamtheiten i.allg. als **normalverteilt** angesehen werden dürfen.
Aus der realisierten Zufallsstichprobe vom Umfang n = 10 ermittelt man einen **Stichprobenmittelwert**

$$\bar{x} = \frac{24{,}1 + 25{,}5 + \ldots + 24{,}6}{10} = 24{,}58 \text{ g},$$

eine **Stichprobenstreuung**

$$s = \sqrt{\frac{(24{,}1 - 24{,}58)^2 + \ldots + (24{,}6 - 24{,}58)^2}{10 - 1}} \approx 0{,}704\text{g}$$

und letztlich für die **T-Statistik** einen **Testvariablenwert**

$$t = \frac{24{,}58\text{g} - 25\text{g}}{0{,}704\text{g}} \cdot \sqrt{10} = -1{,}887.$$

Man erkennt jetzt leicht, daß der Testvariablenwert t = -1,887 keine Maßeinheit besitzt, da er seinem Wesen nach ein **standardisierter Wert** ist, der das Ausmaß der Abweichung des Stichprobenmittels vom (durchschnittlichen) Normgewicht unter Berücksichtigung der Stichprobenstreuung und des Stichprobenumfangs zum Ausdruck bringt. Daß der Stichprobenwert im konkreten Fall negativ ist, ergibt sich zwar formal aus der Berechnungsvorschrift für den Testvariablenwert t, läßt sich aber auch plausibel als ein **Indiz** dafür interpretieren, daß die Stichprobenbefunde im Durchschnitt **unterhalb** des Normgewichts liegen.
Die Frage, die es nunmehr zu klären gilt, ist die, ob diese empirisch beobachtete negative Abweichung von der Norm noch als das freie Spiel des Zufalls gedeutet werden kann, oder ob die beobachtete negative Abweichung eine signifikante Abweichung von der Norm darstellt.
Da die T-Statistik unter der Nullhypothese H_0 einer **t-Verteilung** mit m = 9 Freiheitsgraden genügt (vgl. Definition 16.3.1-3), braucht man nur noch das erforderliche **Quantil** der t-Verteilung für ein bestimmtes Signifikanzniveau α zu ermitteln, um den einfachen t-Test praktizieren zu können. Legt man für das **Signifikanzniveau** einen Wert $\alpha = 0{,}05$ fest und so findet man in der **Tafel 5** wegen q = (1-0,05/2) = 0,975 das Quantil $t_{9;0,975} = 2{,}26$, das nunmehr als **Schwellwert** für die Testentscheidung fungiert.

Da offensichtlich

$$|t| = 1{,}887 < t_{9;0,975} = 2{,}26$$

gilt, gibt es im Kontext des zweiseitigen Einstichproben-t-Tests **keinen** Anlaß, an der eingangs formulierten Nullhypothese $H_0: \mu = \mu_0 = 25g$ zu zweifeln. Weil die t-Verteilung eine um Null symmetrische Prüfverteilung ist, genügt es, lediglich die beobachtete (absolute) Abweichung von $|24{,}58\ g - 25\ g| = 0{,}42\ g$ in den Durchschnittsgewichten zu betrachten und sie als das freie Spiel des Zufalls zu deuten, das unter dem geltenden Wahrscheinlichkeitsgesetz der t-Verteilung noch mit der Nullhypothese vereinbar ist. Was im konkreten Fall allerdings **nicht zulässig** ist, sei hier nochmals ausdrücklich vermerkt: Diese Testentscheidung darf **nicht** als „Beweis“ für die Richtigkeit der Nullhypothese gedeutet werden. Die Idee des praktizierten **zweiseitigen t-Tests** ist in der Abbildung 18.2.1-1 skizziert.

Abbildung 18.2.1-1

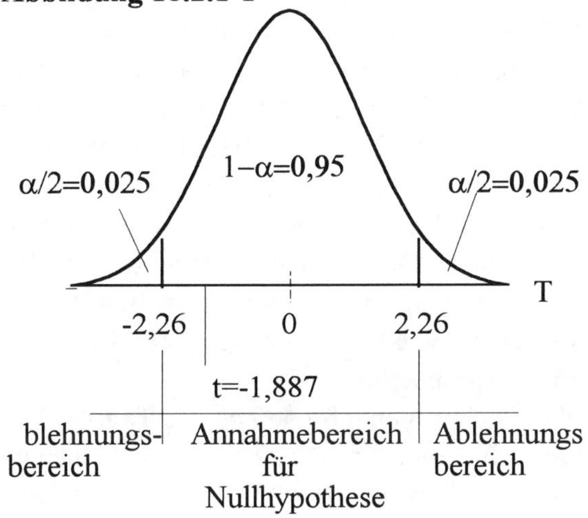

Konstruiert man anhand der Stichprobenbefunde für das unbekannte Durchschnittsgewicht μ der Grundgesamtheit ein 0,95-**Konfidenzintervall** (vgl. Definition 17.2.1-2), so erhält man das folgende Resultat:

$$\left[24{,}58g \pm 2{,}26 \cdot \frac{0{,}704g}{\sqrt{10}}\right] = [24{,}08g; 25{,}08g].$$

Da das vorgegebene Normgewicht $\mu_0 = 25g$ durch das zufallsbedingte Vertrauensintervall überdeckt wird, sagt man auch: Das Normgewicht $\mu_0 = 25g$ liegt noch im Bereich des „Vertrauens“, der für die Intervallschätzung des unbekannten Durchschnittsgewichts μ verwendet wird. Es wird daher mit der zweiseitigen Nullhypothese **vereinbar** gedeutet.

Merke:

Hat man ein empirisches Konfidenzintervall bestimmt, so kann man damit bereits auch einen **zweiseitigen** Test praktizieren, indem man lediglich prüft, ob im konkreten Fall der vorgegebene Wert μ_0 durch das Konfidenzintervall eingeschlossen wird oder nicht. Die Umkehrung gilt allerdings nicht: aus dem bloßen Testergebnis eines zweiseitigen Tests kann i.allg. **kein** Konfidenzintervall konstruiert werden.

Beispiel 18.2.1-2

In Erweiterung des Beispiels 18.2.1-1 soll nunmehr die **einseitige** Nullhypothese $H_0{:}\mu \geq \mu_0 = 25\text{g}$ gegen die **einseitige** Alternativhypothese $H_1{:}\mu < \mu_0 = 25\text{g}$ getestet werden.

Da der Statistik-Professor vermutet, daß sich eher **weniger** als **mehr** Pulver in den Beuteln befindet, formuliert er mit der Nullhypothese $H_0{:}\mu \geq \mu_0 = 25\text{g}$ genau das Gegenteil seiner Vermutung, also, daß im Durchschnitt genau und mehr als 25g Pulver in den Beuteln sind. Diese optimistische Nullhypothese ist er ja als alter Skeptiker bestrebt, auf Grund einer Zufallsstichprobe zu verwerfen. Denn nur wenn es ihm gelingt, die Nullhypothese zu verwerfen, kann er mit einer bestimmten Wahrscheinlichkeit davon ausgehen, daß sie nicht zutrifft, sich also aller Wahrscheinlichkeit nach im Durchschnitt weniger als 25g Pulver in den Beuteln befinden. Nachdem er seine Hypothesen formuliert hat, zieht er eine Zufallsstichprobe und wertet sie, wie bereits im Beispiel 18.2.1-1 gezeigt, statistisch aus. Soweit wieder zur Vorgeschichte.

Unter Verwendung der Stichprobenbefunde aus der Tabelle 18.2.1-1 erhält man bekanntlich den Testvariablenwert $t = -1{,}887$. Da es sich hier um einen **einseitigen** t-Test handelt, findet man wegen $\alpha = 0{,}05$ und $q = 1-0{,}05 = 0{,}95$ in der **Tafel 5** einen **Schwellwert** $t_{9;0,95} = 1{,}83$, so daß aus dem Größenvergleich von Testvariablen- und Schwellwert wegen $|t| = 1{,}887 > t_{9;0,95} = 1{,}83$ die **Ablehnung** der Nullhypothese $H_0{:}\mu \geq \mu_0 = 25\text{g}$ folgt.

Die Abbildung 18.2.1-2 verdeutlicht am konkreten Beispiel die Idee der **einseitigen Testentscheidung** auf der Grundlage der um Null symmetrischen t-Verteilung. Demnach kann auf Grund der Stichprobenbefunde mit einer statistischen Sicherheit von mindestens 95% davon ausgegangen werden, daß die Nullypothese: H_0: „Die Gewichte der Beutelinhalte liegen in der Grundgesamtheit im Durchschnitt (wesentlich) über 25g." falsch ist.

Vergleicht man die zwei- und einseitige Testentscheidung miteinander, so zeigt sich ein bemerkenswertes Resultat, das für Signifikanztests als allgemeingültige **Regel** wie folgt formuliert werden kann:

Merke:

Für eine gegebene Zufallsstichprobe vom Umfang n und ein gegebenes Signifikanzniveau α hat die Ablehnung einer zweiseitigen Nullhypothese stets auch die Ablehnung einer einseitigen Nullhypothese zur Folge. Die Umkehrung gilt nicht.

Aus der allgemeingültigen Regel leitet man mitunter die Aussage ab, daß es bei einem Signifikanztest „**leichter**" ist, eine einseitige als eine zweiseitige Nullhypothese zu verwerfen. Dies leuchtet im konkreten Fall ein, denn wie aus den

Abbildung 18.2.1-2

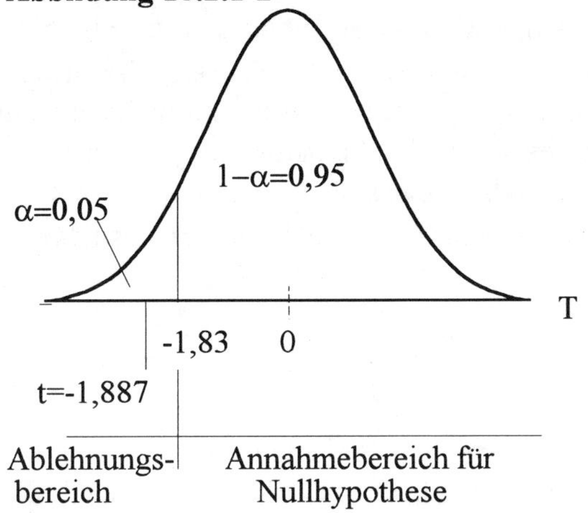

Abbildungen 18.2.1-1 und 18.2.1-2 ersichtlich ist, repräsentieren die Flächen, die von der Dichtefunktion f_T der t-Verteilung und der Abszissenvariablen T eingeschlossen werden, jeweils eine Wahrscheinlichkeitsmasse von $1-\alpha = 0,95$, nur eben beim zweiseitigen Test in den H_0-Annahmebereichsgrenzen von $-2,26 \leq T \leq 2,26$ und beim einseitigen Test in den H_0-Annahmebereichsgrenzen von $-1,83 \leq T < \infty$. Die Verschiebung des H_0-Annahme- und Ablehnungsbereichs hin zu den höheren Werten der T-Statistik, ermöglicht es eben im konkreten Fall, beim einseitigen Test die Nullhypothese eher zu verwerfen, als beim zweiseitigen Test.

18.2.2 Einstichprobentest für einen Anteilswert

Definition 18.2.2-1

Der Signifikanztest, der auf den folgenden Prämissen beruht, heißt **Einstichprobenanteilstest.**

- **Zielstellung:** Prüfen einer Hypothese über einen unbekannten Anteilswert π einer dichotomen Grundgesamtheit aufgrund einer Zufallsstichprobe vom Umfang n.
- **Voraussetzung:** Der Umfang n der Zufallsstichprobe ist so zu wählen, daß für einen bestimmten vorgegebenen (bekannten, angenommenen, vermuteten) Anteilswert π_0 die Approximationsbedingung $n \cdot \pi_0 \cdot (1-\pi_0) \geq 9$ erfüllt ist.
- **Hypothesen:** Über den unbekannten Anteilswert π ist entweder die zweiseitige Nullhypothese $H_0: \pi = \pi_0$ gegen die zweiseitige Alternativhypothese $H_1: \pi \neq \pi_0$ oder die einseitige Nullhypothese $H_0: \pi \leq \pi_0$ bzw. $H_0: \pi \geq \pi_0$ gegen die einseitige Alternativhypothese $H_1: \pi > \pi_0$ bzw. $H_1: \pi < \pi_0$ zu prüfen.
- **Testvariablenwert:** Berechne aufgrund der Zufallsstichprobe vom Umfang n den Testvariablenwert

  $$z = \frac{p - \pi_0}{\sqrt{\pi_0(1-\pi_0)}} \cdot \sqrt{n},$$

  wobei p den Stichprobenanteilswert bedeutet.
- **Schwellwert:** Ermittle für ein gegebenes Signifikanzniveau α das jeweilige Quantil z_q der Standardnormalverteilung N(0;1).
- **Testentscheidung:** Fällt beim zweiseitigen Test $|z| > z_q$ mit $q = 1 - \alpha/2$ bzw. beim einseitigen Test $|z| > z_q$ mit $q = 1 - \alpha$ aus, so verwirf die Nullhypothese H_0 und akzeptiere die Alternativhypothese H_1. Ansonsten behalte die Nullhypothese H_0 bei.

Anmerkungen zur Def. 18.2.2-1

1. Synonyme: Einstichprobentest für eine unbekannte Wahrscheinlichkeit, einfacher **Gauß-Test** für eine dichotome Grundgesamtheit
2. Die Zielstellung kann auch wie folgt formuliert werden: Überprüfen einer Hypothese über eine unbekannte Wahrscheinlichkeit π einer dichotomen Grundgesamtheit.
3. Die Approximationsbedingung $n \cdot \pi_0 \cdot (1 - \pi_0) \geq 9$ für die Anwendung der Standardnormalverteilung erklärt sich aus dem **zentralen Grenzwertsatz** in Anwendung auf binomialverteilte Zufallsvariablen. (vgl. Definition 15.1-2)
4. Die Tabelle 18.2.2-1 enthält einige, in praktischen Anwendungen häufig benutzte **Signifikanzniveaus** α und die dazugehörigen **Quantile** z_q der **Standardnormalverteilung** N(0;1).

Tabelle 18.2.2-1

α	q = 1- α/2	z_q mit q = 1- α/2	q = 1- α	z_q mit q = 1- α
0,10	0,950	1,645	0,90	1,282
0,05	0,975	1,960	0,95	1,645
0,01	0,995	2,576	0,99	2,326

5. In praxi bedient man sich für die Testentscheidung meist der sog. **Annahmekennzahl**

$$c = n \cdot \pi_0 + z_q \cdot \sqrt{n \cdot \pi_0 \cdot (1 - \pi_0}\ .$$

Sie gibt an, wieviel statistische Einheiten mit einer bestimmten Eigenschaft (etwa fehlerhafte Stücke) sich **höchstens** in der Zufallsstichprobe befinden dürfen, wenn die Nullhypothese gelten soll.

Beispiel 18.2.2-1

Ein Wirtschaftsprüfer wird durch ein mittelständisches Unternehmen mit der Jahresabschlußprüfung beauftragt. Da im Verlauf des vergangenen Geschäftsjahres 8000 Debitorenrechnungen erstellt wurden, entschließt sich der Wirtschaftsprüfer im Prüfungssegment Belegprüfung für einen 3 %-igen Auswahlsatz zufällig auszuwählender Ausgangsrechnungen, die er hinsichtlich der Einhaltung des jeweils gesetzlich vorgeschriebenen Mehrwertsteuersatzes prüft. Aus seiner langjährigen Berufspraxis weiß er, daß eine Fehlerquote bis zu 5% kein beunruhigendes Indiz ist. Wird diese Fehlerquote allerdings wesentlich überschritten, dann wird eine zeit- und kostenaufwendigere Gesamtprüfung aller Debitorenrechnungen erforderlich. Die Prüfung der $n = 8000 \cdot 0{,}03 = 240$ zufällig ausgewählten Debitorenrechnungen ergab, daß bei 16 von ihnen ein falscher Mehrwertsteuersatz zugrunde lag. Dies ergibt einen Stichprobenanteilswert von $p = 16/240 = 0{,}0667$. Demnach waren 6,67 % aller „Stichprobenrechnungen" fehlerhaft. Wie soll sich der Wirtschaftsprüfer entscheiden? Ist dieser Stichprobenbefund ein maßgebliches Indiz zur Rechtfertigung einer aufwendigeren Gesamtprüfung oder ist die Überschreitung des Erfahrungswertes von 5% innerhalb der Stichprobe um 6,67% - 5% = 1,67 Prozentpunkte noch ein Resultat des „freien Spiels des Zufalls"? Da er als gewissenhafter Wirtschaftsprüfer daran interessiert ist, alle „Stichproben-Fehlerquoten", die größer als 5% sind, besonders kritisch zu beleuchten, formuliert er in Vorbereitung des **Einstichproben-Anteilstests** die folgenden **einseitigen** Hypothesen:

$$H_0: \pi \le \pi_o = 0{,}05 \text{ bzw. } H_1: \pi > \pi_0 = 0{,}05.$$

Dies leuchtet ein, denn nur in den seltensten Fällen wird er eine falsche Entscheidung treffen, also eine Gesamtprüfung durchführen, obgleich in Wirklichkeit kein Grund dazu besteht. Soweit zur Vorgeschichte.
Wegen $240 \cdot 0{,}05 \cdot (1 - 0{,}05) = 11{,}4 > 9$ ist die **Approximationsbedingung** zur Anwendung der Standardnormalverteilung für die Testentscheidung erfüllt, so daß man jetzt nur noch den **Testvariablenwert**

$$z = \frac{0{,}0667 - 0{,}05}{\sqrt{0{,}05 \cdot (1 - 0{,}05)}} \cdot \sqrt{240} = 1{,}185$$

zu berechnen braucht, um den Anteilstest praktizieren zu können, wenn man zusätzlich noch vereinbart, das **Signifikanzniveau** auf einen Wert von $\alpha = 0{,}05$ festzulegen. Da es sich hier um einen **einseitigen Test** handelt, entnimmt man aus der Tabelle 18.2.2-1 das entsprechende q = 1-0,05 = 0,95-Quantil der Standardnormalverteilung $z_{0,975} = 1{,}645$, das jetzt als **Schwellwert** für die Testentscheidung fungiert. Aus dem Vergleich des Testvariablenwertes und des Schwellwertes entscheidet man sich wegen $z = 1{,}185 < z_{0,95} = 1{,}645$ für die **Beibehaltung** der einseitigen Nullhypothese. Demnach gibt es aufgrund der Stichprobenbefunde keinen Anlaß, eine Gesamtprüfung zu veranlassen.
Die Abbildung 18.2.2-1 skizziert die Grundidee des **einseitigen Anteilstests** auf der Grundlage der um null symmetrischen Standardnormalverteilung N(0;1).

Abbildung 18.2.2-1

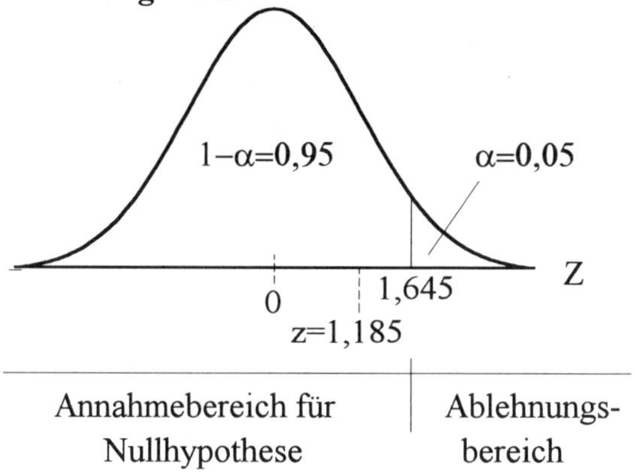

Da nur Abweichungen über 5% bzw. standardisierte Abweichungen größer als Null von Interesse sind, kann die beobachtete Abweichung um 1,67 Prozentpunkte von der Norm (bzw. eine standardisierte Abweichung von z = 1,185) noch als ein zulässiges Spiel des Zufalls gedeutet werden, das unter den gegebenen Bedingungen mit der Nullhypothese H_0: „Die wahre, jedoch unbekannte Fehler-

quote π in der Grundgesamtheit vom Umfang N = 8000 Debitorenrechnungen ist kleiner als 5%." verträglich ist.
In der praktischen Arbeit begnügt man sich i.allg. mit der Bestimmung der **Annahmekennzahl**

$$c = 240 \cdot 0{,}05 + 1{,}645 \cdot \sqrt{240 \cdot 0{,}05 \cdot (1 - 0{,}05)} = 17{,}55,$$

die im konkreten Fall wie folgt zu interpretieren ist: In einer Zufallsstichprobe vom Umfang n = 240 Debitorenrechnungen hätten **höchstens** 17 fehlerhafte Rechnungen sein dürfen, wenn das Risiko, eine Gesamtprüfung durchzuführen, obgleich sie nicht erforderlich ist, höchstens 5% betragen soll. Da nur 16 fehlerhafte Rechnungen in der Stichprobe enthalten sind, leuchtet spätestens auch hier die getroffene Testentscheidung ein.

18.2.3 F-Test

Definition 18.2.3-1

Der Signifikanztest, der auf den folgenden Prämissen beruht, heißt **F-Test**.

- **Zielstellung:** Prüfen einer Hypothese über die unbekannten Varianzen σ_1^2 und σ_2^2 zweier Grundgesamtheiten aufgrund zweier Zufallsstichproben vom Umfang n_1 und n_2.
- **Voraussetzungen:** Die zwei Zufallstichproben sind voneinander unabhängig und entstammen jeweils einer (zumindest näherungsweise) $N(\mu_1, \sigma_1^2)$- bzw. $N(\mu_2, \sigma_2^2)$- verteilten Grundgesamtheit.
- **Hypothesen:** Über die unbekannten Varianzen σ_1^2 und σ_2^2 ist die zweiseitige Nullhypothese $H_0{:}\sigma_1^2 = \sigma_2^2$ gegen die zweiseitige Alternativhypothese $H_1{:}\sigma_1^2 \neq \sigma_2^2$ zu prüfen.
- **Testvariablenwert:** Ziehe zwei voneinander unabhängige Zufallsstichproben und berechne auf der Grundlage der Stichprobenwerte x_{i1}, $i = 1,2,\ldots,n_1$, und x_{i2}, $i = 1,2,\ldots,n_2$, den Testvariablenwert

$$f = \frac{s_1^2}{s_2^2} = \frac{\frac{1}{n_1 - 1} \cdot \sum_{i=1}^{n_1} (x_{i1} - \bar{x}_1)^2}{\frac{1}{n_2 - 1} \cdot \sum_{i=1}^{n_2} (x_{i2} - \bar{x}_2)^2},$$

wobei $\bar{x}_1$ und $\bar{x}_2$ die Stichprobenmittelwerte sowie s_1^2 und s_2^2 die Stichprobenvarianzen bedeuten. Außerdem soll für die Stichprobenvarianzen stets $s_1^2 \geq s_2^2$

gelten. Bezeichne dazu einfach die größere der beiden Stichprobenvarianzen mit s_1^2.

- **Schwellwert:** Ermittle für ein gegebenes Signifikanzniveau α das ($q = 1- \alpha/2$)-Quantil $F_{m_1;m_2;q}$ der F-Verteilung für $m_1 = n_1 - 1$ und $m_2 = n_2 -$ Freiheitsgrade.
- **Testentscheidung:** Fällt $f > F_{m_1;m_2;q}$ aus, so verwirf die Nullhypothese H_0 und akzeptiere die Alternativhypothese H_1. Ansonsten behalte die Nullhypothese H_0 bei.

Anmerkungen zur Def. 18.2.3-1

1. Synonyme: Quotiententest, Zweistichprobentest für den Vergleich zweier Varianzen, Test auf Homoskedastie, **Varianzhomogenitätstest**.
2. Die Zielstellung kann auch wie folgt formuliert werden: Überprüfung einer Hypothese über zwei Varianzen zweier normalverteilter Zufallsvariablen X_1 und X_2.
3. Zwei Zufallsvariablen heißen **homoskedastisch** (grch.: homos → gleich & skedastos → streuend), solange ihre (endlichen) Varianzen mit der Nullhypothese verträglich sind. Ansonsten heißen sie **heteroskedastisch** (grch.: heteors → anders & skedastos → streuend). In der Ökonometrie wird der F-Test z.B. als Test auf Homoskedastie in Störvariablen von Regressionsmodellen verwendet.
4. Da beim Varianzhomogenitätstest i.allg. nur die Frage interessiert, ob zwei Varianzen gleich bzw. verschieden sind, praktiziert man den F-Test meist nur als einen **zweiseitigen** Signifikanztest, bei dem die Nullhypothese verworfen wird, sobald

$$f < F_{m_1;m_2;q} \text{ mit } q = \alpha/2 \text{ oder } f > F_{m_1;m_2;q} \text{ mit } q = 1-\alpha/2$$

gilt. Diese zweiseitige Testentscheidung ist äquivalent zu der in der Definition 18.2.3-1 gegebenen Testentscheidung, wenn man beachtet, daß stets die **größere** Stichprobenvarianz als **Zählervarianz** und die **kleinere** Stichprobenvarianz als **Nennervarianz** definiert wird. Der praktische **Vorteil** dieser Herangehensweise liegt vor allem darin begründet, daß man die ohnehin umfangreicheren und komplizierteren Tafeln der F-Verteilung nicht auch noch für die unteren $\alpha/2$-Quantile anzugeben bzw. umzurechnen braucht.
5. Der F-Test reagiert empfindlich auf statistische Ausreißer und ist gegenüber Abweichungen von der Normalverteilungsannahme **nicht** robust.

Beispiel 18.2.3-1

In Ermangelung aktueller Daten für eine Klausur und in tiefer Sorge um seine Studenten fährt ein Statistik-Professor an einem Wochenende im Januar 1995 kreuz und quer durch Berlin und das Land Brandenburg, um an zufällig ausgewählten $n_1 = 21$ Berliner und $n_2 = 15$ Brandeburger Tankstellen die Preise p_i (Angaben in DM/Liter) für das Gut „Superbenzin bleifrei“ zu notieren. Die **Stichprobenmittelwerte** $\bar{p}_1$ und $\bar{p}_2$ sowie die **Stichprobenstreuungen** s_1 und s_2 der Benzinpreise sind in der Tabelle 18.2.3-1 zusammengefaßt:

Tabelle 18.2.3-1

i	$\bar{p}_i$ (in DM/l)	s_i (in DM/l)
1	1,53	0,03
2	1,49	0,02

Einmal unterstellt, daß Benzinpreise sowohl für die Grundgesamtheit aller Berliner als auch für die Grundgesamtheit aller Brandenburger Tankstellen als hinreichend genau **normalverteilt** angesehen werden können, so kann man die zwei voneinander unabhängig gezogenen Zufallsstichproben als Stichproben aus normalverteilten Grundgesamtheiten deuten, wobei unter Verwendung der vereinbarten Symbole $p_i \sim N(\mu_i; \sigma_i^2)$, i = 1 für Berlin und i = 2 für Brandenburg, gilt. Es soll nun mit Hilfe des **F-Test** die **zweiseitige** Nullhypothese

$$H_0: \sigma_1^2 = \sigma_2^2 \text{ bzw. } H_0 = \frac{\sigma_1^2}{\sigma_2^2} =$$

geprüft werden, also, ob die Benzinpreise p_i in beiden Grundgesamtheiten als **homoskedastisch** angesehen werden können. Da offensichtlich wegen $s_1^2 = (0{,}03)^2 \geq s_2^2 = (0{,}02)^2$ die Regel $s_1^2 \geq s_2^2$ nicht weiter beachtet zu werden braucht, errechnet man einen **Testvariablenwert** von

$$f = \frac{(0{,}03)^2}{(0{,}02)^2} = 2{,}25,$$

der ökonomisch wie folgt interpretiert werden kann: Die beobachtete Stichprobenvarianz der Benzinpreise ist in Berlin 2,25-mal so groß wie in Brandenburg. Die Frage, die es mit Hilfe des F-Test zu klären gilt, ist, ob ein Quotient von 2,25:1 noch als das freie Spiel des Zufalls oder aber als signifikant verschieden von einem Quotienten von 1:1 zu interpretieren ist. Vereinbart man ein **Signifikanzniveau** von $\alpha = 0{,}05$, so braucht man nur noch aus der **Tafel 6** für

$$m_1 = 21\text{-}1 = 20 \text{ und } m_2 = 15\text{-}1 = 14 \text{ Freiheitsgrade}$$

sowie für $q = 1\text{-}0{,}05/2 = 0{,}975$ das erforderliche **Quantil**

$$F_{20;14;0,975} = 2{,}84$$

der **F-Verteilung** (vgl. Definition 15.5-1) zu ermitteln, das wiederum als **Schwellwert** für die Testentscheidung fungiert.

Da $f = 2{,}25 < F_{20;14;0,975} = 2{,}84$ gilt, besteht **kein** Anlaß, an der eingangs formulierten Varianzhomogenitätshypothese zu zweifeln.
Man achte auch in diesem Zusammenhang darauf, daß mit dieser Testentscheidung **kein** „Beweis“ dafür erbracht wurde, daß die Varianzhomogenitätshypothese richtig ist. Die Stichprobenbefunde erweisen sich im wahrscheinlichkeitstheoretischen Sinne eben noch mit der Nullhypothese vereinbar, mehr nicht! Da man das Gegenteil, also die Varianzheteroskedastie auf Grund der zwei unabhängigen Stichproben nicht nachweisen konnte, verlegt man sich in praxi einfach auf das Argument der **stillschweigenden** Akzeptanz der Varianzhomogenitätshypothese.
Auf Grund der Tatsache, daß die Darstellung des zweiseitigen F-Tests in der einschlägigen Literatur nicht einheitlich ist, soll hier der Vollständigkeit halber und zur Vermeidung von Mißverständnissen die klassische, aber etwas kompliziertere Variante demonstriert werden, die in ihrem Aufbau an die Konstruktion eines Konfidenzintervalls für den unbekannten Wert der F-Statistik angelehnt ist. Da für die Konstruktion des **Konfidenzintervalls** über die F-Statistik die Ausnutzung der Eigenschaft der **reziproken Symmetrie** (vgl. Definition 15.5-1, Anmerkung 5) dienlich ist, gilt im konkreten Fall bei einem vereinbarten Signifikanzniveau von $\alpha = 0{,}05$ für das Konfidenzniveau $1-\alpha = 0{,}95$

$$P\left(F_{20;14;0,025} \le F \le F_{20;14;0,975}\right) = P\left(\frac{1}{F_{14;20;0,975}} \le F \le F_{20;14;0,975}\right) \ge 0{,}95.$$

Aus der **Tafel 6** entnimmt man dabei die folgenden Quantile, wobei stets für ein bestimmtes $q = 1-\alpha/2$ die erstgenannte Anzahl m_1 der Freiheitsgrade in den Tafel-**Spalten** und die letztgenannte Anzahl m_2 der Freiheitsgrade in den Tafel-**Zeilen** zu finden ist:

$$F_{14;20;0,975} = 2{,}60 \text{ bzw. } F_{20;14;0,975} = 2{,}84$$

Da offensichtlich

$$F_{20;14;0,025} = \frac{1}{F_{14;20;0,975}} = \frac{1}{2{,}60} = 0{,}385$$

gilt, hat man damit sowohl die beiden **Schwellwerte** für den zweiseitigen F-Test als auch die Schranken des zweiseitigen, i.allg. **nicht** symmetrischen Konfidenzintervalls $P(0{,}385 \le F \le 2{,}840) \ge 0{,}95$ gefunden. Man erkennt jetzt leicht, daß der Testvariablenwert $f = 2{,}25$ vom 95%-Konfidenzintervall überdeckt wird, womit auch wegen

$$f = 2{,}25 > F_{20;14;0,975} = 0{,}385 \text{ und } f = 2{,}25 < F_{20;14;0,975} = 2{,}84$$

über Umwege der zweiseitige F-Test in seiner Aussage bestätigt wird. Die Abbildung 18.2.3-1 verdeutlicht am konkreten Beispiel die Grundidee des zweiseitigen F-Tests, die gleichwohl eine plausible und anschauliche Interpretation in folgender Hinsicht ermöglicht:

Abbildung 18.2.3-1

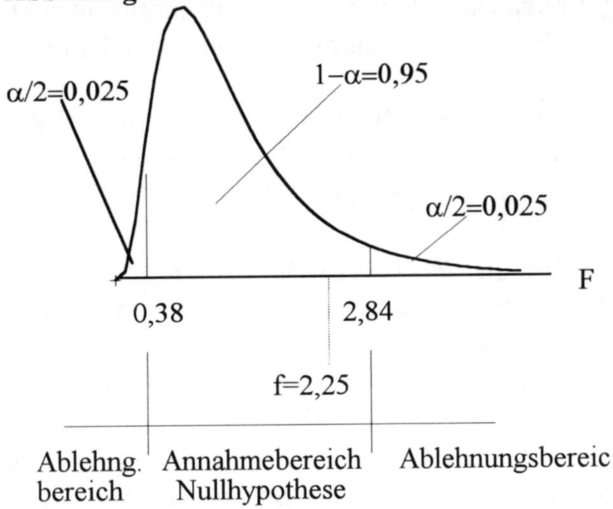

Es ist ziemlich **unwahrscheinlich**, daß ein zufallsbedingter Varianzquotient f aus zwei Stichprobenvarianzen, für die gemäß der formulierten Nullhypothese in den beiden Grundgesamtheiten Varianzhomogenität besteht, kleiner als 0,38 oder größer als 2,84 ausfällt. Fällt ein Varianzquotient f kleiner als 0,38 oder größer als 2,84 aus, so ist die Wahrscheinlichkeit dafür, eine falsche Entscheidung zu treffen, also die Varianzhomogenitätshypothese zu verwerfen, obgleich sie richtig ist, insgesamt $\alpha = 0{,}05$.
Im Kontext der Konfidenzschätzung für den unbekannten Varianzquotienten, d.h. unter Berücksichtigung des Verteilungsgesetzes der F-Verteilung, liegt der beobachtete Varianzquotient $f = 2{,}25$ eben noch im 95%-igen Spielraum, der dem Zufall beim (induktiven) Schluß vom Teil aufs Ganze eingeräumt wird.

18.2.4 Doppelter t-Test

Definition 18.2.4-1

Der Signifikanztest, der auf den folgenden Prämissen beruht, heißt **doppelter t-Test**.

- **Zielstellung:** Prüfen einer Hypothese über die unbekannten Mittelwerte μ_1 und μ_2 zweier Grundgesamtheiten aufgrund zweier Zufallsstichproben vom Umfang n_1 und n_2.
- **Voraussetzungen:** Die zwei Zufallsstichproben sind stochastisch voneinander unabhängig und entstammen (zumindest näherungsweise) $N(\mu_1, \sigma_1^2)$- bzw. $N(\mu_2, \sigma_2^2)$- verteilten Grundgesamtheiten, für die Varianzhomogenität $\sigma_1^2 = \sigma_2^2$ besteht.
- **Hypothesen:** Über die unbekannten Mittelwerte μ_1 und μ_2 ist entweder die zweiseitige Nullhypothese $H_0: \mu_1 = \mu_2$ gegen die zweiseitige Alternativhypothese $H_1: \mu_1 \neq \mu_2$ oder die einseitige Nullhypothese $H_0: \mu_1 \leq \mu_2$ bzw. $H_0: \mu_1 \geq \mu_2$ gegen die einseitige Alternativhypothese $H_1: \mu_1 > \mu_2$ bzw. $H_1: \mu_1 < \mu_2$ zu prüfen.
- **Testvariablenwert:** Ziehe zwei voneinander unabhängige Zufallsstichproben und berechne auf der Grundlage der Stichprobenwerte x_{i1}, $i = 1,2,\ldots,n_1$, und x_{i2}, $i = 1,2,\ldots,n_2$, den Testvariablenwert

$$t = \frac{\bar{x}_1 - \bar{x}_2}{\sqrt{\dfrac{(n_1 - 1) \cdot s_1^2 + (n_2 - 1) \cdot s_2^2}{n_1 + n_2 - 2}}} \cdot \sqrt{\frac{n_1 \cdot n_2}{n_1 + n_2}},$$

  der unter der Nullhypothese H_0 einer t-Verteilung mit $m = n_1 + n_2 - 2$ Freiheitsgraden genügt. Dabei bedeuten $\bar{x}_1$ und $\bar{x}_2$ die Stichprobenmittelwerte sowie s_1^2 und s_2^2 die Stichprobenvarianzen.
- **Schwellwert:** Ermittle für ein gegebenes Signifikanzniveau α den jeweiligen Schwellwert $t_{m;q}$ der t-Verteilung für $m = n_1 + n_2 - 2$ Freiheitsgrade.
- **Testentscheidung:** Fällt beim zweiseitigen Test $|t| > t_{m;q}$ mit $q = 1 - \alpha/2$ bzw. beim einseitigen Test $|t| > t_{m;q}$ mit $q = 1 - \alpha$ aus, so verwirf die Nullhypothese H_0 und akzeptiere die Alternativhypothese H_1. Ansonsten behalte die Nullhypothese H_0 bei.

Anmerkungen zur Def. 18.2.4-1

1. Synonyme: Zweistichprobentest für die Differenz zweier arithmetischer Mittel, Differenzentest, **Zweistichproben-t-Test**

2. Die Bedingung der **Varianzhomogenität** $\sigma_1^2 = \sigma_2^2$ kann mit dem F-Test geprüft werden. (vgl. Definition 18.2.3-1)
3. Im Falle von **Varianzinhomogenität** $\sigma_1^2 \neq \sigma_2^2$ berechne den Testvariablenwert

$$z = \frac{\overline{x}_1 - \overline{x}_2}{\sqrt{\frac{s_1^2}{n_1} + \frac{s_2^2}{n_2}}},$$

der unter der Nullhypothese **asymptotisch** der Standardnormalverteilung N(0;1) genügt. Fällt beim zweiseitiger Test $|z| > z_q$ mit q = 1- α/2 bzw. beim einseitigen Test $|z| > z_q$ mit q = 1-α aus, so verwirf die Nullhypothese H_0 und akzeptiere die Alternativhypothese H_1. Ansonsten behalte die Nullhypothese H_0 bei. z_q ist dabei das entsprechende Quantil der **Standardnormalverteilung**. (siehe Tabelle 18.2.2-1)

Beispiel 18.2.4-1

In Fortsetzung des Beispiels 18.2.3-1 soll mit Hilfe des **doppelten t-Tests** die landläufige Meinung „... in Berlin ist sowieso alles wesentlich teurer ..." statistisch überprüft werden. Allerdings bedarf die Überprüfung dieser Behauptung noch zweier grundlegender Präzisierungen und Einschränkungen:
1. werden die zu treffenden Aussagen nur an **einem** Produkt, dem Produkt Superbenzin, festgemacht
2. beziehen sich die zu treffenden Aussagen lediglich auf das **durchschnittliche** Preisniveau für einen Liter Superbenzin.

Man überlegt sich im konkreten Fall, daß die Verwendung des Komparativs „**teurer**" des Adjektivs „teuer" als ein **einseitiger** Größenvergleich bezüglich der unbekannten durchschnittlichen Preisniveaus μ_1 und μ_2 in den Grundgesamtheiten Berlin und Land Brandenburg interpretiert werden kann, so daß für den Test nur die Formulierung **einseitiger** Hypothesen ökonomisch plausibel erscheint. Will man die präzisierte landläufige Meinung „... in Berlin ist ein Liter Superbenzin **teuerer** als im Land Brandenburg ..." auch statistisch bestätigt sehen, so wird man genau ihr Gegenteil „... in Berlin ist ein Liter Superbenzin **billiger** als im Land Brandenburg ..." als Nullhypothese formulieren, da Signifikanztests bekanntlich auf die Ablehnung der Nullhypothese abstellen. Vereinbart man den Index 1 für Berlin und den Index 2 für das Land Brandenburg, so notiert man die zu prüfenden Hypothesen in Kurzschreibweise wie folgt:

$$H_0: \mu_1 \leq \mu_2 \text{ und } H_1: \mu_1 > \mu_2.$$

Im logischen Ablauf vergleichbarer statistischer Untersuchungen würde man **nach** der Formulierung der interessierenden Hypothesen zwei voneinander unabhängige **Zufallsstichproben** ziehen und statistisch auswerten. Im konkreten Fall sind die Stichprobenbefunde die gleichen, so wie sie in der Tabelle 18.2.3-1 zusammengefaßt sind.

Bevor der **doppelte t-Test** in einer sinnvollen Art und Weise praktiziert werden kann, gilt es noch zu prüfen, ob die Voraussetzungen für seine Anwendung zumindest als hinreichend genau erfüllt angesehen werden können. Im Beispiel 18.2.3-1 wurden die **Normalitätbedingungen** $p_1 \approx N(\mu_1;\sigma_1^2)$ bzw. $p_2 \approx N(\mu_2;\sigma_2^2)$ bereits als hinreichend genau erfüllt angesehen, ohne dafür jedoch empirisch den statistischen „Nachweis" erbracht zu haben. (Näheres dazu im Abschnitt 18.3.1).

An der Berechtigung der **Varianzhomogenitätsbedingung** $\sigma_1^2 = \sigma_2^2$ gibt es aufgrund der Testentscheidung im Zuge des im Beispiel 18.2.3-1 erörterten **F-Tests** keinen Anlaß zu zweifeln, so daß aus statistisch-methodischer Sicht der Durchführung des doppelten t-Tests nichts mehr im Wege steht.

Unter Verwendung der Stichprobenbefunde aus der Tabelle 18.2.3-1 errechnet man einen **Testvariablenwert** von

$$t = \frac{1{,}53 - 1{,}49}{\sqrt{\dfrac{(21-1)\cdot 0{,}03^2 + (15-1)\cdot 0{,}02^2}{21+15-2}}} \cdot \sqrt{\frac{21\cdot 15}{21+15}} = 4{,}49,$$

der seinem Wesen nach ein zufallsbedingter, dimensionsloser, standardisierter Wert ist für den statistisch beobachteten Niveauunterschied in den durchschnittlichen Benzinpreisen unter Berücksichtigung der durchschnittlichen landesspezifischen Preisstreuungsverhältnisse und der beiden Stichprobenumfänge. Da der Testvariablenwert t eine zufallsbedingte Realisation einer modifizierten T-Statistik (vgl. Definition 16.3.1-4) ist, die unter der Nullhypothese einer **t-Verteilung** mit $m = 21 + 15 - 2 = 34$ Freiheitsgraden genügt, braucht man nur noch für ein vereinbartes Signifikanzniveau, etwa $\alpha = 0{,}05$, das entsprechende Quantil $t_{34;0,95} = 1{,}69$ aus der **Tafel 5** zu entnehmen, das im Zuge der zu treffenden Testentscheidung als **Schwellwert** fungiert.

Wegen $t = 4{,}49 > t_{34;0,95} = 1{,}69$ ist aufgrund der Stichprobenbefunde mit einer statistischen Sicherheit von 95% die einseitige Nullhypothese $H_0{:}\,\mu_1 \le \mu_2$ zu Gunsten der einseitigen Alternativhypothese $H_1{:}\,\mu_1 > \mu_2$ zu **verwerfen**, so daß die landläufige Meinung „... in Berlin ist sowieso alles teurer ..." als statistisch gesichert angesehen werden kann, zumindest hinsichtlich des Gutes Superbenzin. Die beobachteten 4 Pfennige Unterschied im durchschnittlichen Benzinpreisniveau sind unter Berücksichtigung der Preisstreuungsverhältnisse und unter Einbeziehung des induzierten Verteilungsgesetzes der t-Verteilung eben einfach **nicht mehr** dem Zufall „in die Schuhe zu schieben": sie erweisen sich sogar in einem sehr hohen Maße als signifikant, selbst dann noch, wenn man den Sicherheitsspielraum des Zufalls auf $1-\alpha = 0{,}99$ erweitern bzw. das Signifikanzniveau auf $\alpha = 0{,}01$ senken würde. Die Abbildung 18.2.4-1 skizziert den Zusammenhang zwischen dem beobachteten Preisniveauunterschied und der getroffenen **einseitigen Testentscheidung** auf einem Signifikanzniveau von $\alpha = 0{,}01$.

Abbildung 18.2.4-1

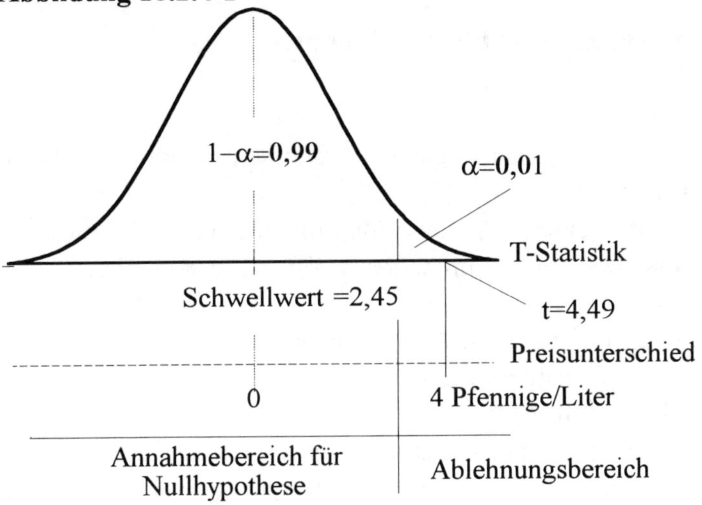

Da das Ereignis: „Das durchschnittliche Benzinpreisniveau in Berlin liegt um 4 Pfennige/Liter über dem im Land Brandenburg." unter der formulierten einseitigen Nullhypothese H_0: „Das durchschnittliche Benzinpreisniveau ist in Berlin gleich und kleiner als im Land Brandenburg." wohl möglich, aber sehr unwahrscheinlich ist, nimmt man mehr oder weniger „beruhigt" den Umstand in Kauf, daß erwartungsgemäß in einem von hundert vergleichbaren Fällen die Nullhypothese irrtümlich verworfen wird, obgleich sie richtig ist.

Wäre man an der statistischen Überprüfung der Vermutung: „Die durchschnittlichen Benzinpreisniveaus sind in der Berlin und im Land Brandenburg wesentlich voneinander verschieden." interessiert, so würde man wohl in logischer Konsequenz genau das Gegenteil als Nullhypothese H_0: „Die durchschnittlichen Benzinpreisniveaus sind in Berlin und im Land Brandenburg gleich." bzw. $H_0{:}\mu_1 = \mu_2$ formulieren und diese genau dann auf einem Signifikanzniveau von $\alpha = 0{,}01$ ablehnen, sobald $|t| > t_{m;q}$ mit $q = 1-(0{,}01)/2 = 0{,}995$ gilt. Da dies wegen

$$t = 4{,}49 > t_{34;0{,}995} = 2{,}73$$

offensichtlich der Fall ist, kann auf Grund der Stichprobenbefunde sehr wahrscheinlich davon ausgegangen werden, daß die durchschnittlichen Benzinpreisniveaus in Berlin und im Land Brandenburg im Januar 1995 signifikant **verschieden** voneinander waren.
Auch in diesen Fall findet man den allgemeingültigen Zusammenhang bestätigt, daß die Ablehnung einer **zweiseitigen** Nullhypothese stets auch die Ablehnung einer **einseitigen** Nullhypothese nach sich zieht.

18.2.5 Differenzentest für Anteilswerte

Definition 18.2.5-1

Der Signifikanztest, der auf den folgenden Prämissen beruht, heißt **Differenzentest für Anteilswerte**.

- **Zielstellung:** Prüfen einer Hypothese über die unbekannten Anteile π_1 und π_2 zweier dichotomer Grundgesamtheiten aufgrund zweier Zufallsstichproben vom Umfang n_1 und n_2.
- **Voraussetzungen:** Die Stichprobenumfänge n_i, i = 1,2, sind so zu wählen, daß für die Stichprobenanteilswerte p_i die Approximationsbedingungen $n_i \cdot p_i \cdot (1-p_i) \geq 9$ erfüllt sind.
- **Hypothesen:** Über die unbekannten Anteilswerte π_1 und π_2 ist entweder die zweiseitige Nullhypothese $H_0{:}\pi_1 = \pi_2$ gegen die zweiseitige Alternativhypothese $H_1{:}\pi_1 \neq \pi_2$ oder die einseitige Nullhypothese $H_0{:}\pi_1 \leq \pi_2$ bzw $H_0{:}\pi_1 \geq \pi_2$ gegen die einseitige Alternativhypothese $H_1{:}\pi_1 > \pi_2$ bzw. $H_1{:}\pi_1 < \pi_2$ zu testen.
- **Testvariablenwert:** Ziehe zwei voneinander unabhängige Zufallsstichproben vom Umfang n_i, i = 1,2, und berechne den Testvariablenwert

  $$z = \frac{p_1 - p_2}{\sqrt{\bar{p} \cdot (1-\bar{p}) \cdot \frac{n_1 + n_2}{n_1 \cdot n_2}}} \text{ mit } \bar{p} = \frac{\sum_{i=1}^{2} p_i \cdot n_i}{\sum_{i=1}^{2} n_i},$$

  der unter Gültigkeit der Nullhypothese asymptotisch einer Standardnormalverteilung genügt.
- **Schwellwert:** Ermittle für ein gegebenes Signifikanzniveau α das jeweilige Quantil z_q der Standardnormalverteilung N(0;1).
- **Testentscheidung:** Fällt beim zweiseitigen Test $|z| > z_q$ mit $q = 1 - \alpha/2$ bzw. beim einseitigen Test $|z| > z_q$ mit $q = 1 - \alpha$ aus, so verwirf die Nullhypothese H_0 und akzeptiere die Alternativhypothese H_1. Ansonsten behalte die Nullhypothese H_0 bei.

Anmerkungen zur Def. 18.2.5-1

1. Synonyme: **Zweistichprobentest für die Differenz zweier Anteilswerte**, doppelter Gauß-Test für dichotome Grundgesamtheiten, Signifikanztest für die Differenz zweier binomialverteilter Anteilswerte
2. Die **Approximationsbedingungen** für die Anwendung der Standardnormalverteilung als Prüfverteilung erklären sich aus dem **zentralen Grenzwertsatz** in seiner Anwendung auf binomialverteilte Zufallsvariablen. (vgl. Definition 15.1-2)
3. Gilt die (zweiseitige) Nullhypothese, so gilt auch die Gleichheit der unbekannten Varianzen

$$\sigma_i^2 = \pi_i \cdot (1 - \pi_i) / (n_i - 1)$$

der dichotomen Zufallsvariablen in den beiden Grundgesamtheiten. Da in praktischen Anwendungen nur der Fall **unbekannter** Varianzen von Interesse ist, schätzt man eine gemeinsame (gepoolte) Varianz mittels der Beziehung

$$\hat{\sigma}^2 = \frac{n_1 + n_2}{n_1 + n_2 - 1} \cdot \overline{p} \cdot (1 - \overline{p}) \cdot \frac{n_1 + n_2}{n_1 \cdot n_2},$$

die bis auf den sog. **Besselschen Korrekturfaktor** $(n_1 + n_2)/(n_1 + n_2 - 1)$ mit dem radizierten Nennerterm des Testvariablenwertes identisch ist.
4. Die Korrektur der Testvaribalen Z um den Besselschen Faktor ist erforderlich, um eine **erwartungstreue** Schätzung des Testvariablenwertes z garantieren zu können. Bei praktischen Anwendungen mit großen Stichprobenumfängen kann die Besselsche Korrektur aus Vereinfachungsgründen **vernachlässigt** werden.

Beispiel 18.2.5-1

Unter der Überschrift „Wie bekomme ich den Job?" berichtet das Focus-Magazin in seinem Heft Nr. 20/1994, daß von 400 zufällig ausgewählten Studenten in einem Abschlußsemester 81% die Qualifikation als entscheidend für den Erfolg eines Bewerbungsgesprächs ansehen. Demgegenüber sehen von den 200 befragten personalverantwortlichen Unternehmern nur 73% die Qualifikation als entscheidend für den Erfolg einer Bewerbung an.

Zu einem Signifikanzniveau von $\alpha = 0{,}05$ soll mit Hilfe des Differenzentests für zwei Anteilswerte geprüft werden, ob die Anteile der Bewerber bzw. Unternehmer, die die Qualifikation für den Erfolg eines Bewerbungsgesprächs als entscheidend betrachten, in den (dichotomen) Grundgesamtheiten (der studentischen Bewerber und der Unternehmer) wesentlich voneinander **verschieden** sind.

Man überlegt sich, daß die Frage nach der Verschiedenartigkeit der Anteile unmittelbar zur Betrachtung der **zweiseitigen** Hypothesen $H_0: \pi_1 = \pi_2$ bzw. $H_0: \pi_1 - \pi_2 = 0$ und $H_1: \pi_1 \neq \pi_2$ führt. Vereinbart man für die Bewerber den Zeiger i = 1 und für die Unternehmer den Zeiger i = 2, so ist es offensichtlich, daß für die **Zufallsstichproben** hinsichtlich ihrer Umfänge $n_1 = 400$ bzw. $n_2 = 200$

und hinsichtlich der **Stichprobenanteilswerte** $p_1 = 0{,}81$ bzw. $p_2 = 0{,}73$ gilt. Unter Verwendung der Stichprobenergebnisse überzeugt man sich wegen

$$400 \cdot 0{,}81 \cdot (1 - 0{,}81) = 61{,}56 > 9 \text{ bzw. } 200 \cdot 0{,}73 \cdot (1 - 0{,}73) = 39{,}42 > 9$$

von der Erfüllung der **Approximationsbedingungen**, die es in guter Näherung ermöglichen, für die binomialverteilten Anteilswerte die **Standardnormalverteilung** als Prüfverteilung für die Testentscheidung zu verwenden. Bei Gültigkeit der Nullhypothese H_0, also unter der Annahme, daß die unbekannten Anteile π_1 und π_2 in den Grundgesamtheiten gleich sind bzw. ihre Differenz null ist, kann der unbekannte Anteil $\pi = \pi_1 = \pi_2$ mit Hilfe des gewogenen **arithmetischen Mittels**

$$\bar{p} = \frac{0{,}81 \cdot 400 + 0{,}73 \cdot 200}{400 + 200} = \frac{470}{600} = 0{,}78\overline{3},$$

der Stichprobenanteilswerte und der Stichprobenumfänge geschätzt werden. Dieser Schätzwert bildet wiederum die Grundlage für die Schätzung der unbekannten **Varianz** von π

$$\hat{\sigma}^2 = \frac{400 + 200}{400 + 200 - 1} \cdot 0{,}78\overline{3} \cdot (1 - 0{,}78\overline{3}) \cdot \frac{400 + 200}{400 \cdot 200} = 1{,}275 \cdot 10^{-3},$$

so daß sich letztlich unter Vernachlässigung des Besselschen Korrekturfaktors von $600/599 \sim 1$ ein **Testvariablenwert** von

$$z = \frac{0{,}81 - 0{,}73}{\sqrt{1{,}275 \cdot 10^{-3}}} = 2{,}24$$

ergibt. Unter Verwendung der Tabelle 18.2.2-1 ermittelt man wegen $q = 1 - 0{,}05/2 = 0{,}975$ das entsprechende **Quantil** $z_{0,975} = 1{,}96$ der Standardnormalverteilung, das nunmehr als **Schwellwert** für die **zweiseitige** Testentscheidung fungiert. Da $|z| = 2{,}24 < z_{0,975} = 1{,}96$ gilt, wird die Nullhypothese mit einer Irrtumswahrscheinlichkeit von $\alpha = 0{,}05$ **verworfen** und die Anteilsdifferenz von 81%-73% = 8%-Punkten als signifikant verschieden von Null gedeutet. Demnach messen die studentischen Bewerber und die Unternehmer der Qualifikation eine wesentlich unterschiedliche Bedeutung für einen Bewerbungserfolg bei. Die Idee des zweiseitigen Tests ist in der Abbildung 18.2.5-1 skizziert.

Würde man hingegen für die zweiseitige Testentscheidung ein **Signifikanzniveau** von $\alpha = 0{,}01$ vereinbaren, würde man sich wegen

$$|z| = 2{,}24 > z_{0,995} = 2{,}576$$

nicht veranlaßt sehen, aufgrund der Befragungsergebnisse die Nullhypothese zu verwerfen.
Hätte man sich im Vorfeld der Untersuchung etwa für die Ausgangshypothese H_0: „Die Bewerber messen der Qualifikation eine geringere, bestenfalls jedoch eine gleiche Bedeutung bei als die Unternehmer.“ interessiert, also für die **einseitige** Nullhypothese $H_0: \pi_1 \leq \pi_2$, so hätte man zum vereinbarten Signifikanzniveau von $\alpha = 0{,}01$ wegen

$$|z| = 2{,}24 < z_{0,99} = 2{,}326$$

keinen Anlaß gesehen, die Nullhypothese zu verwerfen. In diesem Fall hätte man die 8 Prozentpunkte Anteilswertedifferenz noch als ein freies Spiel des Zufalls interpretiert.

Abbildung 18.2.5-1

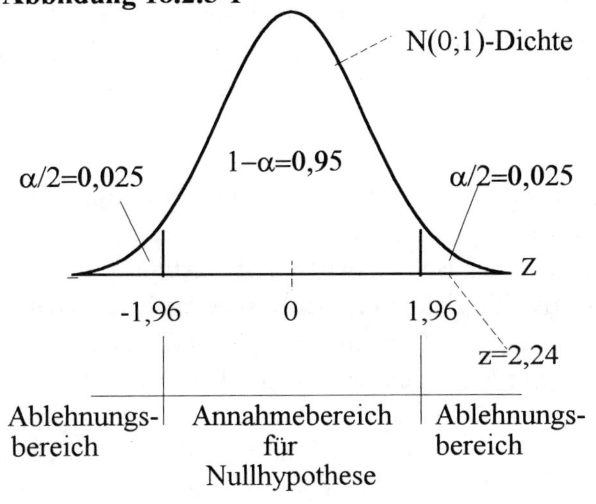

Aus der scheinbaren Vielzahl möglicher Entscheidungen darf man nicht den Schluß ziehen: „Mit der Statistik ist eben alles nachzuweisen!“. Vielmehr verdeutlicht dieses Beispiel nochmals die zwingende Logik der statistischen Hypothesenprüfung: Zuerst sind Hypothesen zu formulieren und dann erst Stichprobenbefunde zu verwenden, um die Hypothesen zu überprüfen.

18.2.6 Aufgaben

Aufgabe 18.2.6-1

Um nachzuweisen, daß der Mittelwert μ der Nettogewichte der von einer Abfüllmaschine gefüllten Pakete (einer begehrten Kaffeesorte) nicht kleiner als 250 Gramm ist, wurden bei zehn zufällig aus der Produktion herausgegriffenen Paketen die folgenden Nettogewichte (Angaben in Gramm) statistisch ermittelt:

250, 247, 255, 253, 263, 255, 266, 249, 245, 259.

Um den verlangten Nachweis zu erbringen, werden Sie aufgefordert

1. für ein Konfidenzniveau von 0,95 ein Vertrauensintervall über den unbekannten Mittelwert μ der Nettogewichte der Kaffepakete anzugeben;
2. die zweiseitige Hypothese $\mu = 250g$ gegen die Alternativhypothese $\mu \neq 250g$ mit zu einem Signifikanzniveau $\alpha = 0{,}05$ zu testen und
3. die einseitige Hypothese $\mu < 250g$ gegen die Alternativhypothese $\mu \geq 250g$ gleichfalls zum Signifikanzniveau von $\alpha = 0{,}05$ statistisch zu prüfen.

Hinweis: Es darf angenommen werden, daß die Nettogewichte der von der Abfüllmaschine gefüllten Kaffeepakete Realisationen einer ausreichend genau normalverteilten Zufallsvariablen sind.

Aufgabe 18.2.6-2

Eine Geflügelhalterin interessiert sich dafür, ob ein bestimmter Futterzusatz den Mittelwert des Gewichts G von Hühnereiern zu erhöhen vermag. Sie bittet ihre Enkelin, die Studentin der Betriebswirtschaft ist, um Unterstützung bei der Lösung dieses Problems. Die Enkelin legt folgende Analysestrategie fest:

- Statistische Erfassung der Gewichte hinreichend vieler Eier, die ohne Futterzusatz „erzeugt" wurden. Nach der statistischen Auswertung stellt sie fest, daß das Gewicht eines zufällig aus der Produktion herausgegriffenen Hühnereies als Realisation einer ausreichend genau normalverteilten Zufallsvariablen mit einem Mittelwert $\mu = 59g$ und einer Standardabweichung von $\sigma = 2g$ gedeutet werden kann.
- Zur Überprüfung der Wirksamkeit des Futterzusatzes greift sie aus der unter Verwendung des Futterzusatzes erzielten Eierproduktion 100 Eier zufällig heraus und ermittelt deren Gewichte. Für diese Zufallsstichprobe ermittelt sie einen empirischen Mittelwert von 60g und eine empirische Streuung von 3g.

1. Würden Sie anhand des Stichprobenergebnisses die Hypothese untermauern helfen, daß der Futterzusatz den Mittelwert der Eiergewichte erhöht? Formulieren Sie dazu eine geeignete Nullhypothese und testen Sie diese auf einem Signifikanzniveau von $\alpha = 0{,}05$.

2. Wie groß sind die Anteile der Gewichtsklassen I, II und III an der Eierproduktion ohne und mit Futterzusatz, wenn für die Eiergewichtsklassen folgende Festlegungen gelten: Gewichtsklasse I: $G > 60g$; Gewichtsklasse II: $55g < G \leq 60g$; Gewichtsklasse III: $G \leq 55g$?

Aufgabe 18.2.6-3 (Klausuraufgabe)

In der Verkaufsabteilung eines bekannten Versandhauses weiß man aus Erfahrung, daß 20% der Kunden innerhalb eines Monats nach Erscheinen eines neuen Katalogs eine Bestellung aufgeben. Mit dem Ziel, den Umsatz zu erhöhen, schlägt die Marketing-Abteilung vor, jede Bestellung, die innerhalb des ersten Monats eingeht, durch ein kleines Werbegeschenk zu ergänzen. Aus betriebswirtschaftlicher Sicht rentiert sich die Werbegeschenkaktion allerdings nur dann, wenn die Bestellquote mindestens 25% beträgt.

Da man hinsichtlich dieser Werbestrategie Bedenken hegt, entschließt sich die Versandhausleitung, anhand einer „Versuchsaktion“ die Erfolgsaussicht zu testen. Man sendet daher an 2000 zufällig aus der Kundendatei ausgewählte Kunden einen Katalog. Einem Monat nach dem Start der Testaktion liegen 535 Bestellungen vor.

1. Formulieren Sie den Sachverhalt entsprechende Arbeitshypothesen. Bedenken Sie dabei, daß Sie mit der Testaktion eigentlich die gehegten Bedenken „zerstreuen“ wollen.
2. Da die in Rede stehende Werbestrategie mit hohem Kostenaufwand verbunden ist, möchte man das Testergebnis mit einer statistischen Sicherheit von 99:100 bestätigt wissen. Welches Testverfahren ist zur Lösung geeignet? An welche Voraussetzungen ist dieses statistische Verfahren gebunden? Sind die Voraussetzungen im gegebenen Fall erfüllt? Wenn ja, warum, wenn nein, warum nicht?

   Hinweis: Da Anzahlen eingegangener Bestellungen als Realisationen einer binomialverteilten Zufallsvariable aufgefaßt werden können, kann in Anlehnung an den zentralen Grenzwertsatz unter bestimmten Voraussetzungen die rechnerisch umständlich zu handhabende Binomialverteilung mit ausreichender Genauigkeit durch eine leichter zu handhabende Normalverteilung beschrieben werden.

3. Zu welcher Entscheidung sind die Werbestrategen gekommen?
4. Geben Sie die Mindestanzahl der Bestellungen an, die innerhalb der Testreihe erreicht werden müßte, um mit „ruhigem Gewissen“ die Werbeaktion in breitem Maße starten zu können?

Aufgabe 18.2.6-4

Zwei mittelständische Unternehmen produzieren Speziallampen für Forschungslabore auf der Grundlage eigenständig entwickelter (daher unterschiedlicher) Technologien. Der Verwaltungsleiter eines einschlägigen Forschungslabors steht unter dem Zwang, sparen zu müssen. Ihn interessiert die Frage, ob die Speziallampen, die sich im Stückpreis unwesentlich voneinander unterscheiden, dann wenigstens wesentlich verschieden sind hinsichtlich ihrer Funktionsdauer.

Sie sind PraktikantIN in der Verwaltung des Forschungslabors und werden gebeten, diese Frage anhand der in den Werbeprospekten veröffentlichten Versuchsserien zu analysieren. Im Werbeprospekt des ersten Unternehmens wird vermerkt, daß die Funktionsdauer hinreichend genau normalverteilt ist und 20 zufällig ausgewählte Lampen eine durchschnittliche Funktionsdauer von 1832 Stunden mit einer Standardabweichung von 497 Stunden hatten. Das zweite Unternehmen bezieht sich auf eine Zufallstichprobe von 25 Lampen, die eine durchschnittliche Funktionsdauer von 1461 Stunden mit einer Standaradabweichung von 501 Stunden aufwiesen.

1. Welches statistisches Verfahren ist zur Lösung dieses Sachverhalts geeignet?
2. Formulieren Sie in bezug auf das von Ihnen gewählte Verfahren eine den Sachverhalt entsprechende Ausgangs- oder Nullhypothese.
3. Welche theoretischen Annahmen unterstellt das von Ihnen vorgeschlagene Verfahren? Kann man davon ausgehen, daß sie erfüllt sind? Wenn ja, warum, wenn nein, welche Möglichkeiten bestehen, sie zu überprüfen?
4. Da es sich um Ergebnisse von Zufallsprozessen handelt, können Sie Ihre Aussagen nur mit einer bestimmten Wahrscheinlichkeit treffen. Legen Sie aus Ihrer Sicht die entsprechenden Aussage-Wahrscheinlichkeiten fest und begründen Sie Ihre Entscheidung.
5. Zu welchem Ergebnis gelangen Sie? Was teilen Sie dem Verwaltungsleiter mit (...möglichst einfach und verständlich ...)?

Aufgabe 18.2.6-5

Der erste Hersteller der Speziallampen (vgl. Aufgabe 18.2.6-4) behauptet in seiner Produktwerbung, daß höchstens 2% der produzierten Lampen weniger als 500 Betriebsstunden funktionieren. Im vergangenen Jahr setzte das Forschungslabor im Zuge von Versuchsreihen 840 Speziallampen ein, von denen 27 weniger als 500 Stunden funktionierten. Täuscht der Hersteller bewußt falsche Tatsachen vor oder sind die 27 „Versager" bloß ein „böses Spiel" des Zufalls?

1. Welches statistische Verfahren ist zur Lösung des Sachverhalts geeignet?
2. Welche Voraussetzungen sollten bei Anwendung des von Ihnen gewählten Verfahrens erfüllt sein?
3. Kann man die „Ausfaller" dem bloßen Zufall in die „Schuhe schieben"?

Aufgabe 18.2.6-6 (Klausuraufgabe)

In der Güterkontrolle eines mittelständischen Unternehmens der metallverarbeitenden Industrie wird ein Posten Buchsen angeliefert, der in der Automatendreherei eines Partnerunternehmens hergestellt wurde. Es soll auf einem Signifikanzniveau von 5% festgestellt werden, ob der zulässige Ausschußprozentsatz von 5% bei Buchsen durch den Lieferposten nicht überschritten wird. Dazu entnimmt der Gütekontrolleur dem Posten eine Stichprobe vom Umfang 500 Stück und untersucht an den einzelnen Buchsen als wichtigstes Merkmal den Buchsenansatz mit Hilfe einer Grenzlehre. Die Buchse wird als Ausschußteil registriert, wenn der Buchsenanstz nicht innerhalb der vorgeschriebenen Toleranzgrenzen liegt. Insgesamt wurden in der Stichprobe 30 Ausschußteile festgestellt. Bestätigt das Stichprobenergbnis die zulässige Ausschußquote?

Aufgabe 18.2.6-7 (Klausuraufgabe)

In einer Automatendreherei werden Vorschraubringe hergestellt. Die ingenieurtechische Norm für den Außendurchmesser ist auf 40 mm festgelegt. Aus der Tagesproduktion werden zufällig 40 Vorschraubringe entnommen. Die in die Stichprobe gelangten Vorschraubringe hatten im Durchschnitt einen Außendurchmesser von 40,075 mm. Im (radizierten quadratischen) Mittel wichen die 40 erfaßten Außendurchmesser von ihrem Durchschnitt um 0,2 mm nach oben und unten ab. Aus früheren Qualitätsprüfungen ist bekannt, daß die Außendurchmesser von Vorschraubringen hinreichend genau normalverteilt sind.

1. Konstruieren und interpretieren Sie unter Verwendung der Stichprobenbefunde ein 95%-Vertrauensintervall für den wahren, aber unbekannten Durchschnitt der Außendurchmesser für Vorschraubringe.
2. Kann man die Abweichung des Stichprobendurchschnitts vom Normwert noch als zufällig bezeichnen, wenn man sich lediglich für den Fakt der Abweichung von der Norm „nach oben oder nach unten“ interessiert? Formulieren und testen Sie geeignete Hypothesen. Begründen Sie Ihre Entscheidung und interpretieren Sie Ihr Ergebnis. Welcher Zusammenhang besteht zwischen dem Ergebnis aus 1. und Ihrem Testergebnis?
3. Aus technologischer Sicht können über der Norm liegende Vorschraubringe noch anderweitig verwendet werden. Ist das Stichprobenergebnis als Indiz dafür zu werten, daß der Drehautomat dejustiert ist und daher zu „große“ Vorschraubringe produziert, die zwar anderweitig verwendet werden können, aber letztlich eine Kostensteigerung zur Folge haben? Formulieren und testen Sie geeignete Hypothesen und erläutern Sie Ihre Ergebnisse.
4. Welche statistischen Verfahren verwenden Sie zur Lösung der Problemstellungen 1. bis 3.? An welche Bedingungen sind die Verfahren gebunden? Welche Prüfverteilung(en) verwenden Sie? Warum?

Aufgabe 18.2.6-8 (Klausuraufgabe)

Eine Paketversandfirma wirbt mit der Behauptung, daß mehr als 90% der von ihr beförderten Pakete ihren Empfänger innerhalb einer Woche erreichen. Wenn diese Behauptung stimmt, will ein Versandunternehmen diese Firma mit dem Versand seiner Pakete beauftragen. Zur Entscheidungsfindung läßt das Versandunternehmen deshalb eine „Testserie“ von 900 Paketen verschicken, von denen 828 Pakete ihre Empfänger termingerecht erreichen.

1. Testen Sie die Ausgangshypothese $H_0: \pi \leq \pi_0$ gegen die Alternativhypothese $H_1: \pi > \pi_0$ zu einem Signifikanzniveau von $\alpha = 0,05$. Welches Testverfahren ermöglicht die angegebene Hypothesenprüfung? Geben Sie die Testfunktion und ihre Verteilung unter der Nullhypothese an. Sind die Bedingungen zur Durchführung des Test erfüllt? Was bedeuten die Hypothesen inhaltlich?
2. Wieviel Pakete müßten mindestens fristgerecht geliefert werden, damit sich unter den vereinbarten Testbedingungen das Versandunternehmen für die Paketversandfirma entscheidet?

Aufgabe 18.2.6-9 (Klausuraufgabe)

Um zu prüfen, ob es in bestimmten Bereichen der Lebenshaltung in den neuen und alten Bundesländern bereits ein gleiches durchschnittliches Niveau zu beobachten gilt, wurden im West- und Ostteil Berlins jeweils 21 private 4-Personen-Haushalte mit mittlerem Einkommen zufällig ausgewählt und unter anderem hinsichtlich ihres jährlichen Stromverbrauchs S befragt. Die Auswertung der Stichprobenbefunde erbrachte die folgenden Ergebnisse:

$$S_{West} \approx N\left(4250\text{kWh}; 62500[\text{kWh}]^2\right) \text{ bzw. } S_{Ost} \approx N\left(4075\text{kWh}; 40000[\text{kWh}]^2\right)$$

1. Welches statistische Verfahren ist zur Lösung des in Rede stehenden Sachverhalts geeignet? An welche theoretischen Bedingungen ist eine sinnvolle praktische Anwendung dieses Verfahrens gebunden?
2. Zu welcher Testentscheidung gelangen Sie bei Annahme einer Irrtumswahrscheinlichkeit von 0,01? Welche Form der Hypothesenprüfung liegt hier vor?
3. Bekanntlich ist das Durchschnittsniveau des verfügbaren Einkommens der privaten Haushalte im Ostteil niedriger als das vergleichbarer Haushalte im Westteil der Stadt. Welche Entscheidung hätte man unter gleichen Bedingungen bezüglich der Behauptung (Ausgangshypothese) „...das West-Ost-Gefälle gilt nicht für den Stromverbrauch ...“ getroffen? Welche Form der Hypothesenprüfung läge hier vor? Wie hätte man die entsprechenden Hypothesen formulieren müssen?
4. Geben Sie eine Intervallschätzung für den jährlichen Stromverbrauch eines Ost-Berliner Haushaltes zu einem Konfidenzniveau von mindestens 95% an. Interpretieren Sie sachlogisch und statistisch dieses Schätzintervall?

18.3 Nichtparametrische Tests

Im Unterschied zu parametrischen Tests werden bei nichtparametrischen Tests Hypothesen nicht über unbekannte Verteilungsparameter, sondern über die unbekannten Verteilungen selbst formuliert und geprüft. In Abhängigkeit von der inhaltlichen Ausgestaltung der Hypothesen unterteilt man i.allg. nichtparametrische Tests in **Anpassungs-, Homogenitäts- und Unabhängigkeitstests.**

18.3.1 Chi-Quadrat-Anpassungstest

Definition 18.3.1-1

Der Signifikanztest, der auf den folgenden Prämissen beruht, heißt **Chi-Quadrat-Anpassungstest**.

- **Zielstellung:** Prüfen der Verteilungshypothese, ob eine hypothetisch erwartete Verteilungsfunktion F_X^e einer Zufallsvariablen X als ein geeignetes Verteilungsmodell für eine aufgrund einer Zufallsstichprobe vom Umfang n empirisch beobachtete Verteilungsfunktion F_X angesehen werden kann.
- **Voraussetzungen:** Für die unter der Nullhypothese H_0 zu erwartenden absoluten Häufigkeiten h_k^e sollte für alle k = 1,2,...,s stets $h_k^e \geq$ gelten, solange $s \leq 8$ gilt. Sobald s > 8 gilt, ist es ausreichend, wenn für alle k = 1,2,...,s $h_k^e \geq 1$ gilt.
- **Hypothesen:** Über die Verteilungsfunktionen F_X^e und F_X ist die Nullhypothese $H_0: F_X = F_X^e$ gegen die Alternativhypothese $H_1: F_X \neq F_X^e$ zu testen.
- **Testvariablenwert:** Berechne aufgrund einer Zufallsstichprobe vom Umfang n den Testvariablenwert

$$\chi^2 = \sum_{k=1}^{s} \frac{(h_k - h_k^e)^2}{h_k^e},$$

  der bei Gültigkeit der Nullhypothese H_0 asymptotisch einer Chi-Quadrat-Verteilung mit m = s - r - 1 Freiheitsgraden genügt.
- **Schwellwert:** Ermittle für ein gegebenes Signifikanzniveau α das (q = 1-α)-Quantil $\chi^2_{m;q}$ der Chi-Quadrat-Verteilung für m = s - r - 1 Freiheitsgrade.
- **Testentscheidung:** Fällt $\chi^2 > \chi^2_{m;q}$ aus, so verwirf die Nullhypothese H_0 und akzeptiere die Alternativhypothese H_1. Ansonsten behalte die Nullhypothese H_0 bei.

Anmerkungen zur Def. 18.3.1-1

1. χ kennzeichnet den griechischen Kleinbuchstaben **Chi**. Lies χ^2 daher: „**Chi-Quadrat**".
2. In der Testvariablenwertsymbolik bedeuten:

- s die **Anzahl** der sich in der Zufallsstichprobe vom Umfang n voneinander unterscheidenden Ausprägungen bzw. Merkmalswerteklassen des Merkmals X
- r die **Anzahl** der aus den Stichprobenbefunden zu schätzenden Verteilungsparameter, die für die Bestimmung der hypothetisch zu erwartenden Häufigkeiten h_k^e erforderlich sind
- h_k die für alle k = 1,2,...,s **beobachteten** absoluten Häufigkeiten der sich voneinander unterscheidenden Merkmalsausprägungen bzw. Merkmalswerteklassen des Merkmals X, wobei

$$n = \sum_{k=1}^{s} h_k$$

gilt.

- h_k^e die für alle k = 1,2,...,s unter der Nullhypothese H_0 **erwarteten** absoluten Häufigkeiten der sich voneinander unterscheidenden Merkmalsausprägungen bzw. Merkmalswerteklassen des Merkmals X, wobei

$$n = \sum_{k=1}^{s} h_k = \sum_{k=1}^{s} h_k^e$$

gilt.

3. Ist $h_k^e < 5$, und $s \leq 8$ so fasse die absoluten Häufigkeiten benachbarter Merkmalsausprägungen bzw. Merkmalswerteklassen so lange zusammen, bis $h_k^e \geq 5$ gilt. **Korrigiere** die Anzahl s der zusammengefaßten Merkmalsausprägungen bzw. Merkmalswerteklassen.
4. Der so konstruierte Chi-Quadrat-Anpassungstest setzt die **Kenntnis** absoluter Häufgkeiten voraus. Für einen gegebenen Stichprobenumfang n kann man auch die unter der Nullhypothese zu erwartenden Wahrscheinlichkeiten hinsichtlich ihrer „Paßfähigkeit" auf die empirisch beobachteten relativen Häufigkeiten prüfen.
5. In der einschlägigen englischsprachigen Literatur wird der Chi-Quadrat-Anpassungstest als ein **goodness-of-fit-test** bezeichnet. Die Benennung resultiert daraus, daß mit seiner Hilfe getestet wird, ob und inwieweit eine theoretische Verteilung auf eine beobachtete Verteilung „paßt".

Beispiel 18.3.1-1

Im neuen Automobilwerk Eisenach wird das Modell *Opel Corsa* gefertigt. Wegen begrenzter Lagerkapazität erfolgt die Zulieferung von Motoren u.a.a. nach dem Just-in-time-Konzept mittels Spezial-LKW via Straße. Dabei sind zufallsbedingte Abweichungen von den technologisch determinierten Ankunftszeiten (etwa wegen eines zu hohen Verkehrsaufkommens) unvermeidbar. Für die mathematische Modellierung von möglichen Produktionsstörfaktoren ist unter anderem die Verteilung von Ankunftszeitabweichungen von großem Interesse. Einmal unterstellt, daß man aus diesem Grunde im Zuge einer **Zufallsstichprobe** die Zeitabweichungen X (Angaben in Stunden) von n = 411 LKW-Lieferungen statistisch erfaßt und ausgewertet hat. Da die Lieferzeitabweichung X eine **stetige Zufallsvariable** ist, bedarf die Darstellung der beobachteten Stichprobenverteilung der Festlegung von Merkmalswerte- oder Lieferzeitabweichungsklassen. Die Tabelle 18.3.1-1 enthält für alle k = 1,2,...,s die beobachteten absoluten Häufigkeiten h_k

der Zufallsvariablen X auf der Basis von s = 7 Lieferzeitabweichungsklassen mit einer äquidistanten Klassenbreite von $\Delta x_k = x_k^o - x_k^u =$ Stunde. Demnach wurden z.B. in der Zeitabweichungsklasse der Ordnung $k = 1$ $h_1 = h(-3{,}5 \leq X < -2{,}5) = 4$ LKW-Lieferungen beobachtet, die weniger als dreieinhalb, aber mehr als zweieinhalb Stunden unterhalb bzw. vor der Normzeit den Standort erreichten.

Tabelle 18.3.1-1

k	$x_k^u \leq X < x_k^o$	h_k
1	-3,5 ...-2,5	4
2	-2,5 ...-1,5	28
3	-1,5 ...-0,5	101
4	-0,5 ... 0,5	154
5	0,5 ... 1,5	84
6	1,5 ... 2,5	35
7	2,5 ... 3,5	5
Σ		411

Abbildung 18.3.1-1

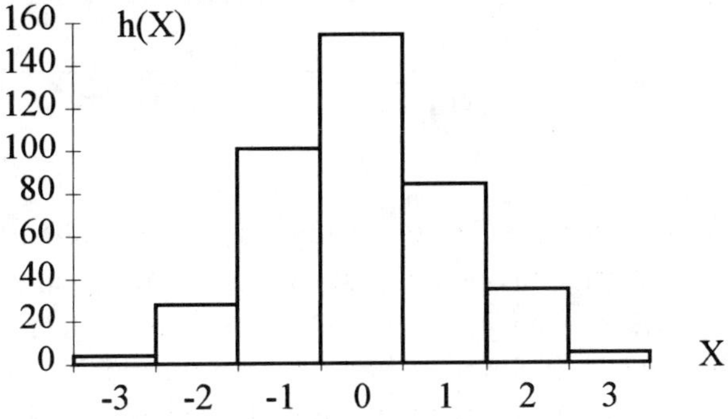

Die Abbildung 18.3.1-1 skizziert die beobachtete Häufigkeitsverteilung mit Hilfe eines **Histogramms**, das bereits eine ausreichend **symmetrische** Verteilung erkennen läßt.

Eine mögliche Verteilungshypothese, die sich aus der empirischen Analyse der Lieferzeitabweichungen plausibel ableiten läßt, könnte lauten: „Die **Normalverteilung** ist ein geeignetes theoretisches Verteilungsmodell zur Beschreibung der empirisch beobachteten (und somit vorgegebenen) Verteilung der Lieferzeitabweichungen.“ bzw. als Fragestellung formuliert: „Paßt die (stetige) Normalverteilung auf die empirisch beobachtete Verteilung der stetigen Zufallsvariablen X der Lieferzeitabweichungen?“.

Eine Antwort auf diese Frage soll mit Hilfe des **Chi-Quadrat-Anpassungstestes** gefunden werden. Da die Normalverteilung als ein theoretisches Verteilungsmodell (vgl. Definition 15.1-1) sowohl durch ihre Dichtefunktion f_X als auch Verteilungsfunktion F_X eindeutig beschrieben werden kann, bedient man sich der Einfachheit halber bei der Formulierung der Nullhypothese i.allg. der folgenden Schreibweise: H_0: $X \sim N(\mu;\sigma^2)$. Da es in Abhängigkeit vom unbekannten Mittelwert μ und von der unbekannten Varianz σ^2 eine ganze Familie von Normalverteilungen gibt, gilt es nunmehr, diese beiden unbekannten, die „normale“ Verteilung der Lieferzeitabweichungen charakterisierenden Parameter anhand der Zufallsstichprobe numerisch zu bestimmen, ein Umstand, den es später bei der Bestimmung der Freiheitsgrade für die Testentscheidung zu berücksichtigen gilt.

Diese Herangehenweise ist ja in der Induktiven Statistik nicht unbekannt, mehr noch, sie ist eigentlich ihre Grundidee:
Das Schätzen von unbekannten Parametern einer Grundgesamtheit anhand von Stichprobenbefunden.
Ein erwartungstreuer und effizienter Schätzwert für die unbekannte durchschnittliche Lieferzeitabweichung in der Grundgesamtheit (etwa aller Lieferungen im Verlaufe eines Geschäftsjahres) ist das **Stichprobenmittel**

$$\hat{\mu} = \overline{x} \approx \frac{\sum_{k=1}^{7} x_k^* \cdot h_k}{\sum_{k=1}^{7} h_k} = \frac{(-3)\cdot 4 + (-2)\cdot 28 ... +3 \cdot 5}{4 + 28 + ... + 5} = \frac{0}{411} = 0 \text{ Stunden},$$

das im konkreten Fall in ausreichend guter Näherung als ein gewogenes arithmetisches Mittel aus den Klassenmitten x_k^* und den beobachteten absoluten Häufigkeiten h_k berechnet wurde. Daß die beobachtete durchschnittliche Lieferzeitabweichung null Stunden beträgt, ist rein zufällig, leuchtet aber sofort ein, wenn man für die Abweichungen vom „Fahrplan" eine Normalverteilung unterstellt, bei der ja im konkreten Fall theoretisch die Lieferzeitabweichungen symmetrisch um Null schwanken müssen.
In analoger Form schätzt man die unbekannte Varianz und die Standardabweichung der Lieferzeitabweichungen in der Grundgesamtheit mit Hilfe der **Stichprobenvarianz**, für die man unter Verwendung der klassierten Daten aus der Tabelle 18.3.1-1 in ausreichend guter Näherung einen Wert von

$$\hat{\sigma}^2 \approx s^2 \approx \frac{\sum_{k=1}^{7} (x_k^* - \overline{x})^2 \cdot h_k}{\left(\sum_{k=1}^{7} h_k\right) - 1} = \frac{(-3-0)^2 \cdot 4 + ...}{(4 + ...) - 1} = \frac{518}{410} = 1{,}26 \ [h]^2$$

bestimmt, so daß die eingangs formulierte Nullhypothese H_0 wie folgt spezifiziert werden kann: H_0: $X \sim N(0;1{,}26)$. Für die empirische **Standardabweichung** ergibt sich in logischer Konsequenz ein Wert von $\hat{\sigma} = s = \sqrt{1{,}26} = 1{,}12$ Stunden. Demnach weichen die Lieferzeitabweichungen im Durchschnitt um 1,12 Stunden von der durchschnittlichen Lieferzeitabweichung ab. Unter Annahme der Gültigkeit der so spezifizierten Nullhypothese ist man nunmehr in der Lage, die unter der Nullhypothese zu **erwartenden** Häufigkeiten, also die erwartete Anzahl der Lieferungen, die in einer bestimmten Lieferzeitabweichungsklasse theoretisch zu erwarten wären, zu bestimmen.
Dazu geht man wie folgt vor:

1. Man bestimmt die **Wahrscheinlichkeiten** dafür, daß unter der Nullhypothese eine beliebige Lieferung in eine der s = 7 Lieferzeitabweichungsklassen fällt. Unter Verwendung der Berechnungsvorschriften im Kontext der Definition 15.1-1 und der in der Tafel 5 tabellierten Verteilungsfunktion Φ der Standardnormalverteilung N(0;1) errechnet man z.B. für die k = 1ste Klasse eine Wahrscheinlichkeit von

$$P(-3{,}5 \le X < -2{,}5) = \Phi\left(\frac{-2{,}5-0}{1{,}12}\right) - \Phi\left(\frac{-3{,}5-0}{1{,}12}\right) = \Phi(-2{,}23) - \Phi(-3{,}13) =$$

$$[1-\Phi(2{,}23)] - [1-\Phi(3{,}13)] = \Phi(3{,}13) - \Phi(2{,}23) =$$

$$0{,}99999 - 0{,}98713 = 0{,}01286.$$

Demnach ist die Wahrscheinlichkeit dafür, daß bei Gültigkeit der Nullhypothese $H_0{:}X \sim N(0;1{,}26)$ eine beliebige LKW-Lieferung **mindestens** zweieinhalb, aber **höchstens** dreieinhalb Stunden verfrüht ankommt, 0,01286. Man sagt auch: Erwartungsgemäß erreichen ca. 1,3% aller LKW-Lieferungen zwei- bis dreieinhalb Stunden früher als vorgesehen den Zielort.

2. Man bestimmt für alle k = 1,2,...,7 mittels der Beziehung

$$h_k^e = n \cdot P(x_k^u \le X < x_k^o)$$

die unter der Nullhypothese $H_0{:}X \sim N(0;1{,}26)$ zu erwartende **Anzahl** h_k^e der LKW-Lieferungen in der entsprechenden Lieferzeitabweichungsklasse. Beträgt die Wahrscheinlichkeit dafür, daß eine beliebige LKW-Lieferung in die Lieferzeitabweichungsklasse der Ordnung k = 1 fällt, 0,0129, so leuchtet es ein, daß man unter sonst gleichen Bedingungen bei n = 411 LKW-Lieferungen eben mit $h_1^e = 411 \cdot 0{,}01286 = 5{,}29$ LKW-Lieferungen in der ersten Klasse rechnen könnte. Dies ist ja gerade die unter der Nullhypothese **erwartete** absolute Häufigkeit, die auch wie folgt interpretiert werden kann: Unter der Annahme, daß die Lieferzeitabweichungen $X \sim N(0;1{,}26)$-verteilt sind, würden erwartungsgemäß 5,29 von 411 Lieferungen den Zielort zwei- bis dreieinhalb Stunden vor der Normzeit erreichen.

Auf die gleiche Art und Weise berechnet man für die restlichen Klassen die jeweiligen Wahrscheinlichkeiten und erwarteten absoluten Häufigkeiten. Man überlegt sich im konkreten Fall, daß analoge Berechnungen eigentlich nur noch für die Klassen 2, 3 und 4 erforderlich sind, da die Klassen 5, 6 und 7 wegen der Symmetrie der Normalverteilung die gleichen Kennzahlen besitzen müssen wie die Klassen 1, 2 und 3. Die gesamten Berechnungsergebnisse sind in der Tabelle 18.3.1-2 zusammengefaßt.

Tabelle 18.3.1-2

k	$x_k^u \le X < x_k^o$	h_k	$P(x_k^u \le X < x_k^o)$	h_k^e
1	-3,5..-2,5	4	0,0129	5,30
2	-2,5..-1,5	28	0,0772	31,73
3	-1,5..-0,5	101	0,2362	97,08
4	-0,5...0,5	154	0,3473	142,74
5	0,5...1,5	84	0,2362	97,08
6	1,5...2,5	35	0,0772	31,73
7	2,5...3,5	5	0,0129	5,30
Σ		411	1	411,00

Hat man die unter der Nullhypothese erwarteten Häufigkeiten ermittelt, so gilt es noch prüfen, ob für alle k = 1,2,...,7 die Bedingung $h_k^e \ge 5$ erfüllt ist. Da dies offensichtlich der Fall ist, kann man nunmehr den **Testvariablenwert**

$$\chi^2 = \frac{(4-5{,}30)^2}{5{,}30} + \frac{(28-31{,}73)^2}{31{,}73} + \ldots + \frac{(5-5{,}30)^2}{5{,}30} = 3{,}8$$

berechnen, der unter der Nullhypothese asymptotisch einer **Chi-Quadrat-Verteilung** genügt. Für die Testentscheidung benötigt man jetzt noch das zum vereinbarten Signifikanzniveau $\alpha = 0{,}05$ gehörende q-Quantil $\chi^2_{m;q}$ für m Freiheitsgrade.

Die Bestimmung der Anzahl m = s - r - 1 **Freiheitsgrade** kann man sich im konkreten Fall wie folgt verdeutlichen: Da im konkreten Fall der Kern des Chi-Quadrat-Anpassungstests in der Berechnung der unter der Nullhypothese zu erwartenden absoluten Häufigkeiten besteht, überlegt man sich, daß man für die s = 7 Klassen auch s = 7 (Klassen)Häufigkeiten ermitteln muß. Nun ist die Summe der unter der Nullhypothese zu erwartenden Häufigkeiten, also n = 411 LKW-Lieferungen, bereits festgelegt. Gleich wie man auch die s = 7 zu erwartenden Häufigkeiten „wählen" würde, man hätte stets nur 7-1 = 6 Freiheitsgrade, dies zu tun, denn eine von den sieben Häufigkeiten ist immer auch dann eindeutig bestimmt, wenn die übrigen sechs bereits bestimmt sind. Diese m = 6 Freiheitsgrade sind schließlich und endlich noch durch die Anzahl r = 2 der unbekannten Verteilungsparameter μ und σ^2 zu vermindern, die für die Ermittlung der zu erwartenden Häufigkeiten aus den beobachteten Befunden zu schätzen waren, so daß man letzten Endes m = 7 - 2 - 1 = 4 Freiheitsgrade für die weiteren Betrachtungen zu berücksichtigen hat.

Für m = 4 und q = 0,95 findet man in der **Tafel 4** das Quantil $\chi^2_{4;0,95} = 9{,}49$, das nun als **Schwellwert** für die Testentscheidung fungiert.
Wegen $\chi^2 = 3{,}8 < \chi^2_{4;0,95} = 9{,}49$ besteht aufgrund der vereinbarten Entscheidungsregel **kein** Anlaß, an der eingangs formulierten Normalverteilungshypothese der Lieferzeitabweichungen zu zweifeln. Man achte allerdings auch in diesem Zusammenhang darauf, daß man dieses Testergebnis nicht als „Beweis“ dafür ansehen darf, daß die Lieferzeitabweichungen (etwa innerhalb eines Geschäftsjahres) normalverteilt sind. Das gesamte Ausmaß der normierten quadratischen Abweichungen der erwarteten von den beobachteten absoluten Häufigkeiten, also der Chi-Quadrat-Testvariablenwert, liegt eben noch im zulässigen Bereich des freien Spiel des Zufalls und ist letztlich nicht markant genug, um die Nullhypothese als nicht mehr haltbar bloßzulegen: „... aus Mangel an Abweichungen zugunsten der Nullhypothese ...“ lautet daher das statistische Urteil. Mehr nicht!
Die Abbildung 18.3.1-1 skizziert die getroffene Testentscheidung:

Abbildung 18.3.1-1

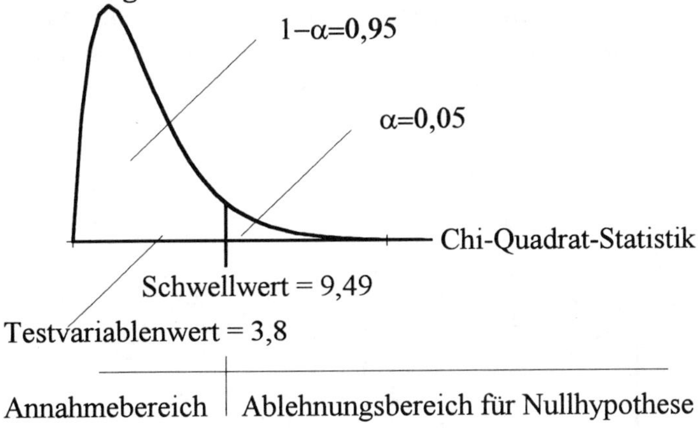

Beispiel 18.3.1-2
Einmal angenommen, daß zur Erstellung des 1994er Waldschadensberichts für Norddeutschland zufällig 850 Jagen ausgewählt wurden, für die jeweils auf der Fläche eines Ar die Anzahl der durch Umwelteinflüsse geschädigten Bäume statistisch erfaßt wurde. Ein unabhängiger Umweltexperte wird nun mit der statistischen Analyse der erhobenen Daten beauftragt. Aufgrund der in der Tabelle 18.3.1-3 zusammengestellten Häufigkeitstabelle und der in der Abbildung 18.3.1-2 skizzierten Häufigkeitsverteilung vermutet der Umweltexperte, daß die **diskrete Zufallsvariable** X: „Anzahl geschädigter Bäume je Ar Waldfläche“ bezüglich ihrer möglichen Realisationen $x_k = 0, 1, 2, \ldots$ hinreichend genau durch das theoretische Verteilungsmodell einer **Poissonverteilung** beschrieben werden kann.

Formuliert man die Behauptung des Umweltexperten als Ausgangs- oder Nullhypothese, so gilt offensichtlich: H_0:X ~ Po(λ). Da das diskrete Verteilungsmodell der Possionverteilung (vgl. Definition 14.4-1) nur von einem Parameter, dem unbekannten **Verteilungsparameter** λ abhängig ist, gilt es für diesen Verteilungsparameter in der Grundgesamtheit (aller Bäume des norddeutschen Waldes) einen geeigneten Schätzwert zu bestimmen.

Nun ist der Erwartungswert E(X) einer poissonverteilten Zufallsvariablen X gleich dem unbekannten Parameter λ, so daß es sinnvoll erscheint, den **Stichprobenmittelwert**

$$\hat{\lambda} \approx \bar{x} = \frac{\sum_{k=1}^{6} x_k \cdot h_k}{\sum_{k=1}^{6} h_k} = \frac{0 \cdot 420 + \ldots + 5 \cdot 1}{420 + \ldots + 1} = \frac{595}{850} = 0{,}7$$

als Schätzwert für den unbekannten Erwartungswert zu verwenden. Demnach wurden in den norddeutschen Waldbeständen 1994 im Durchschnitt 0,7 geschädigte Bäume je Ar Waldfläche statistisch beobachtet. Somit kann die Nullhypothese nunmehr wie folgt spezifiziert werden: H_0:X ~ Po(0,7).

Tabelle 18.3.1-3

k	x_k	h_k
1	0	420
2	1	301
3	2	99
4	3	25
5	4	4
s = 6	5	1
Σ		850

Abbildung 18.3.1-2

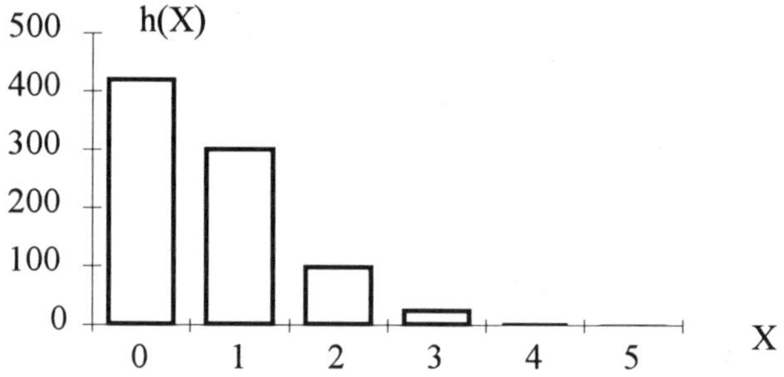

Kennt man zumindest in ausreichender Näherung das **Verteilungsgesetz** unter der Nullhypothese, so kann man für alle k = 1,2,...,6 sich voneinander unterscheidenden Realisationen x_k die zu **erwartenden** absoluten Häufigkeiten h_k^e mit Hilfe der Berechnungsvorschrift $h_k^e = n \cdot P(X = x_k)$ ermitteln, wobei $P(X = x_k)$ die Wahrscheinlichkeit dafür ist, daß sich auf einer zufällig ausgewählten Waldfläche von einem Ar genau X = x_k geschädigte Bäume befinden.

Für die Realisation $x_1 = 0$ der diskreten Zufallsvariablen X entnimmt man für λ = 0,7 aus der **Tafel 2** die Einzelwahrscheinlichkeit P(X = 0) = 0,4966 und interpretiert sie wie folgt: Unter der Nullhypothese H_0:X ~ Po(0,7) ist die Wahrscheinlichkeit dafür, daß sich in einem beliebigen Waldstück von der Größe eines Ar kein geschädigter Baum befindet, 0,497. Demnach wären 1994 49,7% des geamten norddeutschen Waldes bzw. $h_1^e = 850 \cdot 0{,}4966 = 422{,}11$ der 850 ausgewählten Wäldflächen von der Größe eines Ar in Norddeutschland nicht (baum)geschädigt gewesen.

Die sich unter der Nullhypothese ergebenden Wahrscheinlichkeiten und erwarteten Häufigkeiten der restlichen Realisationen der diskreten Zufallsvariablen X: „Anzahl geschädigter Bäume je Ar Waldfläche" sind in der Tabelle 18.3.1-4 zusammengefaßt.

Bei der Betrachtung der letzten Tabellenspalte erkennt man, daß für die Realisationen der Ordnung k = 5 und k = 6 die **Approximationsbedingung** $h_k^e \geq 5$ für eine Anwendung der Chi-Quadrat-Verteilung als Prüfverteilung nicht erfüllt ist. Aus diesem Grunde faßt man sowohl die beobachteten als auch die unter der Nullhypothese zu erwartenden absoluten Häufigkeiten der Ordnung k = 4,5,6 für die Berechnung des Testvariablenwertes zusammen, so daß sich die aggregierten Häufigkeitsverteilungen ergeben, so wie sie in der Tabelle 18.3.1-5 dargestellt sind.

Tabelle 18.3.1-4

k	$X = x_k$	h_k	$P(X = x_k)$	h_k^e
1	0	420	0,4966	422,11
2	1	301	0,3476	295,46
3	2	99	0,1217	103,45
4	3	25	0,0284	24,14
5	4	4	0,0050	4,25
6	5	1	0,0007	0,60
Σ		850	1	850,00

Es ist evident, daß nach der Zusammenfassung der Merkmalsausprägungen bzw. Realisationen nicht mehr wie bisher s = 6, sondern nur noch s = 4 sich voneinander unterscheidende Realisationen x_k und ihnen zugeordnete absolute Häufigkeiten verfügbar sind.

Tabelle 18.3.1-5

k	$X = x_k$	h_k	h_k^e	F_k	F_k^e
1	0	420	422,11	0,4941	0,4966
2	1	301	295,46	0,8482	0,8442
3	2	99	103,44	0,9647	0,9659
s = 4	3 ...	30	28,99	1	1
Σ		850	850,00		

Verwendet man statt der absoluten Häufigkeiten h_k und h_k^e die aus ihnen entlehnten kumulierten relativen Häufigkeiten F_k und F_k^e, so leuchtet einem spätestens hier die Formulierung der Nullhypothese $H_0: F_k = F_k^e$ gemäß Definition 18.3.1-1 ein. Vereinbart man ein Signifikanzniveau von $\alpha = 0{,}05$, so führt der Vergleich des Testvariablenwertes

$$\chi^2 = \frac{(420-422{,}11)^2}{422{,}11} + \ldots + \frac{(30-28{,}99)^2}{28{,}99} = 0{,}34\,.$$

mit dem aus der **Tafel 4** entnommenen Schwellwert $\chi^2_{m;q}$ für m = 4-1-1 = 2 Freiheitsgrade und q = 1-α = 0,95 wegen

$$\chi^2 = 0{,}34 < \chi^2_{2;0{,}95} = 5{,}99$$

nicht zur Ablehnung der Nullhypothese H_0: X ~ Po(0,7).
Demnach kann aufgrund der Stichprobenbefunde die Vermutung des Umweltexperten, daß die Anzahl geschädigter Bäume je Ar Waldfläche Po(0,7)-verteilt ist, nicht widerlegt werden. Dies heißt natürlich nicht, daß der Umweltexperte mit seiner Vermutung recht hat, sondern erst einmal nur, daß man aufgrund der Stichprobenbefunde nicht in der Lage ist, seine Vermutung zu widerlegen.
Wollte man die Vermutung des Umweltexperten anhand nur dieser einen Stichprobe widerlegen, so könnte man dies z.B. wegen

$$\chi^2 = 0{,}34 > \chi^2_{2;0{,}10} = 0{,}21$$

erst auf einem Signifikanzniveau von $\alpha = 0{,}90$, also höchstens mit einer Sicherheitswahrscheinlichkeit von q = 1-α = 0,10 bewerkstelligen. Mehr noch: Aufgrund des nahe Null gelegenen Testvariablenwertes hegt man eher den Verdacht, daß sich aus gleich welchen Gründen auch immer der Zufall nicht voll entfalten konnte, da die Poissonverteilung mit dem Parameter $\lambda = 0{,}7$ eigentlich „zu gut“ auf die empirisch beobachtete Verteilung paßt.
Wie dieses konkrete Beispiel einleuchtend zeigt, ist es durchaus nicht abwegig, den Chi-Quadrat-Anpassungstest auch als einen „statistischen Detektiv“ zu verwenden, mit dessen Hilfe man eine auf empirische Befunde verblüffend gut passende theoretische Verteilung gewissermaßen als „signifikant verdächtig“ entlarven kann, so, als wäre hier der „...Verteilungswunsch der Vater des Gedanken gewesen....“

18.3.2 Chi-Quadrat-Unabhängigkeitstest

Definition 18.3.2-1

Der Signifikanztest, der auf den folgenden Prämissen beruht, heißt **Chi-Quadrat-Unabhängigkeitstest**.

- **Zielstellung:** Prüfen der Hypothese, ob zwei Zufallsvariablen X und Y stochastisch voneinander unabhängig sind bzw. eine gemeinsame Verteilungsfunktion F_{XY} besitzen.
- **Voraussetzungen:** Für die beobachteten absoluten Häufigkeiten h_{jk} und für die unter der Nullhypothese H_0 zu erwartenden absoluten Häufigkeiten h^e_{jk} sollte für alle j = 1,2,...,r und k = 1,2,...,c stets $h_{jk} \geq 10$ und $h^e_{jk} \geq 5$ gelten.
- **Hypothesen:** Über die Verteilungsfunktionen F_X und F_Y ist die Nullhypothese $H_0{:}F_{XY} = F_X \cdot F_Y$ gegen die Alternativhypothese $H_1{:}F_{XY} \neq F_X \cdot F_Y$ zu testen.
- **Testvariablenwert:** Ziehe eine Zufallsstichprobe vom Umfang n und erstelle eine $(r \cdot c)$-Kreuztabelle für die sich voneinander unterscheidenden Ausprägungspaare $(x_j;y_k)$, $j = 1,2,...,r$, $r < n$, $k = 1,2,...,c$, $c < n$, der Zufallsvariablen X und Y. Berechne auf der Grundlage der Kreuztabelle den Testvariablenwert

$$\chi^2 = \sum_{j=1}^{r}\sum_{k=1}^{c}\frac{(h_{jk} - h^e_{jk})^2}{h^e_{jk}},$$

der bei Gültigkeit der Nullhypothese H_0 asymptotisch einer Chi-Quadrat-Verteilung mit $m = (r-1)\cdot(c-1)$ Freiheitsgraden genügt.
- **Schwellwert:** Ermittle für ein gegebenes Signifikanzniveau α das $(q = 1-\alpha)$-Quantil $\chi^2_{m;q}$ der Chi-Quadrat-Verteilung für $m = (r-1)\cdot(c-1)$ Freiheitsgrade.
- **Testentscheidung:** Fällt $\chi^2 > \chi^2_{m;q}$ aus, so verwirf die Nullhypothese H_0 und akzeptiere die Alternativhypothese H_1. Ansonsten behalte die Nullhypothese H_0 bei.

Anmerkungen zur Def. 18.3.2-1

1. Die im Abschnitt 5.1.1 getroffenen Aussagen zur empirischen Unabhängigkeit und zur Kontingenz- oder Kreuztabelle gelten i.allg. auch für den Chi-Quadrat-Unabhängigkeitstest. Der entscheidene Unterschied liegt in der Betrachtung der Unabhängigkeit nicht im deskriptiven bzw. empirischen, sondern im induktiven bzw. stochastischen Sinne (vgl. Definition 12.3-2).
2. Zur Erklärung der Symbolik im Kontext einer Kreuztabelle siehe Definition 5.1.1-1, 5.1.1-2 sowie Tabelle 5.1.1-1.
3. Sind die Approximationsbedingungen $h_{jk} \geq 10$ und $h^e_{jk} \geq 5$ für eine Anwendung der Chi-Quadrat-Verteilung als Prüfverteilung nicht erfüllt, so faßt man in praktischen Anwendungen benachbarte Ausprägungen i.allg. solange zusammen, bis die genannten Voraussetzungen erfüllt sind.

3. Der Chi-Quadrat-Unabhängigkeitstest wird in praxi auch als **Homogenitätstest** für zwei und mehr empirisch beobachtete Häufigkeitsverteilungen verwendet. (siehe Definition 18.3.3-1)

Beispiel 18.3.2-1

Eine im Wintersemester 1994/95 durchgeführte Befragung von n = 200 zufällig ausgewählten FHTW-Studenten im Grundstudium lieferte bezüglich der beiden Merkmale X: „Nebenjob" und Y: „Anzahl zu wiederholdender Prüfungen" das in der Tabelle 18.3.2-2 zusammengefaßte Ergebnis.

Da z.B. das Ausprägungspaar $(x_1;y_4)$ = (kein Nebenjob; drei und mehr zu wiederholende Prüfungen) insgesamt nur $h_{14} = 2$ mal beobachtet wurde, ist bereits hier angezeigt, wegen der Nichterfüllung der **Approximationsbedingung** $h_{jk} \geq 10$ die Kontingenztabelle von einer rechteckigen $3 \cdot 4 = 12$ auf eine quadratische $3 \cdot 3 = 9$ Feldertafel zusammenzufassen. Die aggregierte **Kontingenztabelle** ist in der Tabelle 18.3.2-3 dargestellt.

Tabelle 18.3.2-2

Y / X	keine	eine	zwei	drei und mehr	gesamt
kein	27	12	8	2	39
manchmal	37	26	15	7	85
ständig	11	25	28	12	76
gesamt	75	63	51	21	200

Tabelle 18.3.2-3

Y / X	keine	eine	zwei und mehr	gesamt
kein	27	12	10	49
manchmal	37	21	22	80
ständig	11	20	40	71
gesamt	75	53	72	200

Deutet man das ordinalskalierte Merkmal X: „Nebenjob" als eine diskrete Zufallsvariable mit den Realisationen $x_1 = 0$ (kein Nebenjob), $x_2 = 1$ (manchmal ein Nebenjob) und $x_3 = 2$ (ständiger Nebenjob) und das absolutskalierte Merkmal Y: „Prüfungswiederholungen" als eine diskrete Zufallsvariable mit den Realisationen $y_1 = 0$ (keine Wiederholungsprüfung), $y_2 = 1$ (eine Wiederholungsprüfung) und $y_3 \geq 2$ (zwei und mehr Wiederholungsprüfungen), so ist sinnvoll, die Nullhypothese wie folgt zu formulieren: H_0: „Die Zufallsvariablen Nebenjob und Prüfungswiederholungen sind stochastisch voneinander unabhängig.", so daß letztlich gilt: $H_0\!: F_{XY} = F_X \cdot F_Y$.

Gilt die Nullhypothese, so errechnet man z.B. für die Realisation $(x_1;y_1)$ eine zu **erwartende** absolute Häufigkeit von

$$h_{11}^e = \frac{h(x_1)\cdot h(y_1)}{n} = \frac{75\cdot 49}{200} = 18{,}375.$$

Bestünde Unabhängigkeit (vgl. Definition 5.1.1-2 und Definition 12.3-2) zwischen den Merkmalen „Nebenjob" und „Prüfungswiederholungen", so hätten von den 200 befragten StudentINNen erwartungsgemäß (etwa) nur 18 sowohl keinem Nebenjob nachgehen als auch keine Prüfung wiederholen dürfen. In Wirklichkeit aber wurden 27 StudentINNen mit den gleichen Merkmalsausprägungen beobachtet.

Die Tabelle 18.3.2-4 enthält für alle j,k = 1,2,3 die unter der Unabhängigkeitshypothese theoretisch zu erwartenden Häufigkeiten h_{jk}^e.

Tabelle 18.3.2-4

X Y	$y_1 = 0$	$y_2 = 1$	$y_3 \geq 2$	Σ
$x_1 = 0$	18,38	12,98	17,64	49
$x_2 = 1$	30,00	21,20	28,80	80
$x_3 = 2$	26,62	18,82	25,56	71
Σ	75	53	72	200

Da für alle zu erwartenden Häufigkeiten h_{jk}^e die **Approximationsbedingung** $h_{jk}^e \geq 5$ erfüllt ist, braucht man nur noch aus den Tabellen 18.3.2-3 und 18.3.2-4 den **Testvariablenwert**

$$\chi^2 = \frac{(27-18{,}38)^2}{18{,}38} + \frac{(12-12{,}98)^2}{12{,}98} + \ldots + \frac{(40-25{,}56)^2}{25{,}56} = 28{,}06$$

zu berechnen, um den Unabhängigkeitstest praktizieren zu können.

Verwendet man das übliche Signifikanzniveau von $\alpha = 0{,}05$, so findet man in der **Tafel 4** für $m = (3-1)\cdot(3-1) = 4$ **Freiheitsgrade** und $q = 1\text{-}\alpha = 0{,}95$ das entsprechende **Quantil** $\chi^2_{4;0,95} = 9{,}49$, das als **Schwellwert** für die Testentscheidung fungiert. Wegen

$$\chi^2 = 28 > \chi^2_{4;0,95} = 9{,}49$$

muß aufgrund der vereinbarten Entscheidungsregel die Unabhängigkeitshypothese verworfen werden. Es ist also zu 95% sicher, daß die Merkmale X

(Nebenjob) und Y (Prüfungswiederholungen) sich einander bedingen, also nicht voneinander unabhängig sind.

Selbst wenn man das Signifikanzniveau auf $\alpha = 0{,}001$ senken würde, hätte man wegen $\chi^2 = 28 > \chi^2_{4;0,999} = 18{,}47$ so gut wie keine Chance, die Unabhängigkeitshypothese aufrechterhalten zu können. Die Testentscheidung wird in der Abbildung 18.3.2-1 nochmals bildhaft verdeutlicht.

Abbildung 18.3.2-1

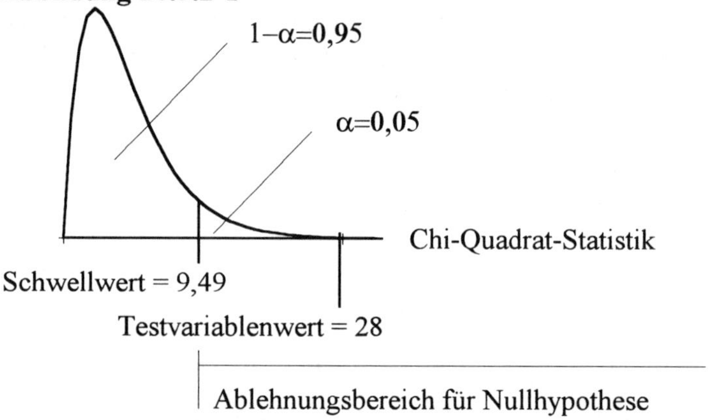

Die Summe der normierten Abweichungsquadrate zwischen den beobachteten und den erwarteten Häufigkeiten hat zumindest einen plausiblen statistischen Grund, der sich allerdings nicht mehr durch ein noch so verwegenes Spiel des Zufalls erklären läßt. Man sagt daher auch: Mit einer an Sicherheit grenzenden Wahrscheinlichkeit ist die Unabhängigkeitshypothese aufgrund der Befragung statistisch widerlegt.

Ohne weitere Berechnungen anstellen zu müssen, wird bereits aus der Abbildung 18.3.2-1 deutlich, daß die Wahrscheinlichkeit dafür, eine Fehlentscheidung zu treffen, also den Fehler 1. Art zu begehen, verschwindend gering ist.

Diese Form der Testentscheidung hat sich in der Computerstatistik allgemein durchgesetzt. Etwa bei einem SPSS- oder SAS-Ergebnisprotokoll wird stets nur ein auf der Grundlage der Stichprobenbefunde berechnetes Signifikanzniveau angegeben, also eine Wahrscheinlichkeit dafür, eine Fehlentscheidung zu treffen, obgleich die Nullhypothese richtig ist.

18.3.3 Chi-Quadrat-Homogenitätstest

Definition 18.3.3-1

Der Signifikanztest, der auf auf den folgenden Prämissen beruht, heißt **Chi-Quadrat-Homogenitätstest**.

- **Zielstellung:** Prüfen der Hypothese, ob die Verteilungsfunktion F_X einer Zufallsvariablen X auf der Basis von r sich unterscheidenden Ausprägungen bzw. Merkmalswerteklassen in c unabhängigen Zufallsstichproben gleich ist.
- **Voraussetzungen:** Für die beobachteten absoluten Häufigkeiten h_{jk} und für die unter der Nullhypothese H_0 zu erwartenden absoluten Häufigkeiten h^e_{jk} sollte für alle $j = 1,2,...,r$ und $k = 1,2,...,c$ stets $h_{jk} \geq 10$ und $h^e_{jk} \geq 5$ gelten.
- **Hypothesen:** Über die Verteilungsfunktionen F ist die Nullhypothese $H_0: F_k = F_l$ für alle $k,l = 1,2,...,c$ und $k \neq l$ gegen die Alternativhypothese $H_1: F_k \neq F_l$ für mindestens ein Stichprobenpaar $k \neq l$ zu testen.
- **Testvariablenwert:** Ziehe c unabhängige Zufallsstichproben jeweils vom Umfang n. Ermittle eine $(r \cdot c)$-Kreuztabelle für die $r < n$ sich voneinander unterscheidenden Ausprägungen x_j bzw. Merkmalswerteklassen $x^u_j \leq X < x^o_j$ in den c Stichproben und berechne auf deren Grundlage den Testvariablenwert

$$\chi^2 = \sum_{j=1}^{r} \sum_{k=1}^{c} \frac{(h_{jk} - h^e_{jk})^2}{h^e_{jk}},$$

der bei Gültigkeit der Nullhypothese H_0 asymptotisch einer Chi-Quadrat-Verteilung mit $m = (r-1) \cdot (c-1)$ Freiheitsgraden genügt.
- **Schwellwert:** Ermittle für ein gegebenes Signifikanzniveau α das $(q = 1-\alpha)$-Quantil $\chi^2_{m;q}$ der Chi-Quadrat-Verteilung für $m = (r-1) \cdot (c-1)$ Freiheitsgrade.
- **Testentscheidung:** Fällt $\chi^2 > \chi^2_{m;q}$ aus, so verwirf die Nullhypothese H_0 und akzeptiere die Alternativhypothese H_1. Ansonsten behalte die Nullhypothese H_0 bei.

Anmerkungen zur Def. 18.3.3-1

1. Der Chi-Quadrat-Homogenitätstest ist ein Spezialfall des Chi-Quadrat-Unabhängigkeitstests (vgl. Definition 18.3.2-1) in Anwendung auf zwei und mehr voneinander unabhängig ermittelte Stichprobenverteilungen einer Zufallsvariablen.
3. Sind die **Approximationsbedingungen** $h_{jk} \geq 10$ und $h^e_{jk} \geq 5$ für eine Anwendung der Chi-Quadrat-Verteilung als Prüfverteilung nicht erfüllt, so faßt man in praktischen Anwendungen benachbarte Ausprägungen bzw. Merkmalswerteklassen i.allg. solange zusammen, bis die genannten Voraussetzungen erfüllt sind.

Beispiel 18.3.3-1

In Anlehnung an die Aufgabe 4.7-5 sollen mit Hilfe des **Chi-Quadrat-Homogenitätstests** für das Jahr 1993 die Einkommensverteilungen in den alten und in den neuen Bundesländern auf ihre Homogenität geprüft werden. Faßt man das monatliche Nettoeinkommen X der privaten Haushalte als eine Zufallsvariable auf, so kann man die in der Graphik skizzierten Einkommenverteilungen auch als unabhängig voneinander gezogene Stichprobenverteilungen deuten, wenn man der Anschaulichkeit und Einfachheit halber einmal unterstellt, daß in jeder Stichprobe n = 1000 private Haushalte hinsichtlich ihres Einkommens befragt wurden. Da nur c = 2 Stichprobenverteilungen zu je r = 6 äquidistanten Einkommenklassen $x_j^u \leq X < x_j^o$ betrachtet werden, erhält man die in der Tabelle 18.3.3-2 widergegebene Kreuztabelle,

Tabelle 18.3.3-2

j	$x_j^u \leq X < x_j^o$	h_{j1}	h_{j2}	Σ
1	-1000	56	135	191
2	1000-2000	195	322	517
3	2000-3000	258	299	577
4	3000-4000	185	158	343
5	4000-5000	128	57	185
6	5000-	178	29	207
Σ		1000	1000	2000

für die die Nullhypothese $H_0: F_1 = F_2 = F$ gegen die Alternativhypothese $H_1: F_1 \neq F_2$ geprüft werden soll.

Für die weiteren Betrachtungen symbolisiert vereinbarungsgemäß der Index k = 1 die Haushaltsstichprobe in den alten und der Index k = 2 die Haushaltsstichprobe in den neuen Bundesländern. Die unter der Nullhypothese zu erwartenden absoluten Häufigkeiten h_{jk}^e sind für alle j = 1,2,...,6 Einkommensklassen und k = 1,2 Haushaltsstichproben in der Tabelle 18.3.3-3 zusammengefaßt.

Die Tabelle 18.3.3-3 ist in zweierlei Hinsicht interessant:

1. stimmen in logischer Konsequenz die Randverteilungen mit denen in der Tabelle 18.3.3-2 überein
2. sind die unter der Null- oder Homogenitätshypothese zu erwartenden Häufigkeitsverteilungen in den alten und neuen Bundesländern **gleich**. Dieser Sachverhalt erklärt sich aus den gleichgroßen Haushaltsstichproben. So errechnet man für die beiden Haushaltsstichproben etwa in der Einkommensklasse der Ordnung j = 1 jeweils die folgenden hypothetisch zu erwartenden aboluten Häufigkeiten

$$h_{11}^{e} = \frac{1000 \cdot 191}{2000} = \frac{191}{2} = \frac{56 + 135}{2} = 95{,}5 = h_{12}^{e}.$$

Man erkennt jetzt leicht, daß im Kontext des Homogenitätstests die zu erwartenden Häufigkeiten ihrem Wesen nach arithmetische Mittel sind. Die Verwendung des arithmetischen Mittels als Schätzfunktion für die zu erwartenden Häufigkeiten leuchtet ein, denn im konkreten Fall ist das arithmetische Mittel ein erwartungstreuer und effizienter Schätzer für die zu erwartenden absoluten Häufigkeiten in den r = 6 Einkommensklassen.

Tabelle 18.3.3-3

j	h_{j1}^{e}	h_{j2}^{e}	Σ
1	95,5	95,5	191
2	258,5	258,5	517
3	288,5	288,5	577
4	171,3	171,5	343
5	92,5	92,5	185
6	103,5	103,5	207
Σ	1000	1000	2000

Unter Verwendung der absoluten Häufigkeiten in den Tabellen 18.3.3-2 und 18.3.3-3 errechnet man letztlich einen **Testvariablenwert** von

$$\chi^2 = \frac{(56 - 95{,}5)^2}{95{,}5} + \frac{(135 - 95{,}5)^2}{95{,}5} + \ldots + \frac{(29 - 103{,}5)^2}{103{,}5} = 205{,}4.$$

Vereinbart man wie üblich für die Testentscheidung ein **Signifikanzniveau** von $\alpha = 0{,}05$, so findet man in der **Tafel 4** für m = (6-1)(2-1) = 5 Freiheitsgrade das entsprechende **Quantil** $\chi^2_{5;0,95} = 11{,}07$, das als **Schwellwert** für die Testentscheidung fungiert.

Da offensichtlich $\chi^2 = 205 > \chi^2_{5;0,95} = 11$ gilt, ist entsprechend der vereinbarten Entscheidungsregel die Homogenitätshypothese für die 1993er Einkommensverteilungen der privaten Haushalte in den alten und neuen Bundesländern **nicht** aufrecht zu erhalten. Mehr noch: Die Summe der normierten Abweichungsquadrate der beobachteten und erwarteten Einkommensverteilungen ist so groß, daß es so gut wie keinen Zweifel an der Verschiedenartigkeit der Verteilungen geben kann. Eher geht wohl ein Kamel durch ein Nadelöhr, als daß man bei dieser Testentscheidung einen Fehler erster Art begehen könnte, also die Homogenitätshypothese zu verwerfen, obgleich sie richtig ist.

18.3.4 Aufgaben

Aufgabe 18.3.4-1

Im Rahmen einer studentischen Praktikumsarbeit wurden 280 Zeitdifferenzen (in Minuten) zwischen den Abfahrtszeiten von zwei beliebigen, mit Erdaushub beladenen Lastkraftwagen auf einer Berliner Großbaustelle statistisch erfaßt. Die Zusammenfassung des Urmaterials in „Zeitdauerintervallen" ergab das folgende Bild:

Nr.	Zeitdauer von .. bis unter	absolute Häufigkeit
1	- 1	154
2	1 - 2	78
3	2 - 3	22
4	3 - 4	12
5	4 - 5	8
6	5 -	6

1. Stellen Sie die aufbereiteten Daten in einer geeigneten Form graphisch dar. und berechnen Sie aus den vorliegenden Beobachtungen die durchschnittliche Zeitdifferenz.
2. Ist für die vorliegenden Daten die Exponentialverteilung ein geeignetes theoretisches Verteilungsmodell? Prüfen Sie diese Vermutung auf einem Signifikanzniveau von 0,05.

Aufgabe 18.3.4-2

Um laufend öffentlich geäußerten Gerüchten entgegenzutreten, daß Mitglieder einer bestimmten Partei (vielleicht die Lila-Partei?) es einfacher hätten, höhere öffentliche Ämter zu besetzen, hat der Landrat eines Landeskreises ein unabhängiges Institut mit einer Untersuchung beauftragt. Das Institut erstellt darauf hin eine Statistik über die Einstellung von insgesamt 300 Beamten in der letzten Legislaturperiode:

	Lila-Partei	Zuzgehörigkeit zu einer anderen Partei bzw. parteilos	insgesamt
mittlerer Dienst	30	120	150
gehobener Dienst	30	60	90
besondere Posten	39	20	59
Landrat	1	0	1
insgesamt	100	200	300

Kann aus den ermittelten statistischen Daten verallgemeinernd auf eine Abhängigkeit zwischen Ämtervergabe und Parteizugehörigkeit geschlossen werden? Formulieren Sie geeignete Hypothesen und testen Sie diese auf einem Signifikanzniveau von 0,05.

Aufgabe 18.3.4-3 (Klausuraufgabe)

Einmal angenommen, daß die Anzahl h(U) von Arbeitsunfällen U, die 496 Bauarbeiter im Verlaufe eines Zeitraums von zwei Monaten hatten, statistisch beobachtet und analysiert wurden. Einige Analyseergebnisse sind in der folgenden Tabelle zusammengefaßt:

U	h(U), beob.	U·h(u)	h(u), erwart.
0	308	0	
1	140	140	
2	40	80	37,60
3	5	15	6,25
4	2	8	0,79
5	1	5	0,10
Summe	496	248	496,00

1. Ist die Verteilungsannahme U~Po(λ) berechtigt? Treffen Sie unter Verwendung eines geeignetes Testverfahrens Ihre Entscheidung auf einem Signifikanzniveau von $\alpha=0{,}05$. Geben Sie einen geeigneten Schätzwert für den Verteilungsparameter λ an. Interpretieren Sie ihn und benennen Sie konkret die Vorschrift seiner Berechnung.
2. Einmal angenommen, die Zufallsvariable U sei Po(1)-verteilt. Wie groß wäre die Wahrscheinlichkeit dafür, daß ein beliebig ausgewählter Bauarbeiter innerhalb der zwei Monate mindestens einen, aber höchstens drei Unfälle hat?

Aufgabe 18.3.4-4 (Klausuraufgabe)

In einer Studie einer großen deutschen Kfz-Haftpflichtversicherung wurden u.a.a. die jährlichen Fahrleistungen L (Angaben in 1000 km) analysiert. Die Angaben von 401 zufällig ausgewählten und befragten Versicherungsteilnehmern sind in der beigefügten Tabelle zusammengefaßt. Ist die Annahme berechtigt, daß die jährlichen Fahrleistungen der Haftpflichtversicherten normalverteilt sind?
Analysieren Sie diesen Sachverhalt unter Verwendung der angeführten Tabelle, indem Sie

1. für den konkreten Sachverhalt die interessierende Zufallsvariable inhaltlich benennen, klassifizieren und bezeichnen sowie über sie die entsprechende Ausgangshypothese formulieren. Welche Werte verwenden Sie für die Verteilungsparameter des „vermuteten" theoretischen Verteilungsmodells und

warum? Interpretieren Sie die von Ihnen verwendeten Werte der Verteilungsparameter. Zeigen und benennen Sie konkret die Vorschrift ihrer Berechnung.

2. ein geeignetes statistisches Verfahren auswählen und benennen, mit dessen Hilfe Sie prüfen, ob das erwähnte theoretische Verteilungsmodell auf die statistisch beobachtete Verteilung der jährlichen Fahrleistungen „paßt". Treffen Sie Ihre Aussage mit einer möglichst geringen statistischen Irrtumswahrscheinlichkeit.

Leistungs-klassen	Versicherte	Klassen-mitten		quadrat. Abweichg.	Wahrsch.-keit	Versich.
u<L<o	b(eob.)	m	m · b		P(u<L<o)	e(rwartet)
0 ... 6	4	3	12	1296	0,0091	3,65
6 ... 12	24	9	216	3456	0,0697	27,95
12 ... 18	95	15	1425	3420		
18 ... 24	157	21	3297	0		
24 ... 30	90	27	2430	3240		
30 ... 36	28	33	924	4032	0,0697	
36 ... 42	3	39	117	972	0,0091	
Summe	401		8421	16416	1	401
Mittel				40,96		

Aufgabe 18.3.4-5

Eine bekannte Supermarktkette verwendet für die Kundenwerbung Postkarten mit bestimmten Motiven. Zur Ermittlung der Wirksamkeit dieser Werbung wurde in Berlin eine Kundenbefragung durchgeführt. Der Fragebogen enthielt u.a. folgende Fragen:

Frage	Merkmal	Ausprägung	Kodierung
Postkarten sprechen an ..	X	nein	0
		ja	1
Kunde seit wann ...	Y	Jahr < 1	1
		1 < Jahre < 3	2
		3 < Jahre < 5	3
		5 < Jahre	4
Filiale wo gelegen ...	Z	West-Berlin	1
		Ost-Berlin	2

Aus der Aufbereitung der Befragungsergebnisse stehen Ihnen die folgenden (zweistufigen) Häufigkeitstabellen zur Verfügung:

Ausprägung von Z	Ausprägung von X	absolute Häufigkeit
1	0	69
1	1	67
2	0	28
2	1	43

Ausprägung von Y	Ausprägung von X	absolute Häufigkeit
1	0	23
1	1	28
2	0	33
2	1	42
3	0	34
3	1	26
4	0	7
4	1	14

1. Prüfen Sie mit Hilfe eines geeigneten statistischen Verfahrens auf einem Signifikanzniveau von 0,05 die Hypothese, daß die Akzeptanz (bzw. Nichtakzeptanz) der Postkartenmotive durch die Kunden unabhängig davon, ob man Kunde in West- oder Ost-Berlin ist bzw. seit wieviel Jahren man zur Kundschaft der Supermaktkette zählt. Erstellen Sie zur Überprüfung der genannten Sachverhalte die entsprechenden Kreuztabellen.
2. Ermitteln und interpretieren Sie für jede Kontingenztabelle die Randverteilungen.
3. Wie müßten die Kontingenztabellen bezüglich ihrer absoluten Häufigkeiten besetzt sein, wenn die in Rede stehenden Merkmale stochastisch voneinander unabhängig wären?

Aufgabe 18.3.4-6

Fassen Sie die Body-Maß-Indexwerte aus der Tabelle 3-1 in 7 Merkmalswerte-Klassen zusammen und prüfen Sie die Verteilungshypothese $H_0 \sim N(22;(2,5)^2)$ auf einem Signifikanzniveau von 0,05.

Aufgabe 18.3.4-7

Testen Sie auf einem geeigneten Signifikanzniveau die „Paßfähigkeit" der Poisson-Verteilung mit dem Parameter $\lambda = 0,61$ auf Bortkiewicz's statistisch beobachtete Verteilung der durch Hufschlag getöteten Soldaten (vgl. Beispiel 14.4-2 und Tabelle 14.4-1).

Aufgabe 18.3.4-8 (Klausuraufgabe)

Preisnotierungen an 205 Tankstellen in Berlin und im Land Brandenburg ergaben für Januar 1994 das folgende Bild:

	Preisklasse	Tankstelle	Preismitte			Wahr.keit	
k	$x_k^u \le X < x_k^o$	h_k	x_k^*	$x_k^* \cdot h_k$	$(x_k^* - \bar{x})^2 h_k$	$P(x_k^u \le X < x_k^o)$	h_k^e
1	1,42 ... 1,44	2	1,43				
2	1,44 ... 1,46	16	1,45				
3	1,46 ... 1,48	50	1,47				
4	1,48 ... 1,50	75	1,49				
5	1,50 ... 1,52	44	1,51			0,2417	49,55
6	1,52 ... 1,54	17	1,53			0,0606	12,42
7	1,54 ... 1,56	1	1,55			0,0062	1,27
Σ		205		305,45		1	205
∅					0,0004		

Ist die Annahme berechtigt, daß die Benzinpreise in Berlin und im Land Brandenburg hinreichend genau normalverteilt sind?

Analysieren Sie diesen Sachverhalt unter Verwendung der angeführten Tabelle, indem Sie

1. sich mittels einer geeigneten graphischen Darstellung ein Bild über die empirisch beobachtete Preisverteilung verschaffen;
2. für den konkreten Sachverhalt die entsprechende Ausgangshypothese formulieren und angeben, welche Werte Sie für die Verteilungsparameter des „vermuteten" theoretischen Verteilungsmodells verwenden;
3. ein geeignetes statistisches Verfahren auswählen, um zu prüfen, ob das erwähnte theoretische Verteilungsmodell auf die statistisch beobachtete Verteilung der Benzinpreise „paßt". Treffen Sie Ihre Aussage mit einer möglichst „geringen" Irrtumswahrscheinlichkeit.

Tafel 1

Werte der Wahrscheinlichkeitsfunktion

$$f_X(k) = P(X = k) = \binom{n}{k} \cdot p^k \cdot (1-p)^{n-k} \text{ mit } k = 0,1,2,\ldots,n$$

der **Binomialverteilung** für ausgewählte Parameterwerte n und p. In den freien Tafelzellen sind die Einzelwahrscheinlichkeiten $P(X = k) < 0{,}0005$.

	p							
k	0,05	0,10	0,15	0,20	0,25	0,30	0,40	0,50
n=2								
0	0,9025	0,8100	0,7225	0,6400	0,5625	0,4900	0,3600	0,2500
1	0,0950	0,1800	0,2550	0,3200	0,3750	0,4200	0,4800	0,5000
2	0,0025	0,0100	0,0225	0,0400	0,0625	0,0900	0,1600	0,2500
n=3								
0	0,8574	0,7290	0,6141	0,5120	0,4219	0,3430	0,2160	0,1250
1	0,1354	0,2430	0,3251	0,3840	0,4219	0,4410	0,4320	0,3750
2	0,0071	0,0270	0,0574	0,0960	0,1406	0,1890	0,2880	0,3750
3	0,0001	0,0010	0,0034	0,0080	0,0156	0,0270	0,0640	0,1250
n=4								
0	0,8145	0,6561	0,5220	0,4096	0,3164	0,2401	0,1296	0,0625
1	0,1715	0,2916	0,3685	0,4096	0,4219	0,4116	0,3456	0,2500
2	0,0135	0,0486	0,0975	0,1536	0,2109	0,2646	0,3456	0,3750
3	0,0005	0,0036	0,0115	0,0256	0,0469	0,0756	0,1536	0,2500
4		0,0001	0,0005	0,0016	0,0039	0,0081	0,0256	0,0625
n=10								
0	0,5987	0,3487	0,1969	0,1074	0,0563	0,0282	0,0060	0,0010
1	0,3151	0,3874	0,3474	0,2684	0,1877	0,1211	0,0403	0,0098
2	0,0746	0,1937	0,2759	0,3020	0,2816	0,2335	0,1209	0,0439
3	0,0105	0,0574	0,1298	0,2013	0,2503	0,2668	0,2150	0,1172
4	0,0010	0,0112	0,0401	0,0881	0,1460	0,2001	0,2508	0,2051
5		0,0015	0,0085	0,0264	0,0584	0,1029	0,2007	0,2461
6		0,0001	0,0012	0,0055	0,0162	0,0368	0,1115	0,2051
7			0,0001	0,0008	0,0031	0,0090	0,0425	0,1172
8				0,0000	0,0004	0,0014	0,0106	0,0439
9						0,0001	0,0016	0,0098
10							0,0001	0,0010

Tafel 2

Werte der Wahrscheinlichkeitsfunktion

$$f_X(k) = P(X = k) = \frac{\lambda^k}{k!} \cdot e^{-\lambda}, \; k = 0, 1, 2, \ldots$$

der **Poisson-Verteilung** für ausgewählte Parameterwerte λ. In den freien Tafelzellen sind die Einzelwahrscheinlichkeiten P(X = k) < 0,0005.

k	λ							
	0,1	0,2	0,3	0,4	0,5	0,6	0,7	0,8
0	0,9048	0,8187	0,7408	0,6703	0,6065	0,5488	0,4966	0,4493
1	0,0905	0,1637	0,2222	0,2681	0,3033	0,3293	0,3476	0,3595
2	0,0045	0,0164	0,0333	0,0536	0,0758	0,0988	0,1217	0,1438
3	0,0002	0,0011	0,0033	0,0072	0,0126	0,0198	0,0284	0,0383
4		0,0001	0,0003	0,0007	0,0016	0,0030	0,0050	0,0077
5				0,0001	0,0002	0,0004	0,0007	0,0012
6							0,0001	0,0002

k	λ							
	0,9	1	1,5	2	2,5	3	3,5	4
0	0,4066	0,3679	0,2231	0,1353	0,0821	0,0498	0,3020	0,0183
1	0,3659	0,3679	0,3347	0,2707	0,2052	0,1494	0,1507	0,0733
2	0,1647	0,1839	0,2510	0,2707	0,2565	0,2240	0,1850	0,1465
3	0,0494	0,0613	0,1255	0,1804	0,2138	0,2240	0,2158	0,1954
4	0,0111	0,0153	0,0471	0,0902	0,1336	0,1680	0,1888	0,1954
5	0,0020	0,0031	0,0141	0,0361	0,0668	0,1008	0,1322	0,1563
6	0,0003	0,0005	0,0035	0,0120	0,0278	0,0504	0,0771	0,1042
7		0,0001	0,0008	0,0034	0,0099	0,0216	0,0385	0,0595
8			0,0001	0,0009	0,0031	0,0081	0,0169	0,0298
9				0,0002	0,0009	0,0027	0,0066	0,0132
10					0,0002	0,0008	0,0023	0,0053
11						0,0002	0,0007	0,0019
12						0,0001	0,0002	0,0006
13							0,0001	0,0002
14								0,0001

Tafel 3

Werte der Verteilungsfunktion $\Phi(Z = c)$ der Standardnormalverteilung N(0;1) für positive Argumente $c \in \mathbf{R}$ und $0{,}00 \leq c \leq 3{,}09$. Fortsetzung umseitig.

c	0,00	0,01	0,02	0,03	0,04	0,05
0,00	0,500000	0,503989	0,507978	0,511966	0,515953	0,519938
0,10	0,539828	0,543795	0,547754	0,551717	0,555670	0,559618
0,20	0,579260	0,583166	0,587064	0,590954	0,549835	0,598706
0,30	0,617911	0,621720	0,625616	0,629300	0,663072	0,636831
0,40	0,655422	0,659097	0,662757	0,666402	0,670031	0,673645
0,50	0,691462	0,694974	0,698468	0,702944	0,705402	0,708840
0,60	0,725747	0,729069	0,732371	0,735653	0,738914	0,742154
0,70	0,758036	0,761148	0,764238	0,767305	0,770350	0,773373
0,80	0,788145	0,791030	0,793892	0,796731	0,799546	0,802338
0,90	0,815940	0,818589	0,822114	0,823814	0,826391	0,828944
1,00	0,841345	0,843752	0,846136	0,848495	0,850830	0,853141
1,10	0,864334	0,866500	0,868643	0,870762	0,872857	0,874928
1,20	0,884930	0,868610	0,888768	0,890651	0,892512	0,894350
1,30	0,903200	0,904902	0,906582	0,908241	0,909877	0,911492
1,40	0,919243	0,920730	0,922196	0,923642	0,925066	0,926471
1,50	0,993193	0,934478	0,938744	0,936992	0,938220	0,939429
1,60	0,945201	0,946301	0,947384	0,948449	0,949497	0,950528
1,70	0,955434	0,956367	0,957284	0,958185	0,959070	0,959941
1,80	0,964070	0,964852	0,965620	0,966375	0,967116	0,967843
1,90	0,971283	0,971933	0,972571	0,973197	0,973810	0,974412
2,00	0,977250	0,977784	0,978308	0,978822	0,979325	0,979818
2,10	0,982136	0,982571	0,982997	0,983414	0,983823	0,984222
2,20	0,986097	0,986447	0,986791	0,987126	0,987454	0,987776
2,30	0,989276	0,989556	0,989830	0,990097	0,990358	0,990613
2,40	0,991802	0,992024	0,992240	0,992451	0,992656	0,992857
2,50	0,993790	0,993963	0,994132	0,994297	0,994457	0,994614
2,60	0,995339	0,995473	0,995604	0,995731	0,995855	0,995975
2,70	0,996533	0,996636	0,996736	0,996833	0,996928	0,997020
2,80	0,997445	0,997523	0,997599	0,997673	0,997744	0,997814
2,90	0,998134	0,998193	0,998250	0,998305	0,998359	0,998411
3,00	0,998650	0,999032	0,999313	0,999517	0,999663	0,999767
c	0,00	0,01	0,02	0,03	0,04	0,05

Tafel 3 (Fortsetzung)

Werte der Verteilungsfunktion Φ(Z = c) der Standardnormalverteilung N(0;1) für positive Argumente c ∈ **R** und 0,00 ≤ c ≤ 3,09.

0,06	0,07	0,08	0,09	c
0,523922	0,527903	0,531881	0,535856	0,00
0,563560	0,567495	0,571424	0,575345	0,10
0,602568	0,606420	0,610261	0,614092	0,20
0,640576	0644309	0,648027	0,651732	0,30
0,677242	0,680822	0,684386	0,687933	0,40
0,712260	0,715661	0,719043	0,722405	0,50
0,745373	0,748571	0,751748	0,754903	0,60
0,776373	0,779350	0,782305	0,785236	0,70
0,805106	0,807850	0,810570	0,813267	0,80
0,831472	0,833977	0,836457	0,838913	0,90
0,885428	0,857690	0,859929	0,862143	1,00
0,876976	0,879000	0,881000	0,882977	1,10
0,896165	0,897958	0,899727	0,901475	1,20
0,913085	0,914656	0,916207	0,917736	1,30
0,927855	0,929219	0,930563	0,931889	1,40
0,940620	0,941792	0,942947	0,944083	1,50
0,951543	0,952540	0,953521	0,954486	1,60
0,960796	0,961636	0,962462	0,963273	1,70
0,968557	0,969258	0,969946	0,970621	1,80
0,975002	0,975581	0,976148	0,976704	1,90
0,980301	0,980774	0,981237	0,981691	2,00
0,984614	0,984997	0,985371	0,985738	2,10
0,998089	0,988396	0,988696	0,988989	2,20
0,990862	0,991106	0,991344	0,991576	2,30
0,993053	0,993244	0,993431	0,993613	2,40
0,994766	0,994915	0,995060	0,995201	2,50
0,996093	0,996207	0,996319	0,996427	2,60
0,997110	0,997197	0,997282	0,997365	2,70
0,977882	0,997948	0,998012	0,998074	2,80
0,998462	0,998511	0,998559	0,998605	2,90
0,999841	0,999892	0,999928	0,999952	3,00
0,06	0,07	0,08	0,09	

Tafel 4

Ausgewählte Quantile $\chi^2_{m;q}$ der Ordnung q der **Chi-Quadrat-Verteilung** für m Freiheitsgrade.

m	q							m
	0,001	0,010	0,025	0,05	0,950	0,975	0,990	
1	0,000	0,001	0,001	0,040	3,840	5,020	6,630	1
2	0,020	0,020	0,051	0,103	5,990	7,380	9,210	2
3	0,024	0,115	0,216	0,352	7,810	9,350	11,530	3
4	0,091	0,297	0,484	0,711	9,490	11,140	13,280	4
5	0,210	0,554	0,831	1,150	11,070	12,830	15,080	5
6	0,381	0,872	1,240	1,640	12,590	14,450	16,810	6
7	0,598	1,240	1,690	2,170	14,070	16,010	18,470	7
8	0,857	1,650	2,180	2,730	15,510	17,530	20,090	8
9	1,150	2,090	2,700	3,330	16,920	19,020	21,670	9
10	1,480	2,560	3,250	3,940	18,310	20,480	23,210	10
11	1,830	3,050	3,820	4,570	19,680	21,920	24,720	11
12	2,210	3,570	4,400	5,230	21,030	23,340	26,220	12
13	2,620	4,110	5,010	5,890	22,360	24,740	27,690	13
14	3,040	4,660	5,630	6,570	23,680	26,120	29,140	14
15	3,480	5,230	6,260	7,260	25,000	27,490	30,580	15
16	3,940	5,810	6,910	7,960	26,300	28,850	32,000	16
17	4,420	6,410	7,560	8,670	27,590	30,190	33,410	17
18	4,900	7,010	8,230	9,390	28,870	31,530	34,810	18
19	5,410	7,630	8,910	10,120	30,140	32,850	36,190	19
20	5,920	8,260	9,590	10,850	31,410	34,170	37,570	20
21	6,450	8,900	10,280	11,590	32,670	35,480	38,930	21
22	6,980	9,540	10,980	12,340	33,920	36,780	40,290	22
23	7,530	10,200	11,690	13,090	35,170	38,080	41,640	23
24	8,080	10,860	12,400	13,850	36,420	39,360	42,980	24
25	8,650	11,520	13,120	14,610	37,650	40,650	44,310	25
26	9,220	12,200	13,840	15,380	38,890	41,920	45,640	26
27	9,800	12,880	14,570	16,150	40,110	43,190	46,960	27
28	10,390	13,560	15,310	16,930	41,340	44,460	48,280	28
29	10,990	14,260	16,050	17,710	42,560	45,720	49,590	29
30	11,590	14,950	16,790	18,490	43,770	46,980	50,890	30

Tafel 5

Ausgewählte Quantile $t_{m;q}$ der Ordnung q der **t-Verteilung** für m Freiheitsgrade.

m	q			
	0,950	0,975	0,990	0,995
1	6,31	12,70	31,80	63,70
2	2,92	4,30	6,96	9,92
3	2,35	3,18	4,54	5,84
4	2,13	2,78	3,75	4,60
5	2,02	2,57	3,37	4,03
6	1,94	2,45	3,14	3,71
7	1,89	2,36	3,00	3,50
8	1,86	2,31	2,90	3,36
9	1,83	2,26	2,82	3,25
10	1,81	2,23	2,76	3,17
11	1,80	2,20	2,72	3,11
12	1,78	2,18	2,68	3,05
13	1,77	2,16	2,65	3,01
14	1,76	2,14	2,62	2,98
15	1,75	2,13	2,60	2,95
16	1,75	2,12	2,58	2,92
17	1,74	2,11	2,57	2,90
18	1,73	2,10	2,55	2,88
19	1,73	2,09	2,54	2,86
20	1,72	2,09	2,53	2,85
21	1,72	2,08	2,52	2,83
22	1,72	2,07	2,51	2,82
23	1,71	2,07	2,50	2,81
24	1,71	2,06	2,49	2,80
25	1,71	2,06	2,49	2,79
26	1,71	2,06	2,48	2,78
27	1,70	2,05	2,47	2,77
28	1,70	2,05	2,47	2,76
29	1,70	2,05	2,46	2,76
30	1,70	2,04	2,46	2,75
40	1,68	2,02	2,42	2,70
60	1,67	2,00	2,39	2,66
∞	1,64	1,96	2,33	2,58

Tafel 6

Ausgewählte Quantile $F_{m_1;m_2;q}$ der Ordnung q = 0,95 der **F-Verteilung** für m_1 und m_2 Freiheitsgrade.

m_2	m_1								
	5	10	15	16	17	18	19	20	30
5	5,05	4,74	4,62	4,60	4,59	4,58	4,57	4,56	4,50
10	3,32	2,98	2,84	2,83	2,81	2,80	2,78	2,77	2,70
15	2,90	2,54	2,40	2,38	2,36	2,35	2,34	2,33	2,25
16	2,85	2,49	2,35	2,33	2,32	2,30	2,29	2,28	2,19
17	2,81	2,45	2,31	2,29	2,27	2,26	2,24	2,23	2,15
18	2,77	2,41	2,27	2,25	2,23	2,22	2,20	2,19	2,11
19	2,74	2,38	2,23	2,21	2,20	2,18	2,17	2,15	2,07
20	2,71	2,35	2,20	2,18	2,17	2,15	2,14	2,12	2,04
25	2,60	2,24	2,09	2,07	2,05	2,03	2,02	2,01	1,92
30	2,53	2,16	2,01	1,99	1,98	1,96	1,95	1,93	1,84

Ausgewählte Quantile $F_{m_1;m_2;q}$ der Ordnung q = 0,975 der **F-Verteilung** für m_1 und m_2 Freiheitsgrade.

m_2	m_1								
	5	10	15	16	17	18	19	20	30
5	7,15	6,62	6,43	6,40	6,38	6,36	6,34	6,33	6,23
10	4,24	3,72	3,52	3,50	3,47	3,45	3,44	3,42	3,31
15	3,58	3,06	2,86	2,84	2,81	2,79	2,77	2,76	2,64
16	3,50	2,99	2,79	2,76	2,74	2,72	2,70	2,68	2,59
17	3,44	2,92	2,72	2,70	2,67	2,65	2,63	2,62	2,50
18	3,38	2,87	2,67	2,64	2,62	2,60	2,58	2,56	2,44
19	3,33	2,82	2,62	2,59	2,57	2,55	2,53	2,51	2,39
20	3,29	2,77	2,57	2,55	2,52	2,50	2,48	2,46	2,35
25	3,13	2,61	2,41	2,38	2,36	2,34	2,32	2,30	2,18
30	3,03	2,51	2,31	2,28	2,26	2,23	2,21	2,20	2,07

Beachte: m_1: Zählerfreiheitsgrade
m_2: Nennerfreiheitsgrade

Tafel 7

Gleichverteilte Zufallszahlen

5421066340	9974065111	7406727190	3581008621	9908930003
3815794876	6470342675	7348678158	3481459767	2819641432
2914746755	1726136687	4501661440	2930270714	8961951440
4011151920	403987750	9676955835	9496534848	9632016710
8436267977	9669959399	784527559	6958419872	6138429862
7452771128	4266458179	2999044168	5726043305	9774563881
2398522095	3689344325	5163878350	6562542440	1832577140
4538756224	7241976265	5562165659	8142210104	3628701355
5198135990	3180098826	3863830287	8790515058	6441653627
5656823594	3262495326	3079860735	9425540992	1593563337
7227780935	3200124690	0537840593	4245729714	0274786218
1219829837	0088633973	2587506601	4015594165	4083562929
8902094025	4414246614	4429264452	1919452567	4026920316
1608688667	7187767378	3176692018	0405574275	1498218439
0614663683	5750228086	5103303311	1655081952	7793115892
6735301934	5006919046	5065217103	7610436344	4208609988
9513562070	6801599524	0622194011	2680639374	8672555737
4806365511	1704909113	6025664443	0163764660	0445988815
5428950619	5704166749	2734905778	1622908032	0693048655
9837297214	5149950399	9776135987	3544801580	5609579242
4209210289	4065713698	1487491724	0769488202	9256894111
0767516753	5651541857	5905848452	3450918013	3579075627
9895287757	5785570471	2200861208	6771187273	1943479452
3734339260	6838757238	5548103076	0033582507	1927063777
7059133613	4645784998	8367732336	1612544275	8910590433
9864487132	0162424892	7288129292	8831046119	1817211250
1241398547	9359533745	2094183671	9091095717	5764309908
3888391953	9392582779	6668741674	5825247341	1867400149
0010632695	5581369618	6744284209	7728490952	3622907577
6536962351	4990965397	8384430103	5601318230	2659604341

Musterlösungen

Aufgabe 4.7-5

1. statistische Einheit: privater Haushalt
   zwei Gesamtheiten: Menge aller Haushalte
   sachliche, örtliche und zeitliche Identifikationsmerkmale: Haushalte (ohne Landwirte), alte und neue Bundesländer, 1993
   Erhebungsmerkmal: monatliches Nettoeinkommen
   Merkmalswert: z.B. 1000 DM
   Skalierung: metrisch (Verhältnisskala)
2. Boxplots

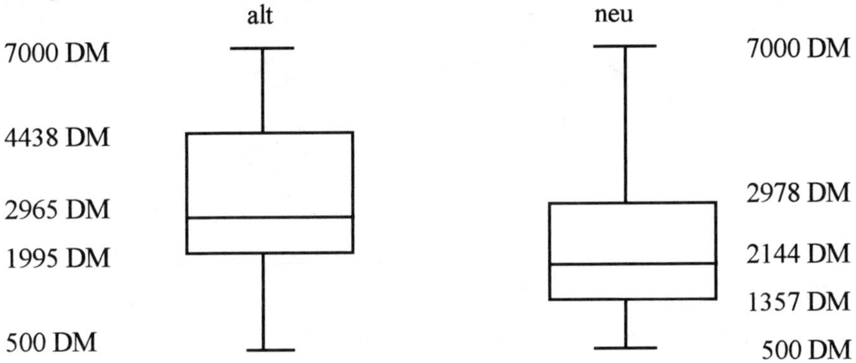

   wobei für neue Bundesländer gilt: E = monatliches Nettoeinkommen

$$E_{0,25} = 1000 + \frac{0{,}25 - 0{,}135}{0{,}322} \cdot 1000 = 1357$$

$$E_{0,50} = 2000 + \frac{0{,}50 - 0{,}457}{0{,}299} \cdot 1000 = 2144$$

$$E_{0,75} = 2000 + \frac{0{,}75 - 0{,}457}{0{,}299} \cdot 1000 = 2978$$

3. mit Hilfe der Verteilungsfunktion F(E)

$$F_{alt}(800) = 0 + \frac{800 - 500}{500} \cdot 0{,}056 = 0{,}034 \mathrel{\hat{=}} 3{,}4\%$$

$$F_{neu}(800) = 0 + \frac{800 - 500}{500} \cdot 0{,}135 = 0{,}081 \mathrel{\hat{=}} 8{,}1\%$$

4. Einkommensschiefe: in neuen BL ausgeprägter rechtsschief bzw. linkssteil als in alten BL, d.h. die privaten Haushalte sind im unteren Einkommensbereich in neuen BL häufiger, als in den alten BL;
   Einkommenswölbung: in neuen BL übernormal gewölbte Einkommensverteilung, da sich die Haushalte vor allem in unteren Einkommensklassen stark häufen; in alten BL flache Einkommenswölbung, d.h. die Haushalte verteilen sich „gleichmäßiger" auf die Einkommensklassen.

Aufgabe 4.7-7

1. Element: Betriebswirt
   Gesamtheit: alle befragten Betriebswirte
   Identifikationsmerkmale: Ort: alte BL, Zeit: 1991, Sache: Betriebswirt
   Erhebungsmerkmal: monatliches Nettoeinkommen X in DM
   Skala: Verhältnisskala
2. x_{min}: 0 DM
   $x_{0,25}$: 2500 DM
   $x_{0,5}$: 3895 DM
   $x_{0,75}$: 4875 DM
   x_{max}: 9000 DM
   x_D: 3500 DM

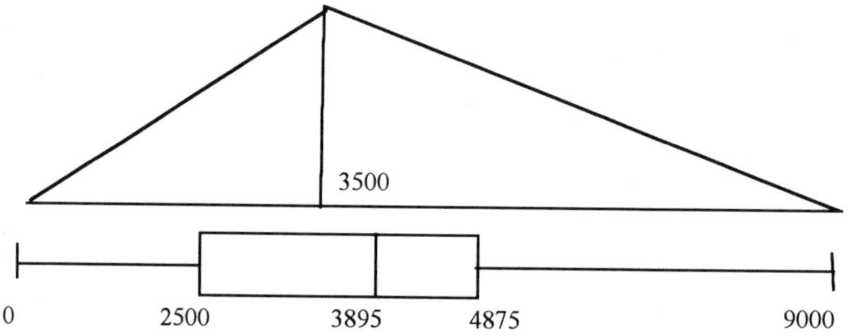

   annähernd symmetrische, flachgewölbte Einkommensverteilung
3. Lorenzkurve der relativen Einkommenskonzentration bei den Betriebswirten

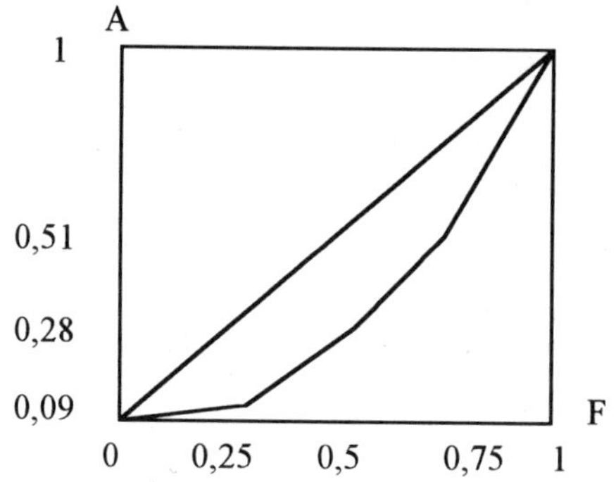

   Gini-Koeffizient: $G = 1 - \sum_{k=1}^{4} f_k \cdot (A_k + A_{k-1})$

   G = 1-0,25[(0,09+0)+(0,28+0,09)+...+(1+0,51)]= 1-0,69 = 0,31,
   d.h. schwache Einkommenskonzentration bei Betriebswirten
4. Das einkommenstärkste Viertel der Betriebswirte vereinigte 1991 in den alten BL 1-0,51 = 0,49, also 49% des Gesamteinkommens auf sich.
5. Da für Variationskoeffizient $52\% = \frac{2195}{\overline{x}} \cdot 100\%$ gilt, liegt das Durchschnittseinkommen eines Betriebswirtes bei ungefähr 4220 DM.

Aufgabe 5.3-1

1. M = nachgefragte Menge; P = Preis
   einfache lineare Regression:
   $$\hat{M} = a + b \cdot P = 7 - 2 \cdot P$$
   $$b = \frac{\text{cov}(M,P)}{\text{var}(P)} = \frac{-0{,}0512}{0{,}0256} = -2 \text{ und } a = \overline{M} - b \cdot \overline{P} = 1 - (-2)3 = 7$$
2. absolute Elastizität der nachgefragten Menge bezüglich der absoluten Preisveränderung ist identisch mit Regressionskoeffizient b_2;
   Interpretation: steigt (fällt) Preis um 1 Pfennig/kg = 0,01 DM/kg, dann fällt (steigt) nachgefragte Menge im Mittel um 2·0,01 = 0,02 t = 20 kg
3. relative Elastizität der nachgefragten Menge bezüglich der relativen Preisveränderung
   $$\varepsilon = \frac{\frac{d\hat{M}}{\hat{M}(P)}}{\frac{dP}{P}} = \frac{d\hat{M}}{dP} \cdot \frac{P}{\hat{M}(P)} = -2 \cdot \frac{3}{7 - 2 \cdot 3} = -6$$
   Interpretation: steigt (fällt) Preis um 1%, fällt (steigt) nachgefragte Menge im Mittel um 6%, d.h. Mengenveränderung ist überproportional elastisch gegenüber Preisveränderung
4. $P \approx N(3; 0{,}16^2)$
   $$P(2{,}92 < P < 3{,}04) = F\left(\frac{3{,}04 - 3}{0{,}16}\right) - F\left(\frac{2{,}92 - 3}{0{,}16}\right) =$$
   $$F(0{,}25) - F(-0{,}5) = 0{,}5987 + 0{,}6915 - 1 = 0{,}2902$$
   ca. 29% der Verkaufsstellen bieten in dieser Preisspanne Bananen an

Aufgabe 5.3-3

1. hyperbolischer Ansatz
2. relative Elastizität als Funktionswert der Elastizitätsfunktion an der Stelle P = 5 (100 Stück), wobei gilt:
   $$\varepsilon_{S;P} = \frac{\hat{S}'}{\hat{S}} = \frac{-200}{10 \cdot P + 200} = \frac{-200}{50 + 200} = -0{,}8$$
   Interpretation: steigt (fällt) der Produktionsausstoß auf einem Niveau von P = 5·100 Stück = 500 Stück um 1%, so fallen (steigen) die Stückkosten für einen Polsterstuhl im Mittel um 0,8%. Die Stückkosten sind auf dem angegebenen Produktionsniveau unterproportional elastisch.
3. wenn $S \sim N(50;121)$, so gilt:
   $$P(39 \leq S \leq 61) = \Phi\left(\frac{61 - 50}{11}\right) - \Phi\left(\frac{39 - 50}{11}\right) =$$
   $$\Phi(1) - \Phi(-1) = 2 \cdot \Phi(1) - 1 = 2 \cdot 0{,}8413 - 1 = 0{,}6827$$

Interpretation: unter den angenommenen Bedingungen produzieren 68,3% der mittelständischen Unternehmen Polsterstühle zu Stückkosten zwischen 39 DM/Stück und 61 DM/Stück.

Aufgabe 6.3-6

1. Da durchschnittliche Mengenmeßzahlen und Umsatzstruktur des Berichtszeitraumes gegeben, wird durchschnittliche Mengenentwicklung mit Hilfe des harmonischen Mengenindex berechnet:
$$\overline{m}^{Q} = \frac{0{,}7 + 0{,}3}{\frac{1}{1{,}4} \cdot 0{,}7 + \frac{1}{0{,}9} \cdot 0{,}3} = 1{,}2$$
Demnach sind im Vergleich zum üblichen Tagesgeschäft im Winterschlußverkauf die umgesetzten Mengen, bewertete zu den Winterschlußverkaufspreisen, durchschnittlich auf 120% bzw. um 20% gestiegen.
2. Da der harmonische Mengenindex identisch ist mit dem Mengenindex nach Paasche und der Umsatzindex bekannt ist, schätzt man die durchschnittliche Preisentwicklung mit Hilfe des Preisindex nach Laspeyres über das Indexsystem:
$$I^{U} = I^{P,LAS} \cdot I^{Q,PAA}$$
$$,08 = I^{P,LAS} \cdot 1{,}2 \text{ mit } I^{P,LAS} = 0{,}9$$
Demnach sind die Preise im Winterschlußverkauf, bewertet zu den umgesetzten Mengen im Alltagsgeschäft, durchschnittlich auf 90% bzw. um 10% gesunken.

Aufgabe 12.7-3

1. Ereignisdefinition: A={Rechner 1 fällt aus}; P(A)=0,05; B={Rechner 2 fällt aus}; P(B)=0,04; Komplementärereignis und Multiplikationsatz für unabhängige Ereignisse
$$P(\overline{A \cap B}) = 1 - P(A) \cdot P(B) = 1 - 0{,}002 = 0{,}998$$
Interpretation: mit Wahrscheinlichkeit von 0,998 fällt System im Laufe eines Tages nicht aus
2. wegen $1 = n \cdot 0{,}002$ ist $n = 500$, so daß unter den angenommenen Bedingungen erwartungsgemäß nach 500 Arbeitstagen mit einem Ausfall zu rechnen ist

Aufgabe 14.5-5

1. diskrete Zufallsvariable $A \sim Po(0{,}7)$, da im Durchschnitt $\lambda = 7/10 = 0{,}7$ geschädigte Bäume je Ar
2. 1993er Schadstufenstruktur des norddeutschen Waldes:
Schadstufe 0: $P(A = 0) = 0{,}4966 \sim 49{,}7\%$
Schadstufe 1: $P(A = 1) = 0{,}3476 \sim 34{,}8\%$

Schadstufe 2: $P(1 < A < 4) = P(2 \leq A \leq 3) = P(A = 2) + P(A = 3) =$
$0{,}1217 + 0{,}0284 = 0{,}1501 \sim 15\%$
Schadstufe 3: $P(A > 3) = 1 - P(A \leq 3) = 1 - 0{,}9942 = 0{,}0058 \sim 0{,}5\%$

Aufgabe 14.5-6

1. diskrete Zufallsvariable X: „Anzahl Bußgeldbescheide pro Tag"
   $X \sim Po(\lambda)$ mit $\lambda = 7$ Bescheide/14 Tage = 0,5 Bescheide/Tag
   a) Wahrscheinlichkeit dafür, daß an einem beliebigen Tag kein Bescheid eintrifft ist $P(X = 0) = 0{,}6065$
   b) Wahrscheinlichkeit, daß an einem beliebigen Tag mindestens ein, aber höchsten zwei Bescheide eintreffen ist $P(1 \leq X \leq 2) = P(X=1) + P(X=2) = 0{,}3033 + 0{,}0758 = 0{,}3791$.
2. stetige Zufallsvariable T: „Dauer (Tage) bis zum wiederholten Eintreffen des nächsten Bescheides"
   $T \sim Ex(0{,}5)$ mit $E(T) = 1/\lambda = 2$ Tage/Bescheid und $\lambda = 0{,}5$ Bescheide/Tag
   Die Wahrscheinlichkeit dafür, daß bereits innerhalb des nächsten Tages wiederum ein Bescheid eintrifft ist $P(T < 1) = 1 - e^{-0{,}5} = 0{,}39$.
3. Poisson-Verteilung, da Wahrscheinlichkeit nach Anzahl des Eintretens eines seltenen Ereignisses pro Tag gefragt ist
   Exponentialverteilung, da Wahrscheinlichkeit für wiederholtes Eintreten eines seltenen Ereignisses nach Ablauf einer bestimmten Dauer gefragt ist

Aufgabe 15.6-1

1. da Fahrplanabweichungen $N \sim (0;4)$-verteilt sind, sind die Ankunftszeiten X für „10.45"-Zubringerbus $N \sim (10.45;4)$-verteilt, so daß unter Verwendung der Minuten-Zeitangaben gilt:
   $$P(10.42 < X < 10.48) = F(10.48) - F(10.48) = F(48) - F(42)$$
   $$F\left(\frac{48-45}{2}\right) - F\left(\frac{42-45}{2}\right) = F(1{,}5) - F(-1{,}5) = 2F(1{,}5) - 1 =$$
   $$2 \cdot 0{,}9332 - 1 = 0{,}8664$$
   Interpreatation: mit einer Wahrscheinlichkeit von 0,87 kommt der „10.45"-Zubringerbus zwischen 10.42 und 10.48 an der U-Bahn-Station an.
2. Wahrscheinlichekit für Verspätung
   $$P(X > 10.49) = 1 - P(X < 10.49) = 1 - F(49) =$$
   $$- F\left(\frac{49-45}{2}\right) = 1 - F(2) = 1 - 0{,}9773 = 0{,}0227$$
   Interpretation: mit einer (geringen) Wahrscheinlichkeit von 0,023 kommt der Student zur letzten Statistik-Veranstaltung zu spät.

Aufgabe 18.2.6-8

1. Verfahren: Einstichprobentest für einen Anteilswert $\pi_0 = 0{,}9$

   Approximationsbedingung für Standardnormalverteilung: $n \cdot \pi_0 \cdot (1-\pi_0) \geq 9$ kann wegen $900 \cdot 0{,}9 \cdot 0{,}1 = 81 \geq 9$ als erfüllt angesehen werden

   für Stichprobenanteilswert p = 837/900 = 0,93 errechnet man den Testvariablenwert:

$$z = \frac{0{,}93 - 0{,}90}{\sqrt{0{,}9 \cdot 0{,}1}} \cdot \sqrt{900} = 3.$$

   N(0;1) als Prüfverteilung; Testentscheidung für den einseitigen Anteilstest: da $z = 3 > z_{0,99} = 2{,}326$, muß Nullhypothese, daß der wahre, jedoch unbekannte Anteil unter 0,9 liegt, verworfen werden. Mit einer Wahrscheinlichkeit von 99% ist der Stichprobenanteil ein Indiz dafür, daß die Werbebehauptung der Paketversandfirma zutreffend ist.

2. H_0: weniger als 90% der Pakete erreichen ihre Kunden termingerecht

   H_1: 90% und mehr der Pakete erreichen ihre Kunden termingerecht

3. Annahmekennzahl: $c = 900 \cdot 0{,}9 + 2{,}326 \cdot \sqrt{900 \cdot 0{,}9 \cdot 0{,}1} = 830{,}93$

   Interpretation: Unter den vereinbarten Testbedingungen müßten mindestens 831 Pakete fristgemäß geliefert werden, wenn sich das Unternehmen für die Paketversandfirma entscheiden wollte. Da in Stichprobe aber 837 Pakete geliefert wurden, sollte sich das Unternehmen für die Paketversandfirma entscheiden.

Aufgabe 18.3.4-4

1. Verfahren: doppelter t-Test wegen paarweisen Stichprobenmittelwertvergleichs

   Bedingungen:

   - Normalität erfüllt wegen S ~ N(...)
   - Varianzhomogenität mit F-Test prüfen:

     Nullhypothese: $H_0{:}\sigma^2_{West} = \sigma^2_{Ost}$

     Testvariablenwert: f = 62500/40000 = 1,56

     Testentscheidung: da $f = 1{,}56 < F_{20;20;0,975} = 2{,}12$, gibt es keinen Anlaß, an Varianzhomogenität zu zweifeln

   damit kann doppelter t-Test praktiziert werden:

   zweiseitige Hypothesen: $H_0{:}\mu_{West} = \mu_{Ost}$ und $H_1{:}\mu_{West} \neq \mu_{Ost}$

   Testvariablenwert:

$$t = \frac{4250 - 4075}{\sqrt{\frac{20 \cdot 62500 + 20 \cdot 40000}{40}}} \cdot \sqrt{\frac{21 \cdot 21}{21 + 21}} = 2{,}5$$

zweiseitige Testentscheidung: da $t = 2{,}5 < t_{40;0,995} = 2{,}7$, gibt es keinen Anlaß, am gleichen Durchschnittsniveau des Stromverbrauchs der privaten Haushalte mit mittlerem Einkommen in Ost- und West-Berlin zu zweifeln.

2. einseitige Hypothesen: $H_0: \mu_{West} \leq \mu_{Ost}$ und $H_1: \mu_{West} > \mu_{Ost}$
   einseitige Testentscheidung: da $t = 2{,}5 > t_{40;0,99} = 2{,}42$, ist es sehr wahrscheinlich, daß das West-Ost-Gefälle nicht nur für Einkommen, sondern auch für durchschnittlichen Stromverbrauch der privaten Haushalte mit mittleren Einkommen gilt
3. wegen

$$P\left(4075 - 2{,}09 \cdot \frac{200}{\sqrt{21}} \leq \mu_{Ost} \leq 4075 + 2{,}09 \cdot \frac{200}{\sqrt{21}}\right) \geq 0{,}95$$

ist das 95%-Konfidenzintervall für den durchschnittlichen Stromverbrauch eines Ost-Haushalts [3984;4166]. Demnach liegt mit einer statistischen Sicherheit von 95% der unbekannte durchschnittliche Stromverbrauch eines privaten Ost-Berliner Haushalts mit mittlerem Einkommen zwischen 3984 kWh und 4166 kWh.

Aufgabe 18.3.4-3

1. Schätzwert für

$$\lambda = \overline{U} = \frac{\sum_{i=1}^{6} U_i \cdot h(U_i)}{\sum_{i=1}^{6} h(U_i)} = \frac{248}{496} = 0{,}5$$

als gewogenes arithmetisches Mittel aus einzelnen Unfallzahlen U und den beobachteten Anzahlen der betroffenen Bauarbeiter

Interpretation: im Durchschnitt hatte ein Bauarbeiter im Verlauf von zwei Monaten 0,5 Unfälle.

Hypothese H_0: $U \sim Po(0{,}5)$ prüfen mit Chi-Quadrat-Anpassungstest

U	h(U)	U·h(U)	Po(0,5)=p	E=np	A(korr)	E(korr)	Chi-Quad
0	308	0	0,6065	300,82	308	300,82	0,17
1	140	140	0,3033	150,44	140	150,44	0,72
2	40	80	0,0758	37,60	40	37,60	0,15
3	5	15	0,0126	6,25	8	7,14	0,10
4	2	8	0,0016	0,79			
5	1	5	0,0002	0,10			
Σ	496	248		496			1,15
∅		0,5					

Testentscheidung: wegen $\chi^2 = 1{,}15 < \chi^2_{2;0,95} = 5{,}99$ besteht kein Anlaß, an der Nullhypothese zu zweifeln.

2. für $U \sim Po(1)$ gilt:

$$P(1 \leq U \leq 3) = P(U=1) + P(U=2) + P(U=3) =$$
$$0{,}3679 + 0{,}1839 + 0{,}0613 = 0{,}6131$$

Interpretation: die Wahrscheinlichkeit dafür, daß unter den gegebenen Bedingungen ein Bauarbeiter innerhalb von zwei Monaten mindestens einen aber höchstens drei Unfälle hat, beträgt 0,613.

Aufgabe 18.3.4-4

1. stetige Zufallsvariable L : „jährliche Fahrleistung in 1000 km"
   Verteilungshypothese H_0: $L \sim N(\mu;\sigma^2)$ bzw. $L \approx N(21;40{,}96)$
2. Schätzung der Normalverteilungsparameter aus beobachteten Daten:

$$\mu \approx \overline{L} = \frac{\sum_{k=1}^{7} m_k \cdot b_k}{\sum_{k=1}^{7} b_k} = \frac{16842}{802} = 21$$

als gewogenes arithmetisches Mittel aus den Leistungsklassenmitten und der Anzahl der Versicherten. Im Jahresdurchschnitt fuhr ein Versicherter 21000 km.

$$\sigma^2 \approx s_L^2 \approx \frac{\sum_{k=1}^{7} (m_k - \overline{L})^2 \cdot b_k}{\sum_{k=1}^{7} b_k} = 40{,}96$$

als gewogene mittlere quadratische Abweichung der einzelnen Leistungsklassenmitten vom Leistungsdurchschnitt. Im Mittel streuten die einzelnen Leistungsklassenmitten um 40,96 $[1000 \text{ km}]^2$ um die Durchschnittsleistung.

3. Verfahren: Chi-Quadrat-Anpassungstest

Klasse	Vers.	m	m·V	quad.Abw.	z(u)	z(o)	Wahrsch.	Vers.	Chi-Q.
u<L<o	beob.						P(u<L<o)	erwart.	
0 ... 6	8	3	24	2592	-3,28	-2,34	0,0091	7,30	0,07
6 ...12	48	9	432	6912	-2,34	-1,41	0,0698	55,98	1,14
12...18	190	15	2850	6840	-1,41	-0,47	0,2400	192,48	0,03
18...24	314	21	6594	0	-0,47	0,47	0,3620	290,32	1,93
24...30	180	27	4860	6480	0,47	1,41	0,2400	192,48	0,81
30...36	56	33	1848	8064	1,41	2,34	0,0698	55,98	0,00
36...42	6	39	234	1944	2,34	3,28	0,0091	7,30	0,23
Summe	802		16842	32832			0,9998	802	4,14
Mittel			21	40,94					
Wurzel				6,40					

Testentscheidung: da $\chi^2 = 4{,}14 < \chi^2_{4;0,95} = 9{,}49$, besteht kein Anlaß, an der Normalverteilungshypothese zu zweifeln.

Stichwortverzeichnis

A

B

C

D

E

F

G

H

I

K

L

M

N

O

P

Q

R

S

T

U

V

W

Z